21 世纪高等学校教材

机械工程图学

（第三版）

徐祖茂　杨裕根　姜献峰　主编

上海交通大学出版社

内 容 提 要

本书分 11 章，主要内容有制图的基本知识与技能，计算机绘图基础，点、直线、平面的投影，立体的投影，轴测图，组合体的视图及尺寸标注，机件的表达方法，标准件和常用件，零件图，装配图和展开图。与本书配套的《机械工程图学习题集》(第四版)同时出版。

本书另配有教学光盘（PPT 格式。包含大量三维动画的电子教案及《机械工程图学习题集》(第四版)中全部习题的解答）。联系邮箱为：baiwen_sjtu@126.com

本书可作为高等院校机械工程图学课程的教材，也可供电视大学、业余大学师生以及工程技术人员参考。

图书在版编目(CIP)数据

机械工程图学 /徐祖茂，杨裕根，姜献峰主编. —3 版. — 上海 ：上海交通大学出版社，2015

21 世纪高等学校教材

ISBN 978-7-313-04054-1

Ⅰ. 机... Ⅱ. ①徐... ②杨... ③姜... Ⅲ. 机械制图—高等学校—教材 Ⅳ. TH126

中国版本图书馆 CIP 数据核字(2009)第 090134 号

机械工程图学

（第三版）

主　　编：徐祖茂　杨裕根　姜献峰

出版发行：上海交通大学出版社　　地　　址：上海市番禺路 951 号

邮政编码：200030　　电　　话：021-64071208

出 版 人：韩建民

印　　制：常熟市梅李印刷有限公司　　经　　销：全国新华书店

开　　本：787mm×1092mm　1/16　　印　　张：19.75

字　　数：483 千字

版　　次：2005 年 6 月第 1 版　2015 年 7 月第 3 版　　印　　次：2015 年 7 月第 10 次印刷

书　　号：ISBN 978-7-313-04054-1/TH

定　　价：35.00 元

版权所有　侵权必究

告读者：如发现本书有印装质量问题请与印刷厂质量科联系

联系电话：0512-52661481

第三版序

本书是根据教育部工程图学教学指导委员会审定的《普通高等院校工程图学课程教学基本要求》的精神，并为适应21世纪教学内容与课程体系改革的需求编写而成的。本书全部采用国家最新《机械制图》与《技术制图》标准，注重理论联系实际，内容由浅入深。既有传统尺规制图，又融合计算机绘图的内容。

本书在第二版的基础上，依据2013年颁布的《机械制图》与2009年颁布的《技术制图》标准进行完善，对一些术语、标注方式进行调整。同时对该教材的配套习题集内容进行了小幅调整，增加了一些更有针对性的题目，以更加适应新形势下的教学要求。

本书另外配有多媒体教学软件。该教学软件是作者多年一线教学经验的总结，也吸取了国内外同行的宝贵经验。该教学软件涵盖了教材中所有题例与插图，并结合教学需要引入适当的动画，以加强学生理解，提高教学效果。

本书由徐祖茂、杨裕根、姜献峰任主编；李俊源、陈晓蕾任副主编。参加编写的有：徐祖茂、杨裕根、姜献峰、李俊源、陈晓蕾等。本次修订由姜献峰执笔、杨裕根审校。书中部分插图由刘敏绘制。

本书在编写过程中得到同济大学制图教研室和浙江工业大学现代设计技术研究所的大力支持，在此表示感谢。

由于编者水平有限，书中存在的缺点与不足，恳请读者批评指正。

编 者

2014年7月

目　录

第 1 章　制图的基本知识与技能

机械图样是机械产品设计、加工、装配和检验的主要依据，是进行技术交流的一种语言工具。为完整、清晰、准确地绘制机械图样，必须有耐心细致和认真负责的工作态度，必须掌握正确的作图方法，同时必须遵守国家标准《机械制图》与《技术制图》中的各项规定。本章着重讲解国家标准中有关机械制图部分的规定，同时对绘图工具使用、绘图方法与步骤、基本几何作图和徒手绘图技能等作基本的介绍。

1.1　制图的基本规定

机械图样的绘制必须遵守国家标准《机械制图》与《技术制图》中的有关规定。本节着重介绍其中关于“图纸幅面和格式”“比例”“图线”“字体”和“尺寸注法”的基本规定。

1.1.1　图纸幅面(GB/T 14689—2008)和格式

1. 图纸幅面

图样的绘制应优先采用表 1-1 规定的基本幅面。必要时，允许以基本幅面的短边的整数倍加长幅面。

表 1-1　图纸幅面及图框格式尺寸　(mm)

幅面代号	A0	A1	A2	A3	A4
$B \times L$	841×1189	594×841	420×594	297×420	210×297
a	25				
c	10			5	
e	20		10		

2. 图框格式

在图纸上必须用粗实线画出图框，其格式分为不留装订边(图 1-1)和留有装订边(图 1-2)两种，但同一产品的图样只能采用一种格式。

3. 标题栏及明细栏

每张图纸上都必须有标题栏，标题栏中文字的方向是看图方向。标题栏应位于图纸右下角，如图 1-1、图 1-2 所示，标题栏的底边与下图框线重合，右边与右图框线重合。标题栏的基本要求、内容、尺寸和格式在国家标准 GB/T 10609.1—2008《技术制图　标题栏》中有详细规定。明细栏是装配图中要求的，其基本要求、内容和格式在国家标准 GB/T10609.2—2009《技术制图　明细栏》中有具体的规定。标题栏及明细栏样式如图 1-3 所示。

在学校的制图作业中，标题栏可以采用如图 1-4 所示的简化形式。标题栏内校名、图样名称、图样代号、材料用 7 号字书写，其余都用 5 号字书写。

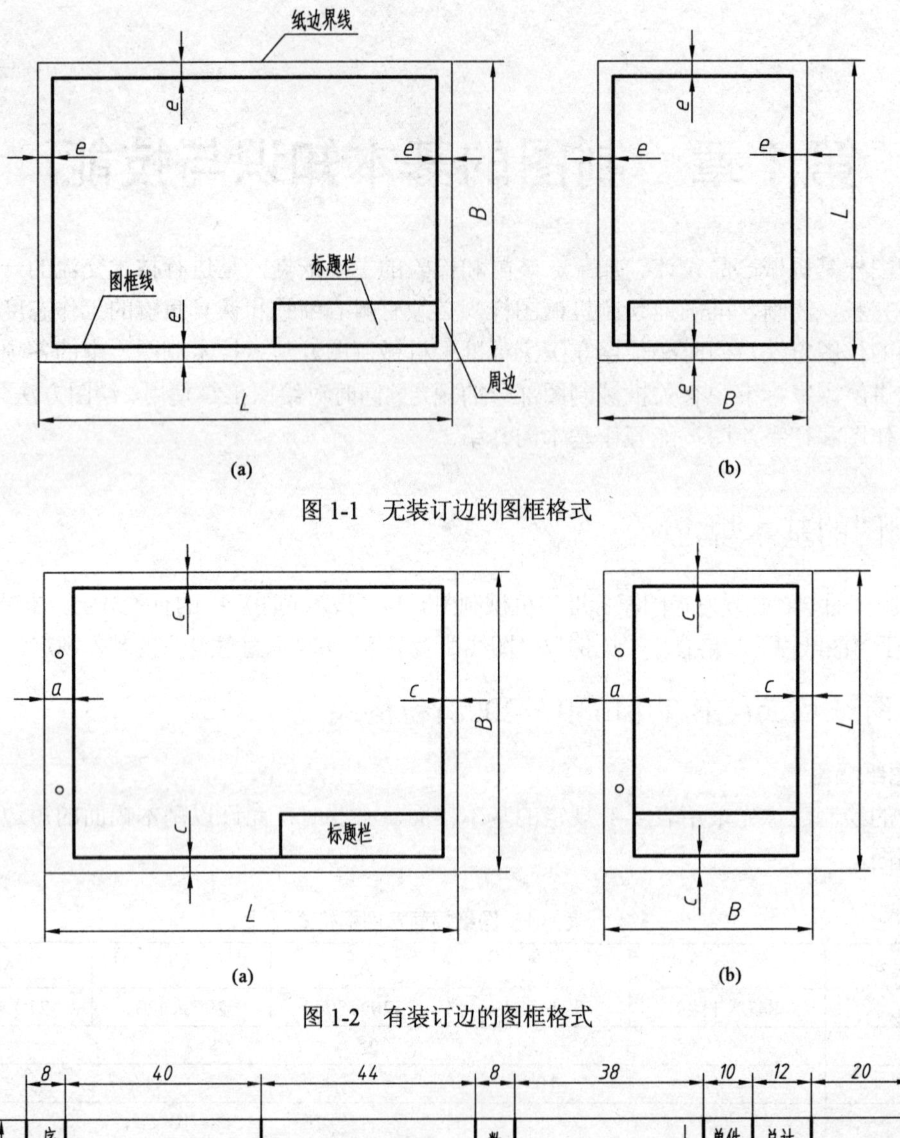

图 1-1　无装订边的图框格式

图 1-2　有装订边的图框格式

8	40	44	8	38	10	12	20
序号	代号	名称	数量	材料	单件	总计	备注
					重量		

10	10	16	16	12	16				
						(材料标记)			(单位名称)
标记	处数	分区	更改文件号	签名	年月日	4×6.5	12	12	
设计	(签名)	(年月日)	标准化	(签名)	(年月日)	阶段标记	重量	比例	(图样名称)
制图	(签名)						(重量)	(比例)	
审核									(图样代号)
工艺			批准			共　张	第　张		
12	12	16	12	12	16	50			

10　7　7×8　10　9　9

180

图 1-3　标准标题栏及明细栏

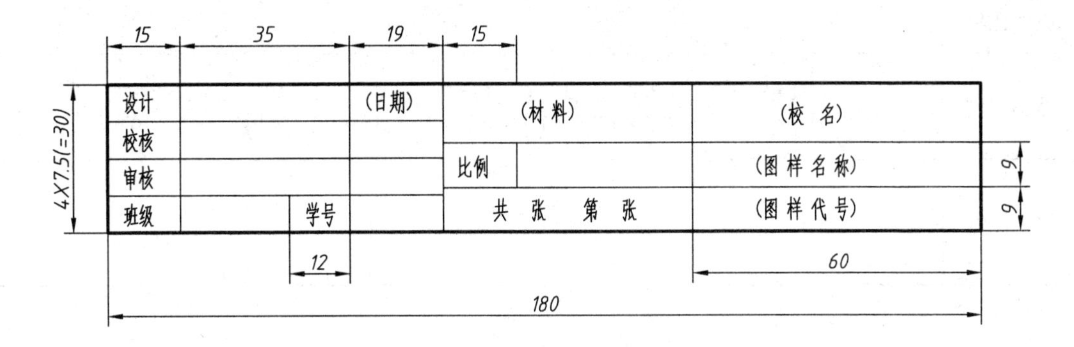

图 1-4　简化标题栏

1.1.2　比例(GB/T 14690－1993)

比例指的是图中图形与实际机件相应要素的线性尺寸之比。

不管绘制机件时所采用的比例是多少，在标注尺寸时，仍应按机件的实际尺寸标注，与绘图的比例无关(图 1-5)。

绘图时，首先应从表 1-2 规定的系列中选取适当的比例，优先选用不带括号的比例。

绘制同一机件的各个视图时，应尽可能采用相同的比例，并在标题栏的比例栏中填写。当某个视图必须采用不同比例时，可在该视图的上方另行标注。

1.1.3　字体(GB/T 14691－1993)

字体包括有汉字、数字与字母。字体的书写必须做到：字体工整、笔画清楚、间隔均匀、排列整齐。字体的号数，即字体高度 h，其公称尺寸系列为：1.8mm、2.5mm、3.5mm、5mm、7mm、10mm、14mm、20mm；其中汉字的高度 h 不应小于 3.5mm。

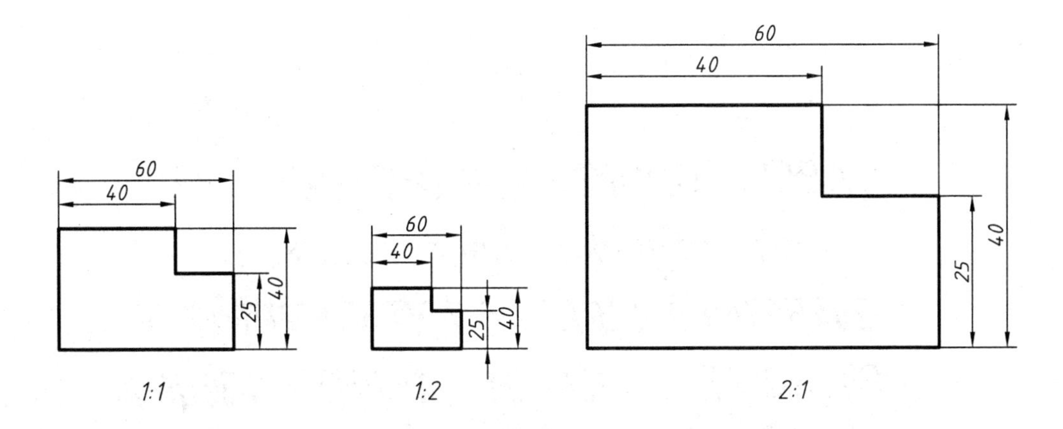

图 1-5　用不同比例绘制的图

表 1-2　图样的比例

原值比例	1:1
缩小比例	(1:1.5)　1:2　(1:2.5)　(1:3)　(1:4)　1:5　(1:6)　$1:1\times10^n$　$(1:1.5\times10^n)$ $1:2\times10^n$　$(1:2.5\times10^n)$　$(1:3\times10^n)$　$(1:4\times10^n)$　$1:5\times10^n$　$(1:6\times10^n)$
放大比例	2:1　(2.5:1)　(4:1)　5:1 $1\times10^n:1$　$2\times10^n:1$　$(2.5\times10^n:1)$　$(4\times10^n:1)$　$5\times10^n:1$

注：n 为正整数。

汉字应写成长仿宋体字，并采用国家正式公布推行的简化字，其字宽一般为 $h/\sqrt{2}$ (约 0.7h)。汉字示例如图 1-6 所示。

字母和数字分为 A 型和 B 型。A 型字体的笔画宽度为字高的 1/14，B 型字体笔画宽度为字高的 1/10。在同一图样上只允许选用一种形式的字体。字母和数字可写成斜体或直体，但全图要统一。斜体字字头向右倾斜，与水平基准线成 75°。如图 1-7 所示为 B 型斜体字母、数字和字体在图纸上的应用示例。

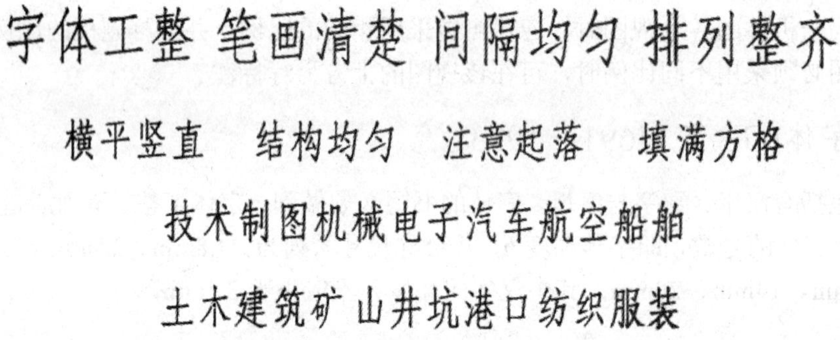

字体工整 笔画清楚 间隔均匀 排列整齐

横平竖直　结构均匀　注意起落　填满方格

技术制图机械电子汽车航空船舶

土木建筑矿山井坑港口纺织服装

图 1-6　长仿宋体汉字示例

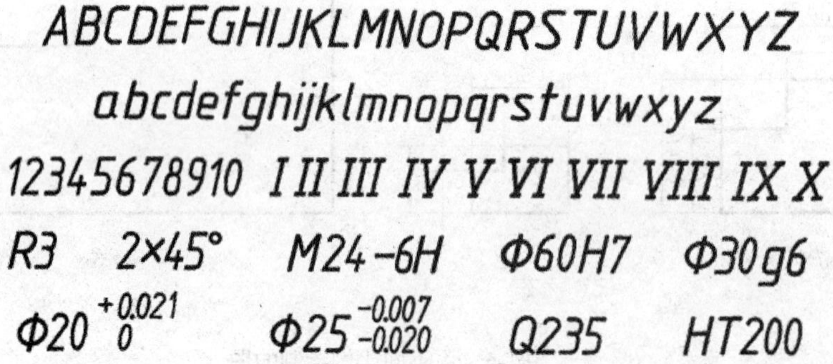

ABCDEFGHIJKLMNOPQRSTUVWXYZ

abcdefghijklmnopqrstuvwxyz

12345678910　I II III IV V VI VII VIII IX X

R3　2×45°　M24-6H　Φ60H7　Φ30g6

$\Phi20^{+0.021}_{0}$　$\Phi25^{-0.007}_{-0.020}$　Q235　HT200

图 1-7　B 型斜体字母、数字及字体示例

1.1.4　图线

在机械制图中常用的线型有实线、虚线、点画线、双点画线、波浪线、双折线等(表 1-3)。

表 1-3　基本线型及应用（BG/T4457.4－2002）

图线名称	图线型式	线宽	一般应用
粗实线		d	可见轮廓线、相贯线、螺纹牙顶线及终止线等
虚线		$d/2$	不可见轮廓线 不可见过渡线
细实线			尺寸线及尺寸界线 剖面线 重合剖面的轮廓线及过渡线 螺纹的牙底线及齿轮的齿根线 指引线和基准线 局部放大部位的范围线
波浪线			断裂处的边界线 视图和剖视的分界线
细点画线			轴线 对称中心线 分度圆(线)
双点画线			相邻辅助零件的轮廓线 运动机件在极限位置轮廓线 轨迹线
双折线			断裂处的边界线 视图和剖视的分界线
粗点画线		d	有特殊要求的线或表面的表示线

图线的线宽 d 应根据图形的大小和复杂程度，在下列系列中选择：0.18mm、0.25mm、0.35mm、0.5mm、0.7mm、1mm、1.4mm、2mm。

在机械图样上，图线一般只有两种宽度，分别称为粗线和细线，其宽度之比为 2:1。在通常情况下，粗线的宽度采用 0.7mm，细线的宽度采用 0.35mm。在平时完成作业时，也可采用粗线 0.5mm，细线 0.25mm。

图 1-8 为上述几种图线的应用举例。在图示零件的视图上，粗实线表达该零件的可见轮廓线；虚线表达不可见轮廓线；细实线表达尺寸线、尺寸界线及剖面线；波浪线表达断裂处的边界线及视图和剖视的分界线；细点画线表达对称中心线及轴线；双点画线表达相邻辅助零件的轮廓线及极限位置轮廓线。

在图线的绘制及应用中，应注意(图 1-9)：

(1) 同一图样中，同类图线的宽度应一致，虚线、点画线及双点画线的线段长度和间隔应各自大致相等，其长度可根据图形的大小决定。

(2) 绘制圆的对称中心线时，圆心应为线段的交点。点画线的首末两端应是线段而不是点，且应超出图形外 2~5mm。在较小的图形上绘制点画线或双点画线有困难时，可用细实线代替。

(3) 当虚线与虚线、或虚线与粗实线相交时，应该是线段相交。当虚线是粗实线的延长线时，在连接处应断开。

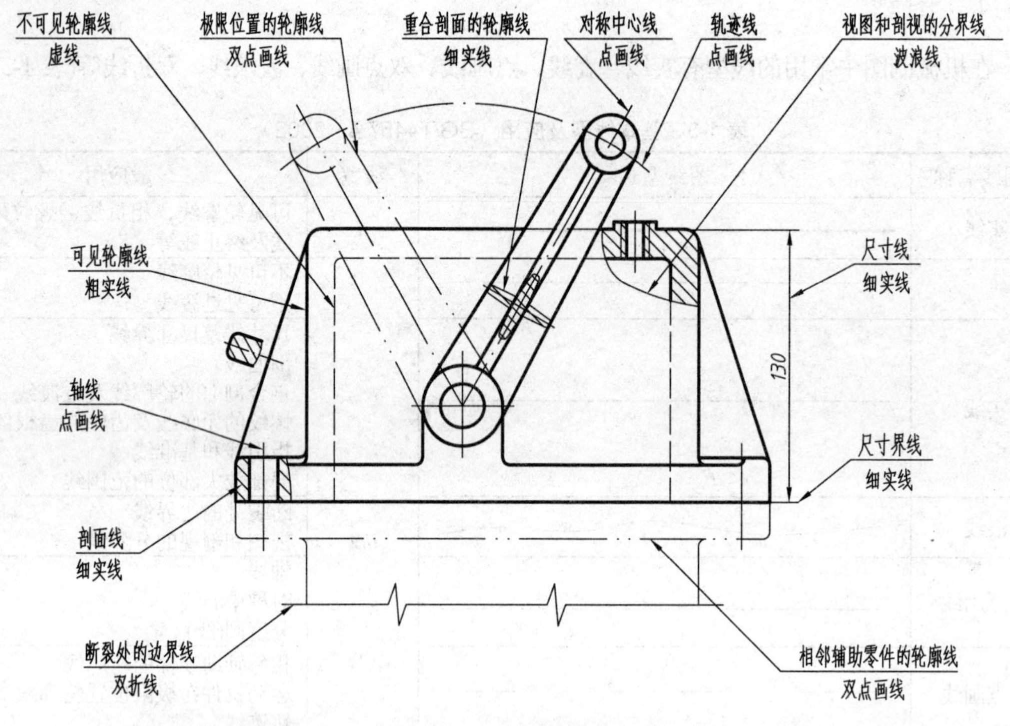

图 1-8　图线及其应用

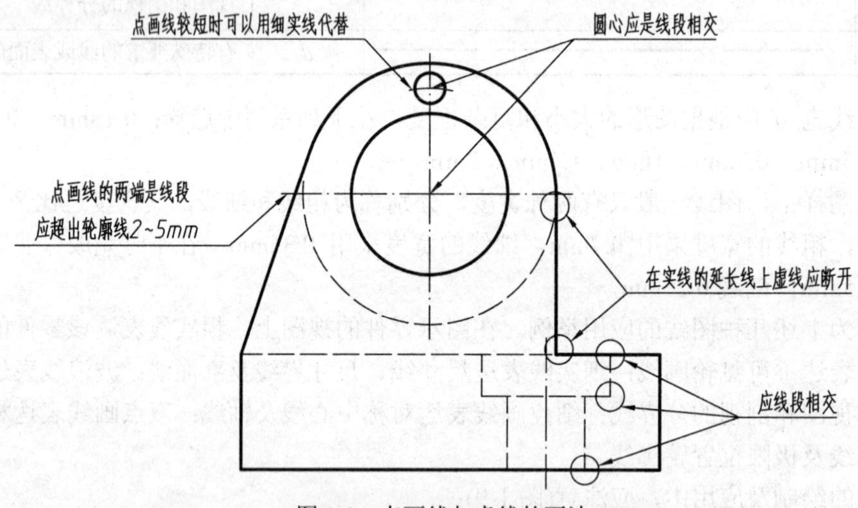

图 1-9　点画线与虚线的画法

1.1.5　尺寸注法

图样中所标注的尺寸，应为机件的实际尺寸，并为该图样所示工件的最后完工尺寸。图样中(包括技术要求和其他说明)的尺寸，以 mm(毫米)为单位时，不需标注单位的代号或名称，如采用其他单位时，则必须注明，如°(度)、cm(厘米)、m(米)等。机件的每一个尺寸，一般只标注一次，并应标注在反映该结构最清晰的图形上。

一个完整的尺寸，由尺寸数字、尺寸线、尺寸界线和尺寸的终端(箭头或斜线)组成。

(1) 图样中的尺寸数字一般为 3.5 号字，并应按标准字体书写。尺寸数字要保证清晰，不可被任何图线通过，否则必须将图线断开。

(2) 尺寸线和尺寸界线均用细实线绘制。尺寸界线应由图形的轮廓线、轴线或对称中心线处引出，也可利用轮廓线、轴线和对称中心线作尺寸界线，并超出尺寸线终端 2~3mm。

尺寸线不能用其他图线代替，一般也不得与其他图线重合或画在其延长线上。同一图样中，尺寸线与轮廓线以及尺寸线与尺寸线之间的距离应大致相当，一般约为字高的 2 倍为宜。

尺寸要素及标注示例如图 1-10 所示。

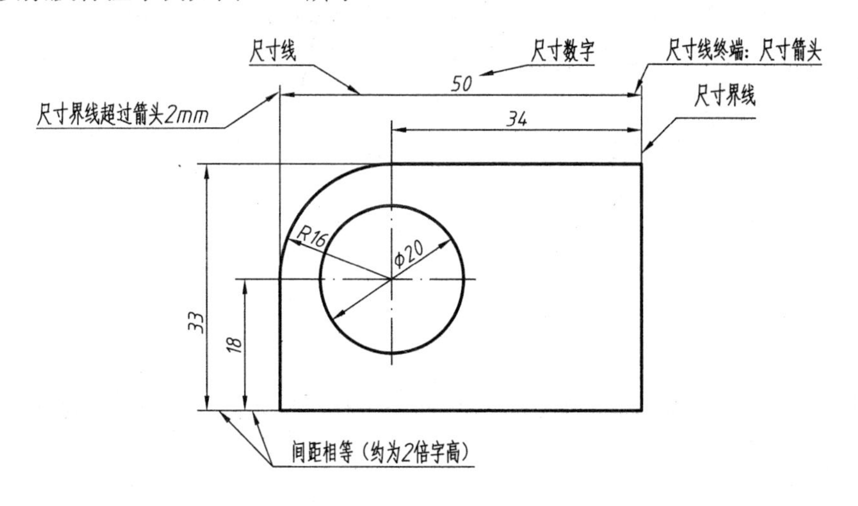

图 1-10　尺寸要素及标注

(3) 尺寸线的终端可以有两种形式(图 1-11)：箭头或斜线，但绘制机械图时须用箭头，其尖端应与尺寸界线接触，箭头长度约为粗实线宽度的 6 倍。特殊情形下也可用 45°斜线，斜线的高度应与尺寸数字的高度相等。

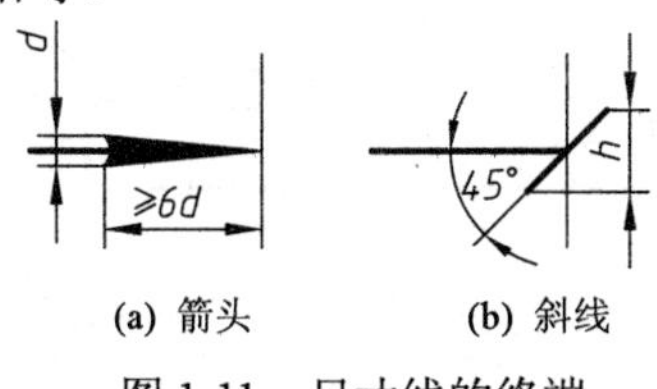

图 1-11　尺寸线的终端

箭头应尽量画在尺寸界线的内侧。对于较小的尺寸，在没有足够的位置画箭头或注写数字时，也可将箭头或数字放在尺寸界线的外面。当遇到连续几个较小的尺寸时，允许用圆点或细斜线代替箭头，如图 1-12 所示。

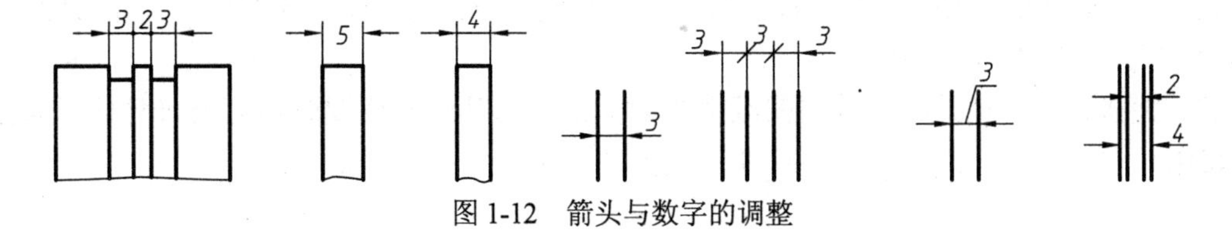

图 1-12　箭头与数字的调整

1. 线性尺寸的注法

线性尺寸的尺寸数字一般应注写在尺寸线的上方，但也允许注写在尺寸线的中断处。尺寸数字的方向，一般应按如图 1-13(a)所示的方向注写，并尽可能避免在图示 30°范围内标注尺寸。当无法避免时，可按如图 1-13(b)所示进行标注。

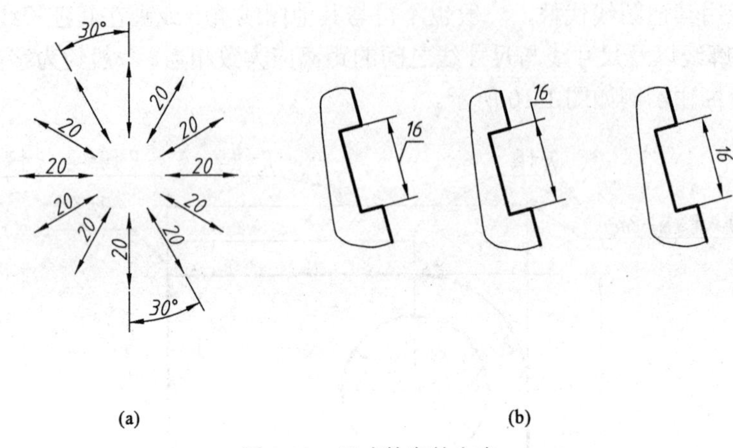

图 1-13 尺寸数字的方向

标注线性尺寸时，尺寸线必须与所标注的线段平行。尺寸界线一般应与尺寸线垂直，必要时允许倾斜(图 1-14)。

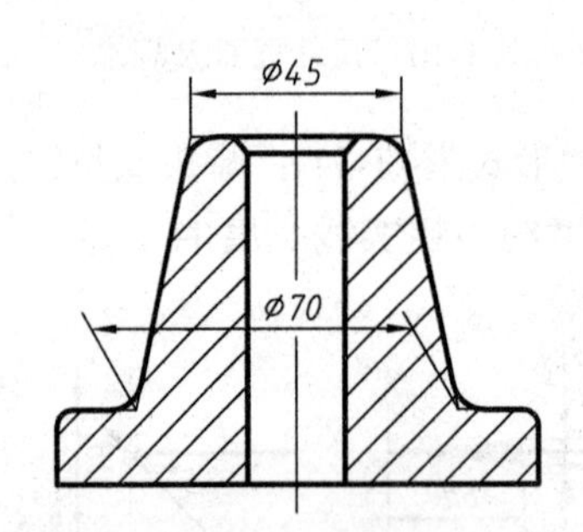

图 1-14 必要时尺寸界线允许倾斜

2. 圆的直径和圆弧半径的注法

(1) 对于整圆或大于半圆的圆弧，应标注直径。标注圆的直径时，尺寸线应通过圆心，尺寸线的两个终端应画成箭头，并在数字前加注符号“ϕ”[图 1-15(a)]。当图形中的圆只画出一半或略大于一半时，尺寸线应略超过圆心，此时仅在尺寸线一端画出箭头[图 1-15(b)]。

(2) 标注圆弧的半径时，尺寸线一端一般应画到圆心，另一端画成箭头，并在尺寸数字前加注符号“R”[图 1-15(c)]。

(3) 大圆弧的半径过大，或在图纸范围内无法标出其圆心位置时，可将尺寸线折断[图 1-15(d)]。

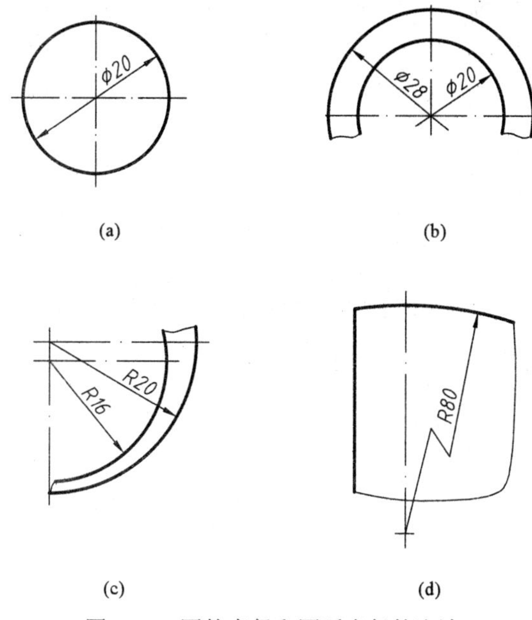

图 1-15　圆的直径和圆弧半径的注法

(4) 标注球面的直径和半径时，应在符号“ϕ”和“*R*”前加辅助符号“*S*”(图 1-16)。但对于有些轴及手柄的端部等，在不致引起误解情况下，可省略符号“*S*”。

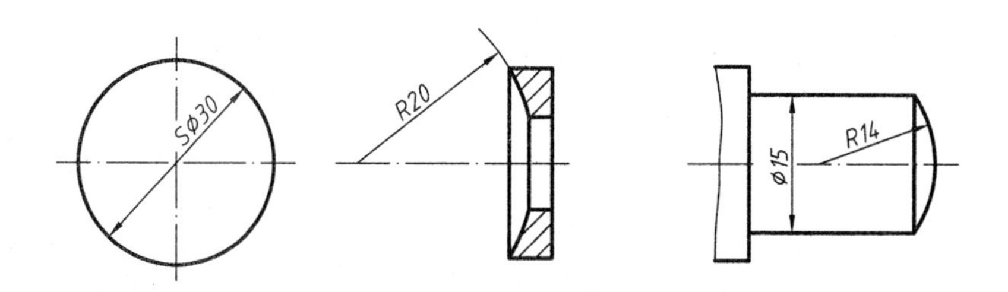

图 1-16　球面直径和半径的标注

(5) 在图形上直径较小的圆或圆弧，在没有足够的位置画箭头和注写尺寸数字时，可按图 1-17 的形式标注。标注小圆弧半径的尺寸线，不论是否画到圆心，但其方向必须通过圆心。

3. 角度及其他尺寸的注法

角度尺寸的标注如图 1-18(a)所示。标注角度尺寸时要注意：

(1) 尺寸线应画成圆弧，其圆心是该角的顶点，尺寸界线应沿径向引出。

(2) 角度的数字应一律写成水平方向，一般注写在尺寸线的中断处，必要时也可以注写在尺寸线的上方和外面，也可引出标注。

其他尺寸，比如弦长和弧长尺寸的注法、对称尺寸的注法、板状机件厚度的注法分别如图 1-18(b)(c)(d)所示。

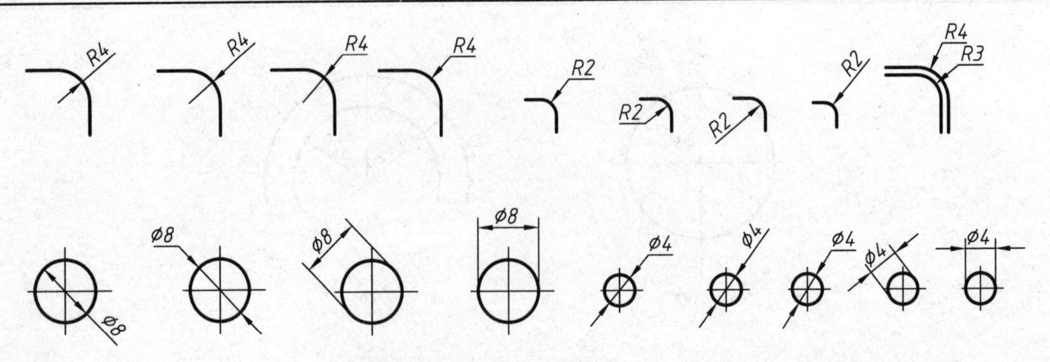

图 1-17 小圆或圆弧的标注

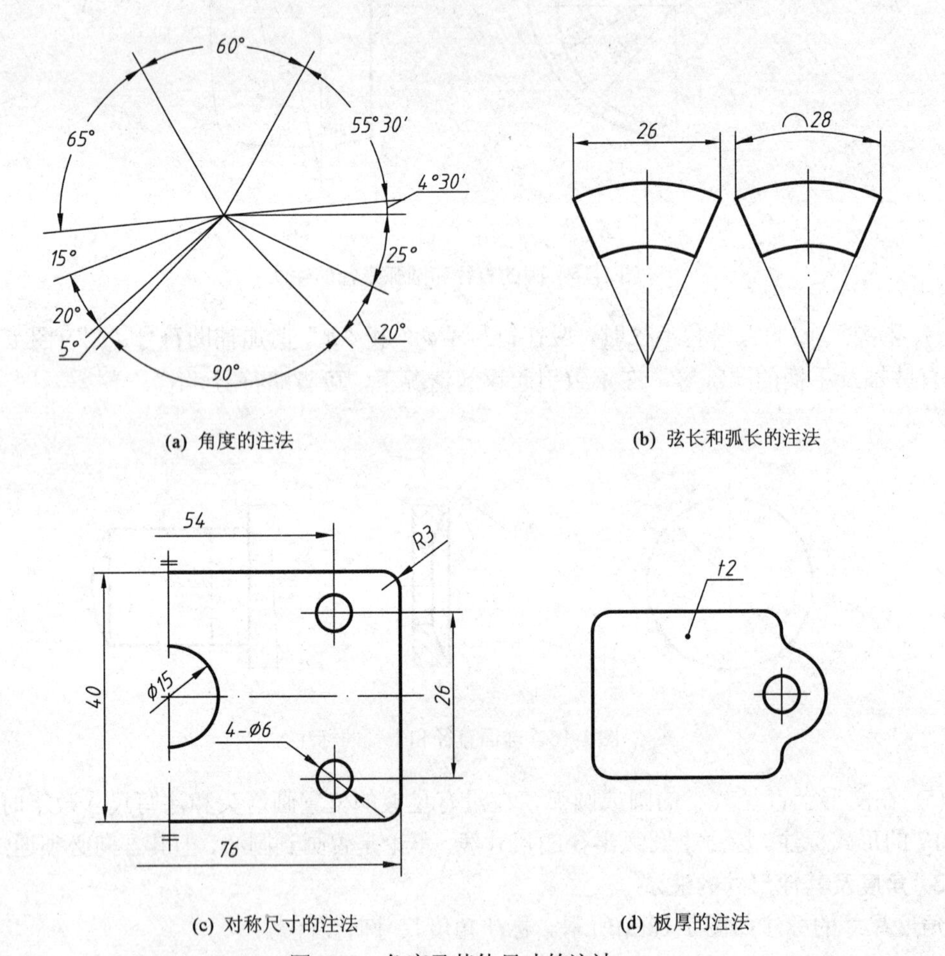

(a) 角度的注法 (b) 弦长和弧长的注法

(c) 对称尺寸的注法 (d) 板厚的注法

图 1-18 角度及其他尺寸的注法

1.2 绘图工具及其使用

要快速准确地绘制机械图样，了解并掌握绘图工具的正确使用方法是必备的条件。在此介绍一些常用的绘图工具及其使用。

1.2.1 铅笔

常用的绘图铅笔有木杆铅笔和活动铅笔两种。铅芯的软硬程度分别用字母 B、H 前的数值表示。H 前的数字越大，铅芯越硬，画出来的图线就越淡；B 前的数字越大，铅芯越软，画出来的图线就越黑。绘图时通常用 H 或 2H 铅笔来画底稿；用 B 或 HB 铅笔来画粗实线；用 HB 铅笔来画细线和写字。由于圆规画圆时不便用力，因此圆规上使用的铅芯一般要比绘图铅笔要软一级。

在绘制工程图样时应使用专用的绘图铅笔，并根据线型的不同，选择不同型号的绘图铅笔。绘图铅笔的准备：用于画粗实线铅笔的铅芯应磨成矩形断面，其余的磨成圆锥形，如图 1-19 所示。

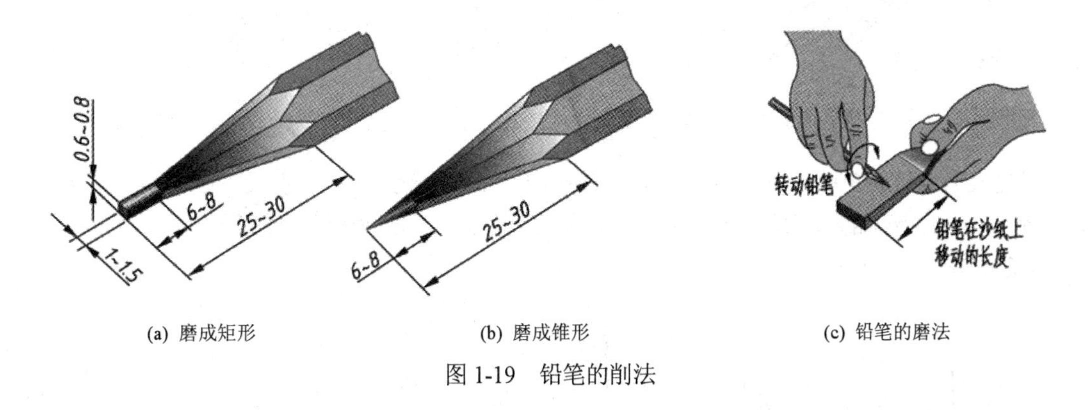

(a) 磨成矩形　(b) 磨成锥形　(c) 铅笔的磨法

图 1-19　铅笔的削法

画线时，铅笔在前后方向应与纸面垂直[图 1-20(a)]，也可略向尺外方向倾斜，铅笔与尺身之间应该没有空隙[图 1-20(b)]，而且向画线前进方向倾斜约 30°(图 1-21)。当画粗实线时，因用力较大，倾斜角度可小一些。画线时用力要均匀，匀速前进。

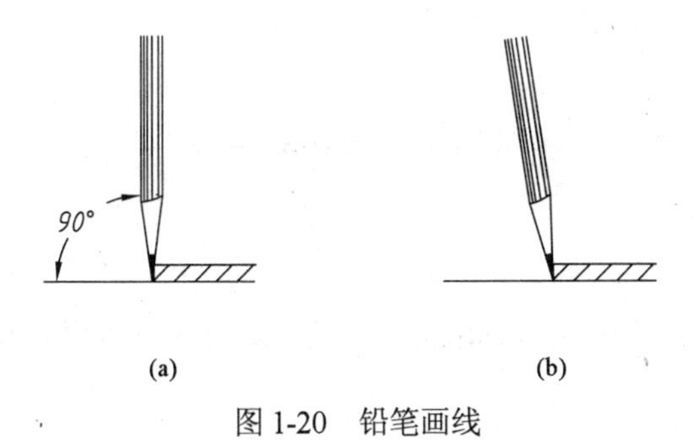

(a)　(b)

图 1-20　铅笔画线

1.2.2 图板、丁字尺和三角板

图板是供铺放图纸用的，它的表面必须平坦光滑。图板的左右短边为导边，必须平直。图板常用的规格有 A0、A1、A2 三种。绘图时，用胶带纸将图纸固定在图板的适当位置。为了便于画图，图纸应尽量固定在图板的左下方，并保证图上的所有水平线与图框线平行。

丁字尺是用来画水平线的。使用时用左手握住尺头，使其紧靠图板的左侧导边作上下移动，右手执笔，沿丁字尺工作边自左向右画线。画线时，笔杆应稍向外倾斜，尽量使笔尖贴靠尺边，如图 1-21 所示。如画较长的水平线时，左手应按住丁字尺尺身。画垂直线时，手法如图 1-22 所示，自下往上画线。

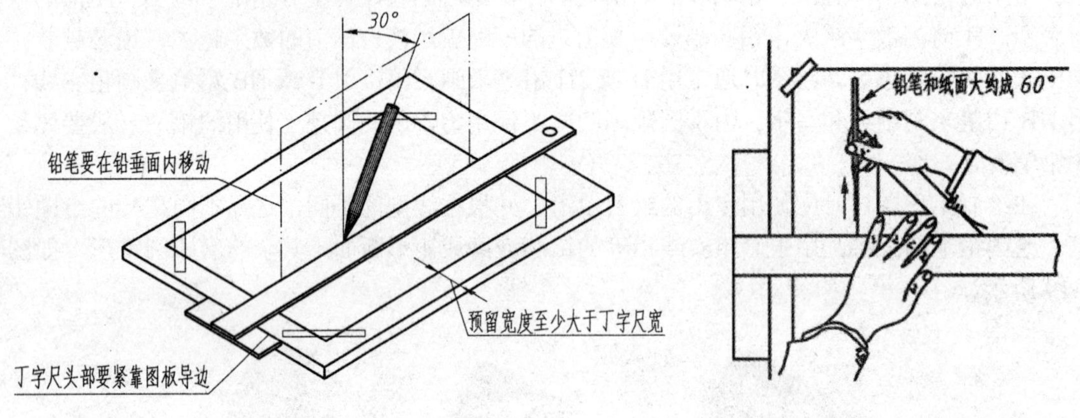

图 1-21 用丁字尺画水平线图　　图 1-22 用丁字尺画垂直线

三角板有 45°和 30°(60°)两块，如图 1-23(a)所示。三角板配合丁字尺可画垂直线、45°、30°、60°、及 15°倍角的斜线，如图 1-23(b)所示。用两块三角板配合可画任意角度的平行线，如图 1-23(c)所示。

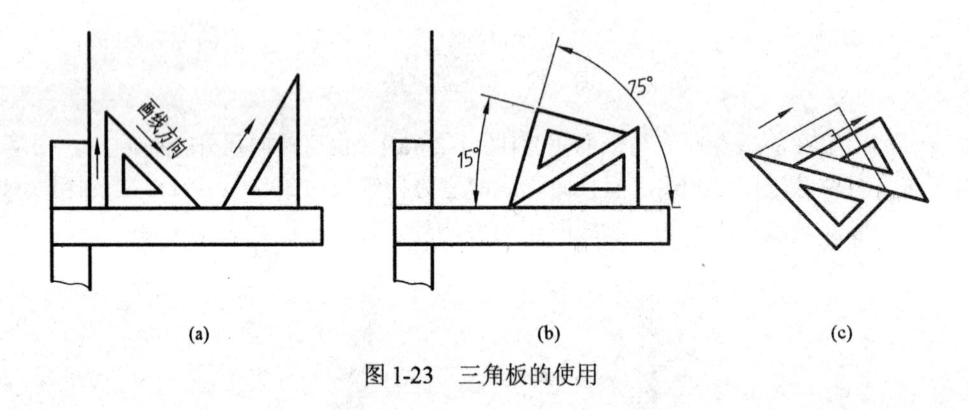

图 1-23 三角板的使用

1.2.3 比例尺

比例尺有三棱式和板式两种[图 1-24(a)]，尺面上刻有各种不同比例的刻度。在用不同

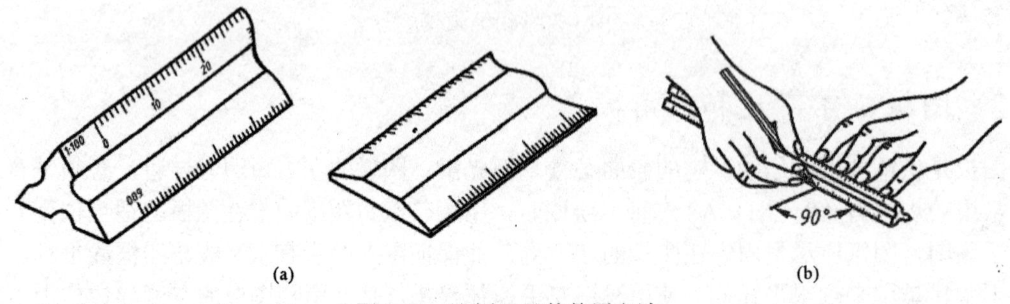

图 1-24 比例尺及其使用方法

比例绘制图样时，只要在比例尺的相应比例刻度上直接量取长度即可[图 1-24(b)]。

在有些多功能三角板上，往往配有不同比例刻度，可同时作比例尺使用。

1.2.4　分规和圆规

分规是用来量取线段长度和分割线段的工具，使用时两针尖应平齐，如图 1-25 所示。

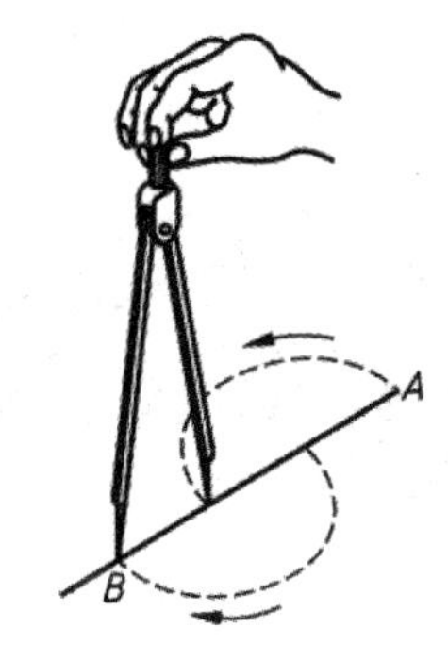

图 1-25　分规的用法

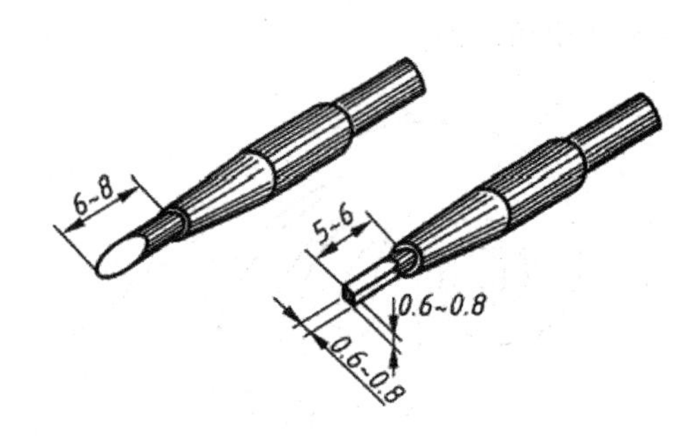

图 1-26　铅笔芯的削法

圆规用来画圆。在加深粗实线圆时，铅笔芯应磨成矩形；画细线圆时，铅笔芯应磨成铲形，如图 1-26 所示。画图时，应当匀速前进，并注意用力均匀。圆规所在的平面应稍向前进方向倾斜，如图 1-27 所示。

圆规针脚上的针应将带支承面的小针尖向下，以避免针尖插入图板过深，针尖的支承面应与铅笔芯对齐，如图 1-28(a)所示。当画大直径的圆或加深时，圆规的针脚和铅笔脚均应保持与纸面垂直，如图 1-28(b)所示。必要时，可用加长杆来扩大所画圆的半径，其用法如图 1-29 所示。

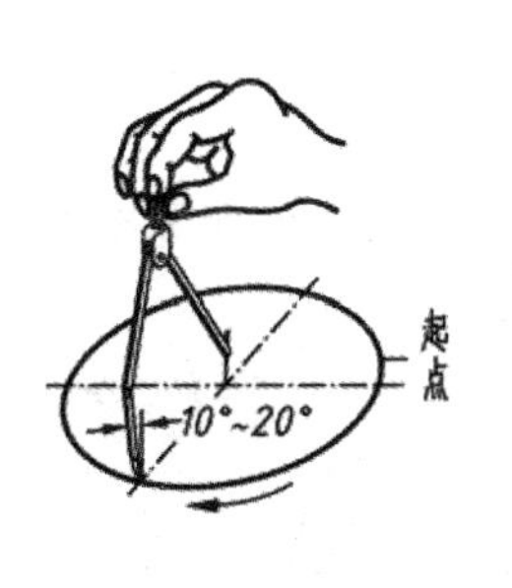

图 1-27　画圆方法

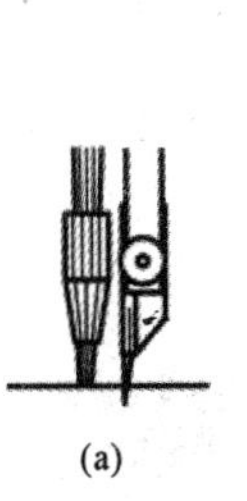

(a)　(b)

图 1-28　圆规针脚的使用法

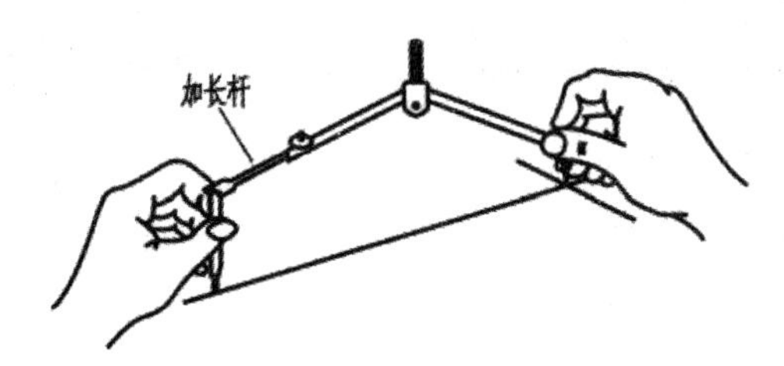

图 1-29　延长杆的用法

1.2.5 曲线板

曲线板是用来画非圆曲线的工具，其轮廓由多段不同曲率半径的曲线组成(图 1-30)。

作图时，先徒手用铅笔轻轻地把曲线上一系列的点顺次地连接成一条曲线，然后选择曲线板上曲率合适的部分与徒手连接的曲线贴合，并将曲线加深。每次连接应至少通过曲线上三个点，并注意每画一段线，都要比曲线板边与曲线贴合的部分稍短一些，这样才能使所画的曲线光滑地过渡。

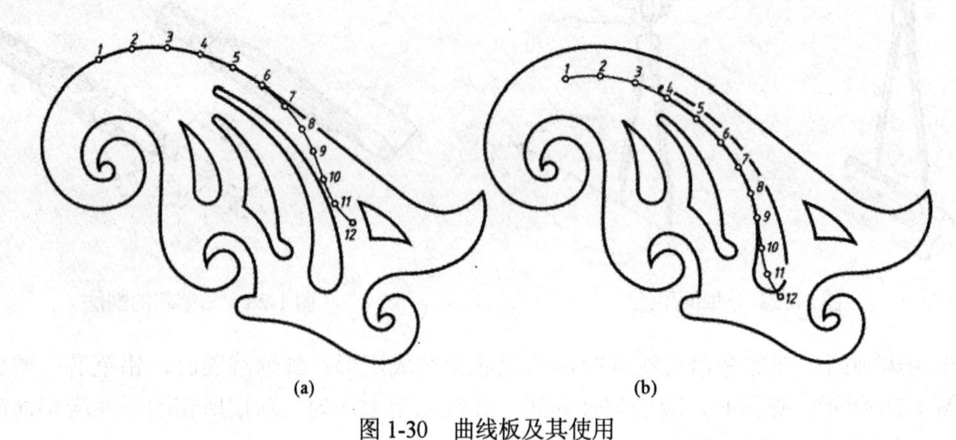

图 1-30　曲线板及其使用

1.3 几何作图

在绘制工程图样过程中，经常会遇到一些几何作图问题。必须学会分析图形并掌握基本的几何作图方法，才能准确地将图形绘制出来。

1.3.1 过点作已知直线的平行线和垂直线

借助两个三角板，可以过点作已知直线的平行线和垂直线，方法如图 1-31 所示。

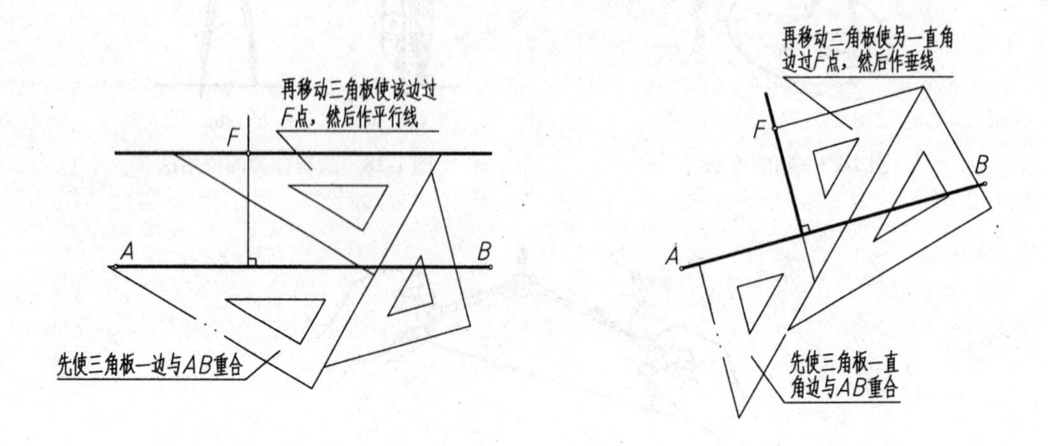

图 1-31　过点作已知直线的平行线

1.3.2　任意等分直线段

如图 1-32 所示，过 *AB* 线段的一个端点 *A* 作一与其成一定角度的直线段 *AC*，然后在此线段上用分规截取所需的等分线段数(图中为 5 等分)，将其最后的等分点 5 与原线段的另一端点 *B* 相连，然后过各等分点作此线段 5*B* 的平行线与原线段相交，各交点即为所需作出的等分点。

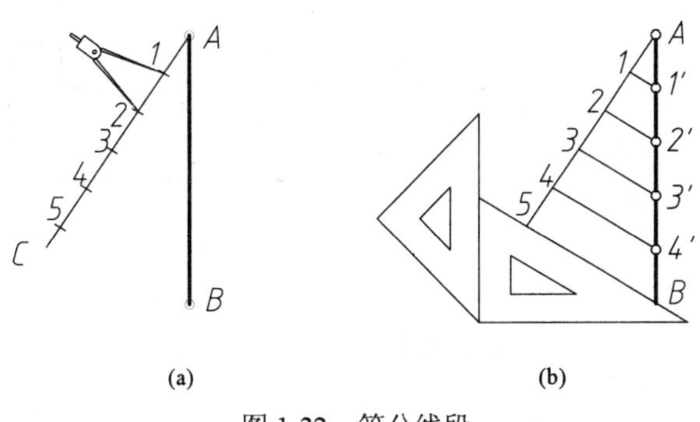

图 1-32　等分线段

1.3.3　作正六边形

正六边形可使用 30°(60°)三角板与丁字尺配合，根据已知条件直接作出。具体作法如图 1-33 所示。

(1) 用三角板过中心线与六边形外接圆交点 *A* 与 *B* 绘制直线段 *A*4 与 2*B*，2 与 4 为直线段与外接圆的交点。

(2) 用反向的三角板过中心线与六边形外接圆交点 *A* 与 *B* 绘制直线段 1*A* 与 *B*3，1 与 3 为直线段与外接圆的交点。

(3) 连接 1、2 与 3、4，完成正六边形绘制。

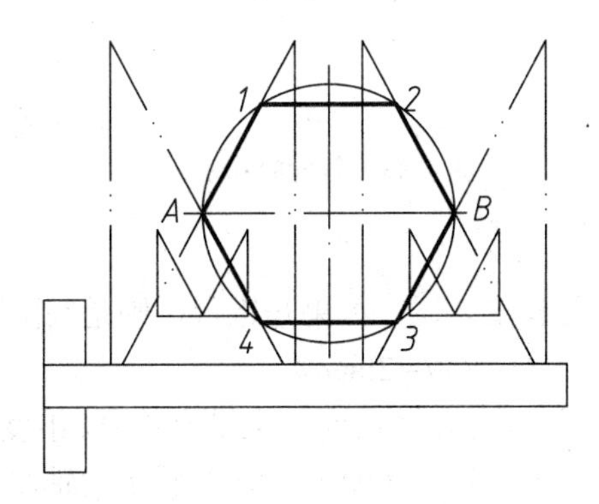

图 1-33　正六边形的作法

1.3.4　斜度与锥度

1. 斜度

斜度是指一平面对另一平面的倾斜程度，通常以直角三角形中两直角边的比值来表示[图

1-34(a)]，即斜度 $\tan\alpha = H/L$。

通常在图样上都是将比例化成 1:n 的形式加以标注，并在其前面加上斜度符号。斜度的符号如图 1-34(b)所示，图中尺寸 h 为尺寸数字的高度，符号的线宽为 1/10。标注斜度的方法如图 1-34(c)(d)所示，应注意斜度符号的方向应与斜度的方向一致。

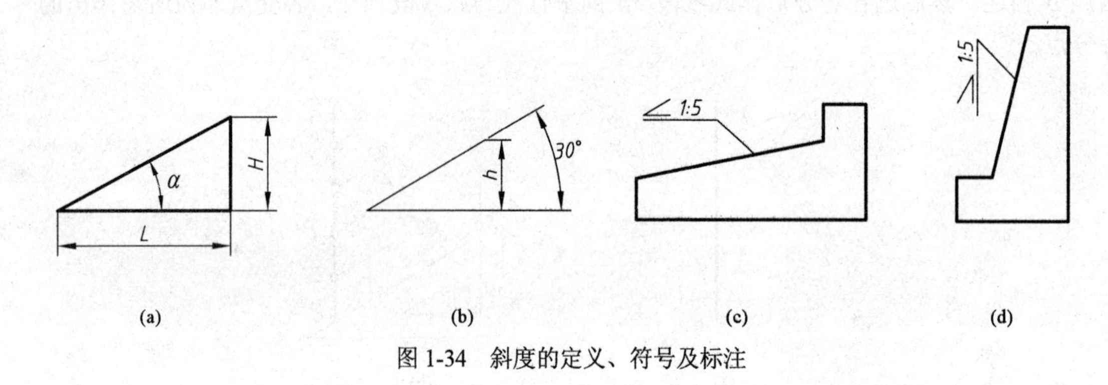

图 1-34 斜度的定义、符号及标注

斜度的作图步骤如下，先按其他有关尺寸作出它的非倾斜部分的轮廓[图 1-35(b)]，再过 A 点作水平线，用分规任取一个单位长度 AB，并使 $AC=5AB$，过 C 点作垂线，并取 $CD=AB$，连 AD 即完成该斜面的投影[图 1-35(c)]。

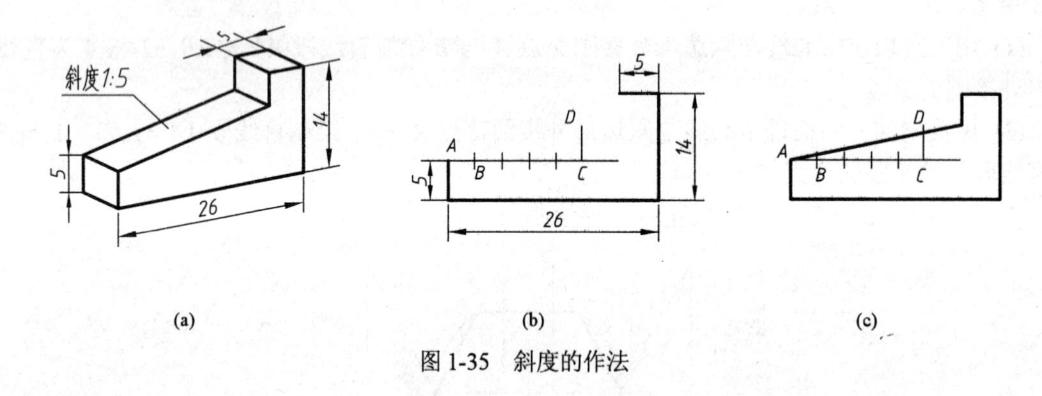

图 1-35 斜度的作法

2. 锥度

锥度是指圆锥的底面直径与长度之比。如果是锥台，则是底圆直径和顶圆直径的差与长度之比[图 1-36(a)，即锥度$=D/L=(D-d)/l=2\tan\alpha$。

通常锥度也化成 1: n 形式标注，并在其前面加上锥度符号。锥度的符号如图 1-36(b)所示，标注锥度的方法如图 1-36(c)(d)所示。锥度可直接标注在圆锥的轴线上面，也可从圆锥的外形轮廓线处引出进行标注，应注意锥度符号的方向应与锥度的方向一致。

如图 1-37(b)所示，圆台的锥度为 1:3。其锥度的作图步骤如下：首先根据圆台的长度 26 和底圆直径 ϕ 18 作出 AO 线和 FG 线，过 A 点用分规任取一个单位长度 AB，并使 $AC=3AB$[图 1-37(b)]，过 C 作垂线，并取 $DE=2CD=AB$，连 AD 和 AE，然后分别过 F 点和 G 点作 AD 和 AE 的平行线[图 1-37(c)]，即完成该圆锥台的投影。

1.3.5　圆弧连接

绘图时，常需要将一条线(直线或圆弧)光滑地过渡连接到另一条线上。这种光滑过渡连接，即为线段的相切连接，其中包括直线与圆弧的相切连接、圆弧与圆弧相切连接。工程图样中的大多数图形，是用已知半径的圆弧去光滑地连接两已知线段(直线或圆弧)。其中起连接作用的圆弧称为连接弧。由于切点即为连接点，在圆弧连接作图时，必须根据连接弧的几何性质，准确求出连接弧的圆心和切点的位置。

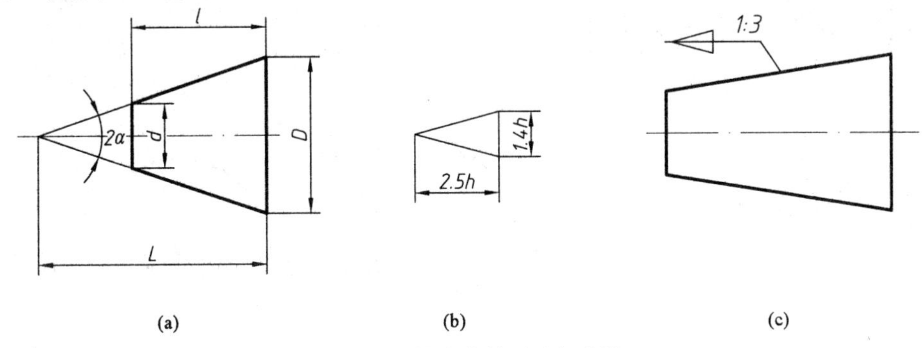

(a)　(b)　(c)

图 1-36　锥度的符号及标注法

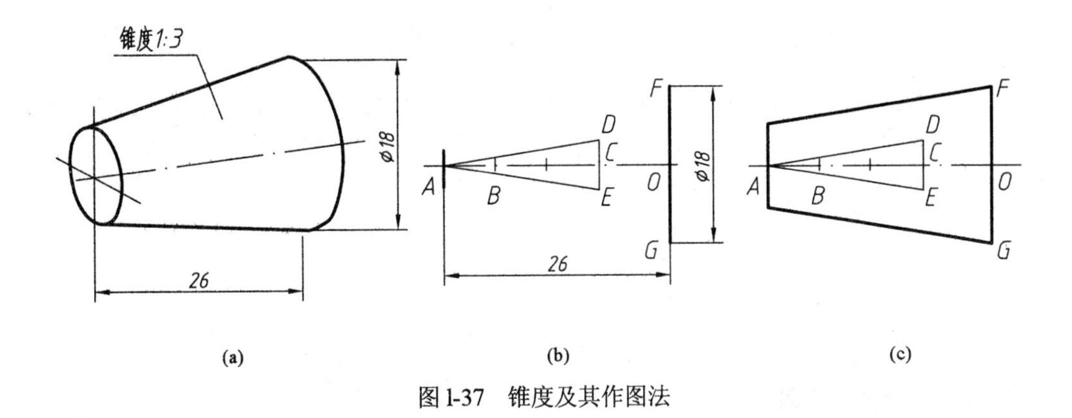

(a)　(b)　(c)

图 1-37　锥度及其作图法

1. 用圆弧连接两已知直线

已知直线 AC、BC 及连接圆弧的半径 R(图 1-38)，作连接圆弧的方法如下：

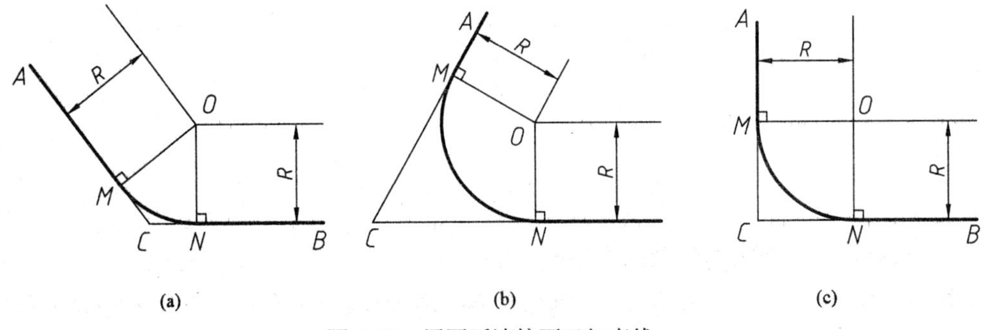

(a)　(b)　(c)

图 1-38　用圆弧连接两已知直线

(1) 求连接弧的圆心。作两辅助直线分别与 *AC* 及 *BC* 平行，且距离都等于 *R*，两辅助直线的交点 *O* 就是所求连接圆弧的圆心。

(2) 求连接弧的切点。过点 *O* 分别向两已知直线作垂线，得到垂足 *M*、*N*，即为切点。

(3) 作连接弧。以点 *O* 为圆心，*R* 为半径，*M* 与 *N* 为两端点作圆弧，即完成圆弧的连接。

2. 用半径为 *R* 的连接圆弧连接两已知圆弧

(1) 与两圆弧外切时的画法(图 1-39)。分别以 O_1、O_2 为圆心，$R+R_1$ 与 $R+R_2$ 为半径画弧，交点 *O* 即为连接弧圆心。连 OO_1、OO_2，它们与已知弧的交点即为切点[图 1-39(b)]。以 *O* 为圆心，*R* 为半径在两切点间画弧即可[图 1-39(c)]。

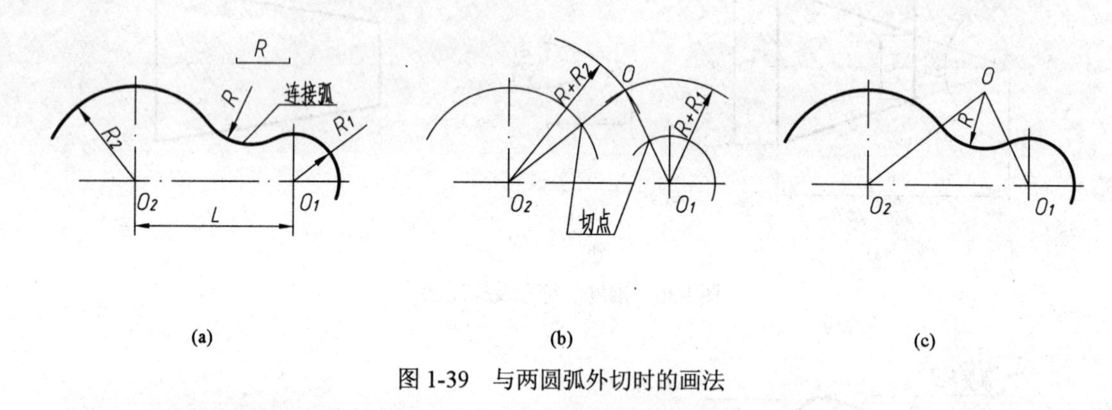

图 1-39 与两圆弧外切时的画法

(2) 与两圆弧内切时的画法(图 1-40)。分别以 O_1、O_2 为圆心，$R-R_1$ 与 $R-R_2$ 为半径画弧，交点 *O* 即为连接弧圆心。连 OO_1、OO_2 并延长，它们与已知弧的交点即为切点[图 1-40(b)]。以 *O* 为圆心，*R* 为半径在两切点间画弧即可[图 1-40(c)]。

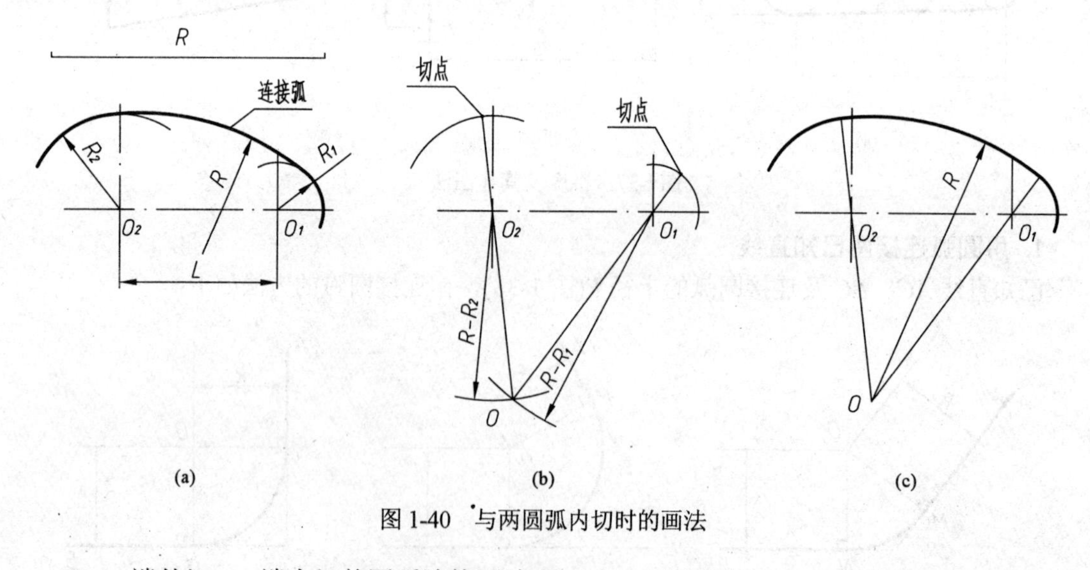

图 1-40 与两圆弧内切时的画法

(3) 一端外切、一端内切的圆弧连接画法(图 1-41)。分别以 O_1、O_2 为圆心，$R-R_1$ 与 $R+R_2$ 为半径画弧，交点 *O* 即为连接弧圆心。连 OO_1、OO_2，它们与已知弧的交点即为切点[图 1-41(b)]。以 *O* 为圆心，*R* 为半径在两切点间画弧即可[图 1-41(c)]。

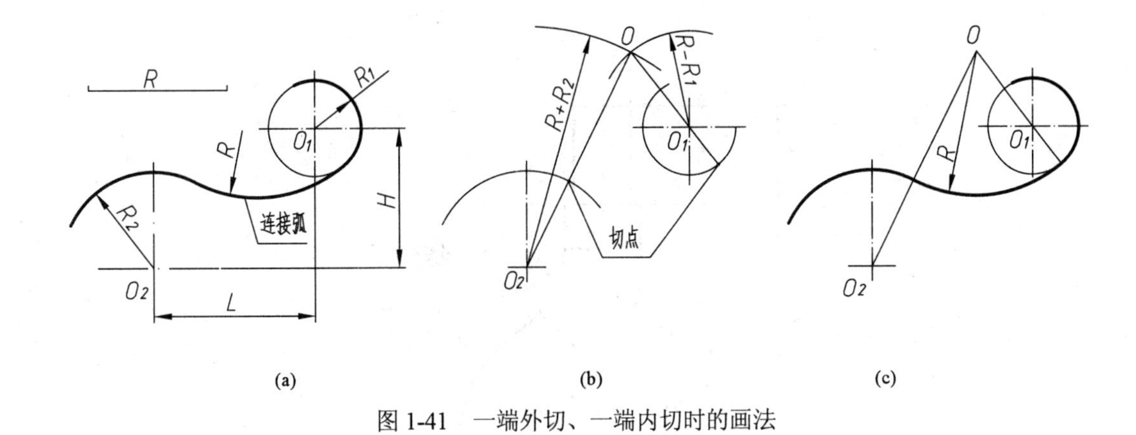

(a)　(b)　(c)

图 1-41　一端外切、一端内切时的画法

1.3.6　椭圆的近似画法

椭圆是非圆曲线，在绘图时，通常是根据已知椭圆的长轴和短轴，用四段相切的圆弧近似，这种近似画法通常称之为四心圆法(图 1-42)。具体作图步骤如下：

(1) 作椭圆长轴 AB 和短轴 CD，点 O 为椭圆中心。

(2) 以点 O 为圆心，OA 为半径画圆弧交 OC 延长线于 E。

(3) 以点 C 为圆心，CE 为半径画圆弧交 AC 于 F。

(4) 作 AF 的垂直平分线交 AB 于 K、CD 于 J，然后求 K、J 对于长轴 AB、短轴 CD 的对称点 M 和 L，则 K、L、J、M 即为四段圆弧的圆心。连接 JK、MK、JL、ML 并延长，即得四段圆弧的分界线。

(5) 分别以点 K、L、J、M 为圆心，以 KA 和 JC 为半径画小圆弧和大圆弧至分界线，大圆弧和小圆弧相切于点 T。

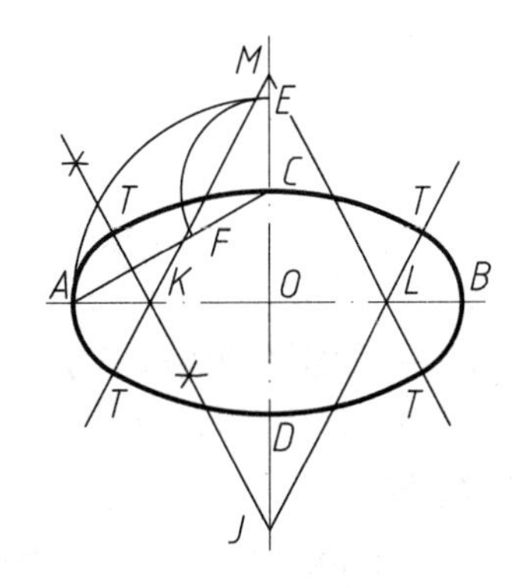

图 1-42　椭圆的近似画法

1.3.7　平面图形的作图方法

1. 平面图形的尺寸分析

平面图形上的尺寸按其作用，可分为定形尺寸和定位尺寸两类。现以图 1-43 所示的起重钩图形为例进行分析。

(1) 定形尺寸。定形尺寸是指确定平面图形上几何元素形状大小的尺寸，如直线段的长度、圆弧的直径或半径、角度的大小等，如图 1-43 中的 ϕ23、ϕ30、ϕ40 和 R48、38 等。

(2) 定位尺寸。定位尺寸是指确定平面图形上几何元素间相对位置的尺寸，如图 1-43 中的 90、15、9。

(3) 尺寸基准。尺寸基准就是定位尺寸标注的起始点(线)。对平面图形来说，对称图形的对称线、圆的中心线、图形的底线或边线等可以作为尺寸基准，如图 1-43 中的垂直与水平中心线。

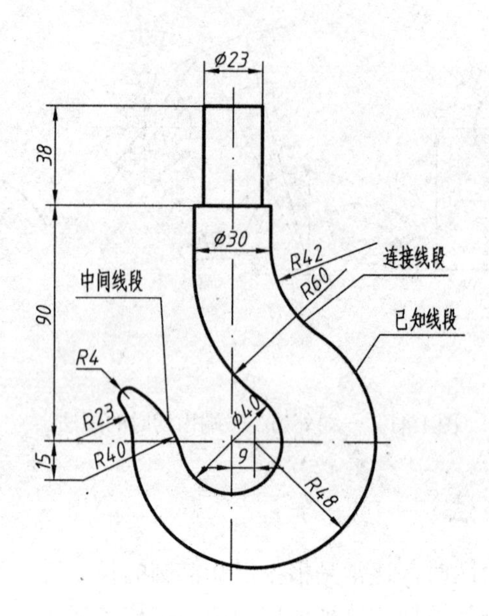

图 1-43　起重钩

2. 平面图形的线段分析

平面图形中的线段(直线或圆弧)按所标尺寸的情况可分为三类：已知线段、中间线段和连接线段。

(1) 已知线段。定形尺寸和定位尺寸齐全，能直接画出的线段。如图 1-43 中的线段ϕ23、ϕ30、ϕ40 和 *R*48。

(2) 中间线段。只有定形尺寸和一个定位尺寸，必须依靠其与一端相邻线段的连接关系才能画出。如图 1-43 中的线段 *R*23、*R*40。

(3) 连接线段。只有定形尺寸没有定位尺寸，必须依靠其与两端线段的连接关系才能确定画出。如图 1-43 中的线段 *R*4、*R*60、*R*42。

中间线段及连接线段必须通过几何作图方法才能作出。

3. 平面图形的作图步骤

平面图形的作图步骤如下：

(1) 分析图形，根据所注尺寸确定哪些是已知线段、哪些是中间线段、哪些是连接线段。

(2) 画基准线及各已知线段。

(3) 根据尺寸条件及连接方法画出各中间线段。

(4) 根据各种连接方法画出各连接线段。

图 1-43 为一起重钩的图形。从图形可知，起重钩的上端ϕ23、ϕ30、38 和中间ϕ40、*R*48 为已知线段；*R*40、*R*23 为中间线段；*R*4、*R*60、*R*42 为连接线段。具体作图步骤如表 1-4 所示。

表 1-4　起重钩的作图步骤

① 定出图形的基准线，画已知线段	② 画中间线段 *R*40，圆心与水平基准线相距 15，与 ϕ40 圆弧外切；画中间线段 *R*23，圆心落在水平基准线上，与 *R*48 圆弧外切
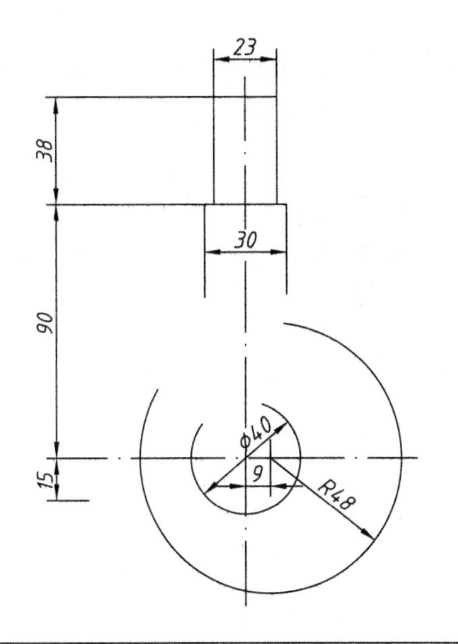	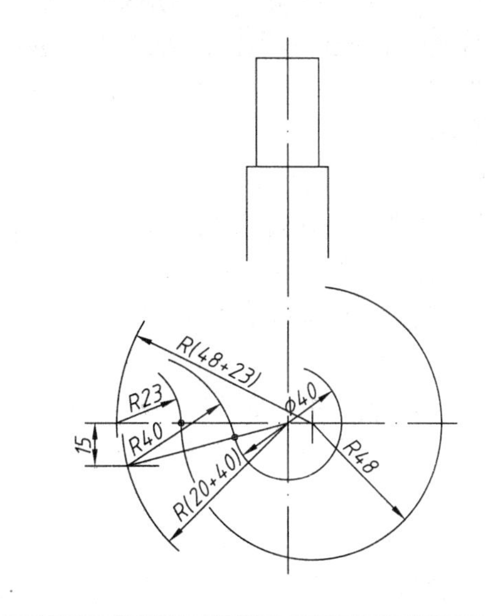
③ 画连接线段 *R*4，注意它与 *R*40 圆弧内切，与 *R*23 圆弧外切；画连接线段 *R*42，它与右侧的竖线相切，与 *R*48 圆弧外切；画连接线段 *R*60，它与左侧的竖线相切，与 ϕ40 圆弧外切	④ 擦去多余的作图线，按线型要求加深图线，完成全图
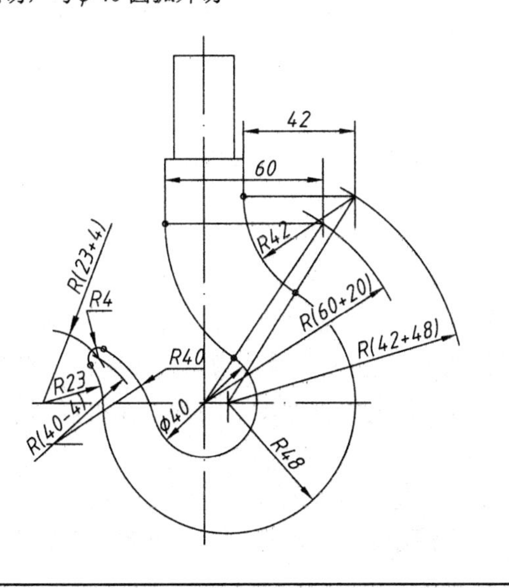	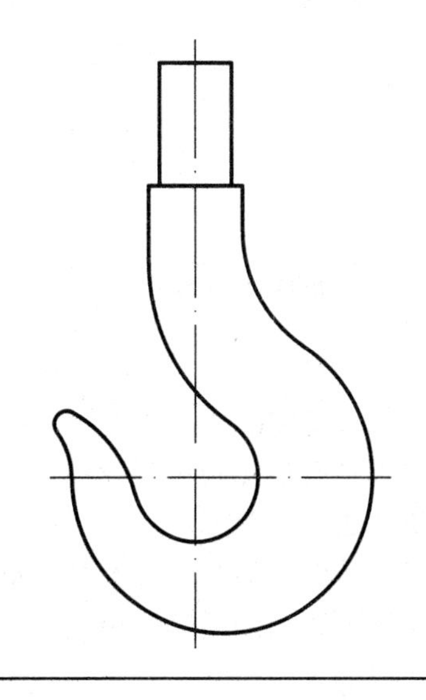

1.4　绘图的基本方法和步骤

(1) 绘图前的准备工作。将铅笔按照绘制不同线型的要求削、磨好；圆规的铅笔芯按同样要求磨好并调整好两脚的长度；图板、丁字尺和三角板等用干净的布或软纸擦拭干净；各种用具放在使用方便的位置。

(2) 确定图纸幅面。根据所绘图形的数量、大小和比例及图形分布情况，选择合适的图纸幅面。

(3) 把图纸固定在图板上。丁字尺尺头紧靠图板左边，将图纸的水平边框与丁字尺的工作边对齐后，用胶纸条固定在图板上。

(4) 绘制图框及标题框。按如表1-1及图1-4所示的要求画出图框及标题栏，注意不可急于将图框和标题栏中粗实线描黑，而应当留待与图形中的粗实线一次同时描黑，以免在绘图中弄脏图纸。

(5) 布图及绘制底稿。各图形在图纸上分布要均匀，图形间要留有标注尺寸的空间。然后按表达方案，先画出各图形的基准线，如中心线、对称线和物体主要端面(或底面)线，再画各图形的主要轮廓线，最后绘制细节，如小孔、槽和圆角等。

绘制底稿的要领可用“轻、准、快”三字概括：

轻——绘制底稿时用2H铅笔，铅芯磨成锥形[图1-19(b)]，圆规铅笔芯可用H，画线要尽量细和轻淡以便于擦除和修改。

准——尺寸要正确，连接要准确，投影要正确。

快——注意提高绘图速度，点画线和虚线均可用极淡的细实线代替以提高绘图速度和描黑后的图线质量。

(6) 检查、修改和清理。检查底稿，修正错误。将绘制底稿时多余的作图线擦掉，将图面掸扫干净。

(7) 加深。将粗实线描粗、描黑；将细实线、点画线和虚线等描黑、成型。注意尽量在同一种线型加深完毕后再加深另一种线型。要注意线条的均匀和光滑，线型要符合国标中的规定。加深次序是先曲线后直线；自上而下，从左到右，先水平线，再垂直线，后斜线。

(8) 标注尺寸、书写其他文字、符号和填写标题栏。尺寸线、尺寸界线可先打底稿后再加深，箭头和尺寸数字要一次完成，不要先打底稿。

(9) 检查、修饰、整理。检查全图，如有错误和缺点，即行改正，并作必要的修饰。

1.5　徒手绘图的方法

徒手绘图是指只用铅笔、橡皮和纸张来绘制草图的方法。草图是指以目测估计图形与实物的比例，按一定画法要求徒手(或部分使用绘图仪器)绘制的图。草图常用来表达设计意图。设计人员将设计构思先用草图表示，然后再用仪器画出正式的工程图。另外，在机器测绘、设备维修中，也常用草图。

草图是徒手绘制的图，而不是潦草图。在作图时，也必须做到线型分明，比例恰当。

徒手绘图所使用的铅笔，铅笔芯磨成圆锥形，用于画中心线和尺寸线的磨得较细，用于画可见轮廓线的磨得较粗。

必须掌握徒手画各种线条的手法：

(1) 直线。徒手绘图时，手指应握在铅笔上离笔尖约35mm处，手腕和小手指对纸面的压力不要太大，肘部不宜接触纸面。在画直线时，手腕不要转动，眼睛看着画线的终点，轻轻移动手腕和手臂，依笔尖向着要画的方向作直线运动，如图1-44所示。

画长线时，为了运笔方便，可以将图纸旋转一适当角度来画。

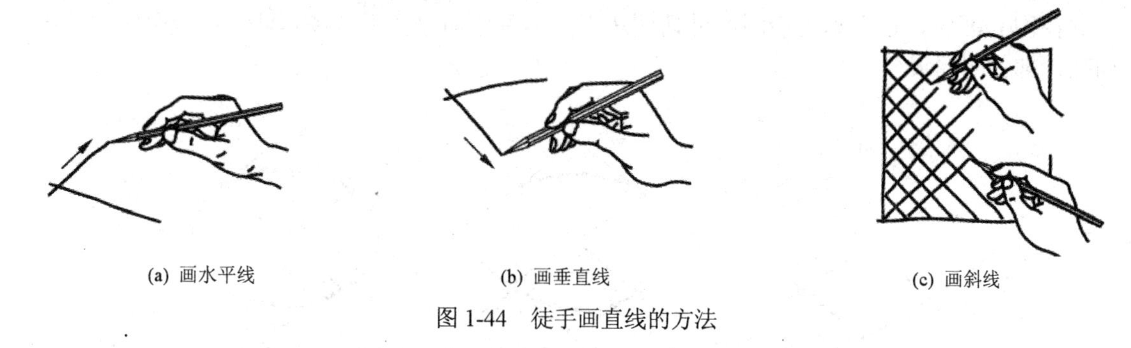

(a) 画水平线　(b) 画垂直线　(c) 画斜线

图 1-44　徒手画直线的方法

(2) 圆。用徒手画小圆时，应先定圆心及画中心线，再根据半径大小用目测在中心线上定出四点，然后过这四点画圆[图 1-45(a)]。当圆的直径较大时，可过圆心增画两条 45°的斜线，在线上再定出四点，然后过这八点画圆[图 1-45(b)]。

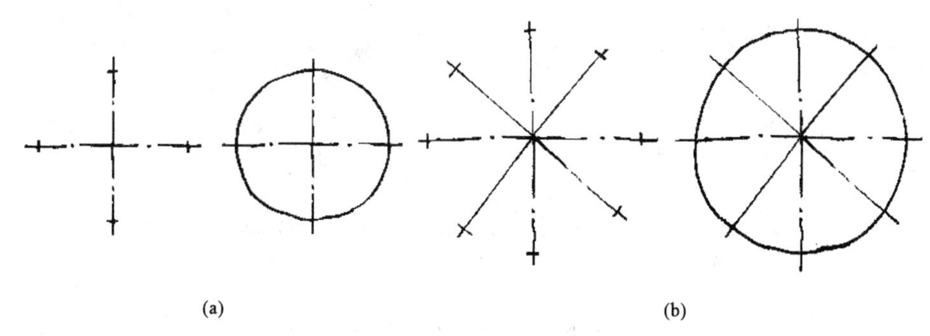

(a)　(b)

图 1-45　徒手画圆的方法

(3) 圆角。先用目测在分角线上选取圆心位置，使它与角的两边的距离等于圆角的半径大小。过圆心向两边引垂直线定出圆弧的起点和终点，并在分角线上也定出一圆周点，然后用徒手作圆弧把这三点连接起来，如图 1-46 所示。

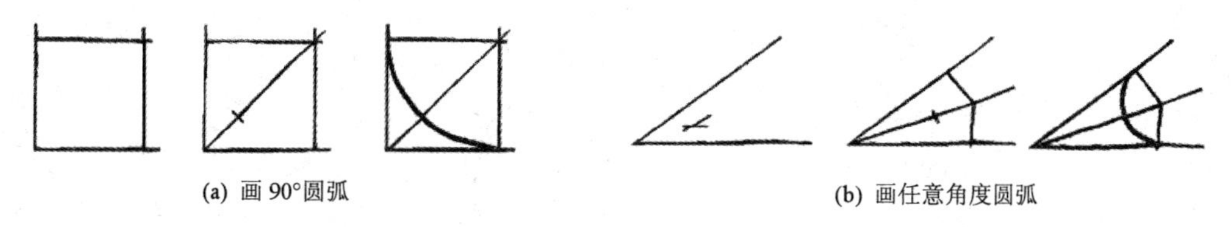

(a) 画 90°圆弧　(b) 画任意角度圆弧

图 1-46　徒手画圆角的方法

(4) 椭圆。如图 1-47 所示，先画出椭圆的长短轴，并用目测定出其端点位置，过这四点画一矩形。然后徒手作椭圆与此矩形相切。

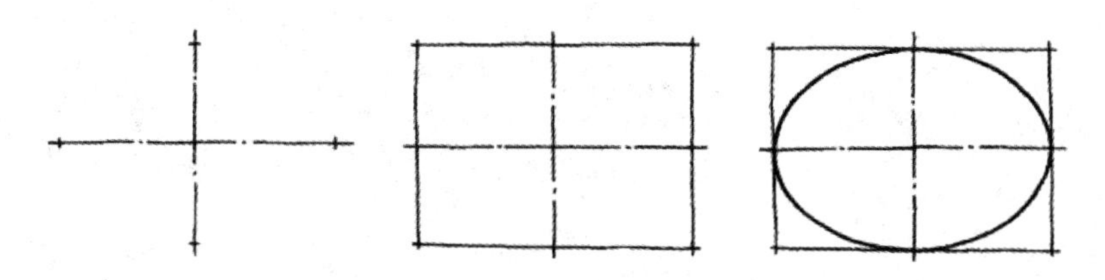

图 1-47　徒手画椭圆的方法

在图1-48中，是先画出椭圆的外切四边形，然后分别用徒手方法作两钝角及两锐角的内切弧，即得所需椭圆。

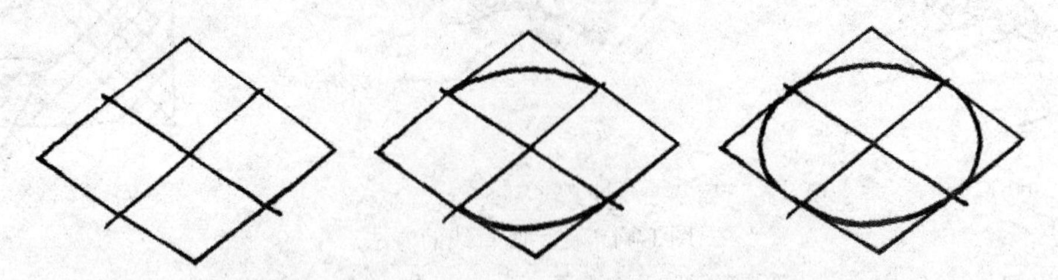

图1-48 利用外切平行四边形徒手画椭圆的方法

(5) 角度线。画30°、45°、60°的斜线时，按直角三角形的近似比例定出端点后，连成直线构成需要的角度(图1-49)。

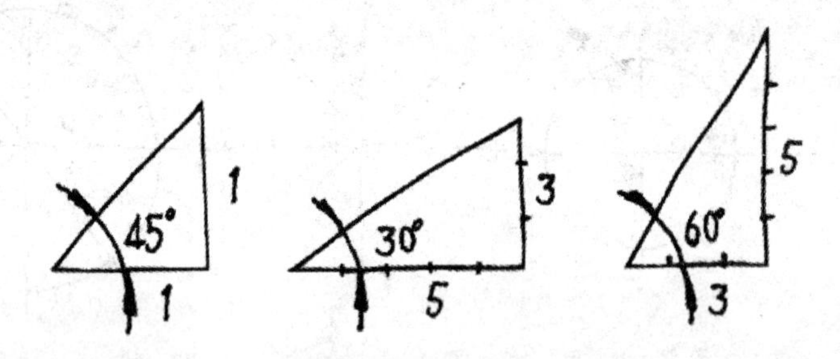

图1-49 角度的徒手画法

第 2 章　计算机绘图基础

过去，人们一直用尺规手工绘图，效率低，精度差，劳动量大。随着计算机的发展，出现了计算机绘图。计算机绘图具有出图速度快、作图精度高等特点，而且便于管理、检索、修改。计算机绘图是利用计算机及其外围设备绘制各种图样的技术，它使人们逐渐摆脱了繁重的手工绘图，使无纸化生产成为可能。

现在的计算机绘图已是交互式绘图。交互式绘图是指利用计算机绘图软件包，设计人员用鼠标、键盘等输入设备，通过人机对话，在屏幕上绘制图形，经过修改、编辑后，再由输出设备输出图样或数据。当前世界上最流行的绘图软件应属AutoCAD软件，它是美国Autodesk公司推出的通用计算机绘图设计软件包，广泛应用于建筑、机械、电子、服装等工程设计领域。它具有良好的工作界面和强大的二维、三维绘图及编辑功能，并且具有易学易用并提供二次开发接口等优点。

本教材以 AutoCAD 2004 中文版为软件环境，介绍二维图形的绘制和编辑功能。计算机绘图技术正在被广泛使用并快速发展，本章不对计算机绘图的理论和算法做探讨，仅结合具体绘图软件介绍必要的基本概念、基本方法。

2.1　AutoCAD 基础知识

2.1.1　AutoCAD 的启动与退出

AutoCAD 2004 的启动可以双击桌面上 AutoCAD 2004 的图标，或者在“开始”菜单中“程序”组下选择 AutoCAD 2004 程序组中的 AutoCAD 2004 项，即可以启动 AutoCAD 2004，启动后的屏幕如图 2-1 所示。

2.1.2　用户界面

AutoCAD 的用户界面主要由标题栏、菜单栏、工具栏、绘图区、命令窗口和状态栏等组成。

1. 标题栏

标题栏左侧显示软件的名称 AutoCAD 2004 和当前编辑的图形文件名称。在标题栏的右侧是标准 Windows 应用软件的窗口控制按钮。

2. 菜单栏

菜单栏包含文件(F)、编辑(E)、视图(V)、插入(I)、格式(O)、工具(T)、绘图(D)、标注(N)、修改(M)、窗口(W)和帮助(H)等菜单组。利用菜单栏几乎可以实现 AutoCAD 的全部功能，只需在某一菜单上单击，便可打开其下拉菜单。

3. 工具栏

工具栏上有多个常用命令按钮。工具栏的使用比利用菜单栏输入命令更方便。AutoCAD 为用户预定义了绝大多数命令的工具栏，需要时可让它显示在屏幕上，并可按需要把工具栏放置在合适的位置上。

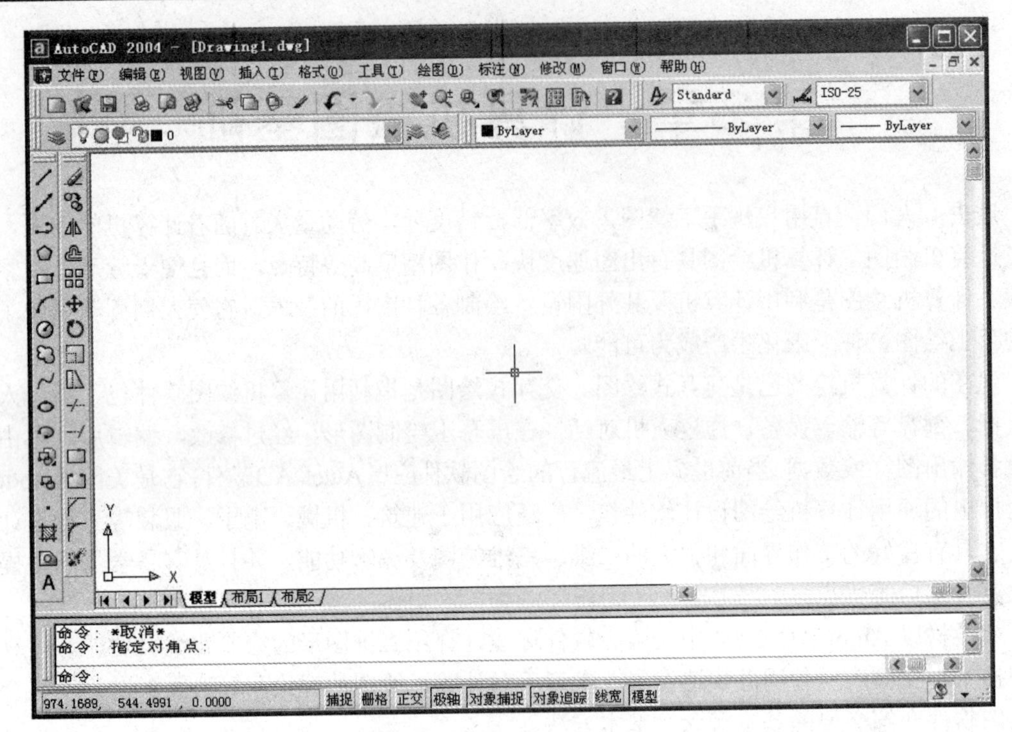

图 2-1 AutoCAD 用户界面

打开和关闭工具栏的方法有两种：

(1) 将光标移到当前已有的工具栏上，然后按鼠标右键，会弹出可选用的工具栏名称，在名称前没有钩的是当前没有显示的，有钩的是当前已经显示的。

(2) 从菜单栏“视图(V)”→“工具栏(T)……”就会弹出如图 2-2 所示的对话框。通过点击工具栏名称前面的方框，可以打开或关闭相应的工具栏。

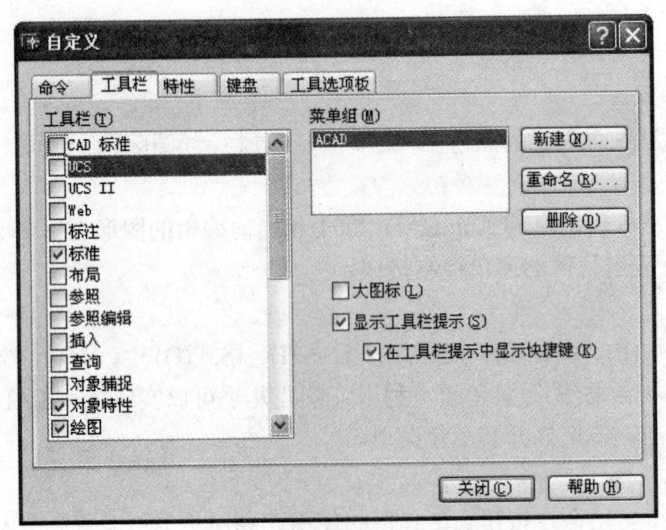

图 2-2 打开和关闭工具栏

命令按钮的右下角含有一个黑三角符号的按钮，是复合命令按钮。移动鼠标到此按钮上，长按鼠标左键就会自动弹出一组具有特定功能的命令按钮。

AutoCAD 2004 的初始界面上有六个工具栏，它们分别是标准、对象特性、绘图、图层、修改和样式等。

4. 绘图区

在窗口中占据大部分面积的区域就是绘图区。

5. 命令窗口

用户可以在命令窗口的命令行上键入命令全名或者命令别名。

在 AutoCAD 中，发送命令的方式至少有三种：使用菜单、使用工具栏和使用命令行。

6. 状态栏

状态栏反映当前的绘图状态。状态栏显示出当前十字光标所处的三维坐标和 AutoCAD 2004 绘图辅助工具(捕捉、栅格、正交、极轴、对象捕捉、对象追踪、线宽、模型)的开关状态。单击这些开关按钮，可将它们切换成打开或关闭状态。另外，可以在某些开关按钮上，单击右键，选择快捷菜单的设置项，来设置对应绘图辅助工具的选项配置。

2.1.3 文件操作

1. 新建文件

单击标准工具栏上的新建文件按钮，系统将弹出如图 2-3 所示的对话框。

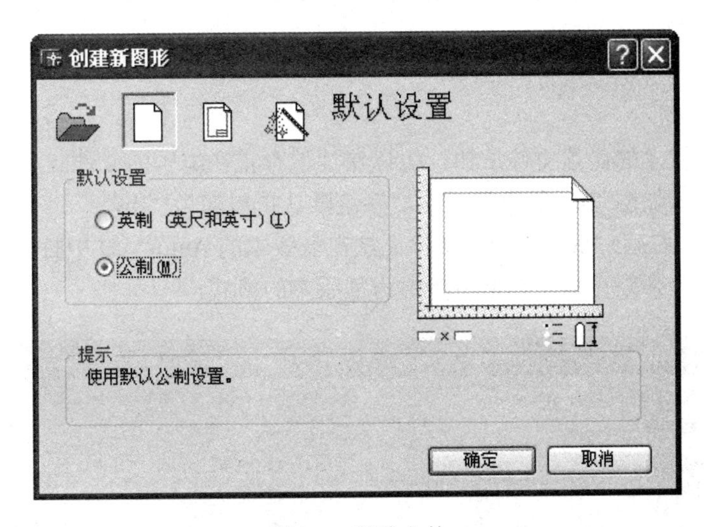

图 2-3 新建文件

AutoCAD 提供了默认设置、使用样板和使用向导三种开始建立图形文件的方式。

通常，利用“默认设置”中的公制就基本能满足绘图的需要。如果有特殊需要也可以采用“使用样板”的方式。样板指的是图形样板文件，它不是一个图形文件，但含有有关图形文件的多种格式设定，比如单位制、工作范围、文字样式、尺寸样式和图层设置等。样板文件扩展名是“dwt”。AutoCAD 提供了多种文件样板，存放在 AutoCAD 安装目录的下一级目录“\template”下，用户也可根据需要自己定制样板文件。“使用向导”的方式用处不大。

2. 打开文件

单击标准工具栏上的打开文件按钮，系统将弹出如图 2-4 所示的对话框。

图 2-4 打开文件

利用此对话框，可以打开下列文件：

(1) AutoCAD 图形文件(*.dwg)。

(2) AutoCAD 图形文件交换文件(*.dxf)。

(3) AutoCAD 图形文件模板(*.dwt)。

(4) AutoCAD 图形标准文件(*.dws)。

3. 保存文件

单击标准工具栏上的保存文件按钮，可以快速保存正在编辑的文件。如果当前文件还没有命名，系统将弹出如图 2-5 所示对话框。系统默认扩展名为“dwg”，键入文件名，系统就能保存。注意 AutoCAD 2004 的图形文件无法在低版本的 AutoCAD 中打开，若要在其他低版本中打开，保存时必须在文件类型中指定为低版本的格式。

图 2-5 保存文件

2.1.4　基本显示控制

由于显示器的大小有限，绘图时就要对图形的大小进行控制以合适的大小显示在屏幕上。

显示控制最基本的方法是利用鼠标器的中键滚轮，当滚轮向前滚时图形放大，向后滚时图形缩小，按下滚轮移动鼠标时，图形平移。显示控制只是图形的显示尺寸，并不改变图形的实际尺寸。

如果鼠标没有中键滚轮，可用标准工具栏上的图标按钮：实时平移，单击后，按住左键移动鼠标就可平移图形；实时放大和缩小，单击后，按住左键移动鼠标就可缩放图形；因右下角有黑三角它是组合按钮，长按此钮会弹出一工具栏，移动鼠标可选择不同的方式对图形进行缩放；返回前一个显示状态。

如果出现图形缩小和放大到一定程度后不能继续放大和缩小，可从菜单栏的“视图”下找到“重生成”命令执行一下，就可继续放大和缩小。

2.1.5　命令输入

AutoCAD 的命令必须在“命令：”状态下输入。其他状态下，除非是透明命令可以执行，否则会出错。透明命令是指在命令前加“'”后，可以在其他命令执行过程中嵌入执行的命令，此命令完成后仍回到原来命令的状态，如'ZOOM、'PAN 和'CAL 等。

1. 键盘输入

直接从键盘输入 AutoCAD 命令，然后按空格键或回车键，但在输入字符串时，只能用回车键。输入的命令用大写或小写都可。也可输入命令的别名，如 LINE 命令的别名是 L。

2. 菜单输入

单击菜单名，出现下拉式菜单，选择所需命令，单击该命令。

3. 图标按钮输入

鼠标移至某图标，会自动显示图标名称，单击该图标。

4. 重复输入

在出现提示符“命令：”时，按回车键或空格键，可重复上一个命令，也可单击鼠标右键，出现快捷菜单，选择“重复××”命令。

5. 终止当前命令

按下“Esc”键可终止或退出当前命令。

6. 取消上一个命令

输入“U”命令或按工具栏上的图标后，可取消上一次执行的命令。

7. 命令重做

输入“REDO”或工具栏上的图标后可重做被取消的命令。

2.1.6　数据输入

1. 点的输入

当命令行窗口出现“指定点:”提示时，用户可通过多种方式指定点的位置：

(1) 使用十字光标。在绘图区内，十字光标具有定点功能。移动十字光标到适当位置，然后单击左键，十字光标点处的坐标就自动输入。

(2) 笛卡儿坐标。使用键盘以“x,y”的形式直接键入目标点的坐标。比如，在回答“指定点:”时，就可输入“20,10<Enter>”表示点的坐标为“20,10”。

在平面绘图时，一般不需要键入 z 坐标，而是由系统自动添上当前工作平面的 z 坐标。如果需要，也可以“x,y,z”的形式给出 z 坐标。比如“20,10,5”等。

(3) 相对笛卡儿坐标。相对坐标指的是相对于当前点的坐标，而不是相对于坐标系原点而言的。使用相对坐标方式输入点的坐标，必须在输入值的前键入字符“@”作为前导。例如，输入“@20,10”表示该点相对当前点在 x 轴正方向前进 20 个单位，在 y 轴正方向前进 10 个单位。

(4) 相对极坐标。相对极坐标是以从当前点到下一点的距离和连接这两点的向量与水平正向的夹角来表示的，其形式为“@d<α”。其中“d”表示距离，“α”表示角度，中间用“<”分隔。比如，键入“@50<30”，则表示下一点距当前点的距离为 50，与水平正向的夹角为 30°。

2. 角度的输入

默认以度为单位，以 x 轴正向为 0°，以逆时针方向为正，顺时针方向为负。在提示符“角度:”后，可直接输入角度值，也可输入两点，后者的角度大小与输入点的顺序有关，规定第一点为起点，第二点为终点，起点和终点的连线与 x 轴正向的夹角为角度值。

3. 位移量的输入

位移量是指一个图形从一个位置平移到另一个位置的距离，其提示为“指定基点或位移:”，可用两种方式指定位移量：

(1) 输入基点 P1(x1,y1)，再输入第二点 P2(x2,y2)，则 P1、P2 两点间的距离就是位移量，即：

ΔX=x2−x1，ΔY=y2−yl。

(2) 输入一点 P(x,y)，在“指定位移的第二点或<用第一点作位移>：”提示下直接回车响应，则位移量就是该点 P 的坐标值(x,y)，即 Δx=x，Δy=y。

2.2 基本绘图命令

任何复杂的图形都是由基本图元，如线段、圆、圆弧、矩形和多边形等组成的。这些图元在 AutoCAD 中，称为实体。

基本绘图命令指的是位于“绘图”工具栏(图 2-6)上的几个经常使用的命令，包括画直线、构造线、多段线、正多边形等，当光标移到图标上面时会显示此图标的名称。表 2-1 列出每个工具按钮的英文全名和英文别名，在命令提示符下输入英文全名和英文别名具有完全相同的作用。

图 2-6 基本绘图命令

下面介绍最基本的绘图命令，括号中的字母为此命令的别名，也即在命令提示符下输入此字母就可执行此命令。为了提高绘图速度，请尽量记住括号中的字母。

表 2-1　绘图工具栏简介

工具按钮	中文名称	英文命令	英文别名	工具按钮	中文名称	英文命令	英文别名
	直线	Line	L		椭圆	Ellipse	EL
	构造线	Xline	XL		椭圆弧	Ellipse	EL
	多段线	Pline	PL		插入块	Insert	I
	正多边形	Polygon	POL		创建块	Block	B
	矩形	Rectang	REC		点	Point	PO
	圆弧	Arc	A		图案填充	Bhatch	BH、H
	圆	Circle	C		面域	Region	REG
	修订云线	Revcloud	（无别名）	A	多行文字	Mtext	MT、T
	样条曲线	Spline	SPL				

2.2.1　直线(L)

指定起点后，只要给出下一点就能画出一条或多条连续线段，直至按回车键结束命令。

直线命令的选项有：

(1) 放弃(U)：可以取消上一线段，直至重新开始直线段命令。

(2) 闭合(C)：当连续绘制线段多于一段时，出现此选项，它将当前点与该组线段的起始点相连，构成一个封闭图形，同时退出直线命令。

2.2.2　圆(C)

圆命令用于绘制一整圆。

CIRCLE 命令含有多种不同的选项，这些选项分别对应不同的画圆方法。

指定圆的圆心或三点(3P)/两点(2P)/相切、相切、半径(T)：

(1) 指定圆心和半径画圆。

(2) 指定圆心和直径画圆。

(3) 三点(3P)：通过指定圆周上的三点画圆。

(4) 两点(2P)：通过指定圆周上直径的两个端点画圆。

(5) 相切、相切、半径(T)：通过指定与圆相切的两实体(直线、圆弧或圆)，然后给出圆的半径画圆，如图 2-7 所示。

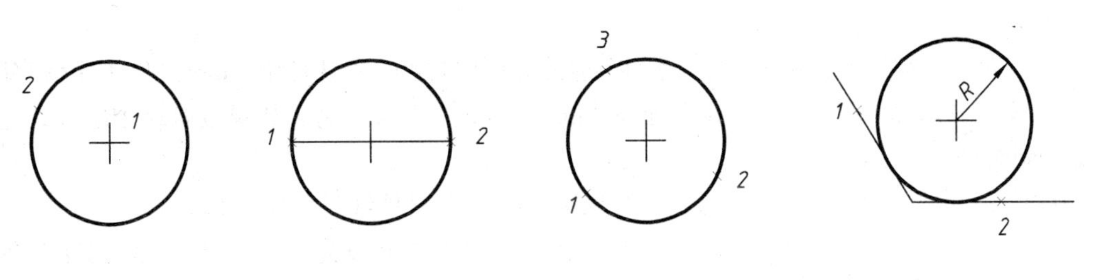

图 2-7　画圆

2.2.3 圆弧(A)

绘制圆弧一般可点击下拉菜单“绘图”，选择“圆弧”，就会出现 11 种画圆弧方式，根据已知条件选用合适的方式。

圆弧的画法比较多，可根据实际需要选用。常用画法有：

(1) 三点(P)：这是圆弧的缺省画法。通过依次指定圆弧上的起点、中间点和终点来画圆弧，如图 2-8(a)所示。

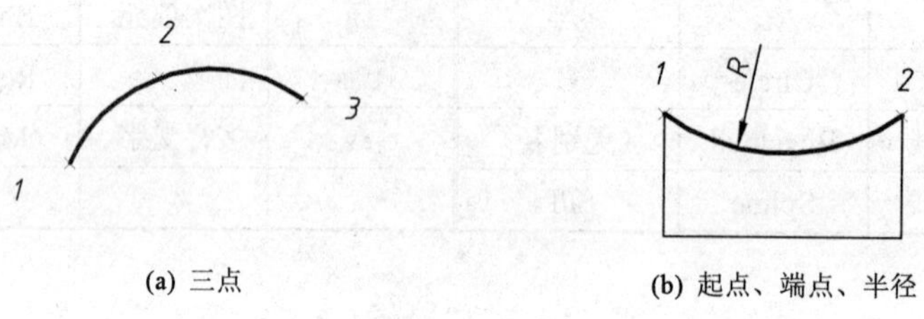

(a) 三点　　(b) 起点、端点、半径

图 2-8　画弧

(2) 起点、端点、半径(R)：通过指定圆弧的起始点、端点和半径画圆弧，如图 2-8(b)所示。用该方法可用来绘制相贯线的近似圆弧，但要注意圆弧是按起点到端点的逆时针方向绘制的。

2.2.4 点(PO)命令

点在绘图中可以用作辅助点或者作为标记。画点时只要指定点的坐标就可以了。画点前一般先用“DDPTYPE”设定点的显示方式及其大小。

2.2.5 单行文本(DT)和多行文本(T)

书写文本时必须首先指定采用的字体，AutoCAD 可以使用自身专用的矢量字体和 Windows 中的 TrueType 字体。推荐使用 AutoCAD 专用的矢量字体。

用“DTEXT”命令书写中文时，字体样式中必须同时指定中文字库(大字体)和西文字库。若仅指定西文字库，则中文字符将以“?”来显示。

1．文字样式(ST)命令

使用[格式]主菜单下的[文字样式(S)…]菜单项，或键入 ST 都可以启动字体设定命令。

设定字体命令对话框如图 2-9 所示。下面以定义正体 3.5 号字体 hz35 为例说明设定过程。

(1) 单击新建“新建”按钮，在弹出的窗口中键入新字体名“hz35”，然后单击确定按钮关闭窗口。

(2) 单击“字体”下面的“使用大字体”前的方框中打钩，确认使用 AutoCAD 大字体字库。

(3) 单击“SHX 字体”在列表中选择“gbenor.shx”西文字体。如果没有这个字体，也可选择“isocp.shx”西文字体。

(4) 单击“大字体”在列表中选择“gbcbig.shx”中文单线长仿宋字体。

(5) 在“高度”输入栏中，输入字高“3.5”。如果高度设为“0”，用“DTEXT”命令时会提示输入高度。

(6) 单击“应用”按钮完成对字体的定义，然后按“关闭”按钮退出。

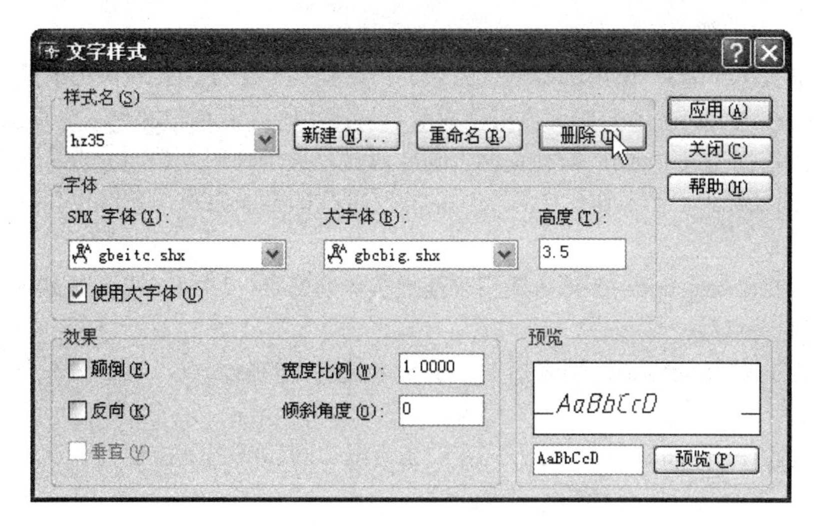

图 2-9　定义字体样式

2. 对齐方式的说明

文本起始点为文字的对准基点，系统提供以下对齐选项：

[对齐(A)/调整(F)/中心(C)/中间(M)/右(R)/左上(TL)/中上(TC)/右上(TR)/
左中(ML)/正中(MC)/右中(MR)/左下(BL)/中下(BC)/右下(BR)]

其中，“对齐”和“调整”要求用户指定文本的填充范围，但“对齐”是通过改变整个文本的比例来实现的，而“调整”是在不改变文字高度的情况下，通过自动调整字符的宽度因子来实现。

3. 特殊字符的输入

一些特殊字符不能在键盘上直接输入，AutoCAD 用控制码来实现，常用的控制码如表 2-2 所示。

表 2-2　特殊字符与控制码

符号	代号	示例	文本
°	%%d	30%%d	30°
±	%%p	%%p0.012	±0.012
ϕ	%%c	%%c50	ϕ50

2.3　精确绘图命令(目标捕捉)

2.3.1　目标捕捉方式

利用目标捕捉可以保证精确绘图，AutoCAD 2004 共有 13 种目标捕捉方式，下面分别对这 13 种捕捉方式进行简要介绍：

(1) 端点捕捉(Endpoint)：用来捕捉实体的端点，该实体可以是一段直线，也可以是一段圆弧。捕捉时，将靶区(拾取框)移至所需端点所在的一侧，单击便可。靶区总是捕捉它所靠近的那个端点。

(2) 中点(Midpoint)：用来捕捉一条直线或圆弧的中点。捕捉时只需将靶区放在直线上即可，而不一定放在中部。

(3) 圆心捕捉(Center)：使用圆心捕捉方式，可以捕捉一个圆、弧或圆环的圆心。

(4) 节点捕捉(Node)：用来捕捉点实体或节点。使用时，需将靶区放在节点上。

(5) 象限点捕捉(Quadrant)：即捕捉圆、圆环或弧在整个圆周上的四分点。一个圆分成四等份后，每一部分称为一个象限，象限与圆的相交部位即是象限点，靶区也总是捕捉离它最近的那个象限点。

(6) 交点捕捉(Intersection)：该方式用来捕捉实体的交点，这种方式要求实体在空间内必需有一个真实的交点。

(7) 插入点捕捉(Insertion)：用来捕捉一个文本或图块的插入点，对于文本来说即为其定位点。

(8) 垂直捕捉(Perpendicular)：该方式在一条直线、圆弧或圆上捕捉一个点，使这一点和已确定的另外一点连线与所选择的实体垂直。

(9) 切点捕捉(Tangent)：在圆或圆弧上捕捉一点，使这一点和已确定的另外一点连线与实体相切。

(10) 最近点捕捉(Nearest)：此方式用来捕捉直线、弧或其他实体上离靶区中心最近的点。

(11) 外观交点(Apparent Intersection)：用来捕捉在三维空间中不相交但在屏幕上看起来相交的两直线的"交点"。

(12) 平行点捕捉(Parallel)：捕捉一点，使已知点与该点的连线与一条已知直线平行。

(13) 延伸线捕捉(Extension)：用来捕捉一已知直线延长线上的点，即在该延长线上选择出合适的点。

注意：

(1)当靶区捕捉到捕捉点时，便会在该点闪出一个带颜色的特定的小框，以提示用户不需再移动靶区便可以确定该捕捉点。

(2)捉圆心时，一定要用拾取框先选择圆或弧本身而非直接选择圆心部位，此时光标便自动在圆心闪烁。

(3)行延伸线捕捉方式时，延伸线需用户顺着已知直线的方向移动才会出现。

2.3.2 捕捉方式的设定

目标捕捉在使用中有两种方式：一种是临时目标捕捉；另一种是自动目标捕捉。

1. 临时目标捕捉方式

可将鼠标移动到任意一个工具栏上，单击鼠标右键，在弹出的菜单上选择"对象捕捉"，即可得到如图 2-10 所示的目标捕捉工具栏。

图 2-10 目标捕捉工具栏

在绘图命令需要捕捉某个特殊点时，可点击一下相应的工具按钮(也可以在键盘上输入捕捉方式英文单词的前 3 个字母)，然后去捕捉那个点。这种方式点击一次，仅一次有效。

2. 自动捕捉方式

若要连续自动捕捉几种不同类型的特殊点，可用鼠标到状态栏上的“对象捕捉”开关按钮上，单击右键，在弹出的浮动菜单中选择“设置(S)……”会弹出如图 2-11 所示的捕捉设定对话框来设定捕捉方式。

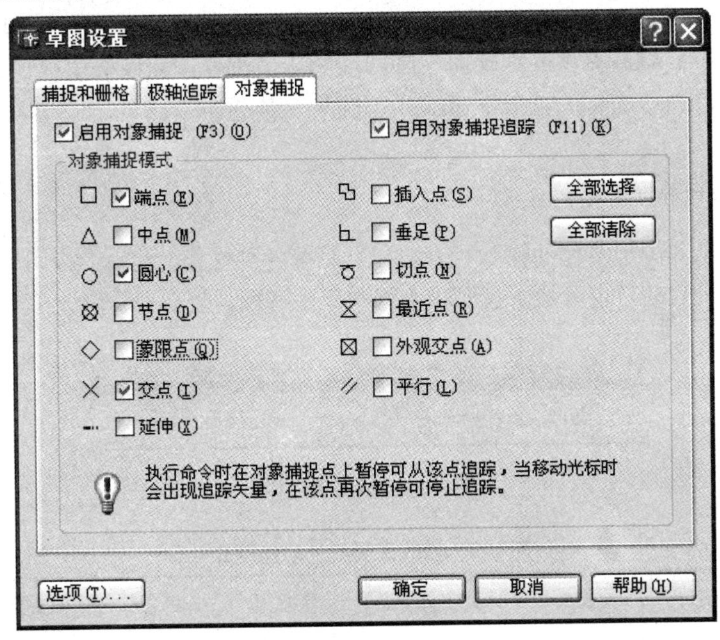

图 2-11　设定目标捕捉点

根据绘图需要，选取相应的捕捉方式即可在绘图时自动捕捉该类几何点。可以同时设置多种捕捉方式。

用功能键“F3”可改变状态栏上的“对象捕捉”按钮的状态使之有效和无效。

2.3.3　捕捉应用举例

如图 2-12 所示，绘制两圆的公切线和连心线，其操作步骤是：

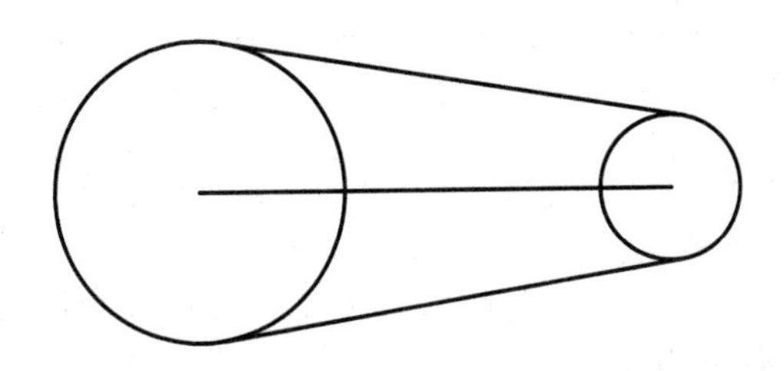

图 2-12　绘制两圆的公切线和连心线

(1) 先用“CIRCLE”绘制好一大一小两圆。

(2) 在对象捕捉对话框中选择“圆心”和“切点”。结束对话框后，注意激活状态栏上的“对象捕捉”按钮使捕捉有效。

(3) 使用“LINE”命令画出两个圆的连心线。输入画线命令“LINE”，回车后将鼠标移动到大圆上，即会出现圆心标记，按下鼠标左键，直线的起点就在大圆的圆心上，再移动鼠标到小圆上，小圆的圆心位置就会出现圆心标记，此时按下左键并按回车键，连心线绘制结束。

(4) 用“Line”绘制两圆的公切线。输入画线命令“Line”，回车后将移动鼠标到大圆上，即会出现圆心标记，这不是我们希望的，我们希望它出现切点符号，此时应重新设置“对象捕捉”将“圆心”捕捉去掉。然后将鼠标移向大圆圆周的适当位置(切点的大致位置)就会出现切点符号，按下鼠标，再将鼠标移向小圆圆周的适当位置，同样会出现切点符号，按下鼠标并回车，一条公切线画好。重复上述动作可画另一条公切线。

2.4 常用的编辑命令

图形编辑包括对图形实体的删除、剪切和复制等各种操作。编辑命令可以从如图 2-13 所示的修改工具栏上启动，也可从下拉菜单“修改”中选取。表 2-3 是修改工具栏的功能简介。

图 2-13 编辑工具栏

表 2-3 修改工具栏的功能简介

工具按钮	中文名称	英文命令	英文别名	工具按钮	中文名称	英文命令	英文别名
	删除	Erase	E		拉伸	Stretch	S
	复制对象	Copy	CO、CP		修剪	Trim	TR
	镜像	Mirror	MI		延伸	Extend	EX
	偏移	Offset	O		打断于点	Break	BR
	阵列	Array	AR		打断	Break	BR
	移动	Move	M		倒角	Chamfer	CHA
	旋转	Rotate	RO		圆角	Fillet	F
	缩放	Scale	SC		分解	Explode	X

2.4.1 实体的选择方式

对图形中的一个或者多个实体进行编辑时，首先要选择被编辑的对象，即构造选择集。AutoCAD 提供多种对象选择的方法。

执行编辑命令时，AutoCAD 通常会显示以下提示：

选择对象：此时，十字光标将会变成一个拾取框。要求用户选择需编辑的对象。AutoCAD 提供多种对象选择的方法，用户可灵活选用：

窗口(W)/上一个(L)/窗交(C)/框选(BOX)/全部(ALL)/栏选(F)/圈围(WP)/圈交(CP)/编组(G)/添加(A)/删除(R)/多选(M)/上一个(P)/放弃(U)/自动(AU)/单选(SI)

选择对象：指定点或输入选项。

(1) 窗口(W)：选择矩形(由两点定义)中的所有对象。

(2) 上一个(L)：选择最近一次创建的可见对象。

(3) 窗交(C)：选择区域(由两点确定)内部或与之相交的所有对象。窗交显示的方框为虚线或高亮度方框，这与窗口选择框不同。

(4) 框选(BOX)：选择矩形(由两点确定)内部或与之相交的所有对象。如果该矩形的点是从右向左指定的，框选与窗交等价。否则，框选与窗选等价。

(5) 全部(ALL)：选择解冻的图层上的所有对象。

(6) 栏选(F)：选择与选择栏相交的所有对象。栏选方法与圈交方法相似，只是 AutoCAD 中选择栏的最后一个矢量不闭合，并且选择栏可以与自己相交。

(7) 圈围(WP)：选择多边形(通过待选对象周围的点定义)中的所有对象。该多边形可以为任意形状，但不能与自身相交或相切。AutoCAD 会绘制多边形的最后一条边，所以该多边形在任何时候都是闭合的。

(8) 圈交(CP)：选择多边形(通过在待选对象周围指定点来定义)内部或与之相交的所有对象。该多边形可以为任意形状，但不能与自身相交或相切。AutoCAD 会绘制多边形的最后一条边，所以该多边形在任何时候都是闭合的。

(9) 编组(G)：选择指定编组中的所有对象。输入编组名：输入一个名称列表。

(10) 添加(A)：切换到“添加”模式，可使用任何对象选择方式将选定对象添加到选择集。

(11) 删除(R)：切换到“删除”模式，使用任何一种对象选择方式都可以将对象从当前选择集中删除。如果在“添加”模式下要去除选择集的对象，先按住 Shift 键后再选择要去除的对象。

(12) 多选(M)：指定多次选择而不亮显对象，从而加快对复杂对象的选择过程。

(13) 上一个(P)：选择最近创建的选择集。从图形中删除对象将清除“上一个”选项设置。AutoCAD 将自动跟踪是在模型空间中还是在图纸空间中指定每个选择集。如果在两个空间中切换将忽略“上一个”选择集。

(14) 放弃(U)：取消选择最近添加到选择集中的对象。

(15) 自动(AU)：切换到自动选择，指向一个对象即可选择该对象。指向图形空白区时，自动转成框选方法。

“自动”和“添加”为默认模式。

(16) 单选(SI)：切换到“单选”模式，选择指定的第一个或第一组对象而不继续提示进一步选择。

2.4.2　常用图形编辑命令

1. 删除(E)

删除已绘制的实体。操作步骤为：

(1) 从“修改”菜单中选择“删除”。

(2) 在“选择对象”提示下，使用任何选择方法选择要删除的对象，然后按鼠标右键或回车就可以结束命令。

2. 偏移(O)

偏移对象可以创建其形状与选定对象形状等距的新对象。可以偏移的实体是直线、二维多段线、圆弧、圆、椭圆和椭圆弧等。

偏移的操作步骤为：

(1) 从“修改”菜单中选择“偏移”。

(2) 指定偏移距离(可以输入值或使用定点设备)。

(3) 选择要偏移的对象。

(4) 指定要放置新对象的一侧的任意一点。

(5) 另一个对象要偏移相同距离可重复(3)(4)步骤，或按 Enter 键结束命令。

以图 2-14 为例，图中的线段为多段线。

图 2-14 偏移

命令:OFFSET

指定偏移距离或[通过(T)]<1.0000>:5

选择要偏移的对象或<退出>:

指定点以确定偏移所在一侧:(指定点在内侧)

选择要偏移的对象或<退出>:↵

命令:

说明：指定偏移距离时，也可采用 Through 方式指定一个点，让新对象通过该点建立偏移对象。

3. 修剪(TR)

修剪命令是用指定的剪切边裁剪所选定的对象。切割边和被裁剪的对象可以是直线、圆弧、圆、多段线和样条曲线等，同一个对象既可以作为剪切边，同时也可以作为被裁剪的对象。修剪的操作步骤为：

(1) 从“修改”菜单中选择“修剪”。

(2) 选择作为剪切边的对象(要选择图形中的所有对象作为可能的剪切边，请按 Enter 键而不选择任何对象)。

(3) 选择要修剪的对象。

以图 2-15 为例的操作如下：

命令:TRIM

当前设置:投影=UCS，边=无

选择剪切边……

选择对象:找到 1 个

选择对象:找到 1 个，总计 2 个

选择对象:找到 1 个，总计 3 个(选择下面的 3 条线)

选择对象:↵

选择要修剪的对象，或按住 Shift 键选择要延伸的对象，或[投影(P)/边(E)/放弃(U)]:
[点击四处需要剪切的线并回车，得到图 2-15(b)]

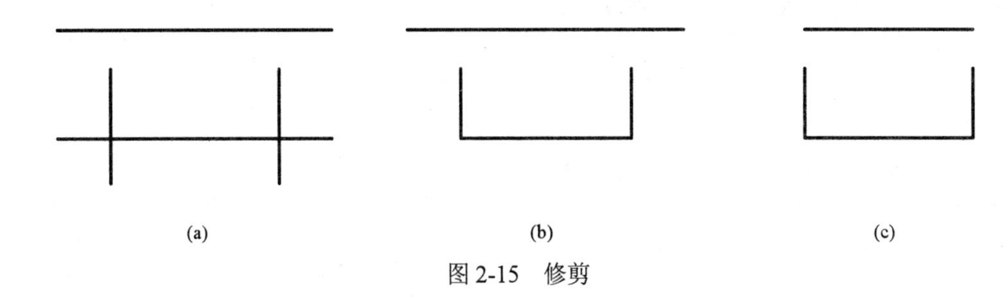

图 2-15　修剪

再启动修剪命令。
命令:TRIM
当前设置:投影=UCS，边=无
选择剪切边……
选择对象:找到 1 个
选择对象:找到 1 个，总计 2 个(选择图 2-15(b)中的两条竖线)
选择对象:↵
选择要修剪的对象，或按住 Shift 键选择要延伸的对象，或[投影(P)/边(E)/放弃(U)]:e
(输入“e”改变剪切边的延伸功能)
输入隐含边延伸模式[延伸(E)/不延伸(N)]<不延伸>:e
选择要修剪的对象，或按住 Shift 键选择要延伸的对象，或[投影(P)/边(E)/放弃(U)]:
[点击上面的横线两端并回车，得到图 2-15(c)]

执行 TRIM 时，如果拾取点位于切割边的交点与对象的端点之间，则剪去交点与端点之间的部分；如果拾取点位于对象与两个切割边的交点之间，则两个交点之间的部分被裁剪掉，而两个交点之外的部分被保留。命令选项中的投影(P)选项在二维平面图中不用。

4. 复制(CO)

创建对象副本。复制有两种方法：一种是复制对象一次；另一种是复制对象多次。

(1) 复制对象一次的步骤为：

① 从“修改”菜单中选择“复制”。
② 选择要复制的对象。
③ 指定基点。
④ 指定位移的第二点。

(2) 复制对象多次的步骤为：

① 从“修改”菜单中选择“复制”。
② 选择要复制的对象。
③ 输入 m(多个)。
④ 指定基点。
⑤ 指定位移的第二点。
⑥ 指定下一个位移点。继续插入副本，或按回车键结束命令。

以图 2-16 为例的操作如下：

命令:COPY

选择对象:找到 3 个(选择原始图形)

选择对象:↵

指定基点或位移，或者[重复(M)]:m

指定基点:

指定位移的第二点或<用第一点作位移>:

(指定 3 个不同位置点)

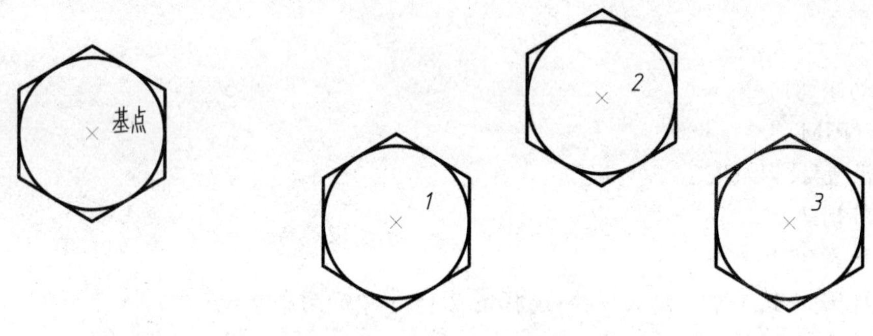

原始图形　　复制出的三个图形

图 2-16　复制

5. 移动(M)

用于将选定的实体从当前位置平移到一个新的指定位置。其操作步骤为：

(1) 从“修改”菜单中选择“移动”。

(2) 选择要移动的对象。

(3) 指定移动基点。

(4) 指定第二点,即位移点。

(5) 选定的对象移动到新位置上。

6. 旋转(RO)

用于将选定的图形对象围绕一个指定的基点进行旋转。旋转的操作步骤为：

(1) 从“修改”菜单中选择“旋转”。

(2) 选择要旋转的对象。

(3) 指定旋转基点。

(4) 执行下列操作之一：

① 输入旋转角度。

② 随着光标的移动，对象绕基点旋转并终止于指定的点的位置。

以图 2-17 为例的操作如下：

命令: ROTATE

UCS 当前的正角方向:ANGDIR=逆时针 ANGBASE=0

选择对象:找到 1 个

选择对象:↵

指定基点:

指定旋转角度或 [参照(R)]: 30↵(指定旋转角度 30°)

命令:

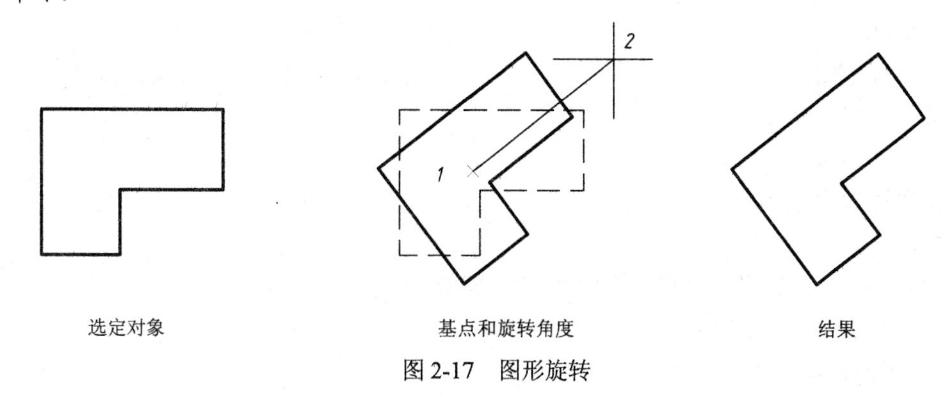

图 2-17　图形旋转

在给出旋转角时，可直接输入一个角度值，也可给出一个点。若给出一个点，则该点与基点的连线的倾角即为旋转角。

若响应 Reference，则可以先指定当前参照角的位置，然后指定相对参照角位置的旋转角度。一般常用于将对象与图形中的几何特征(或其他对象)对齐。

7. 缩放(SC)

用于放大或缩小选定的图形对象，其操作步骤为：

(1) 从“修改”菜单中选择“缩放”。

(2) 选择要缩放的对象。

(3) 指定基点。

(4) 输入比例因子或拖动并单击指定新比例

以图 2-18 为例的操作如下：

命令:SCALE

选择对象:找到 3 个

选择对象:↵

指定基点:

指定比例因子或[参照(R)]:1.5

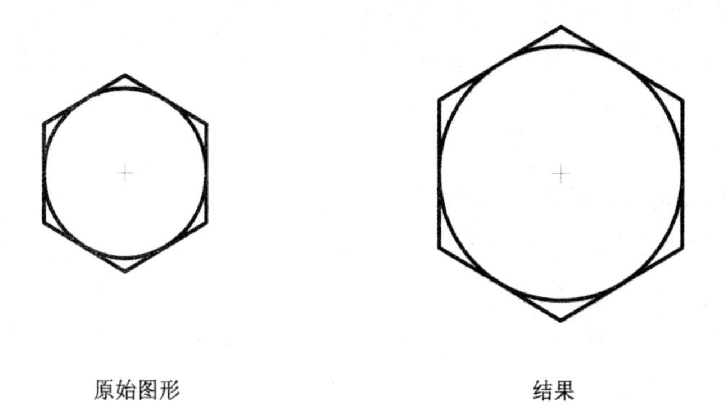

图 2-18　缩放

Reference 选项的作用与 ROTATE 命令类似。

SCALE 与 ZOOM 的不同之处是，SCALE 是对实体尺寸的放大或缩小，而 ZOOM 仅仅是变焦，真实的尺寸没变。

8. 镜像(MI)

可以创建对象的镜像图形。对对称的图形可起到事半功倍的效果。其操作步骤为：

(1) 从“修改”菜单中选择“镜像”。

(2) 选择要镜像的对象。

(3) 指定镜像直线的第一点。

(4) 指定第二点。

(5) 按 ENTER 键保留原始对象，或者按 Y 将其删除。

以图 2-19 为例的操作如下：

命令：MIRROR

选择对象:

选择对象:

指定镜像线的第一点:

指定镜像线的第二点:

是否删除源对象？[是(Y)/否(N)] <N>:

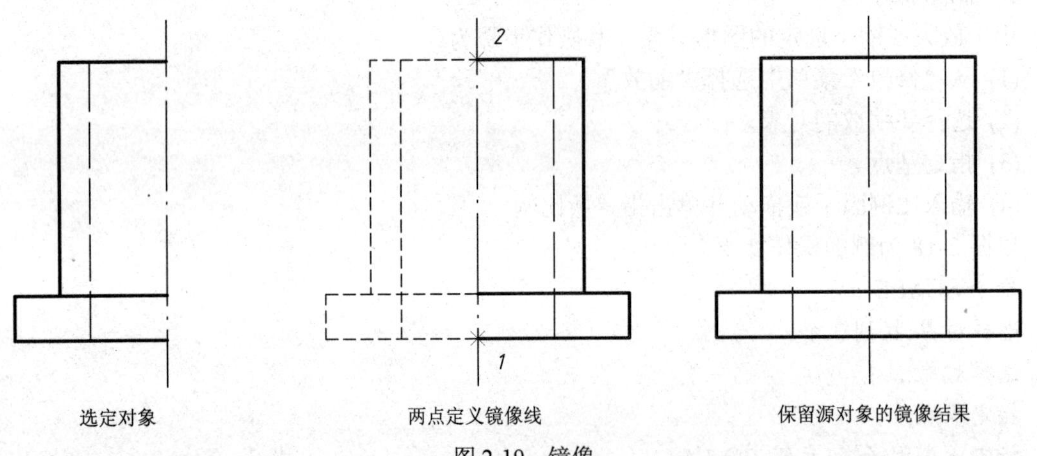

图 2-19 镜像

在进行对称变换的时候，如果选定的变换对象中包含有文本，那么这些文本同样要进行对称变换，从而产生反向书写的文字。如果在镜像图形时不希望镜像文本，只要将系统变量 MIRRTEXT 的值置为 0 就可以了。

9. 阵列(AR)

可以以矩形或环形创建对象的副本阵列。

(1) 矩形阵列(图 2-20)其操作步骤为：

① 从“修改”菜单中选择“阵列”。

② 在“阵列”对话框中选择“矩形阵列”，如图 2-21 所示。

③ 选择“选择对象”。

④“阵列”对话框关闭，AutoCAD 提示选择对象，选择要创建阵列的对象并按回车键。

⑤ 在“行”和“列”框中，输入阵列中的行数和列数。

⑥ 使用以下方法之一指定对象间水平和垂直间距(偏移)：

(a) 在“行偏移”和“列偏移”框中，输入行间距和列间距。添加加号(+)或减号(-)确定方向。

(b) 单击“拾取行列偏移”按钮，使用定点设备指定一矩形对角点。此矩形的边长决定行和列的水平和垂直间距。

(c) 单击“拾取行偏移”或“拾取列偏移”按钮，使用定点设备指定水平和垂直间距。

⑦ 样例框内显示大致的结果。

⑧ 要修改阵列的旋转角度，请在“阵列角度”旁边输入新角度。

⑨ 选择“确定”以创建阵列。

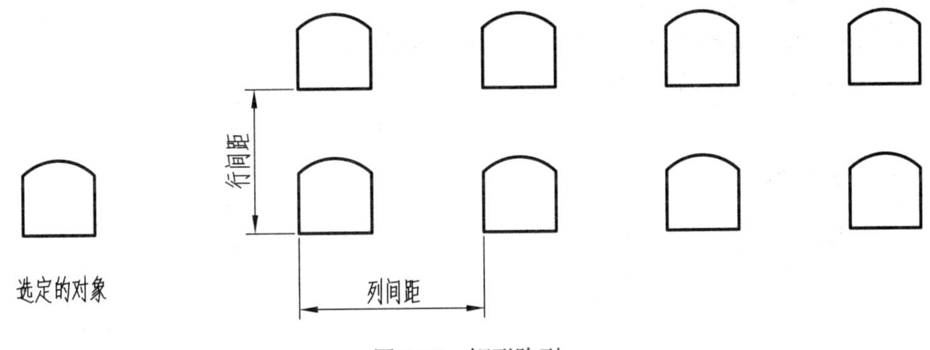

图 2-20　矩形阵列

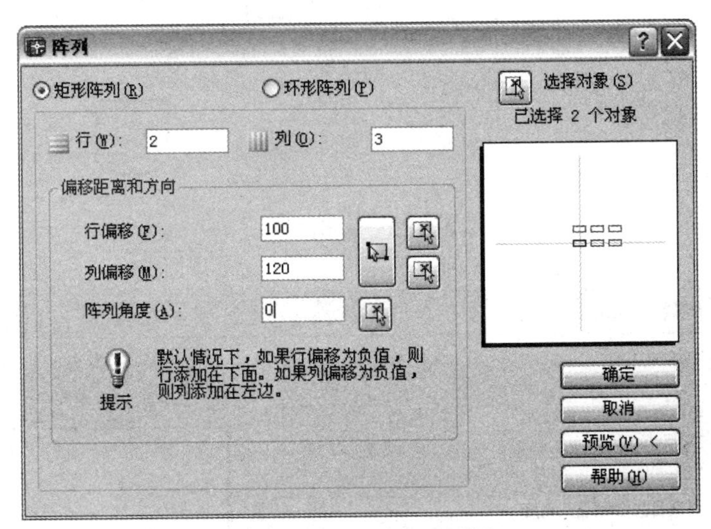

图 2-21　矩形阵列对话框

(2) 环形阵列(图 2-22)其操作步骤为：

① 从“修改”菜单中选择“阵列”。

② 在“阵列”对话框中选择“环形阵列”，如图 2-23 所示。

③ 指定中心点，可执行以下操作之一：

(a) 输入环形阵列中心点的 x 坐标值和 y 坐标值。

(b) 单击“拾取中心点”按钮。“阵列”对话框关闭，AutoCAD 提示指定列阵中心点。使用定点设备指定环形阵列的中心点。

④ 选择“选择对象”，“阵列”对话框关闭，AutoCAD 提示选择对象，选择要创建阵列的对象。

⑤ 在“方法”框中，选择下列方法之一： 项目总数和填充角度；项目总数和项目间的角度。

“填充角度”指围绕阵列圆周要填充的包含角。而“项目间角度”指每个项目之间所包含的角度。

单击“拾取要填充的角度”按钮或“拾取项目间角度”按钮，然后使用定点设备指定填充角度和项目间角度。

⑥ 样例框内显示大致的结果。

⑦ 要沿阵列方向旋转对象，请选择“复制时旋转项目”。

⑧ 选择“确定”以创建阵列。

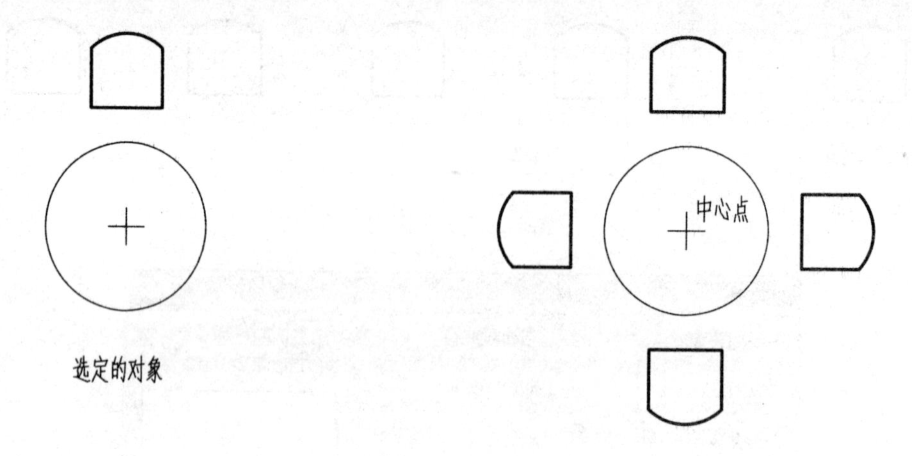

图 2-22 环形阵列

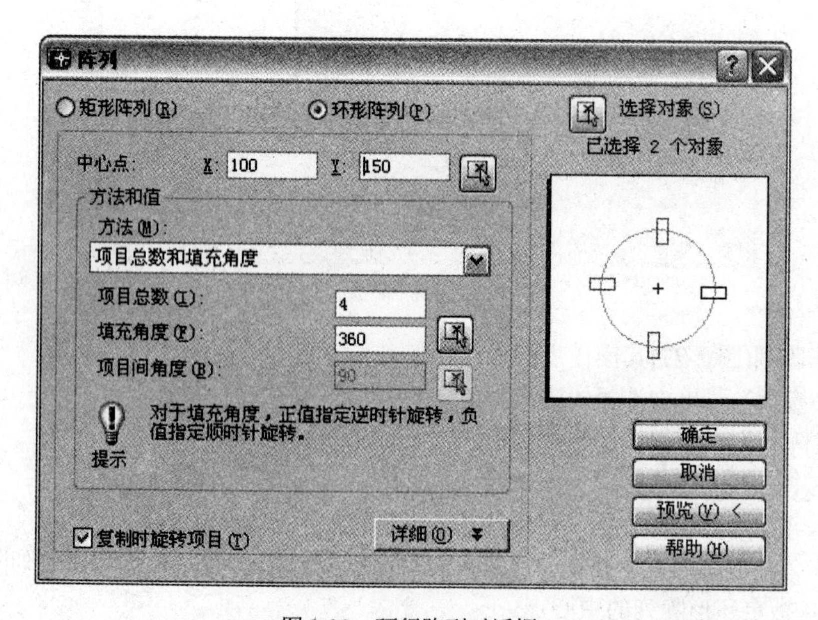

图 2-23 环行阵列对话框

10. 拉伸(S)

用于拉伸所选定的图形对象。其操作步骤是：

(1) 从“修改”菜单中选择“拉伸”。

(2) 使用交叉窗口选择选择对象，交叉窗口必须至少包含一个顶点或端点。

(3) 拉伸长度的确定，可执行下列操作之一：

①以任意方式确定一点，提示输入第二位移点时，应按 Enter 键。此时就按输入值作为拉伸量。

② 指定移动基点，然后指定第二点(位移点)，此时按这两点确定的方向和大小拉伸。

任何拉伸对象至少有一个顶点或端点包含在交叉窗口内部。完全包含于交叉窗口内部的任何对象将被移动而不是拉伸，如图 2-24 所示。

命令:STRETCH

以交叉窗口或交叉多边形选择要拉伸的对象……

选择对象:指定对角点:找到 3 个

选择对象:↵

指定基点或位移:

指定位移的第二个点或<用第一个点作位移>:

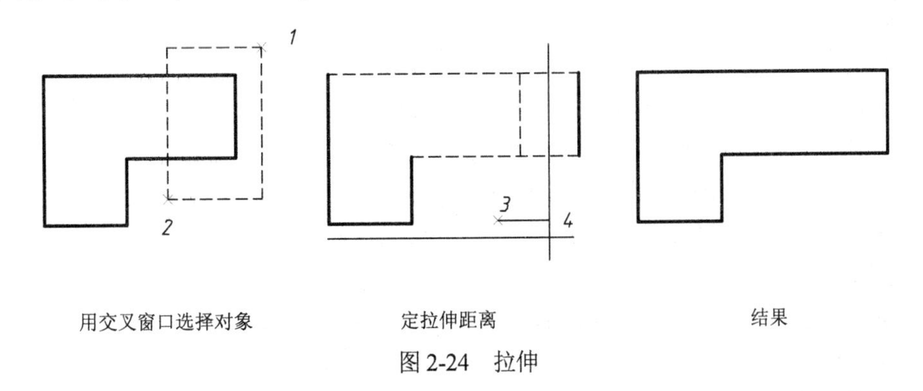

图 2-24 拉伸

11. 延伸(EX)

延伸对象到指定的边界，其操作步骤为：

(1) 从“修改”菜单中选择“延伸”。

(2) 选择作为边界的对象。

(3) 要选择图形中的所有对象作为可能的边界，请按回车键而不选择任何对象。

(4) 选择要延伸的对象。如图 2-25 所示。

原始图形

选定边界和要延伸的对象

结果

图 2-25 延伸

命令: EXTEND

当前设置:投影=UCS，边=延伸

选择边界的边……

选择对象:找到 1 个

选择对象:↲

选择要延伸的对象，或按住 Shift 键选择要修剪的对象，或[投影(P)/边(E)/放弃(U)]:

选择要延伸的对象，或按住 Shift 键选择要修剪的对象，或[投影(P)/边(E)/放弃(U)]:

12. 拉长(LEN)

可以改变直线、圆弧、开放的多段线、椭圆弧和开放的样条曲线的长度。其操作步骤为：

(1) 从“修改”菜单中单击“拉长”。

(2) 选择拉长方式 DE、P、T、DY 中的一种。

此命令不改变其位置或方向，仅拉长或缩短选定对象。

命令: LENGTHEN

选择对象或[增量(DE)/百分数(P)/全部(T)/动态(DY)]:dy

选择要修改的对象或[放弃(U)]:

指定新端点:

选择要修改的对象或[放弃(U)]:

选项说明：

① 增量，是指从端点开始测量的增加的长度或角度。

② 百分数，是按总长度或角度的百分比指定新长度或角度。

③ 全部，是指定对象的总的绝对长度或包含角。

④ 动态，动态拖动对象的端点。

13. 打断(BR)

用于删除所选定对象的一部分，或者将对象分解为两个部分。

其操作步骤为：

(1) 从“修改”菜单中选择“打断”。

(2) 选择要打断的对象。

(3) 默认情况下，选择对象的那个点为第一个打断点。如果要重新选择第一个打断点，请输入 f(第一个)然后指定第一个打断点。

(4) 指定第二个打断点。

命令: BREAK 选择对象:

指定第二个打断点或[第一点(F)]: f

指定第一个打断点:

指定第二个打断点:

打断对象时，指定第一个断点后，在输入第二点时输入“@”则仅把此线段切成两段。

打断整圆时，按逆时针方向删除圆弧，整圆不允许打断于一点。

14. 圆角(F)

用于创建圆角。其操作步骤为：

(1) 从“修改”菜单中选择“圆角”。

(2) 输入 r(半径)。

(3) 输入圆角半径。

(4) 选择第一个对象。

(5) 选择第二个对象。

命令: FILLET

当前设置:模式=修剪，半径=0.0000

选择第一个对象或[多段线(P)/半径(R)/修剪(T)/多个(U)]:r

指定圆角半径<0.0000>:10

选择第一个对象或[多段线(P)/半径(R)/修剪(T)/多个(U)]:

选择第二个对象:

说明：

① 多段线(P)，让用户选择一条多段线，并对多段线的各个顶点处倒圆。

② 修剪(T)，设定创建圆角时的剪切模式。

输入修剪模式选项 [修剪(T)/不修剪(N)]<修剪>:

选择 Trim 模式，系统将自动对选择的对象进行延伸或裁剪，然后再用圆弧连接(图 2-26)；否则，系统仅建立圆弧连接。

图 2-26　圆角

15. 夹点编辑

夹点是一些小方框，使用定点设备指定对象时，对象关键点上将出现夹点，不同的对象出现的夹点不同。可以拖动夹点直接而快速地编辑对象。

可以拖动夹点执行拉伸、移动、旋转、缩放或镜像操作。通过指定夹点模式选择要执行的编辑操作。

2.5　图层和对象属性

在 AutoCAD 2004 中，提供了图层和对象属性两个工具栏以便控制图样中线条的颜色、宽度和线型。如图 2-27 所示，其功能简介如表 2-4 所示。

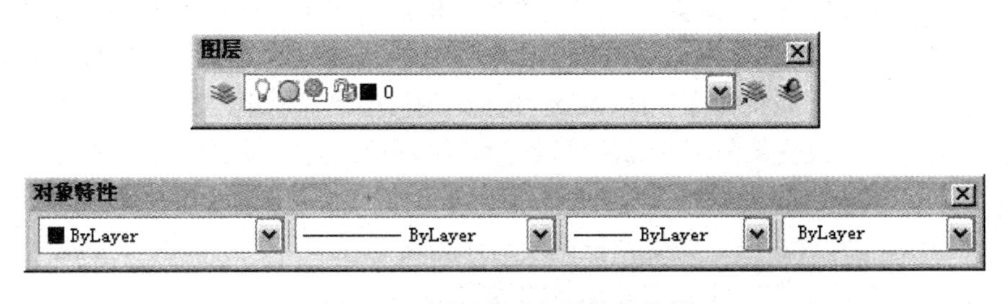

图 2-27　图层和对象属性工具栏

表 2-4 图层和对象属性工具栏简介

工具按钮	中文名称	英文命令	英文别名
	图层特性管理器	Layer	LA
0	图层控制列表框		
	将对象的图层设置为当前		
	上一个图层	LayerP	
ByLayer	颜色控制列表框		
ByLayer	线型控制列表框		
ByLayer	线宽控制列表框		
ByLayer	打印样式控制列表框		

2.5.1 图层

1. 图层的基本概念

图层相当于图纸绘图中使用的透明重叠图纸。每一层上可设定默认的一种线型、一种颜色和一种线宽。有了图层，用户就可以将一张图上的不同性质的实体分别画在不同的层上，如绘制零件图时，可以将图形的粗轮廓线、剖面线、中心线、尺寸、文字和标题栏等分别放在不同的层上，既便于管理和修改，还可加快绘图速度，从而提高了绘图效率。

2. 图层的性质

(1) 一幅图可以包含多个图层，每个图层上的实体数量没有限制。

(2) 图层名最多可由 31 个字符组成，这些字符可包括字母、数字和专用符号“$”、“－”(连字符)和“_”(下划线)。“0”层是由 AutoCAD 自动生成的一个特殊图层，不能改名，不能删除。

(3) 图层可被赋予颜色、线型和线宽。若当前颜色、线型和线宽使用“BYLAYER”绘图时，图形实体自动采用当前图层中设定的颜色、线型和线宽。

(4) 只能在当前层上绘图，所以在绘图时要首先确认当前层。

(5) 图层可以被打开(ON)或关闭(OFF)。被关闭图层上的图形既不能显示，也不能打印输出，但仍然参与显示运算。合理关闭一些图层，可以使绘图或看图时显得更清楚。

(6) 图层可以被冻结(FREEZE)或解冻(THAW)。被冻结的图层上的图形同样既不能显示，也不能打印输出，且不参与显示运算。合理冻结一些图层，能大大加快系统的显示速度。

(7) 图层可以锁定(LOCK)和解锁(UNLOCK)。锁定图层不影响其上图形的显示状况，但用户不能对锁定层上的图形进行编辑。通过锁定图层可防止对这些图层上的图形产生误操作。

3. 图层管理

图层的基本操作包括新建图层、图层的改名、指定当前层、图层的开/关、图层的冻结/解冻和锁定/解锁等操作。这些操作均可以由图层工具栏上的图层命令和图层控制框来完成。

单击图层命令按钮，系统弹出如图 2-28 所示的图层控制对话框。利用该对话框，可以对图层进行全面操作。要改变某图层的颜色可以在本层的颜色文字上点击一下，就会弹出“选择颜色”对话框，选定需要的颜色后按“确定”即可。要改变线型可在本层的线型文字上点一下，就会弹出“线型选择”对话框，如对话框中没有所需要的线型可按下面的“加载”按钮，在“加载和重载线型”对话框中选择需要加载的线型。

图 2-28　图层特性管理器

2.5.2　对象属性的更改

如果要改变现有对象的图层归属可先选中此对象然后点击图层控制列表框，在图层控制列表中选择需要的图层即可。

如果线型比例不合适，过大或过小，就不能正确显示线型，此时可通过命令“LTSCALE”(可简写为“LTS”)改变线型比例因子以得到正确的显示效果。

线宽的显示必须先激活状态栏上的线宽按钮，才能在屏幕上看到对象的线宽信息。如果激活线宽按钮后，线宽的显示仍不理想，还可将光标移到线宽按钮上，然后击右键，选择设置，此时可以改变线宽的显示比例。

如果想改变当前绘出对象的颜色、线型和线宽可单击颜色、线型和线宽控制列表框，并在弹出列表框中选择适当值，然后松开左键即可指定当前的颜色、线型和线宽。

如果要改变已有实体颜色、线型和线宽，先选中要改变的对象，然后在颜色、线型和线宽控制框中选择要赋予的值，最后按两次“ESC”功能键即可。若要修改选中对象的多个属性，可用输入“PROPERTIES”或“PR”打开特性对话框，进行逐项修改。

2.6　平面图形的画法

绘制平面图形是绘制工程图样的基础，平面图形中包含直线和圆弧的连接，可以利用 AutoCAD 提供的绘图工具、编辑工具和对象捕捉工具精确地完成图形的绘制。下面通过如图 2-29 所示的平面图形说明绘图的方法和步骤。

(1) 图层设置。用 LAYER 命令按表 2-5 设定图层，赋予图层颜色、线型、线宽和其他需要设定的参数。

表 2-5 图层设置

图层名	描 述	线 型	颜色	线宽
01 粗实线	粗实线，剖切面的粗剖切线	continuous	绿色	0.5
02 细实线	细实线，细波浪线，细折断线	continuous	白色	0.25
04 细虚线	细虚线	ACAD_ISO02W100	黄色	0.25
05 细点画线	细点画线，剖切面的剖切线	ACAD_ISO04W100	红色	0.25
06 粗点画线	粗点画线	ACAD_ISO04W100	棕色	0.5
07 细双点画线	细双点画线	ACAD_ISO05W100	粉色	0.25
08 尺寸标注	尺寸标注，投影连线，尺寸终端与符号细实线	continuous	白色	0.25
09 辅助	参考圆，包括引出线和终端(如箭头)	continuous	白色	0.25
10 剖面符号	剖面符号	continuous	白色	0.25
11 细文本	文本(细实线)	continuous	白色	0.25
13 粗文本	文本(粗实线)	continuous	白色	0.5

(2) 绘制中心线，将“正交”有效，用直线命令绘制一水平线和一垂直线，然后用偏移命令将水平线向上连续偏移 55 和 40，结果如图 2-30 所示。

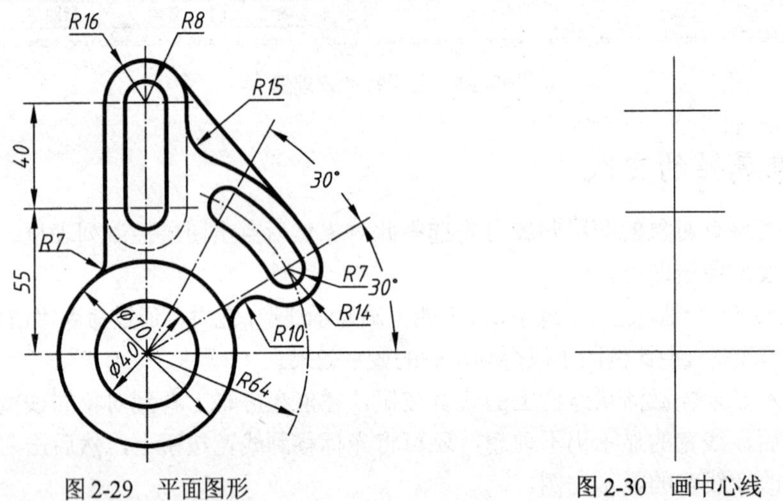

图 2-29 平面图形 图 2-30 画中心线

(3) 用圆命令绘制 $R64$ 的圆弧中心线，将状态栏上“极轴”按下，并将增量角设为 30°，然后用画线命令绘制角度为 30°的两条中心线，结果如图 2-31 所示。

(4) 用圆命令先绘制 $R8$ 和 $R16$ 的两个圆，再绘制 $\phi 40$ 和 $\phi 70$ 的两个圆，结果如图 2-32 所示。

(5) 将对象捕捉设为端点、交点和圆心，用直线命令分别作 $R8$ 和 $R16$ 两圆的公切线，用修剪命令，选择两水平线作为剪切边，修剪掉不需要的圆弧，结果如图 2-33 所示。

(6) 用圆命令绘制 $R7$ 的两个圆和 $R14$ 的一个圆，用偏移命令将 $R64$ 的圆向内偏移 7 和连续向外偏移 2 次，距离也为 7，结果如图 2-34 所示。

(7) 用修剪命令选择两条角度尺寸为 30°的线为剪切边，将多余的圆弧剪掉，结果如图 2-35 所示。

(8) 用圆角命令分别绘制 *R*7、*R*15 和 *R*10 的圆弧连接，注意 *R*7 是竖线和圆 ϕ70 的连接而不是 *R*16 和圆 ϕ70 的连接。结果如图 2-36 所示。

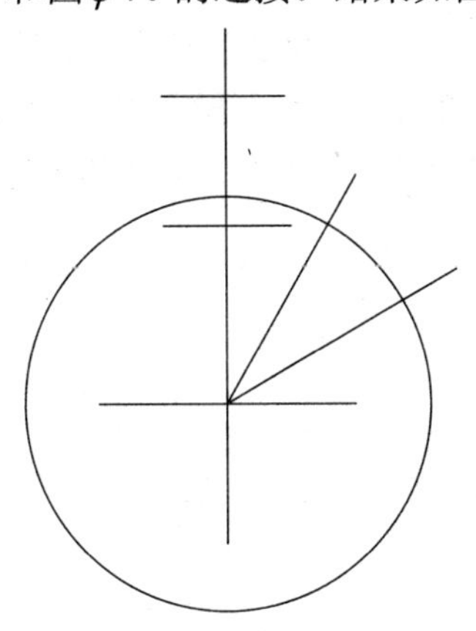

图 2-31　画 30°线的中心线

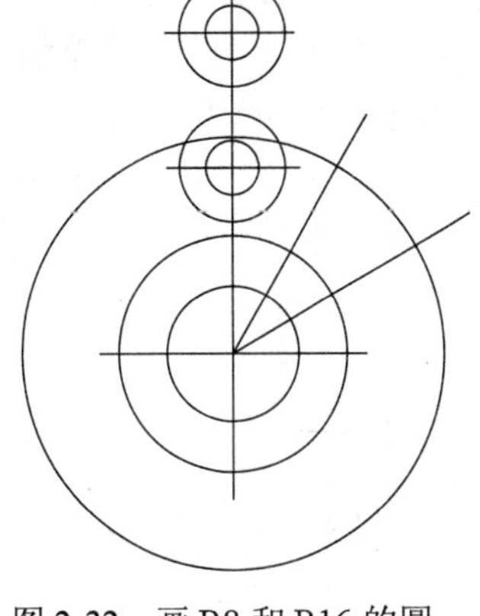

图 2-32　画 R8 和 R16 的圆

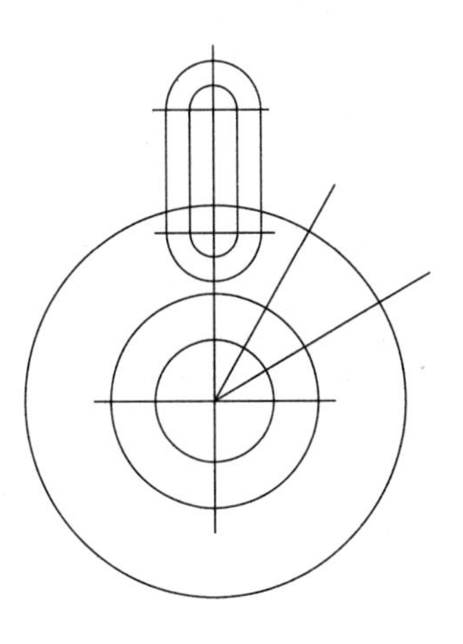

图 2-33　画公切线

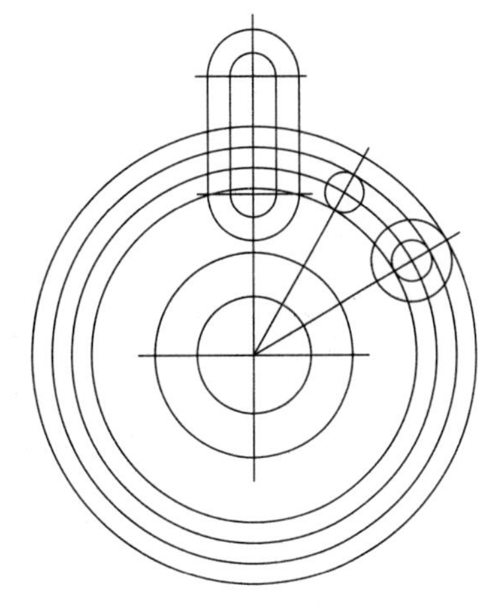

图 2-34　画与 R7 和 R14 相切的圆

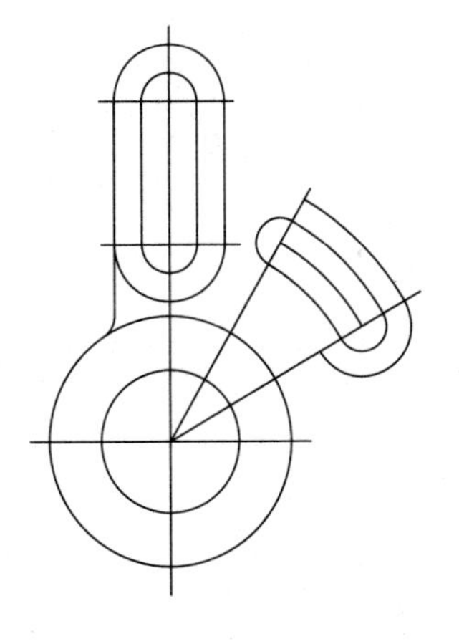

图 2-35　修剪多余的圆弧

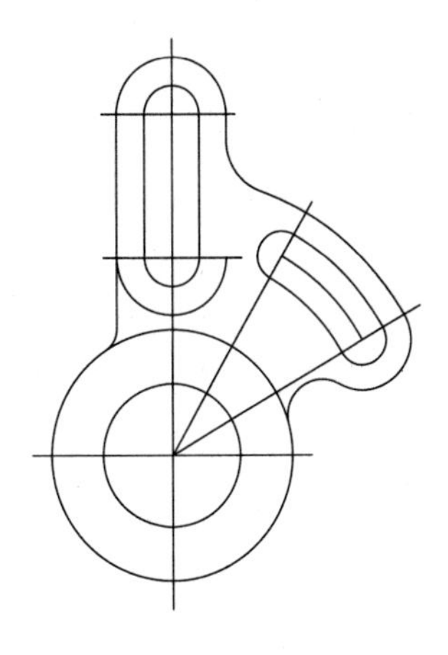

图 2-36　画连接圆弧

(9) 用直线命令补出在作 *R*15 时自动修剪掉的竖线，将对象捕捉设成仅切点一种方式，用直线命令绘制右上的切线，注意画切线时光标应移到大致的切点位置上，结果如图 2-37 所示。

(10) 用拉长命令的动态(dy)选项，调整每根中心线的长度到合适的长度，然后选择所有中心线并点击图层工具栏上的图层控制列表框，在其中选择 05 细点画线层，按一下 Esc 键，再选择需要变成虚线的圆弧和线段，点击图层工具栏上的图层控制列表框，在其中选择 04 细虚线层，按一下 Esc 键。结果如图 2-38 所示，完成全图，保存图形。

调整中心线长度时也可以用夹点编辑的方法。

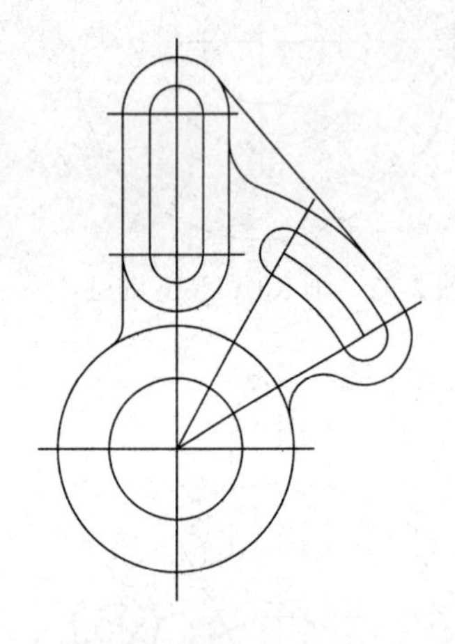

图 2-37　补线和画切线

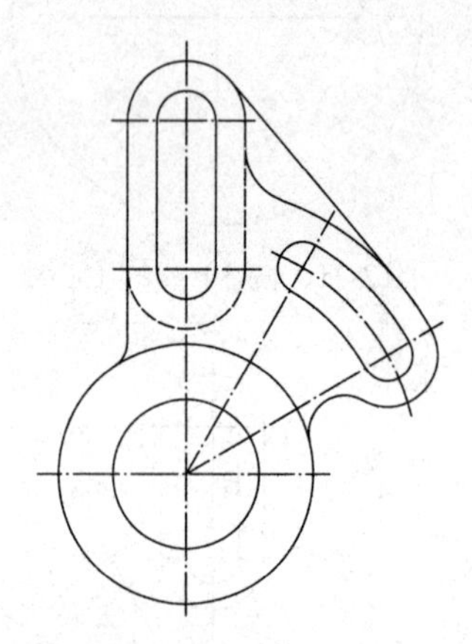

图 2-38　调整中心线长度和改变图层，完成全图

第3章　点、直线、平面的投影

3.1　投影法的基本知识

当灯光或日光照射物体时，在地面或墙壁上就会出现物体的影子。基于这种自然现象，人们进行了科学的抽象，形成了投影法的概念。

如图 3-1 所示，我们把光源 S 抽象为一点，称为投影中心。S 点与物体上任一点的连线(如 SA、SB、SC)，称为投射线。平面 P 称为投影面。延长 SA、SB、SC 与投影面 P 相交，其交点 a、b、c 称为 A、B、C 点在 P 面上的投影。$\triangle abc$ 就是$\triangle ABC$ 在投影面 P 上的投影。这种利用投射线使物体在投影面上产生投影的方法称为投影法。

投影法可分为中心投影法和平行投影法两类。

3.1.1　中心投影法

投射线汇交于一点的投影法称为中心投影法，如图 3-1 所示。用中心投影法得到的投影图称为中心投影图。

由于中心投影图一般不反映物体各部分的真实形状和大小，且投影的大小随投射中心、物体和投影面之间的相对位置的变化而变化，所以度量性较差。但中心投影图立体感较强，多用于绘制建筑物的直观图(透视图)。

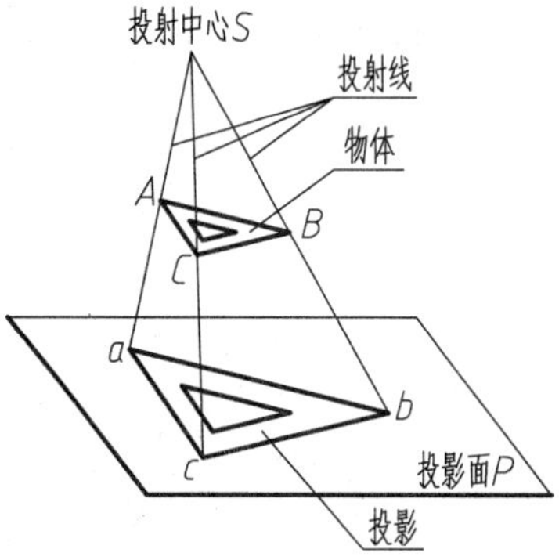

投射中心S
投射线
物体
A
B
C
a
b
c
投影面P
投影

图3-1　中心投影法

3.1.2　平行投影法

当投射中心与投影面的距离为无穷远时，则投射线相互平行。这种投射线相互平行的投影称为平行投影法，如图 3-2 所示。

平行投影法按投射线与投影面相对位置的不同可分为斜投影法和正投影法两种。

1. 斜投影法

投射线与投影面相互倾斜的平行投影法称为斜投影法，如图 3-2(a)所示，其所得的投影图称为斜投影图。

2. 正投影法

投射线与投影面相互垂直的平行投影法称为正投影法，如图 3-2(b)所示，其所得的投影图称为正投影图。

正投影图的直观性虽不如中心投影图好，但由于正投影图一般能真实地表达物体的形状和大小，因此，工程图样主要用正投影法来绘制，通常将“正投影”简称为“投影”。

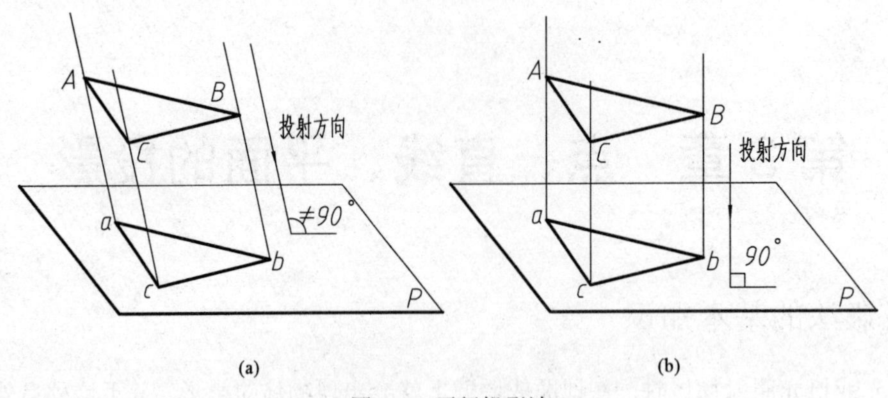

图 3-2 平行投影法

3.2 点的投影

3.2.1 点的投影

点是组成形体的基本几何元素，探究点的投影性质和规律是掌握其他几何要素投影的基础。如图 3-3(a)所示，过空间点 *A* 的投射线(垂直于 *P*)与投影面 *P* 的交点即为空间点 *A* 在投影面 *P* 上的投影 *a*。在这里规定以大写字母表示空间点，其投影用对应小写字母表示。

点的空间位置确定后，它在投影面上的投影是唯一确定的，反之，若只有点的一个投影 *b*，是不能唯一确定空间点 *B* 的位置的，如图 3-3(b)所示。因此，在工程上多采用多面正投影。

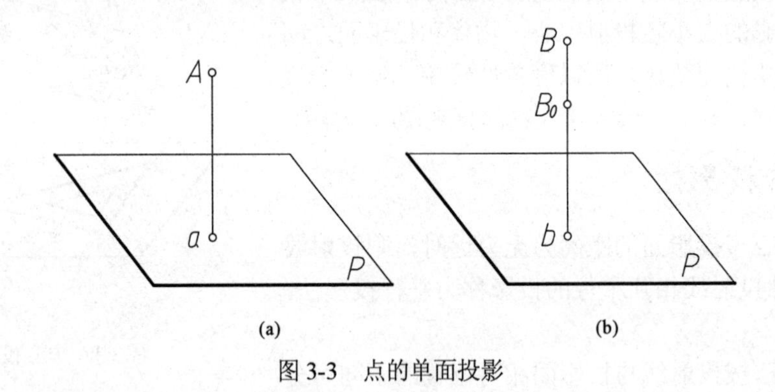

图 3-3 点的单面投影

3.2.2 点的三面投影及投影特性

1. 三投影面体系的建立

如图 3-4(a)所示为空间三个两两互相垂直的投影面。处于正面直立位置的投影面称为正立投影面，用大写字母 *V* 表示，简称正面或 *V* 面；处于水平位置的投影面称为水平投影面，用大写字母 *H* 表示，简称水平面或 *H* 面；与正面和水平面都垂直的处于侧立位置的投影面称为侧立投影面，以 *W* 表示，简称侧面或 *W* 面。

V 面与 *H* 面将空间分成四个区域称为分角，分别称为 *I*、*II*、*III*、*IV*分角[图 3-4(b)]。将

物体置于第一分角内得到的正投影的方法称为第一角画法。将物体置于第三分角内得到的正投影的方法称为第三角画法。我国制图标准规定工程图样采用第一角画法。

H、*V*、*W* 面组成一个三投影面体系。两两垂直的三个投影面之间的交线称为投影轴，分别用 *OX*、*OY*、*OZ* 表示。

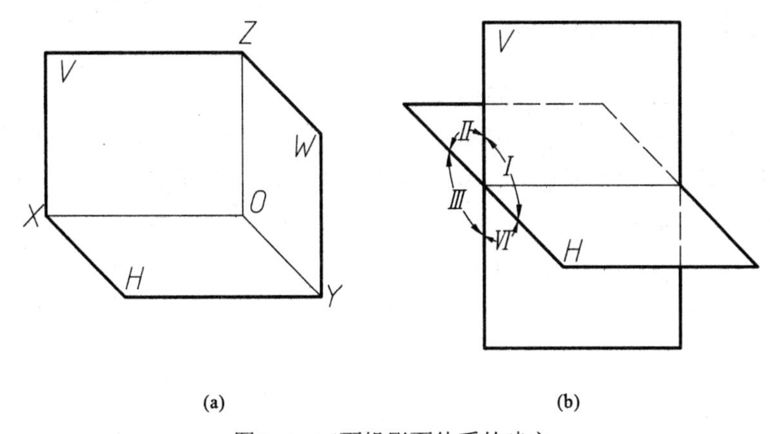

(a)　　(b)

图 3-4　三面投影面体系的建立

2. 点的三面投影的形成

如图 3-5(a)所示，将空间点 *A* 分别向 *V*、*H*、*W* 投影面投射，其正面投影用 a'表示，水平投影用 a 表示，侧面投影用 a''表示。

为了使点的投影画在同一图面上，规定 *V* 面不动，将 *H* 面绕 *OX* 轴向下旋转 90°，将 *W* 面绕 *OZ* 轴向右旋转 90°，使 *H*、*V*、*W* 三个面共面。在投影面展开过程中，*Y* 轴先随 *H* 面往下旋转，又随 *W* 面向右旋转，为了便于在图中标记，分别用 H_Y 及 W_Y 来表示，如图 3-5(b)所示。画图时，一般不画出投影面的边框，如图 3-5(c)所示。

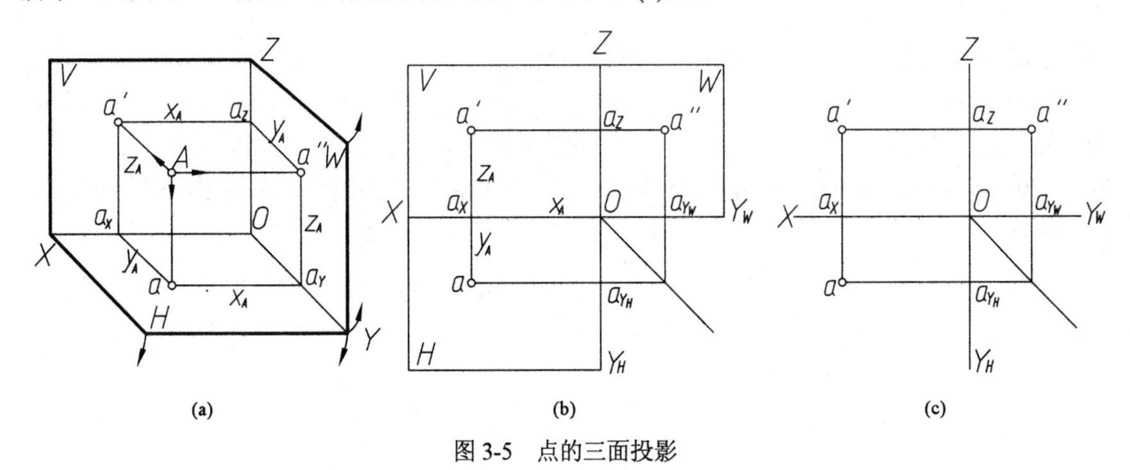

(a)　　(b)　　(c)

图 3-5　点的三面投影

3. 点的三面投影特性和直角坐标

由图 3-5 不难证明，点的三面投影具有如下特性：

(1) 点的正面投影与水平投影的连线垂直于 *OX* 轴，即 $a'a \perp OX$。

(2) 点的正面投影与侧面投影的连线垂直于 *OZ* 轴，即 $a'a'' \perp OZ$。

(3) 点的水平投影到 *OX* 轴的距离等于点的侧面投影到 *OZ* 轴的距离，即 $aa_X=a''a_Z$。

在三投影面体系中，三根投影轴可以构成一个空间直角坐标系，空间点 A 的位置可以用三个坐标值(x_A、y_A、z_A)表示，则点的投影与坐标有下述关系：

$x_A = a'a_Z = a\,a_{Y_H} = Aa''$(点到 W 面的距离)；

$y_A = a\,a_X = a''a_Z = Aa'$(点到 V 面的距离)；

$z_A = a'a_X = a''\,a_{Y_W} = Aa$(点到 H 面的距离)。

由点的投影特性及点的投影和坐标的关系可知，点的每个投影均反映该点的某两个坐标，由此在点的三面投影中，只要知道其中任意两个面的投影，就可以求出第三个面的投影。

【例 3-1】如图 3-6(a)所示，已知点 A 的正面投影 a'和侧面投影 a''，求 A 的侧面投影 a。

解：由点投影特性可知，$a'a \perp OX$，$aa_X = a''a_Z$，故过 a' 作 OX 轴垂线，并取 $aa_X = a''a_Z$，即可求得水平投影 a[图 3-6(b)]。也可采用作 45°斜线的方法求出水平投影 a[图 3-6(c)]。

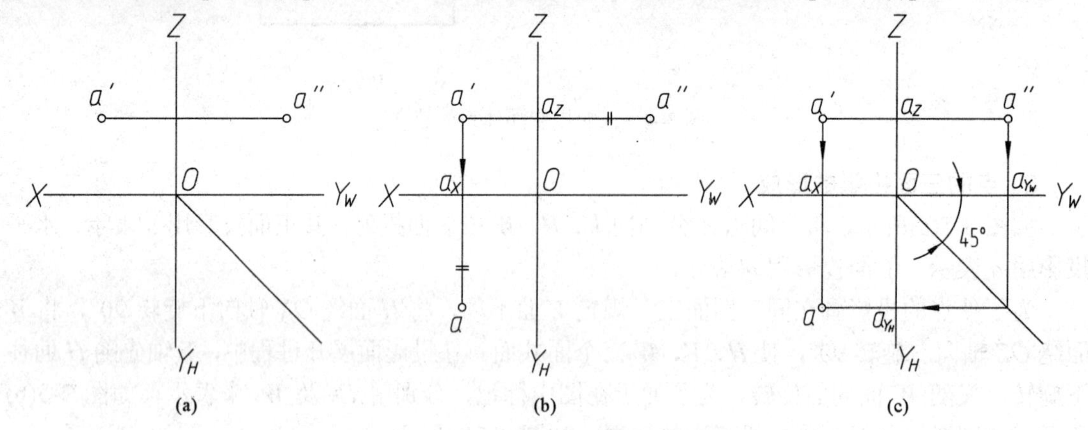

图 3-6 由点的两面投影求第三投影

【例 3-2】已知点 B 距 V、H、W 三个投影面的距离分别为 10、20、15，求点 B 的三面投影。

解：由空间点位置和坐标的关系，可知 B 点的坐标为(15，10，20)。由点的投影与坐标的关系，在 OX 轴上向左取 x=15，得 b_X，如图 3-7(a)所示；过 b_X 作 OX 轴的垂线，上下分别取 z=20、y=10 得 b'和 b，如图 3-7(b)所示；最后根据点的投影规律，作出侧面投影 b''，如图 3-7(c)所示。

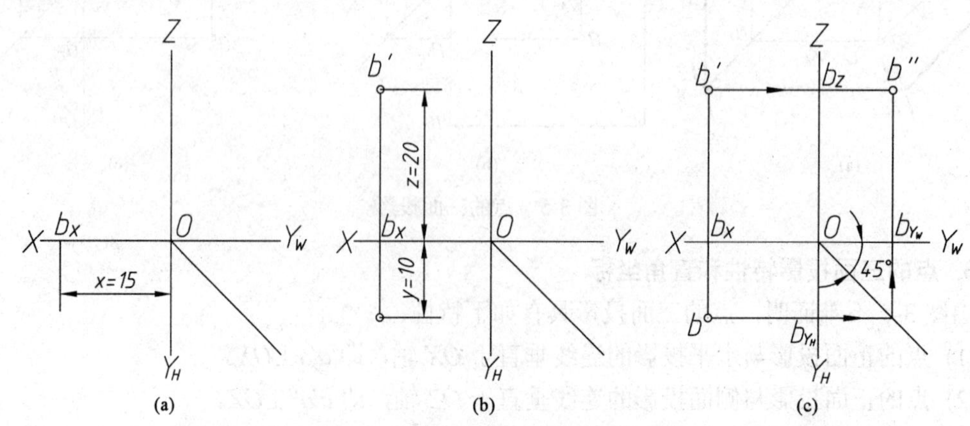

图 3-7 已知点的空间位置求作投影

3.2.3　两点的相对位置和重影点

1. 两点的相对位置

如图 3-8 所示，空间两点的上下、前后、左右位置关系，可以通过两点的同面投影的相对位置或坐标差来判断。两点的 X 坐标差反映了它们空间的左右位置关系，两点的 Y 坐标差反映了它们空间的前后位置关系，两点的 Z 坐标差反映了它们空间的上下位置关系。

X 坐标值较大的在左；Y 坐标值较大的在前；Z 坐标值较大的在上。如图 3-8(b)所示，由于 $x_A<x_B$，所以 A 点在 B 点的右方，同理可判断出 A 点在 B 点的后方、下方。

在判别相对位置的过程中应该注意：对水平投影而言，由 OY_H 轴向下就代表向前；对侧面投影而言，由 OY_W 轴向右也代表向前。

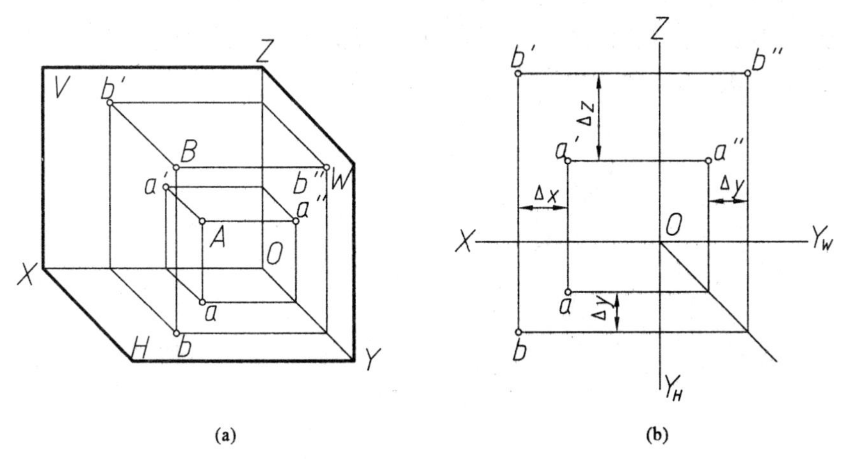

图 3-8　两点的相对位置

2. 重影点

如图 3-9 所示，点 C 在点 D 的正前方，即 $x_C=x_D$，$z_C=z_D$，两点位于垂直于 V 面的同一投射线上，故它们在 V 面上的投影重合，称 C、D 两点为对 V 面的重影点。同理，若两点位于垂直于 W 面的同一投射线上，即一点位于另一点的正右方或正左方，则该两点为对 W 面的重影点；若两点位于垂直于 H 面的同一投射线上，即一点位于另一点的正下方或正上方，则该两点为对 H 面的重影点。

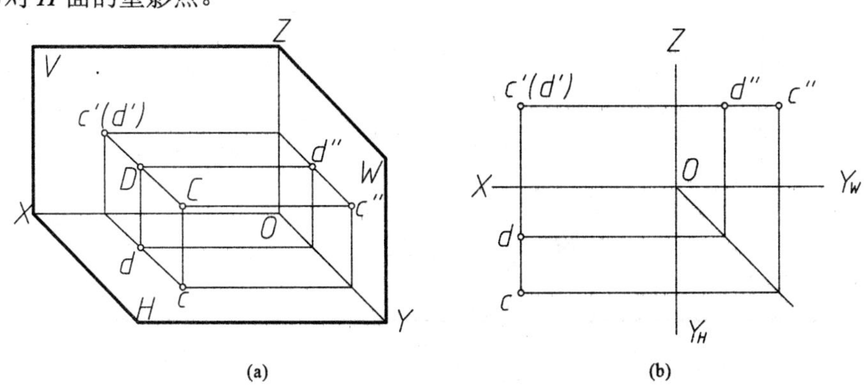

图 3-9　重影点的投影

重影点需要判别可见性，坐标值较大者为可见，较小者为不可见，亦即两点中距投影面较远的为可见，反之为不可见。如图 3-9 所示的 *C*、*D* 两点是对 *V* 面的重影点，由于 $y_C>y_D$，故从前面向后看时点 *C* 是可见的，点 *D* 是不可见的。通常规定不可见点的投影加上括弧，如(*d*′)。

3.3 直线的投影

3.3.1 直线的投影

由于两点决定一直线，因此只要作出直线上任意两点(通常为直线段的两个端点)的投影，并将其同面投影用粗实线连接，就可确定直线的投影，如图 3-10 所示。求作直线的三面投影图时，可分别作出两端点的投影(*a*、*a*′、*a*″)、(*b*、*b*′、*b*″)，然后将其同面投影连接起来(用粗实线绘制)即得直线 *AB* 的三面投影图(*ab*、*a*′*b*′、*a*″*b*″)。

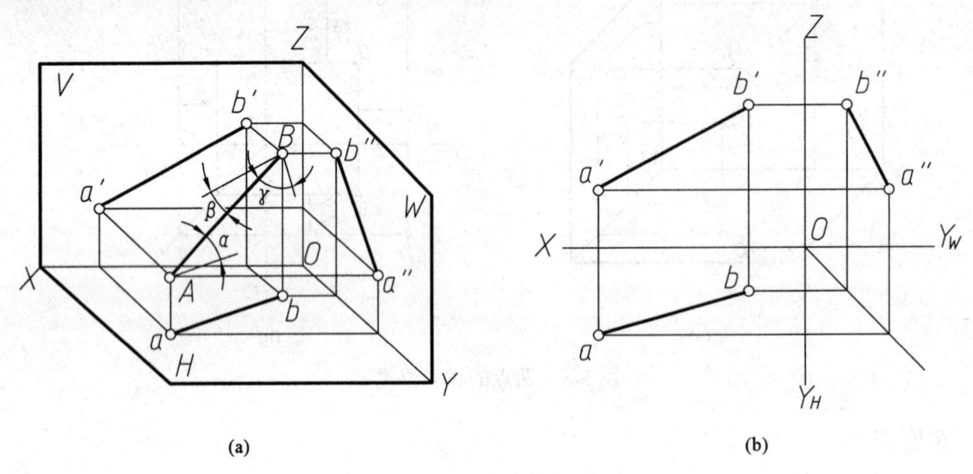

图 3-10 直线的投影

3.3.2 直线的投影特性

1. 直线对一个投影面的投影特性

直线对一投影面的投影，如图 3-11 所示，可能有以下三种情况：

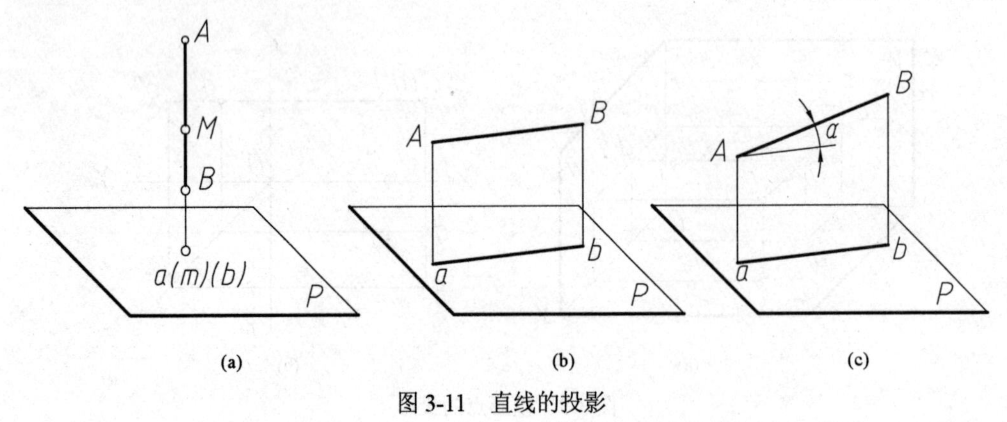

图 3-11 直线的投影

(1) 如图 3-11(a)所示，当直线垂直于投影面时，它在该投影面上的投影重合为一个点。这种投影特性称为积聚性。

(2) 如图 3-11(b)所示，当直线平行于投影面时，它在该投影面上的投影反映实长。这种投影特性称为真实性。

(3) 如图 3-11(c)所示，当直线倾斜于投影面时，它在该投影面上的投影长度缩短。$ab=AB\cos\alpha$。

2. 直线在三投影面体系中的投影特性

直线在三投影面体系中的投影特性取决于直线与三个投影面之间的相对位置。根据直线与三个投影面的相对位置不同，可将直线分为三类，即一般位置直线、投影面平行线及投影面垂直线。后两类直线又称为特殊位置直线。

(1) 一般位置直线。与三个投影面都倾斜的直线称为一般位置直线。如图 3-10(a)所示。

一般位置直线与投影面之间的夹角为直线对该投影面的倾角。对水平投影面、正立投影面、侧立投影面的倾角，分别用 α、β、γ 表示，如图 3-10(a)所示。

一般位置直线的投影特性为：

① 三个投影都与投影轴倾斜，长度都小于实长。

② 与投影轴的夹角都不反映直线对投影面的倾角。

(2) 投影面平行线。平行于某一投影面而与其余两个投影面倾斜的直线称为投影面平行线。其中平行于 H 面的直线称为水平线；平行 V 面的直线称为正平线；平行于 W 面的直线称为侧平线。表 3-1 中分别列出正平线、水平线和侧平线的投影及其投影特性。

(3) 投影面垂直线。垂直于某一投影面，从而与其余两个投影面都平行的直线称为投影面垂直线。垂直于 H 面的直线称为铅垂线；垂直 V 面的直线称为正垂线；垂直于 W 面的直线称为侧垂线。

表 3-1　投影面平行线的投影特性

名称	水平线(AB // H 面)	正平线(AB // V 面)	侧平线(AB // W 面)
轴测图	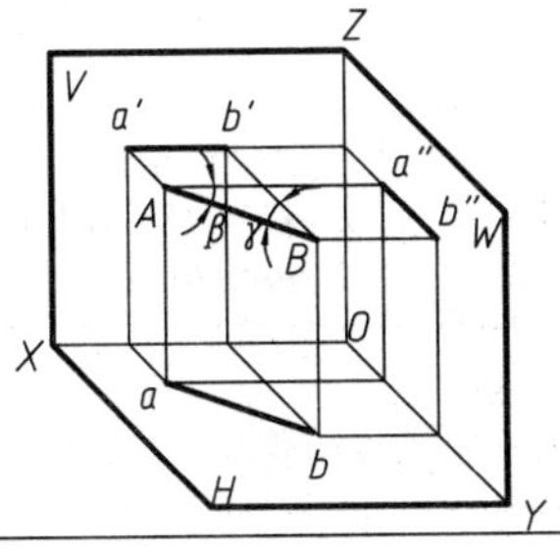	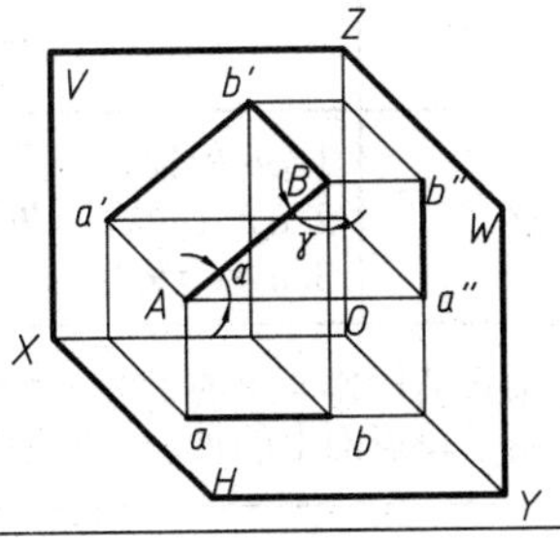	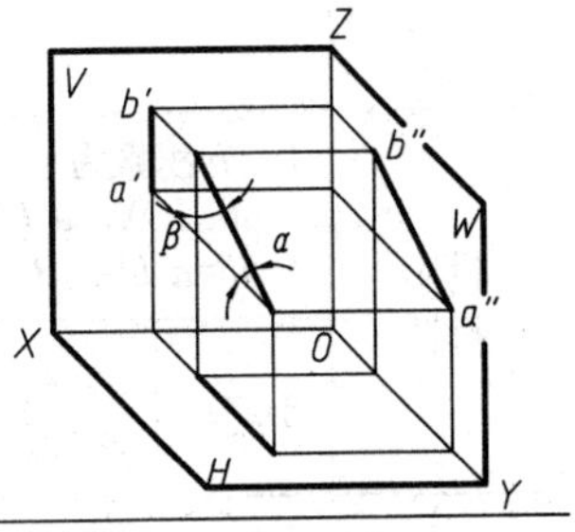
投影图	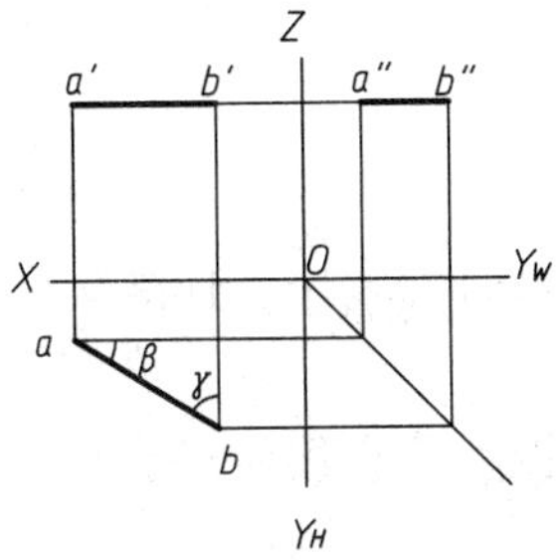	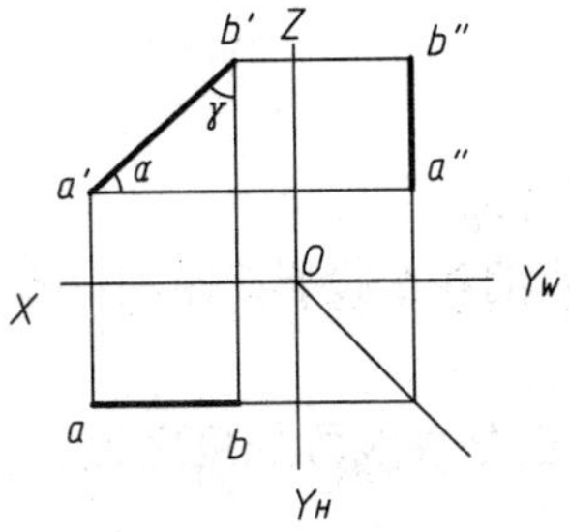	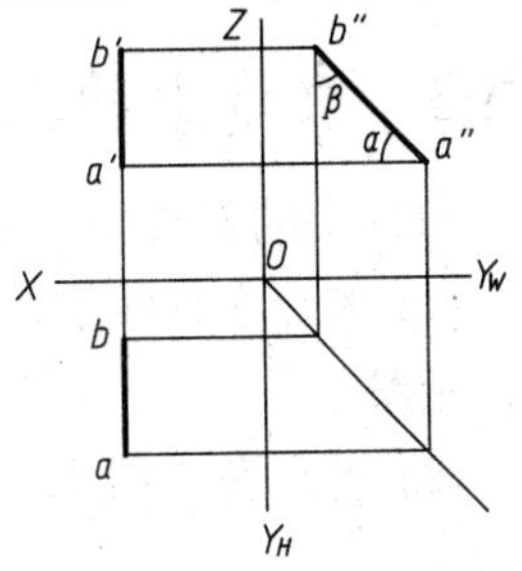

(续表)

名称	水平线(AB // H 面)	正平线(AB // V 面)	侧平线(AB // W 面)
投影特性	1. $ab=AB$ 2. ab 与 OX 的夹角为 β，ab 与 OY_H 的夹角为 γ 3. $a'b'$ // OX，$a''b''$ // OY_W，$a'b'$、$a''b''$均小于实长	1. $a'b'=AB$ 2. $a'b'$与 OX 的夹角为 α、$a'b'$ 与 OZ 的夹角为 γ 3. ab // OX，$a''b''$ // OZ，ab、$a''b''$均小于实长	1. $a''b''=AB$ 2. $a''b''$与 OY_W 的夹角为 α，$a''b''$与 OZ 的夹角为 β 3. $a'b'$ // OZ，ab // OY_H，ab、$a'b'$均小于实长
小结：	① 在其平行的投影面上的投影反映实长；投影与投影轴的夹角分别反映直线对另两投影面的真实倾角 ② 在另外两个投影面上的投影，分别平行于不同的投影轴，且长度比空间线段短		

表 3-2 中分别列出正垂线、铅垂线和侧垂线的投影及其投影特性。

表 3-2　投影面垂直线的投影特性

名称	正垂线($AB\perp V$ 面)	铅垂线($AB\perp H$ 面)	侧垂线($AB\perp W$ 面)
轴测图	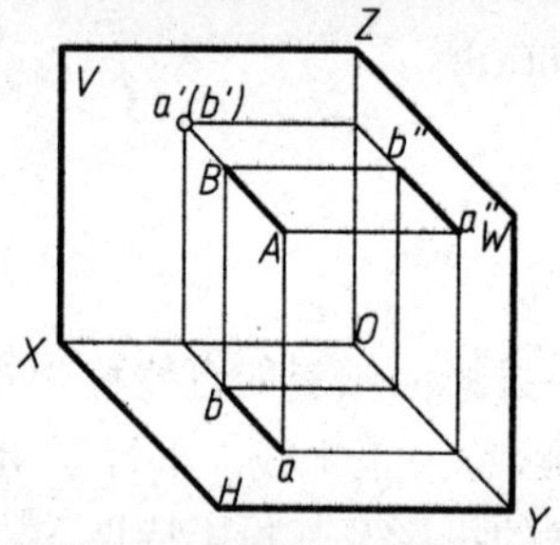	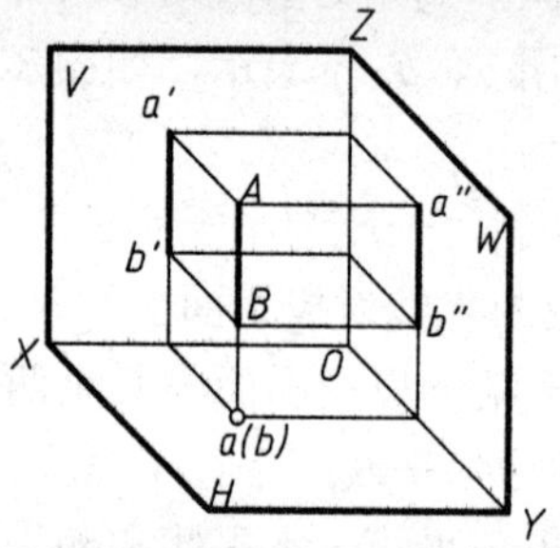	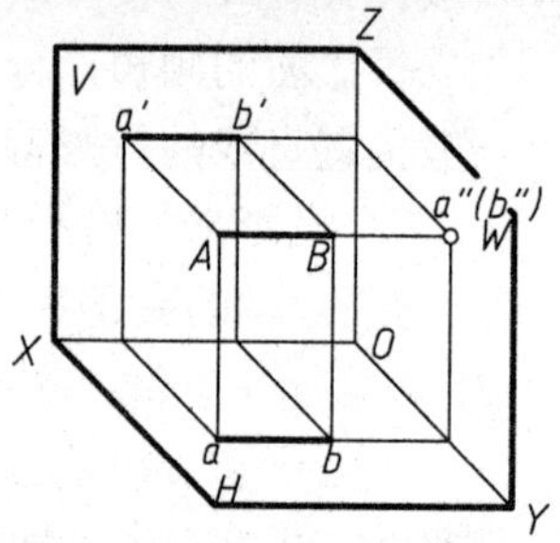
投影图	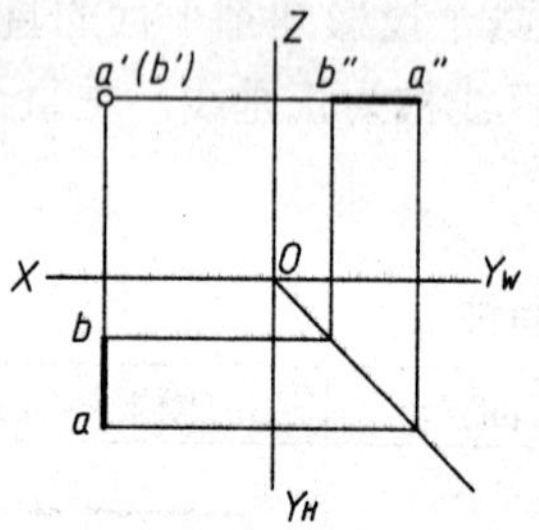	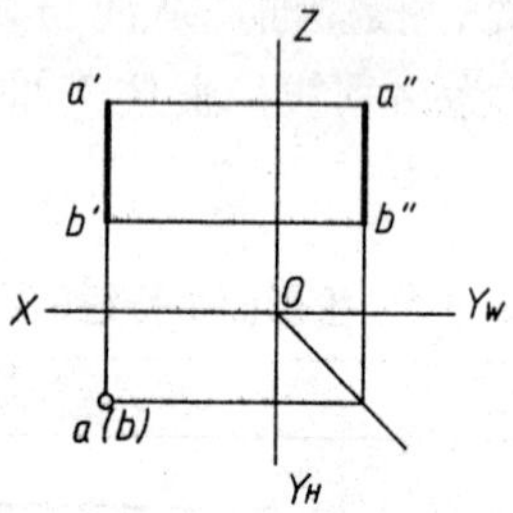	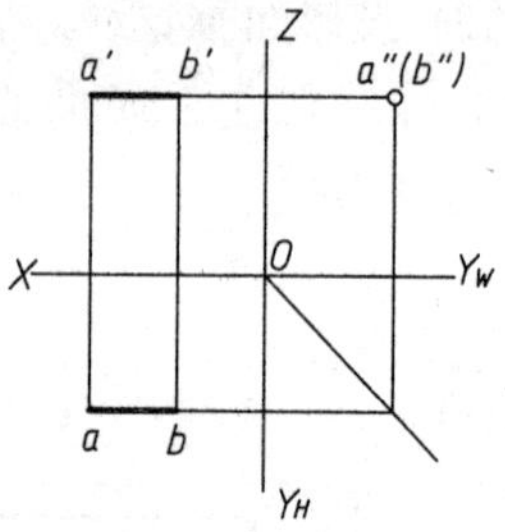
投影特性	1. $a'b'$积聚为一点 2. $ab\perp OX$，$a''b''\perp OZ$ 3. $ab=a''b''=AB$	1. ab 积聚为一点 2. $a'b'\perp OX$，$a''b''\perp OY_W$ 3. $a'b'=a''b''=AB$	1. $a''b''$积聚为一点 2. $a'b'\perp OZ$，$ab\perp OY_H$ 3. $ab=a'b'=AB$
小结：	① 在直线垂直的投影面上的投影，积聚成一点 ② 在另外两个投影面上的投影，分别垂直于不同的投影轴，且反映实长		

3.3.3　直线上的点

直线上的点有如下投影特性：

(1) 若点在直线上，则点的各个投影必定在该直线的同面投影上，且符合点的投影规律，反之亦然。

(2) 若点在直线上，则点分直线段长度之比等于其投影分直线段投影长度之比。反之亦然。

如图3-12所示，直线AB上有一点C，则点C的三面投影c、c'、c''必定分别在直线AB的同面投影ab、$a'b'$、$a''b''$上，且有$AC:CB=ac:cb=a'c':c'b'=a''c'':c''b''$。

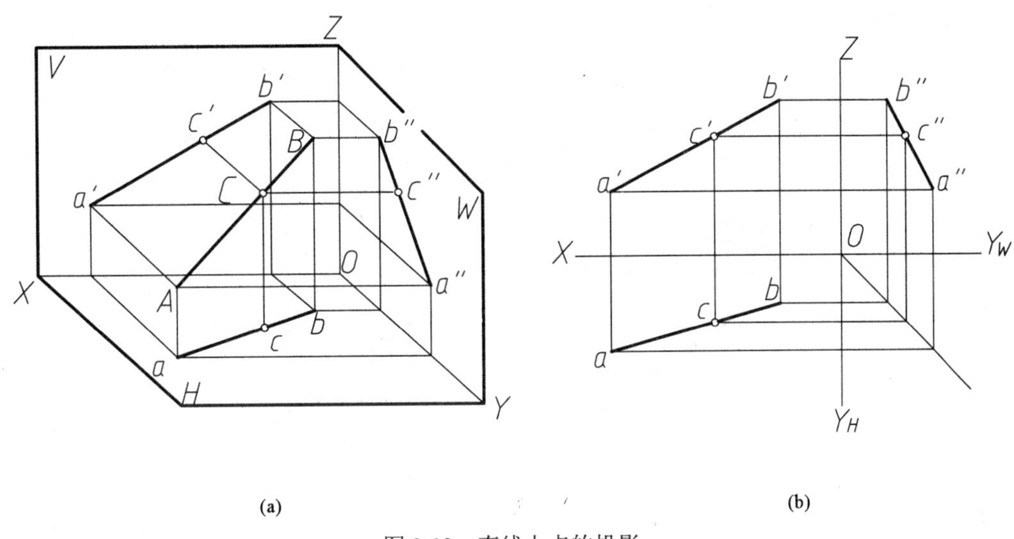

图3-12　直线上点的投影

应用上述特性，可作出直线上定点的投影，也可判断点是否在直线上。

1. 求直线上的点

【例3-3】如图3-13(a)所示，已知点K在直线AB上，求作它们的三面投影。

解：由于K在直线AB上，所以点K的各个投影一定在直线的同面投影上。如图3-13(b)所示，先作出AB的水平投影ab，然后在ab和$a''b''$上确定K点的水平投影k和侧面投影k''。

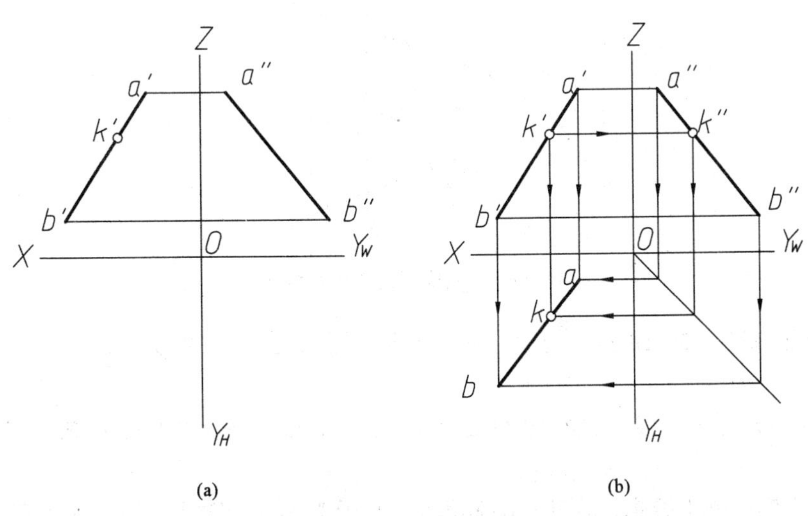

图3-13　求直线上的点

【例3-4】如图3-14(a)所示，在直线AB上取一点C，使$AC:CB=2:3$。

解：由于$AC:CB=2:3$，则$ac:cb=a'c':c'b'=2:3$，由此可按如下步骤作图[图3-14(b)]:

① 取直线任一投影 *ab*，过 *a* 作任意直线 *ak*。

② 在 *ak* 上以适当长度取 5 等分，得 1、2、3、4、5 等分点。

③ 连接 *b* 和 5，自 2 作 $2c /\!/ 5b$，则 *c* 即为所求。

④ 由 *c* 求出 *c'*。

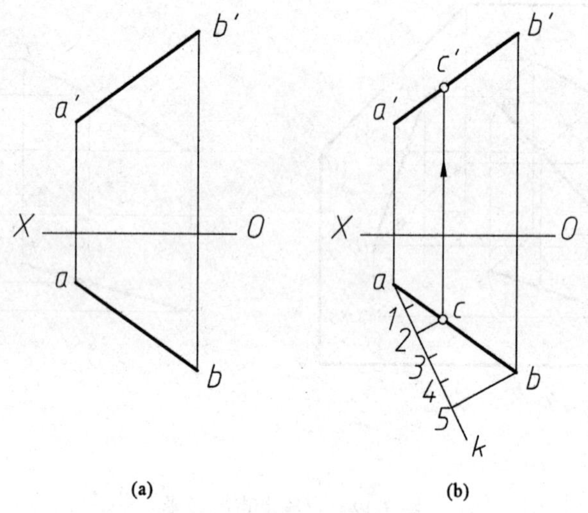

图 3-14　*AB* 上的分点 *C*

2. 判断点是否在直线上

判断点是否在直线上，一般只需判断两个投影面上的投影即可。如图 3-15 所示，点 *K* 在直线 *AB* 上，而点 *M* 不在直线 *AB* 上(因 *m* 不再 *ab* 上)。但是当直线为投影面平行线，且给出的两个投影又都平行于投影轴时，则还需求出第三个投影进行判断，或用点分线段成定比的方法来判断。

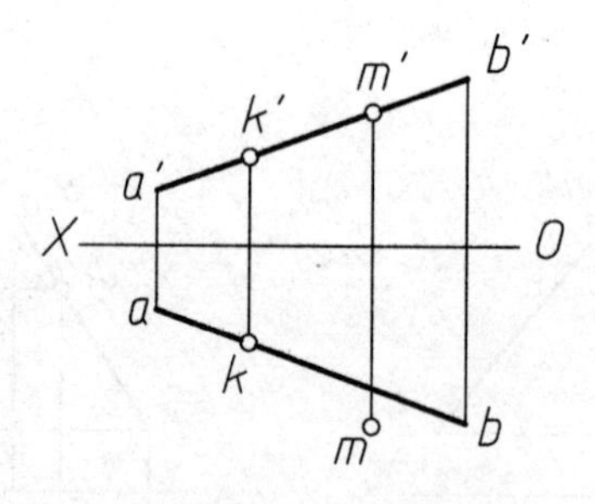

图 3-15　判断点是否在直线上

【例 3-5】如图 3-16(a)所示，已知侧平线 *AB* 及点 *K* 的正面和水平投影，判断点 *K* 是否在直线 *AB* 上。

解：由于 *AB* 是侧平线，且给出的投影都平行投影轴，故无法直接判断，须采用如下两种方法：

① 求出它们的侧面投影。如图 3-16(b)所示，由于 *k''* 不在 *a''b''* 上，故点 *K* 不在直线 *AB* 上。

② 用点分线段成定比的方法判断[图 3-16(c)]。

作图：

① 取直线任一投影 *a'b'*，过 *a'* 作任意直线 *a'm*。

② 在 $a'm$ 上取 1、2 两点，使 $a'1=ak$、$12=kb$。

③ 连接 b' 和 2，自 1 作 $1n' // 2b'$。

④ 由于 n' 与 k' 不重合，故点 K 不在直线 AB 上。

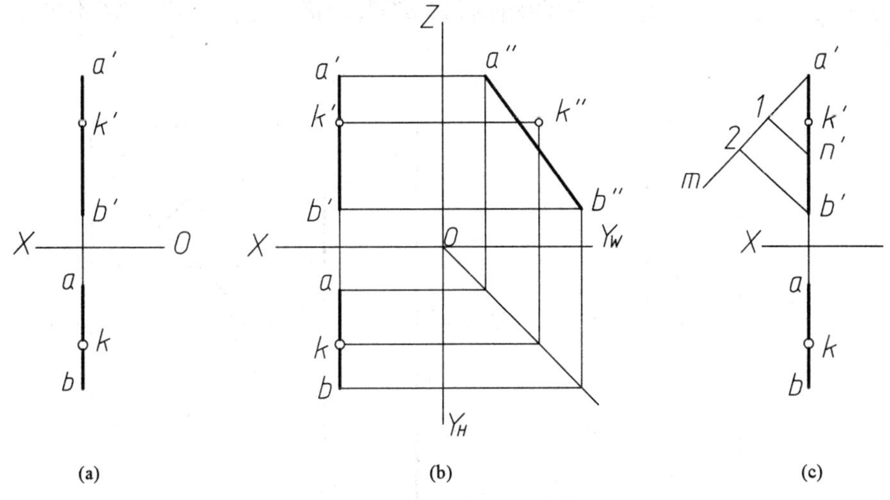

图 3-16　判断点是否在直线上

3.3.4　两直线的相对位置

空间两直线的相对位置可以分为三种：两直线平行、两直线相交和两直线交叉。前两种又称同面直线；后一种又称异面直线。

1. 两直线平行

若空间两直线相互平行，则它们的同面投影必定互相平行。反之，如果两直线同面投影都互相平行，则两直线在空间必定互相平行，如图 3-17 所示。

判断两直线是否平行，一般情况下，只要判断任意两组同面投影是否平行即可，如图 3-17(b)所示。但若空间两直线均为投影面的平行线，则要根据直线所平行的投影面上的投影是否平行来断定它们在空间是否相互平行。

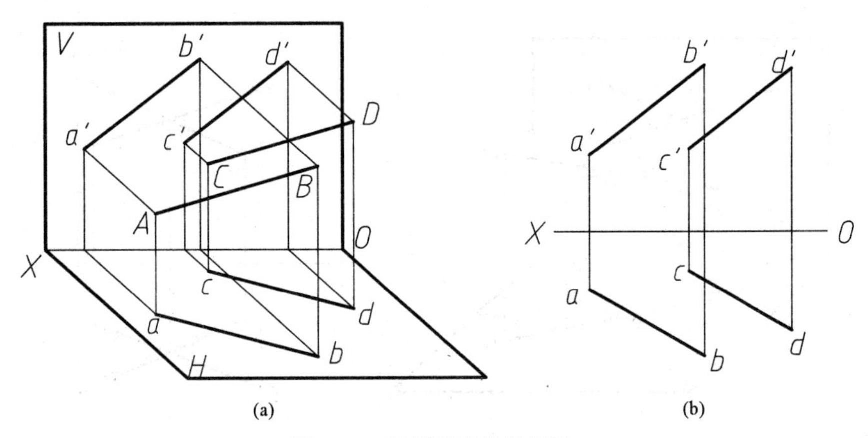

图 3-17　平行两直线的投影

【例 3-6】判断直线 AB、CD 是否平行，如图 3-18(a)所示。

解：由于 AB、CD 均为侧平线，所以根据所给的两组同面投影不能确定两直线是否平行，需求出它们的侧面投影来判断。

如图 3-18(b)所示，作出 AB、CD 的侧面投影 $a''b''$、$c''d''$。由于 $a''b''$、$c''d''$不平行，故 AB、CD 不平行。

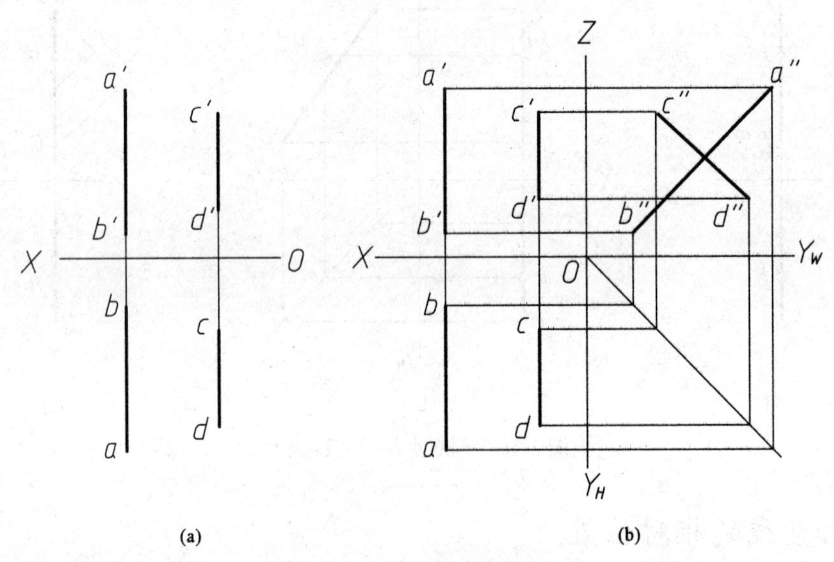

图 3-18 判断两直线是否平行

2. 相交两直线

空间两直线若相交，它们的同面投影必定相交，且交点的投影必符合一点的投影规律；反之，两直线在投影图上的各组同面投影都相交，且各组投影的交点符合空间一点的投影规律，则两直线在空间必定相交，如图 3-19 所示。

判断两直线是否相交，一般情况下，只要判断任意两组同面投影相交，且交点符合一点的投影规律即可，如图 3-19(b)所示。但若空间两直线中有一条为投影面的平行线时，只有两组同面投影相交，空间两直线不一定相交。

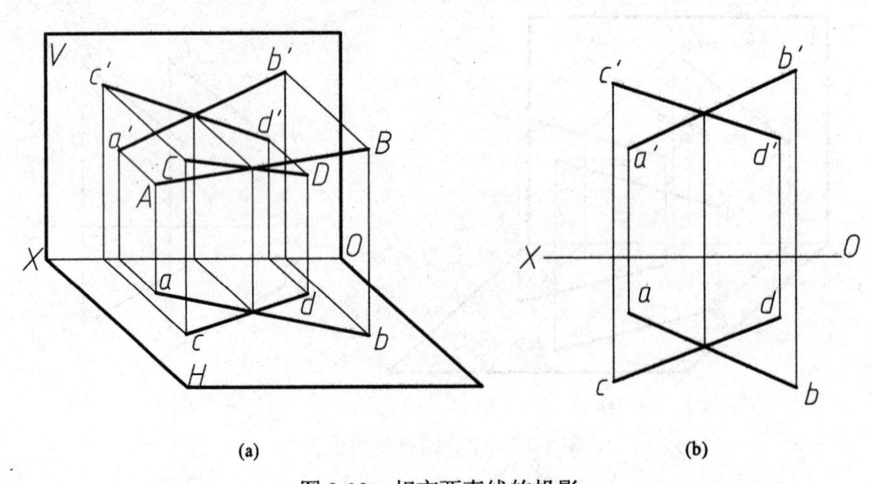

图 3-19 相交两直线的投影

【例 3-7】判断直线 AB、CD 是否相交，如图 3-20(a)所示。

解：由于 AB 是一条侧平线，所以根据所给的两组同面投影不能确定两直线是否相交，可用如下两种方法判断(图 3-20)：

① 求出它们的侧面投影。如图 3-20(b)所示，虽然 $a''b''$、$c''d''$也相交，但其交点不是点 K 的侧面投影，即点 K 不是两直线的共有点，故 AB、CD 不相交。

② 用点分线段成定比的方法判断。如图 3-20(c)所示，由于 $a'k':k'b' \neq ak:kb$，故点 K 不在直线 AB 上，点 K 不是交点，故 AB、CD 不相交。

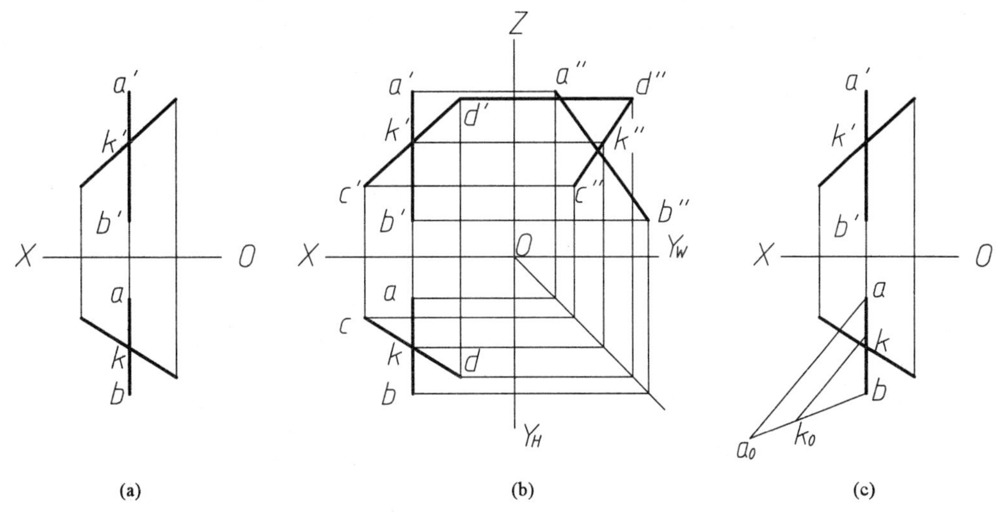

图 3-20　判断两直线是否相交

3. 交叉两直线

既不平行又不相交的两直线称为交叉两直线。交叉两直线的投影可能会有一组或二组是互相平行，但决不会三组同面投影都互相平行，如图 3-18(b)所示；交叉两直线的投影也可能是相交的，但各个投影的交点不符合同一点的投影规律，如图 3-20(b)所示。

交叉两直线在同一投影面上的交点为对该投影面的一对重影点。如图3-21 所示，直线 AB

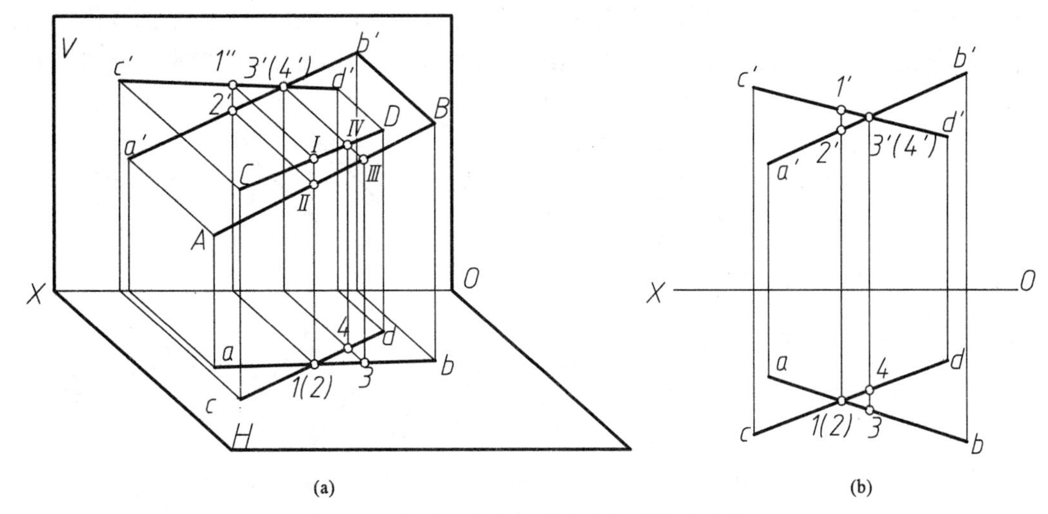

图 3-21　交叉两直线同面投影的重影点的投影

和 CD 的水平投影的交点是直线 AB 上的点 II 和 CD 上的点 I 的水平重影点 $1(2)$，由正面投影可知 I 点在点 II 的上面，故水平投影 I 点可见 II 点不可见；同理，直线 AB 和 CD 的正面投影的交点是直线 AB 上的点 III 和 CD 上的点 IV 的正面重影点 $3'(4')$。

【例 3-8】作一直线 MN，使其与已知直线 CD、EF 相交，同时与已知直线 AB 平行(点 M、N 分别在直线 CD、EF 上)，如图 3-22(a)所示。

解：如图 3-22(b)所示，因所求直线与 CD 相交，且 M 在 CD 上，故点 M 的水平投影 m 与 CD 水平投影重合。又因 MN 与 AB 平行，且与 EF 相交，故过 m 作 ab 平行线交 ef 与 n，再根据 N 在直线 EF 上，求得 n'。最后过 n' 作 $a'b'$ 平行线交 $c'd'$ 于 m'。

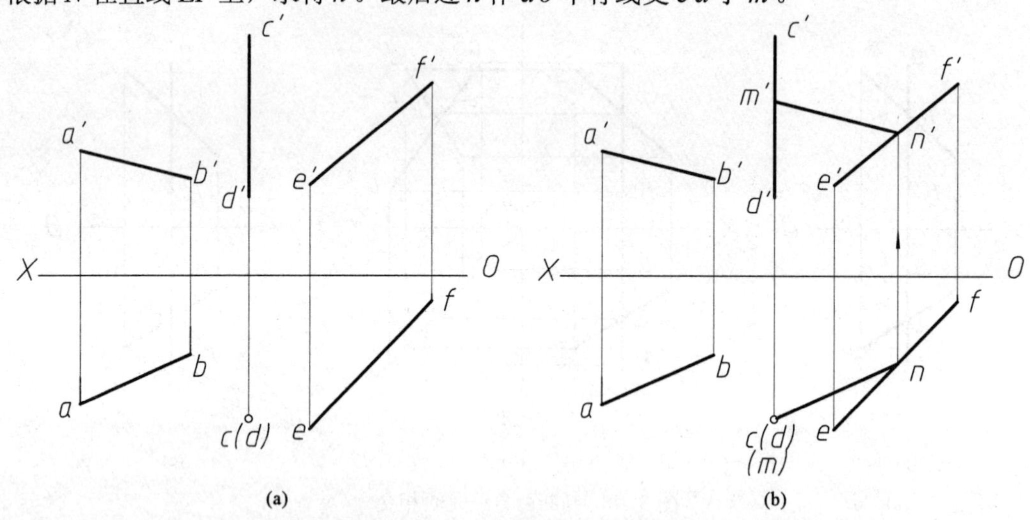

图 3-22 求作直线与一直线平行且与另两直线相交

3.4 平面的投影

3.4.1 平面的投影

由初等几何学可知，确定平面的方式有五种(图 3-23)：(a) 不在同一直线上的三点；(b) 一直线和该直线外一点；(c) 相交两直线；(d) 平行两直线；(e) 任意平面图形。分别作出这些几何元素的投影，即可实现平面的投影。

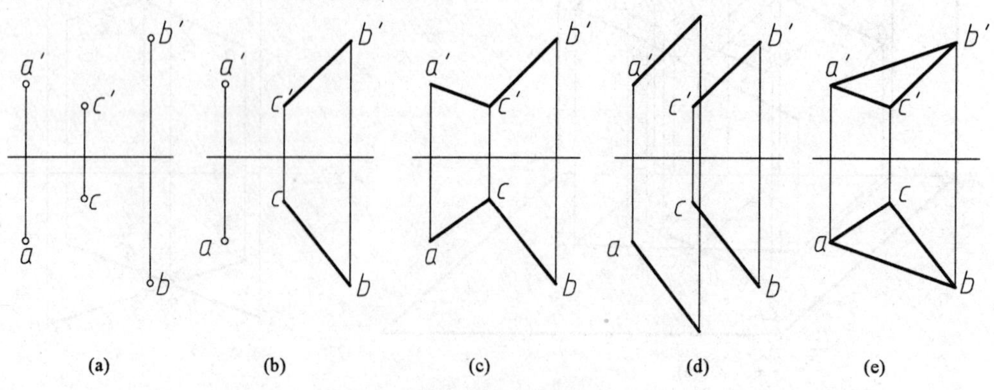

图 3-23 平面在投影图上的表示方法

3.4.2　平面的投影特性

1. 平面对一个投影面的投影特性

平面对一个投影面的投影，可能有下面三种情况：

(1) 如图3-24(a)所示，当△*ABC*平面垂直于投影面时，它在该投影面上的投影积聚成一条直线。这种投影特性称为积聚性。

(2) 如图3-24(b)所示，当△*ABC*平面平行于投影面时，它在该投影面上的投影反映实形。这种投影特性称为真实性。

(3) 如图3-24(c)所示，当△*ABC*平面倾斜于投影面时，它在该投影面上的投影是一个与原平面类似的闭合线框，但它不反映实形，而是缩小了。这种形状与空间平面类似的投影特性称为类似性。

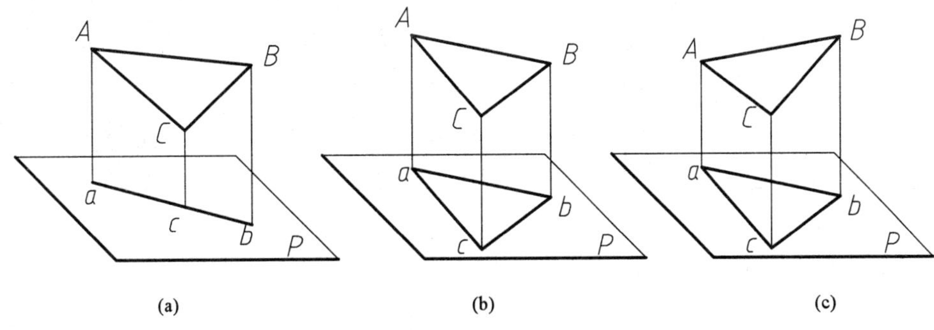

图3-24　平面在单投影面上的投影

2. 平面在三投影面体系中的投影特性

平面在三投影面体系中的投影特性取决于与三个投影面之间的相对位置。根据平面与三个投影面的相对位置不同，可将平面分为三类，即一般位置平面、投影面垂直面及投影面平行面。后两类平面又称为特殊位置平面。

(1) 一般位置平面。对三个投影面都处于倾斜位置的平面称为一般位置平面，如图3-25(a)所示。

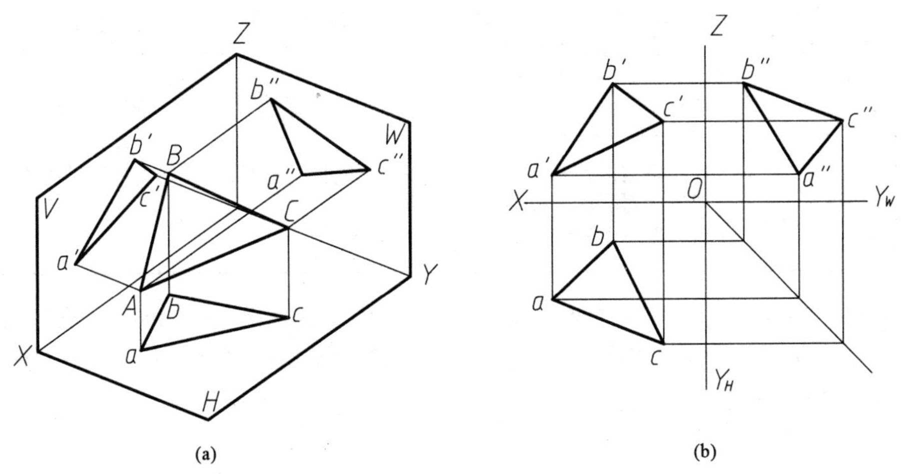

图3-25　一般位置平面的投影特性

如图 3-25(b)所示的一般位置平面△*ABC*，具有如下投影特性：

① 三面投影△*abc*、△*a*′*b*′*c*′、△*a*″*b*″*c*″均为△*ABC* 的类似形。

② △*abc*、△*a*′*b*′*c*′、△*a*″*b*″*c*″均不反映△*ABC* 的实形，且面积均小于△*ABC*。

(2) 投影面垂直面。垂直于一个投影面与其余两个投影面都倾斜的平面称为投影面垂直面。垂直于 *H* 面的平面称为铅垂面；垂直于 *V* 面的平面称为正垂面；垂直于 *W* 面的平面称为侧垂面。表 3-3 中分别列出了铅垂面、正垂面和侧垂面的投影及其投影特性。

表 3-3　投影面垂直面的投影特性

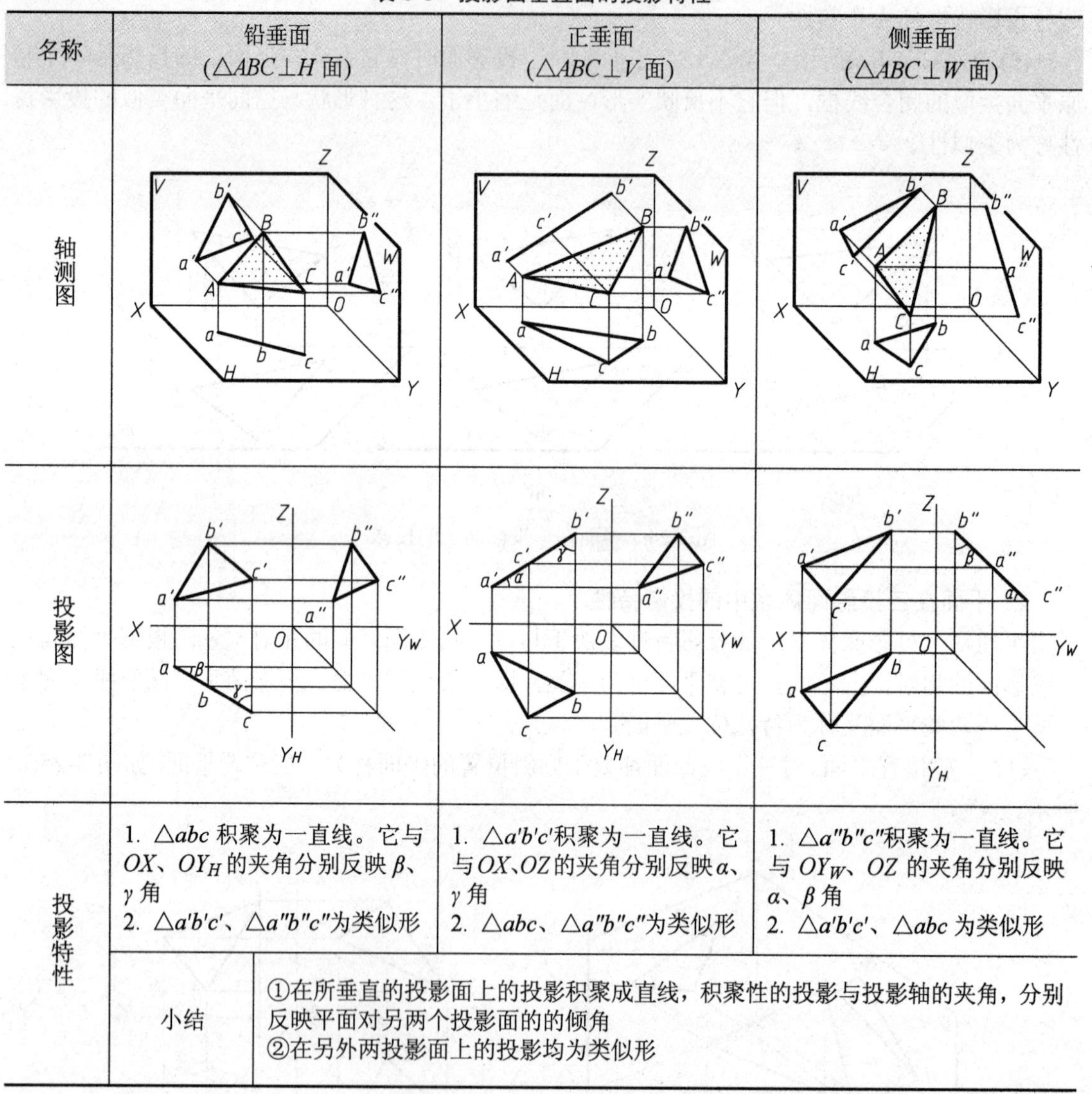

名称	铅垂面 (△*ABC*⊥*H* 面)	正垂面 (△*ABC*⊥*V* 面)	侧垂面 (△*ABC*⊥*W* 面)
轴测图			
投影图			
投影特性	1. △*abc* 积聚为一直线。它与 OX、OY_H 的夹角分别反映 β、γ 角 2. △*a*′*b*′*c*′、△*a*″*b*″*c*″为类似形	1. △*a*′*b*′*c*′积聚为一直线。它与 OX、OZ 的夹角分别反映 α、γ 角 2. △*abc*、△*a*″*b*″*c*″为类似形	1. △*a*″*b*″*c*″积聚为一直线。它与 OY_W、OZ 的夹角分别反映 α、β 角 2. △*a*′*b*′*c*′、△*abc* 为类似形
投影特性：小结	①在所垂直的投影面上的投影积聚成直线，积聚性的投影与投影轴的夹角，分别反映平面对另两个投影面的的倾角 ②在另外两投影面上的投影均为类似形		

(3) 投影面平行面。平行于一个投影面，即同时垂直于其他两个投影面的平面称为投影面平行面。平行于 *H* 面的称为水平面；平行于 *V* 面的称为正平面；平行于 *W* 面的称为侧平面。

在表 3-4 中分别列出水平面、正平面和侧平面的投影及其投影特性。

表 3-4　投影面平行面的投影特性

名称	水平面 ($\triangle ABC /\!/ H$ 面)	正平面 ($\triangle ABC /\!/ V$ 面)	侧平面 ($\triangle ABC /\!/ W$ 面)
轴测图	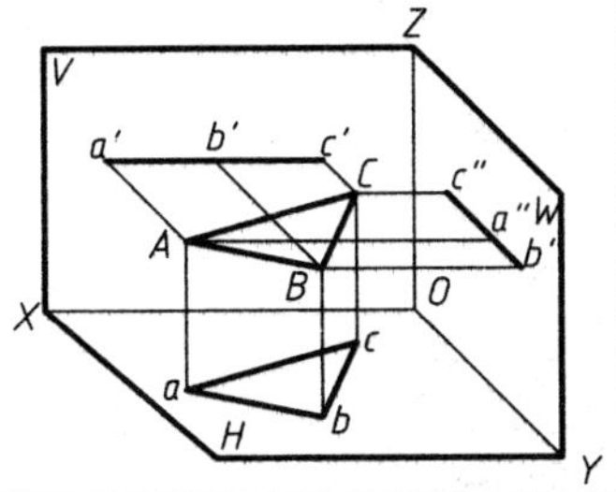	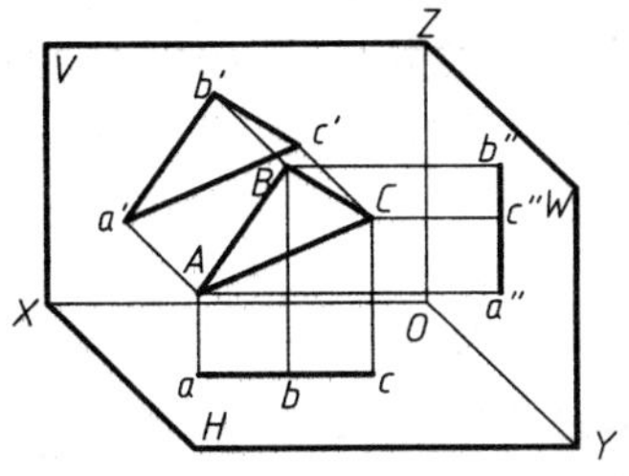	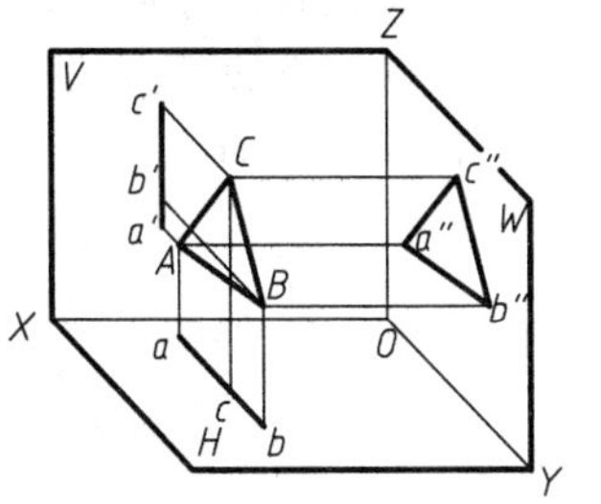
投影图	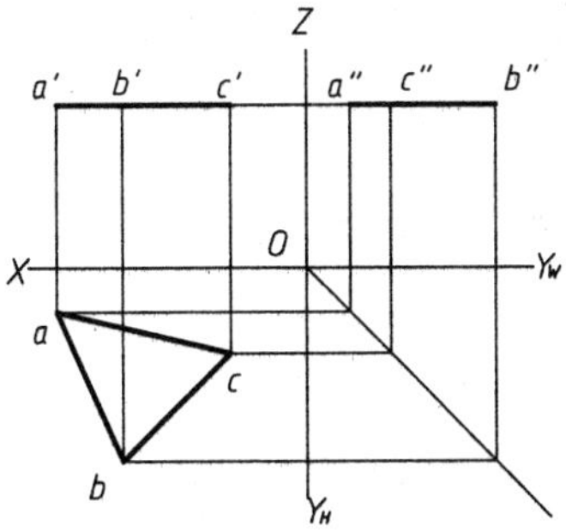	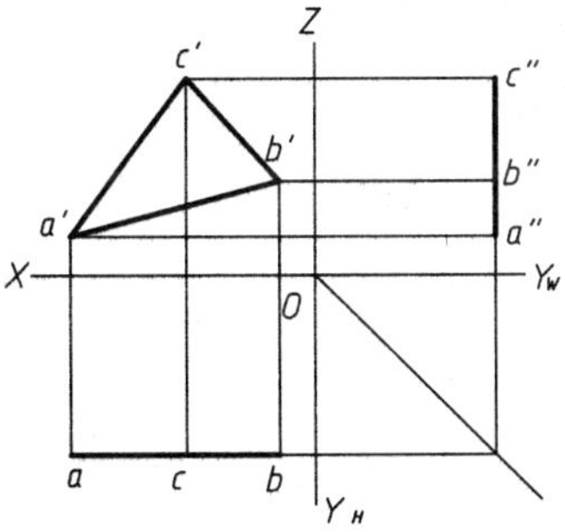	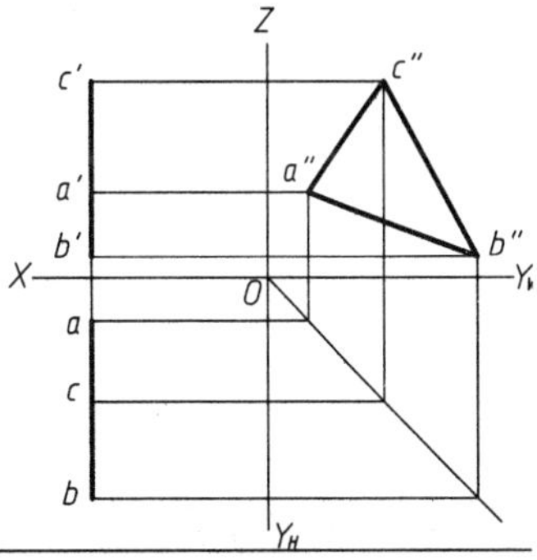
投影特性	1. $\triangle abc$ 反映实形。 2. $\triangle a'b'c' /\!/ OX$、$\triangle a''b''c'' /\!/ OY_W$，且具有积聚性	1. $\triangle a'b'c'$反映实形。 2. $\triangle abc /\!/ OX$、$\triangle a''b''c'' /\!/ OZ$，且具有积聚性	1. $\triangle a''b''c''$反映实形。 2. $\triangle abc /\!/ OY_H$、$\triangle a'b'c' /\!/ OZ$，且具有积聚性
小结：	① 在平行的投影面上的投影，反映实形 ② 在另外两投影面上的投影，分别积聚成直线，且分别平行于相应的投影轴		

3.4.3　平面上的点和线

1. 平面内取直线

直线在平面上的几何条件是：

(1) 若一直线通过平面上的两个点，则此直线必在该平面内。

如图 3-26 所示，相交两直线 AB、AC 决定一平面 P，在 AB、AC 上分别取点 M、N，则过 M、N 两点的直线一定在平面 P 上。

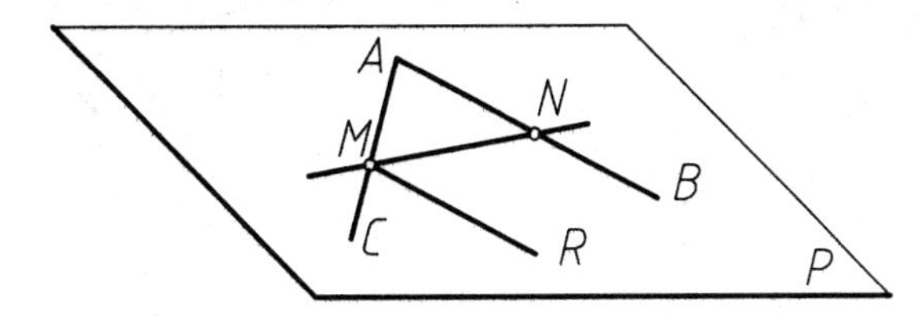

图 3-26　平面上的点和直线

(2) 若一直线通过平面上一已知点且平行于平面内的另一直线，则此直线必在该平面内。

同样如图 3-26 所示，过点 M 作直线 MR 平行直线 AB，则 MR 一定在平面 P 上。

【例 3-9】如图 3-27(a)所示，已知直线 MN 在$\triangle ABC$ 所决定的平面内，求作其水平投影。

解：因直线在平面上，则必定通过平面上两点，故延长MN必与AB、AC相交于Ⅰ、Ⅱ点，由于Ⅰ、Ⅱ是AB、CD上的点，可直接求出，由此可求出MN水平投影。

作图[图 3-27(b)]：

① 延长$m'n'$分别与$a'b'$、$b'c'$交于$1'$和$2'$。

② 应用直线上点的投影特性，求得Ⅰ、Ⅱ的水平投影1和2。

③ 连接1和2，再应用直线上点的投影特性，求出m和n。

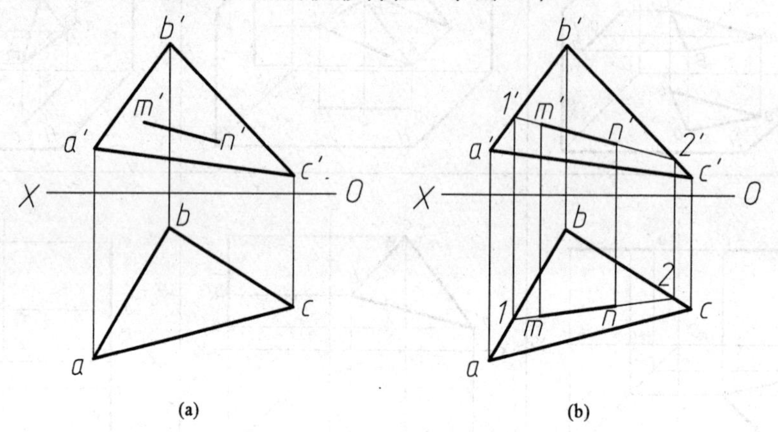

图 3-27 平面上的点和直线

2. 平面内取点

点在平面上的几何条件是：若点在平面内任一直线上，则此点必在该平面上。所以，要在平面上取点，必须先在平面上取直线，然后再在该直线上取点。

【例 3-10】如图 3-28(a)所示，已知点K在△ABC上，求点K的水平投影。

解：在平面内过点K任作一辅助直线，点K的投影必在该直线的同面投影上。

作图[图 3-28(b)]：连$a'k'$并延长交$b'c'$于d'，求出BC上的D点的水平投影d，连接ad，再利用直线上点的投影特性，求出k。

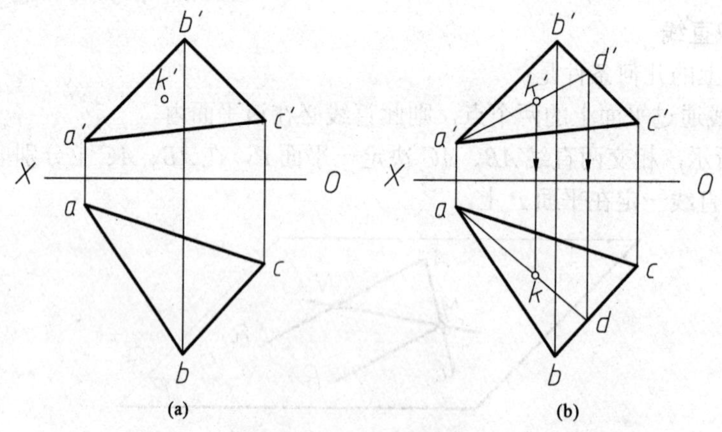

图 3-28 平面上的取点

【例 3-11】如图 3-29(a)所示，已知平面五边形$ABCDE$的正面投影和其中AB、BC两边的水平投影，且$AB//CD$，完成该五边形的水平投影。

解：由于此五边形两条边AB和BC两投影都已知，故该五边形平面的空间位置已经确定，

E、D 两点应在五边形 $ABCDE$ 上，故利用点在平面上的原理以及平行两直线的投影特性作出点的投影即可。

作图[图 3-29(b)]：

① 连接 $a'e'$ 并延长交 $b'c'$ 于 f'，根据点 F 在直线 BC 上，求得点 F 的水平投影 f。

② 连接 af，根据点 E 在 AF 上，从而求得点 E 的水平投影 e。

③ 过 c 作 $cd // ab$，并由 d' 得 d。

④ 依次连接 c、d、e、a 得平面图形 $ABCDE$ 的水平投影。

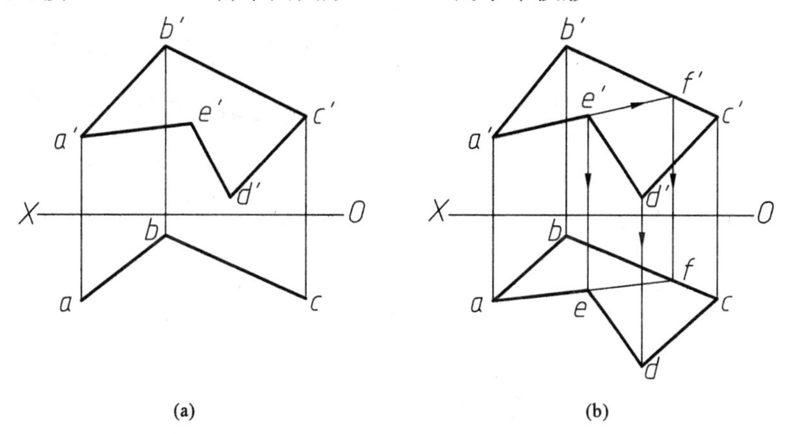

图 3-29　完成平面图形的投影

3. 平面上投影面的平行线

平面上平行于某投影面的直线称为平面上投影面的平行线。它具有如下特点：

(1) 符合直线在平面上的几何条件。

(2) 符合投影面平行线的投影特性。

如图 3-30 所示，AD 在△ABC 上，因 AD 的水平投影 $ad//OX$ 轴，符合正平线的投影特性，因此 AD 为△ABC 上的正平线。同理，CE 在△ABC 上，CE 的正面投影 $c'e'//OX$ 轴，符合水平线的投影特性，所以 CE 为△ABC 上的水平线。

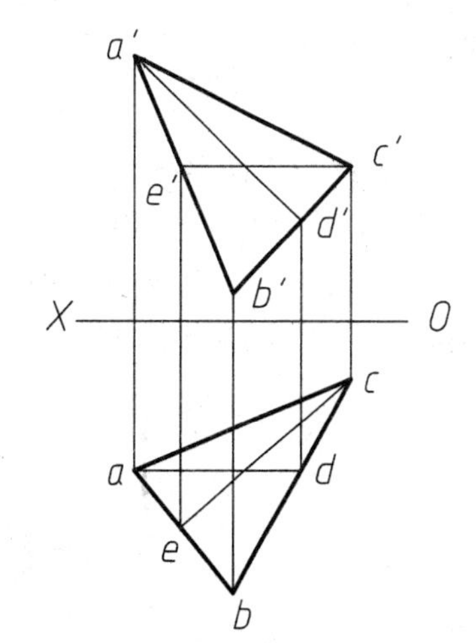

图3-30　平面上投影面的平行线

【例 3-12】如图 3-31(a)所示，已知△ABC 的两投影，在 ABC 内取一点 M，并使其到 V 面的距离为 15mm，到 H 面的距离为 10mm。

解：因点 M 在△ABC 上，且距 V 面 15mm，所以点 M 应处于△ABC 上距 V 面为 15mm 的正平线 ED 上；同时又因为点 M 距 H 面 10mm，所以点 M 也应处于△ABC 上距 H 面为 10mm 的水平线 FG 上，ED 和 FG 的交点即为点 M。

作图[图 3-31(b)]：

① 在 H 面上作与 OX 轴平行且相距 15mm 的直线，其与 ab、bc 交点连线即为正平线 ED 的水平投影 ed，再根据点在直线上作出 e'、d'；

② 同理在 V 面上作与 OX 轴平行且相距 10mm 的直线，其与 $a'b'$、$b'c'$ 交点连线即为水

平线 FG 的正面投影 $f'g'$，它与 $e'd'$ 交点即为 m'，再根据点在直线上作出 m。

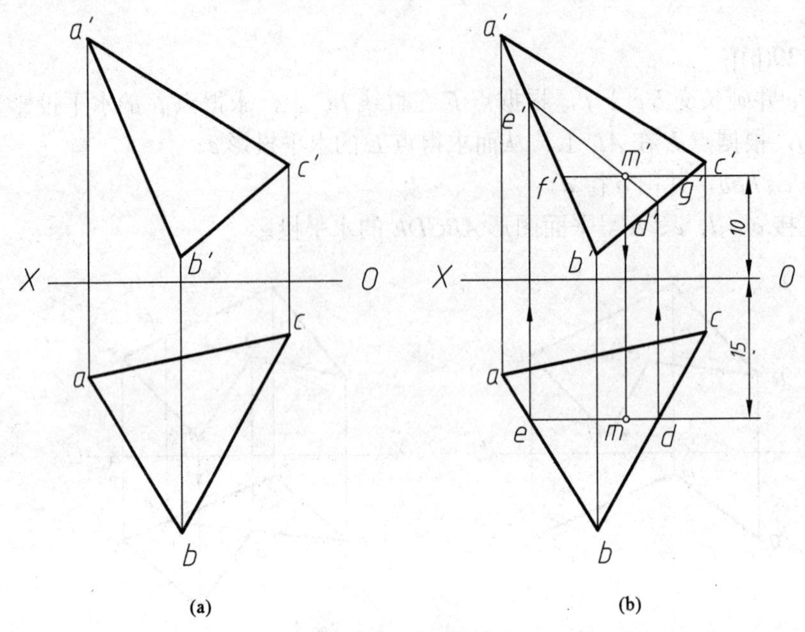

图 3-31 平面内取点

3.5 直线与平面以及两平面间的相对位置

3.5.1 平行问题

1. 直线与平面平行

若一直线平行于平面内任意一直线，则该直线平行于该平面。

在图 3-32 中，直线 DE 的正面投影 $d'e'$ // $m'n'$，水平投影 de // mn，因为直线 MN 位于△ABC 内，所以 DE // △ABC。

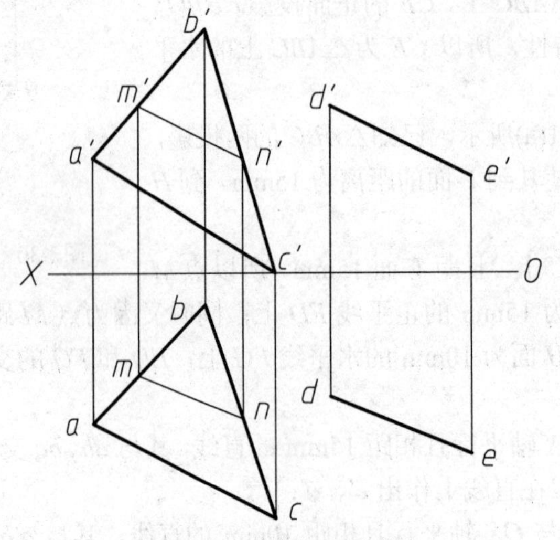

图 3-32 直线与平面平行

【例 3-13】过已知点 M，求作一水平线 MN 平行于已知平面△ABC，如图 3-33(a)所示。

解：在△ABC 内取一条水平线 AD，然后过点 M 作该直线的平行线即为所求。

作图[图 3-33(b)]：过 a'作直线 $a'd' // OX$ 轴交 $b'c'$于 d'，按投影关系确定 d。作 $m'n' // a'd'$，$mn // ad$，则 MN 即为所求。

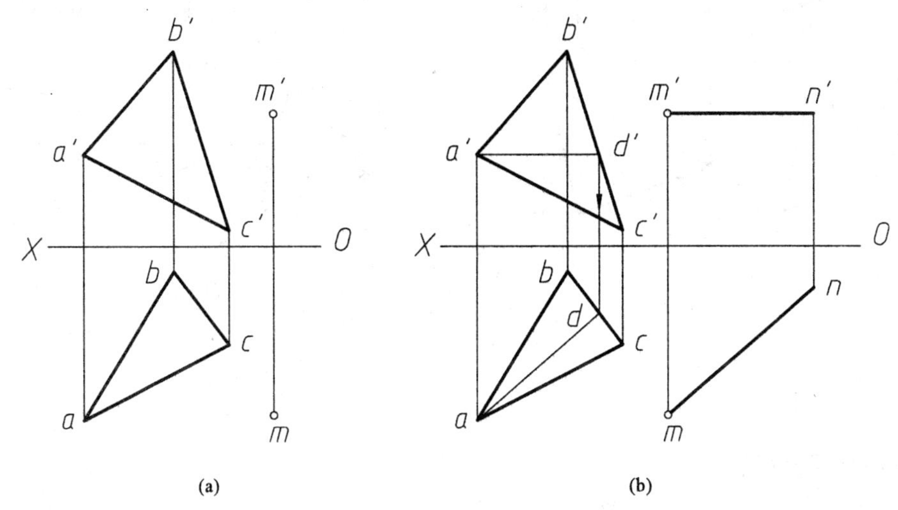

图 3-33　作直线与平面平行

2. 平面与平面平行

若两个平面内各有一对相交直线对应地平行，则这两个平面互相平行。如图 3-34(a)所示，平面 P 内一对相交直线 AB 和 BC 相应地平行于平面 Q 内的一对相交直线 ED 和 DF，则该两平面平行，其投影图如图 3-34(b)所示。

【例 3-14】判断△ABC 与△DEF 是否平行。已知 $AC // EF$，如图 3-35(a)所示。

解：两平面平行的条件是分别位于两平面内的一对相交直线对应平行。该题只要再判断△ABC 内与 AC 相交的某条直线是否平行于△DEF 内与 EF 相交的一条直线即可。

作图[图 3-35(b)]：过 f'作直线 $f'k' // b'c'$交 $e'd'$于 k'，求直线 ED 上的点 K 的水平投影 k，连 fk，则直线 FK 在△DEF 内。由于 $fk // bc$，因而 $FK // BC$，所以△ABC // △DEF。

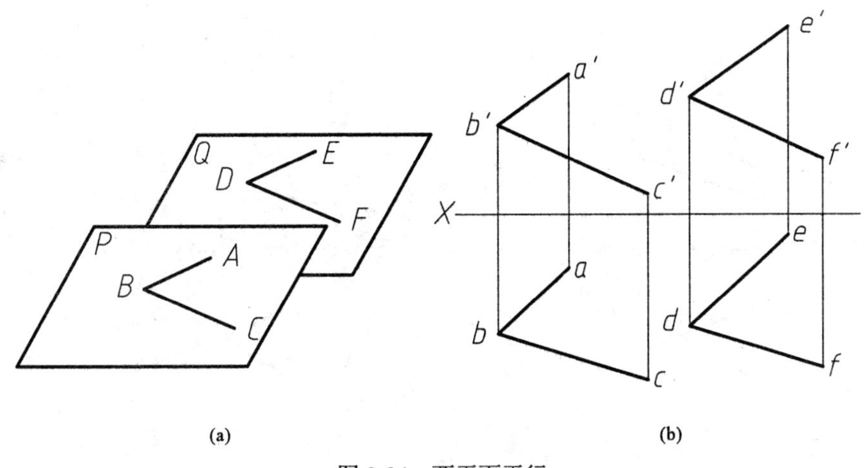

图 3-34　两平面平行

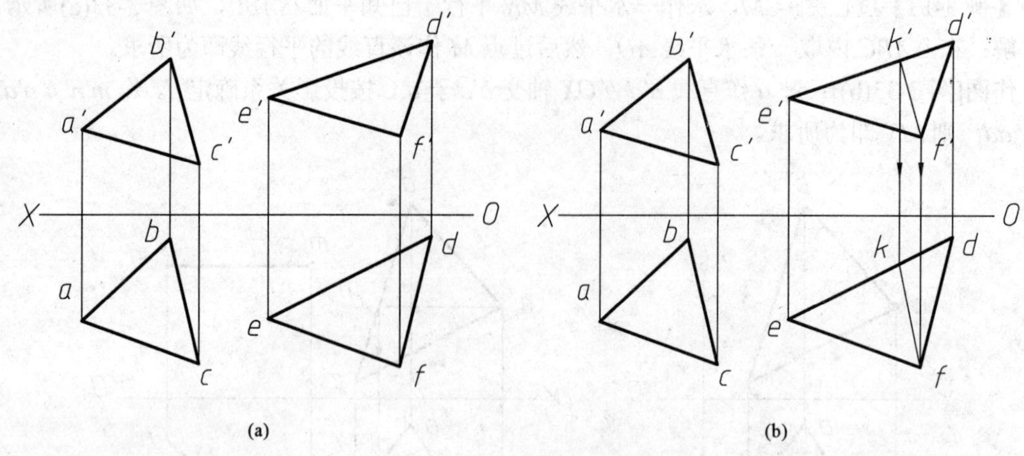

图 3-35　判断两平面是否平行

3.5.2　相交问题

1. 直线与平面相交

直线与平面相交的交点是直线与平面的共有点；其投影既满足直线上点的投影特性，又满足平面内点的投影特性。

当直线或平面其中之一的投影具有积聚性时，交点的投影也必定在有积聚性的投影上，由此得到交点的一个投影，然后再按点在直线或平面上的关系求出另外的投影。

由于平面是不透明的，则在投射(或观察)时直线总有一部分被平面遮住看不见，不可见部分画成虚线。交点是可见段和不可见段的分界点，求出交点后还要判别线段的可见性。

这里只讨论直线与平面中至少有一个处于特殊位置时的情况。

(1) 直线与特殊位置平面相交。当直线与特殊位置平面相交时，其交点的一个投影一定在平面有积聚性的投影和该直线同面投影的交点上，然后根据交点也在直线上，作出交点的其他投影；可见性的判断可以在投影图中直接判断。

【例 3-15】求直线 AB 与△CDE 交点 K 的投影，并判别可见性，如图 3-36(a)所示。

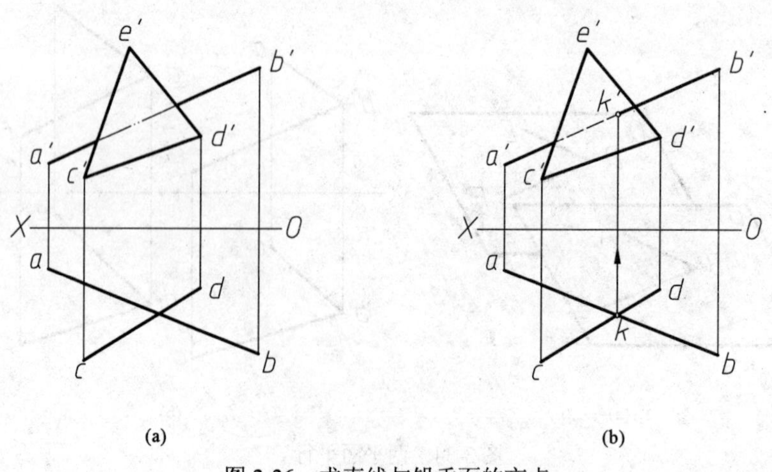

图 3-36　求直线与铅垂面的交点

解[图 3-36(b)]：

① 求交点。因△*CDE* 为铅垂面，其水平投影有积聚性，根据交点的公共性，可确定 *K* 的水平投影 *k*，再利用交点 *K* 位于直线 *AB* 上投影特性，求出交点的正面投影 *k*′。

② 可见性判别。由水平投影可知，*KB* 在△*CDE* 之前，故正面投影 *k*′*b*′可见，而 *k*′*a*′与△*a*′*b*′*c*′重叠部分不可见，应画成虚线。

(2) 投影面垂直线与一般位置平面相交。若平面与投影面垂直线相交，其交点的一个投影就重合在该直线积聚成一点的同面投影上，因交点也在平面上，故可以利用平面上取点，求出交点的其他的投影；可见性判别可利用交叉直线重影点判别。

【例 3-16】求铅垂线 *AB* 与一般位置平面△*CDE* 的交点 *K*，并判别可见性，如图 3-37 所示。

解(图 3-37)：

① 求交点[图 3-37(b)]。由于直线 *AB* 的水平投影有积聚性，故交点 *K* 的水平投影与直线 *AB* 的水平投影重合。又因交点 *K* 也在△*CDE* 内，故可利用平面上取点的方法，作出交点 *K* 的正面投影 *k*′。

② 可见性判别[图 3-37(c)]。取交叉直线 *AB* 和 *CD* 正面投影中的重影点 1′和 2′(假设点 *I* 在直线 *CD* 上，*II*在直线 *AB* 上)，求出它们的水平投影，从中可以看出 *I* 在 *II*前面，因此，直线 *AB* 上的 *KII*线段位于平面后方是不可见的，其正面投影画成虚线，相反交点 *K* 另一侧位于平面上方是可见的，其正面投影画成粗实线。

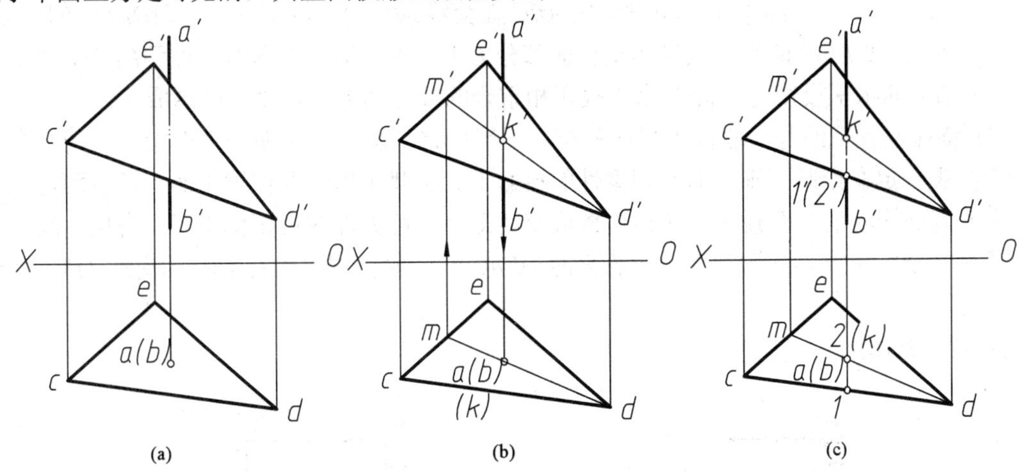

图 3-37　求铅垂线与一般位置平面的交点

2. 平面与平面相交

两平面相交其交线为一直线，它是两平面的共有线。所以只要确定两平面的两个共有点，或一个共有点及交线的方向，就可以确定两平面的交线。两平面的交线是可见与不可见的分界线，对于同一平面，交线两侧可见性相反。

这里只讨论两相交平面中至少有一个平面垂直于投影面时情况。

(1) 两特殊位置平面相交。若两个相交的平面同时垂直于同一个投影面，则它们的交线一定是这个投影面的垂直线，两平面的有积聚性的投影的交点，就是交线有积聚性的投影，然后根据交线的共有性作出交线的其他投影，并可在投影图中直接判断投影重合处的可见性。

【例 3-17】如图 3-38(a)所示，求△*ABC* 与□*DEFG* 的交线 *MN*，并判别可见性。

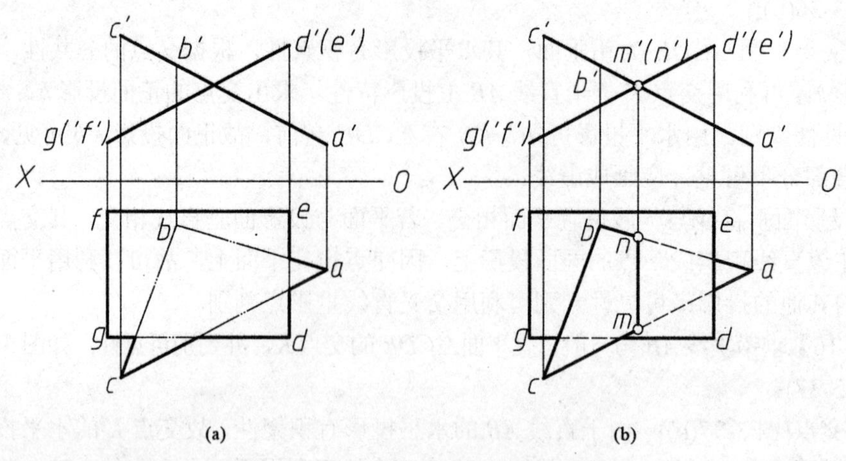

图 3-38 求两个特殊位置平面的交线

解[图 3-38(b)]:

① 求交线。因两平面都是正垂面，所以交线为正垂线。两平面正面投影的交点即为交线的正面投影 *m*′(*n*′)，而水平投影垂直 *OX* 轴，由 *m*′(*n*′)作投影连线，在两平面水平投影相重合范围内求出交线的水平投影 *mn*。*mn* 将是可见与不可见的分界线。

② 可见性判别。由正面投影可知，△*ABC* 在交线 *MN* 的右侧部分位于□*DEFG* 的下方，其水平投影与□*DEFG* 的水平投影相重合的部分为不可见，应画成虚线。而□*DEFG* 在交线 *MN* 左侧部分的水平投影与△*ABC* 水平投影相重合的部分则为不可见，应画成虚线。

(2) 特殊位置平面与一般位置平面相交。一般位置平面与投影面垂直面相交时，其交线的一个投影一定在投影面垂直面有积聚性的投影上。由此定出一般位置平面上任意两直线与投影面垂直面交点的各个投影，然后连接成交线即可。可见性在投影图中可以直接判断。

【例 3-18】如图 3-39(a)所示，求铅垂面 *DEFG* 与一般位置平面△*ABC* 的交线 *MN*，并判别可见性。

解[图 3-39(b)]:

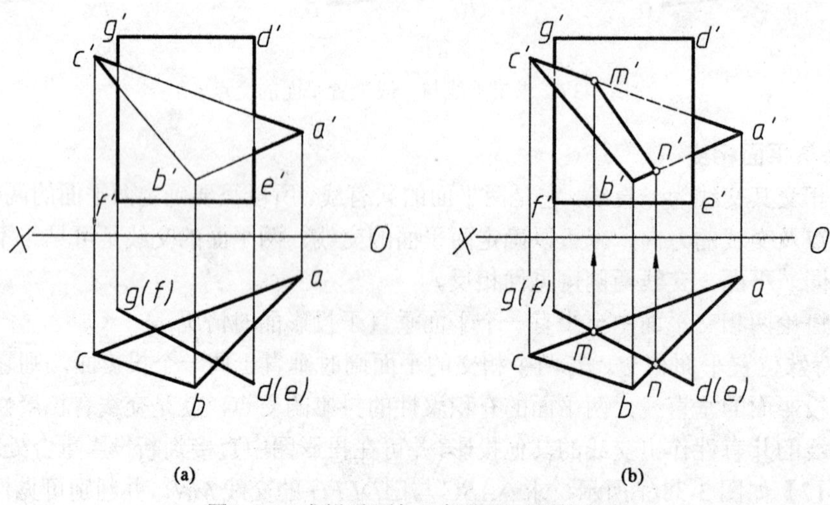

图 3-39 求铅垂面与一般位置平面的交线

① 求交线。由于铅垂面 $DEFG$ 的水平投影有积聚性，故交线的水平投影必定在其上，该积聚性投影与 ac 的交点即 m，与 ab 的交点为 n，mn 即为两平面的两个共有点的水平投影，然后分别在 $a'c'$ 和 $a'b'$ 上求出正面投影 m'、n'，$m'n'$ 即为交线 MN 的正面投影。

② 可见性判别。从水平投影可以看出，$\triangle ABC$ 在交线 MN 的右半部分位于□$DEFG$ 的后方，故正面投影与□$DEFG$ 重叠部分不可见，画虚线，而□$DEFG$ 在交线 MN 的左半部分正面投影与$\triangle ABC$ 重叠部分不可见，画虚线。

3.6 换面法及直线的实长和平面的实形

3.6.1 换面法的基本概念与投影变换的基本作图

由特殊位置直线及特殊位置平面的投影特性可知，当几何元素在两个投影面互相垂直的两投影面体系中对某一投影面处于特殊位置时，可以直接利用一些投影特性解决几何元素的图示和图解问题，使作图简化。若几何元素在两投影面体系中不处于这样的特殊位置，则可以保留一个投影面，用垂直于被保留的投影面的新投影面代替另一投影面，组成一个新的两投影面体系。使几何元素在新投影面体系中对新投影面处于有利解题的特殊位置，以便在新投影面体系中作图求解，这种方法称为变换投影面法，简称换面法。

换面法的作图步骤具体如下：

(1) 按实际需要确定新投影轴，由点的原有投影作垂直于新投影轴的投影连线；

(2) 在这条投影连线上，从新投影轴向新投影面一侧，量取点的被代替的投影与被代替的投影轴之间的距离，就得到该点所求的新投影。

无论替换 V 面或 H 面，都按这两个步骤作图。连续换面时，也是连续地按这两个步骤作图。进行第一次换面后的新投影面、新投影轴、新投影的标记，分别加注脚“1”；第二次换面后则都加注脚“2”；依此类推。这两个步骤同样也可用在投影面体系 V/W 中进行换面。

如图3-40(a)所示，建立一个新的投影面 V_1 垂直于 H 面，用 V_1 代替 V 面，新的投影轴为

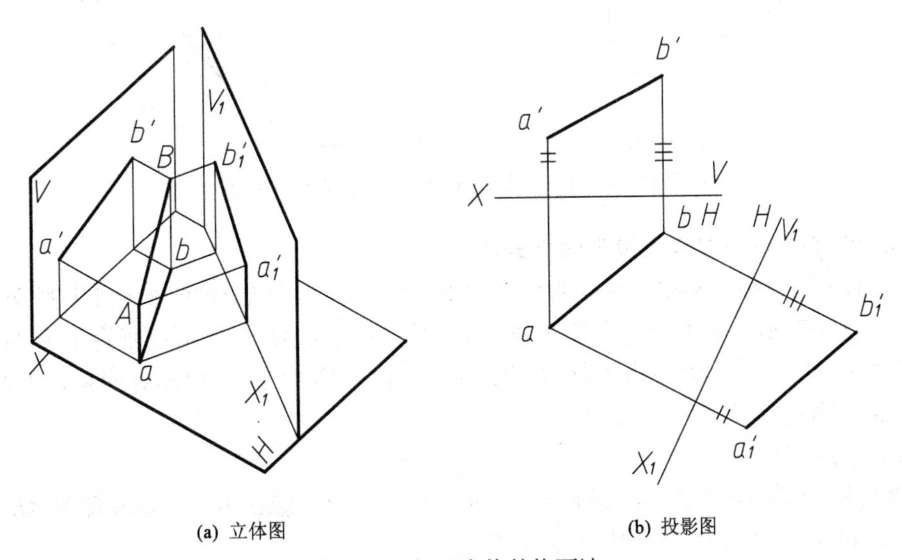

(a) 立体图　　(b) 投影图

图3-40 投影变换的换面法

X_1。现要求作出 AB 直线在新投影面体系 V_1/H 中 V_1 面投影 $a'_1b'_1$，具体的作图过程如图 3-40(b)所示。在新体系 V_1/H 中，$a'_1a\perp X_1$；a'_1 与 X_1 轴的距离，是点 A 与 H 面的距离，也就是在原体系 V/H 中 a' 与 X 轴的距离。用上述投影特性就可以作出 A 点的新投影 a'_1。同理也可作出 B 点的新投影 b'_1，从而连得直线 AB 的新投影 $a'_1b'_1$。

3.6.2 直线的投影变换

1．将一般位置直线变换为投影面平行线

一次换面将一般位置直线变换为投影面平行线，此时新投影轴应平行于直线原有的投影。如图 3-41(a)所示，为了使 AB 在 V_1/H 中成为 V_1 面平行线，可以用一个既垂直于 H 面，又平行于 AB 的 V_1 面替换 V 面，通过一次换面即可达到目的。按照正平线的投影特性：新投影轴 X_1 在 V_1/H 中应平行于原有投影 ab。作图过程如图 3-41(b)所示。

(l) 在适当位置作 $X_1 // ab$(设置新投影轴，应使几何元素在新投影面体系中的两个投影分别位于新投影轴的两侧)。

(2) 按投影变换的基本作图法分别求作点 A、B 的新投影 a'_1、b'_1，连接 $a'_1b'_1$ 即为所求(具体作图过程可参考图 3-40)。

AB 就成为在 V_1/H 中的正平线，$a'_1b'_1$ 反映实长，$a'_1b'_1$ 与 X_1 的夹角就是 AB 对 H 面的倾角 α。

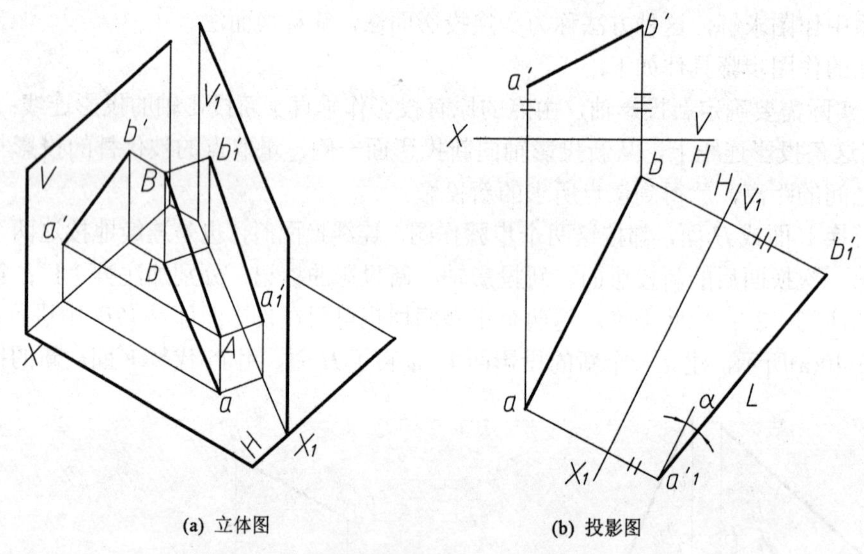

(a) 立体图　　(b) 投影图

图 3-41 将一般位置直线变换为投影面的平行线

2．将投影面平行线变换为投影面垂直线

一次换面可将投影面平行线变换为投影面垂直线，此时新投影轴应垂直于反映实长的投影。如图 3-42(a)所示，在 V/H 中有正平线 AB。因为垂直于 AB 的平面也垂直于 V 面，故可用 H_1 面来替换 H 面，使 AB 成为 V/H_1 中的铅垂线。在 V/H_1 中,新投影轴 X_1 应垂直于 $a'b'$。作图过程如图 3-42(b)所示。

(1) 作 $X_1\perp a'_1b'_1$。

(2) 按投影变换的基本作图法求得点 A、B 互相重合的投影 a_1 和 b_1，a_1b_1 即为 AB 积聚成一点的 H_1 面投影。AB 就成为 V/H_1 中的铅垂线。

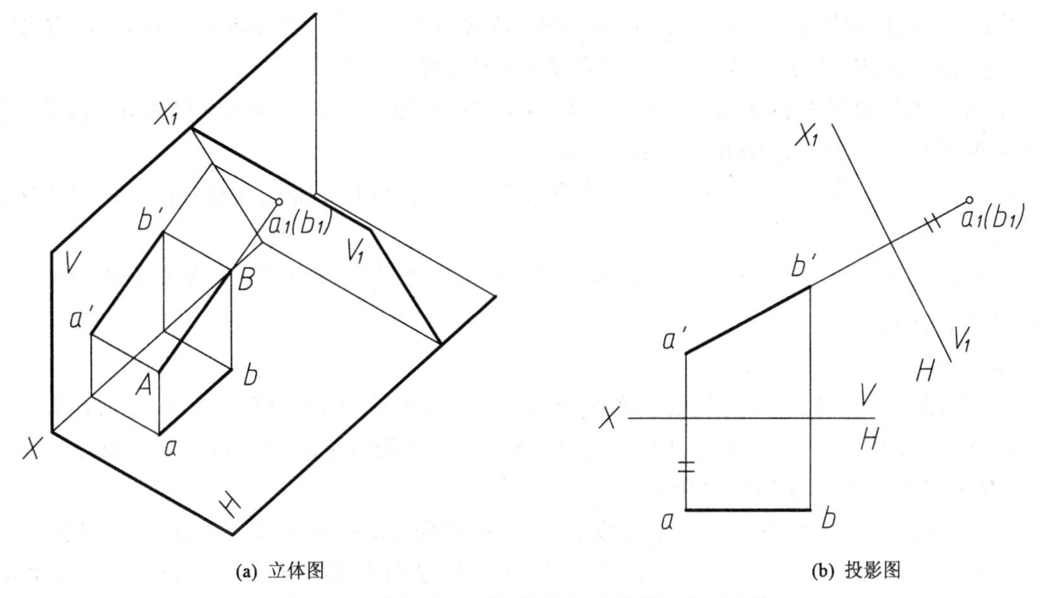

(a) 立体图　　(b) 投影图

图 3-42　将投影面平行线变换为投影面的垂直线

3．将一般位置直线变换为投影面垂直线

两次换面可将一般位置直线变换为投影面垂直线。具体步骤为先将一般位置直线变换为投影面平行线，再将投影面平行线变换为投影面垂直线。

如图 3-43(a)所示，由于与 *AB* 相垂直的平面是一般位置平面，与 *H*、*V* 面都不垂直，所以不能用一次换面就达到这个要求。可先将 *AB* 变换为 V_1/H 中的正平线，再将 V_1/H 中的正平线 *AB* 变换为 V_1/H_2 中的铅垂线，作图过程如图 3-43(b)所示。

(1) 与图 3-41(b)相同，作 $X_1 // ab$，将 *V*/*H* 中的 $a'b'$变换为 V_1/H 中的 $a'_1b'_1$。

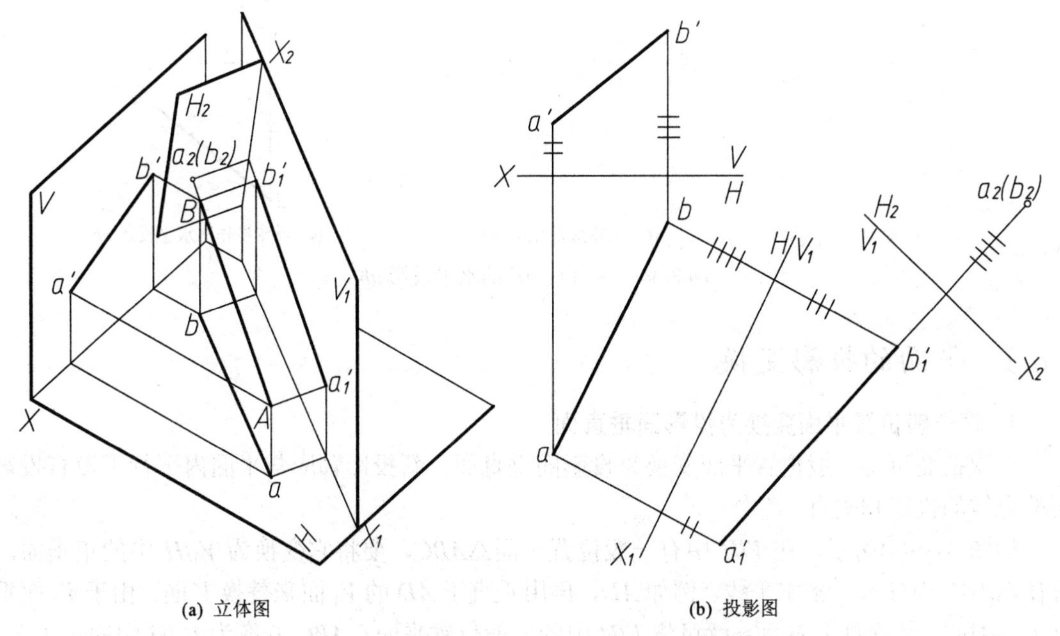

(a) 立体图　　(b) 投影图

图 3-43　将一般位置直线变换为投影面垂直线

(2) 在 V_1/H 中作 $X_2 \perp a'_1b'_1$，将 V_1/H 中的 ab 变换为 V_1/H_2 中的 a_2b_2，a_2b_2 即为 AB 积聚成一点的 H_2 面投影。AB 就成为 V_1/H_2 中的 H_2 面垂直线。

【例 3-19】如图 3-44(a)所示，已知直线 AB 的正面投影及 B 点的水平投影 b，以及与投影面 V 的倾角 β，求直线 AB 的水平投影 ab。

解：如图 3-44(b)所示，当通过换面法将直线 AB 变换成投影面的平行线时，即可直接在投影图中量出直线 AB 与投影面的倾角。

由题目已知直线 AB 与投影面 V 的倾角 β，因此在选择换面法时，应保留 V 面不变，而将 H 面进行变换。

作图：

① 作 $X_1 /\!/ a'b'$，按投影变换的基本作图法作出点 B 在 H_1 面的投影 b'。由 b_1 引 a_1b_1 线与投影轴 X_1 夹角为 β，并与由 a'引出的与 X_1 轴垂直的投影连线 $a'a_1$ 交于点 a_1，由此求出直线 AB 在 H_1 面上的投影 a_1b_1[图 3-44(b)]。

② 由 a'引出与 X 轴垂直的投影连线 $a'a$，按投影变换的基本作图法在 $a'a$ 线上截出与 X 轴的距离等于 a_1 到 X_1 轴的距离的点 a，a 即为点 A 在 H 面上的投影。连接 ab，完成直线 AB 水平投影的求作[图 3-44(c)]。

若将例 3-19 中条件："与投影面 V 的倾角 β" 改成"直线 AB 的实长为 L" 时，也可用同样方法解题。此时，只需在图 3-44(b)中改成作以 b_1 为圆心、半径为 L 的圆与连线 $a'a_1$ 相交求出于点 a_1 即可。

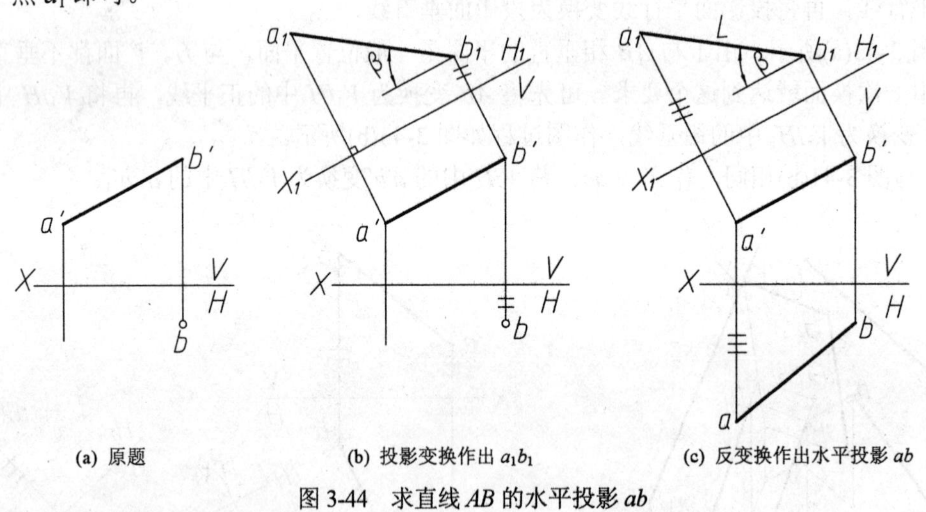

(a) 原题　　(b) 投影变换作出 a_1b_1　　(c) 反变换作出水平投影 ab

图 3-44　求直线 AB 的水平投影 ab

3.6.3　平面的投影变换

1. 将一般位置平面变换为投影面垂直面

一次换面可将一般位置平面变换为投影面垂直面。新投影轴应与平面内平行于原有投影面的直线的投影相垂直。

如图 3-45(a)所示，在 V/H 中有一般位置平面△ABC，要将它变换为 V_1/H 中的正垂面，可在△ABC 内任取一条水平线，例如 AD，再用垂直于 AD 的 V_1 面来替换 V 面。由于 V_1 面垂直于△ABC，又垂直于 H 面，就可将 V/H 中的一般位置平面△ABC 变换为 V_1/H 中的正垂面，

$a'_1b'_1c'_1$积聚成直线。这时，新投影轴X_1应与△ABC内平行于原有的H面的直线AD的投影水平ad相垂直。作图过程如图3-45(b)所示：

(1) 在V/H中作△ABC内的水平线AD：先作$a'd'$//X，再由了$a'd'$作出ad。

(2) 作$X_1 \perp ad$，按投影变换的基本作图法作出点A、B、C的新投影a'_1、b'_1、c'_1，连成一直线，即为△ABC具有积聚性的V_1面投影。在V_1/H中△ABC是正垂面，$a'_1b'_1c'_1$与X_1的夹角，就是△ABC对H面的真实倾角α。

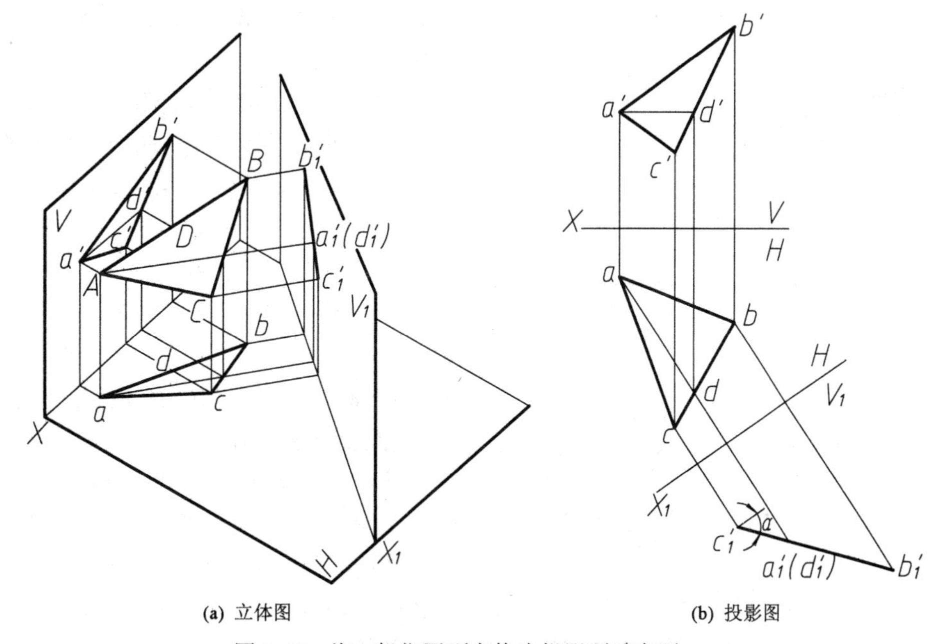

(a) 立体图　　(b) 投影图

图3-45　将一般位置面变换为投影面垂直面

2．将投影面垂直面变换为投影面平行面

一次换面可将投影面垂直面变换为投影面平行面。新投影轴应平行于该平面具有积聚性的原有投影。

如图3-46所示，在V/H中使H_1面与正垂面△ABC相平行，则H_1面也垂直于V面，△ABC就可以从V/H中的正垂面变换为V/H_1中的水平面。这时，X_1应与$a'b'c'$相平行。作图过程如下：

(1) 作X_1//$a'b'c'$。

(2) 按投影变换的基本作图法作出点A、B、C的新投影a_1、b_1、c_1，在V/H_1中△ABC是水平面，H_1面投影△$a_1b_1c_1$即反映△ABC的实形。

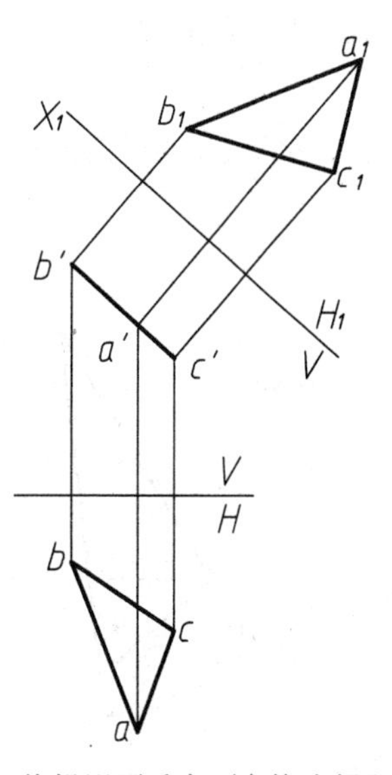

图3-46　将投影面垂直面变换为投影面平行面

3．将一般位置平面变换为投影面平行面

两次换面可将一般位置平面变换为投影面平行面。具体步骤是先将一般位置平面变换为

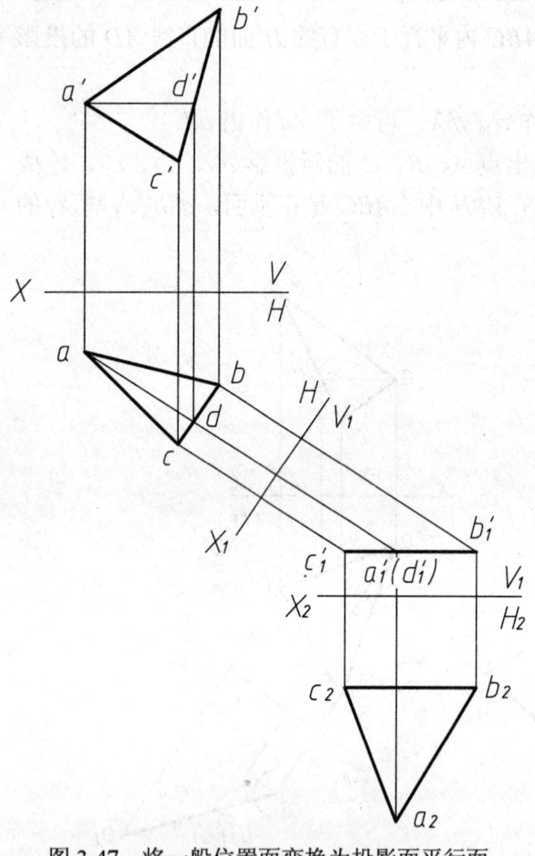

图 3-47 将一般位置面变换为投影面平行面

投影面垂直面，再将投影面垂直面变换为投影面平行面。

如图 3-47 所示，在 V/H 中有一般位置平面△ABC，要求作该面的实形。将 V/H 中的一般位置平面△ABC 变换为 V_1/H 中的正垂面，再将 V_1/H 中处于正垂面位置的△ABC 变换为 V_1/H_2 中水平面，即可获得△ABC 的实形。具体作图过程如下：

(1) 与图 3-45(b)相同，先在 V/H 中作△ABC 内的水平线 AD 的两面投影 $a'd'$和 ad，再作 $X_1 \perp ad$，按投影变换的基本作图法作出点 A、B、C 的 V_1 面投影 a'_1、b'_1、c'_1，连成△ABC 的积聚为直线的 V_1 面投影 $a'_1b'_1c'_1$。

(2) 与图 3-46 相同，作 $X_2 // a'_1b'_1c'_1$，按投影变换的基本作图法，由△abc 和 $a'_1b'_1c'_1$；作出△$a_2b_2c_2$，即为△ABC 在 V_1/H_2 中的 H_2 面投影，该投影反映△ABC 的实形，如图 3-47 所示。

【例 3-20】如图 3-48 所示，已知 V/W 中的侧垂面△ABC 的两面投影，求作其实形。

解：解题的原理和方法与图 3-44 中所示方法相同。使 V_1 面 // △ABC，则△ABC 变换为 V_1/W 中的正平面，它的 V_1 面投影△$a'_1b'_1c'_1$ 就反映实形。

作图：

① 作新投影轴 $Z_1 // a''b''c''$。

② 按换面法的基本作图法，由点 A、B、C 的投影 a'、b'、c'和 a''、b''、c''作出新投影 a'_1、b'_1、c'_1。

③ 将 a'_1、b'_1、c'_1 连成△$a'_1b'_1c'_1$，△$a'_1b'_1c'_1$ 即反映△ABC 的实形。

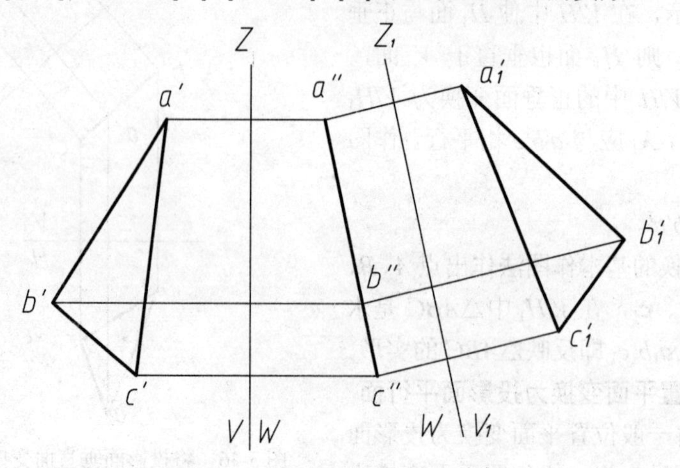

图 3-48 作侧垂面△ABC 的实形

第 4 章　立体的投影

一般机件都可以看成是由柱、锥、台、球等基本立体按一定的方式组合而成。如图 4-1 所示，是由基本立体所组合而成的一些机件。由于它们在机件中所起的不同作用，其中有些常加工成带切口、穿孔等结构形状而成为不完整的基本立体。

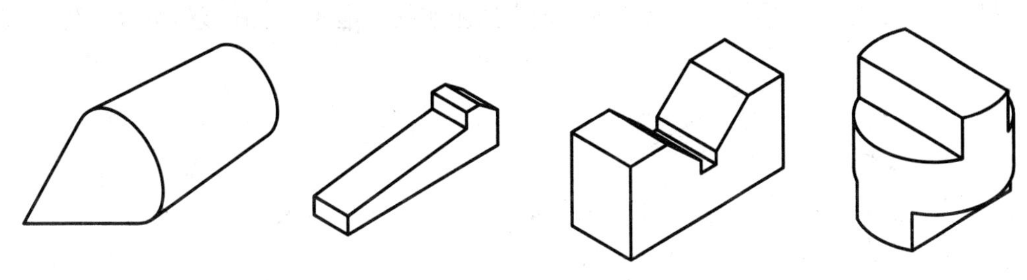

图 4-1　基本立体与机件

基本立体按照其表面的性质，可分为平面立体和曲面立体两大类。

4.1　平面立体的投影及其表面取点

表面全部由平面围成的立体，称为平面立体。平面立体上相邻表面的交线称为棱线。

平面立体主要分为棱柱和棱锥两种。由于平面立体的表面均为平面(多边形)，因此，只要作出平面立体各个表面的投影，就可绘出该平面立体的投影。

4.1.1　棱柱

棱柱由两个底面和若干侧棱面组成，两个底面是全等且相互平行的多边形，侧棱面为矩形或平行四边形。侧棱面和侧棱面的交线称为侧棱线，侧棱线相互平行。侧棱线与底面垂直的称为直棱柱。本节只讨论直棱柱的投影。

1. 棱柱的投影

如图 4-2(a)所示为一个正六棱柱，它的上、下底面为正六边形，放置成平行于 H 面，并使其前后两个侧面平行于 V 面。

从本章开始，在投影图中不再画投影轴，但各点的三面投影仍要遵守正投影规律：水平投影和正面投影位于铅垂的投影连线上；正面投影和侧面投影位于水平的投影连线上；水平投影和侧面投影应保持前后方向的宽度一致及前后对应(此时可在右下侧画出 45°斜线用于辅助绘图)。

如图 4-2(b)所示为该正六棱柱的投影图。水平投影为正六边形，它是顶面和底面重合的投影，反映顶面和底面实形的投影。所有侧棱面投影都积聚在该六边形的六条边上，而所有侧棱都积聚在该六边形的六个顶点上。

正面投影为三个矩形线框，是该正六棱柱六个侧面的投影，中间线框为前后侧面的重合投影，反映实形。左右线框为其余侧面的重合投影，是类似形。正面投影中上下两条线是顶面和底面的积聚投影。

侧面投影为两个矩形线框，读者自行分析。

一般而言，直棱柱的投影具有这样的特性：一个投影反映底面实形，而另两个投影则为矩形或并列矩形组合。

画直棱柱的投影时，一般先画棱柱反映底面实形的投影，再根据投影规律画两底的其他投影，最后再根据投影规律画侧棱的各个投影（注意区分可见性）。如果某个投影的图形对称，则应该画出对称中心线，如图 4-2(b)所示。

在投影图中，当多种图线发生重叠时，则应按粗实线、虚线、点画线等顺序优先绘制。

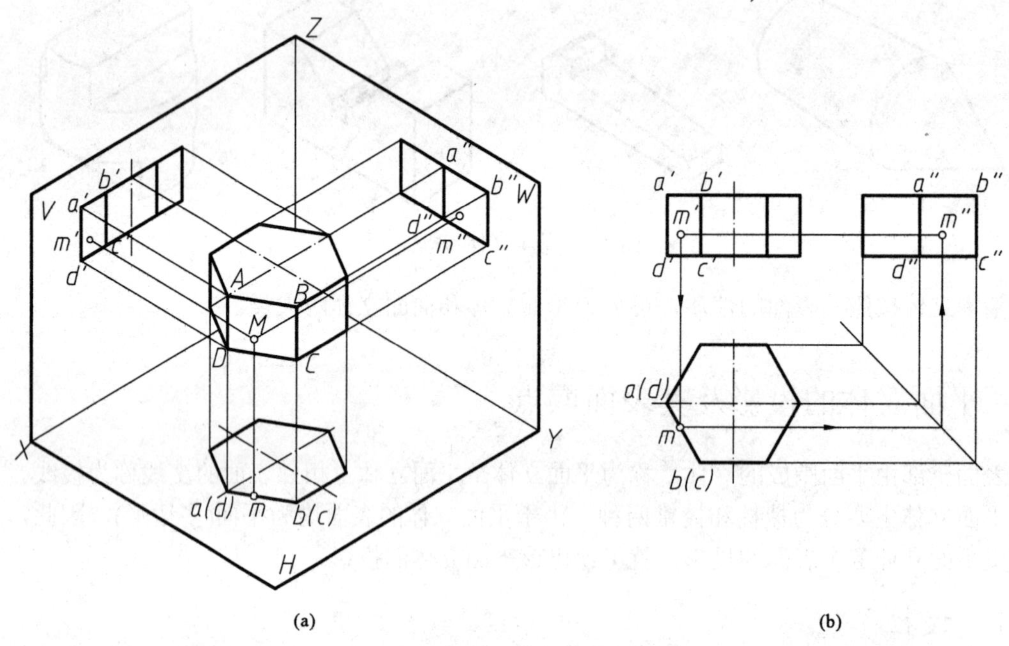

图 4-2 正六棱柱的投影

2. 棱柱表面上的点

棱柱体表面上取点和平面上取点的方法相同，先要确定点所在的平面并分析平面的投影特性。如图 4-2(b)所示，已知棱柱表面上点 M 的正面投影 m'，求作其他两个投影。因为 m' 可见，它必在侧棱面 $ABCD$ 上，其水平投影 m 必在其积聚性的投影上，由 m'和 m 可求得 m''，因点 M 所在的表面 $ABCD$ 的侧面投影可见，故 m''可见。

4.1.2 棱锥

棱锥的底面为多边形，各侧面均为三角形且具有公共的顶点，即为棱锥的锥顶。棱锥到底面的距离为棱锥的高。

1. 棱锥的投影

如图 4-3(a)所示是一正三棱锥，锥顶为 S，底面为正三角形 ABC，三个侧面为全等的等腰三角形。设将该正三棱锥放置成底面平行于 H 面，并有一个侧面垂直于 W 面。

如图 4-3(b)所示为该正三棱锥的投影图。由于底面△ABC 为水平面，所以水平投影△abc

反映底面实形，正面和侧面投影分别积聚成平行 X 轴和 Y 轴的直线段 $a'b'c'$和 $a''b''c''$。

由于该锥体的后侧面△SAC 垂直于 W 面，它的 W 面投影积聚成一段斜线 $s''a''(c'')$,它的 V 面和 H 面的投影为类似形△$s'a'c'$和△sac 前者为不可见，后者为可见。左右两个侧面为一般位置面，它在三个投影面上的投影均是类似形。各条棱线的投影读者自行分析。

一般而言，棱锥的投影具有这样的特性：一个投影反映底面实形(由几个三角形组合而成)，而另两个投影则为三角形或并列三角形组合。

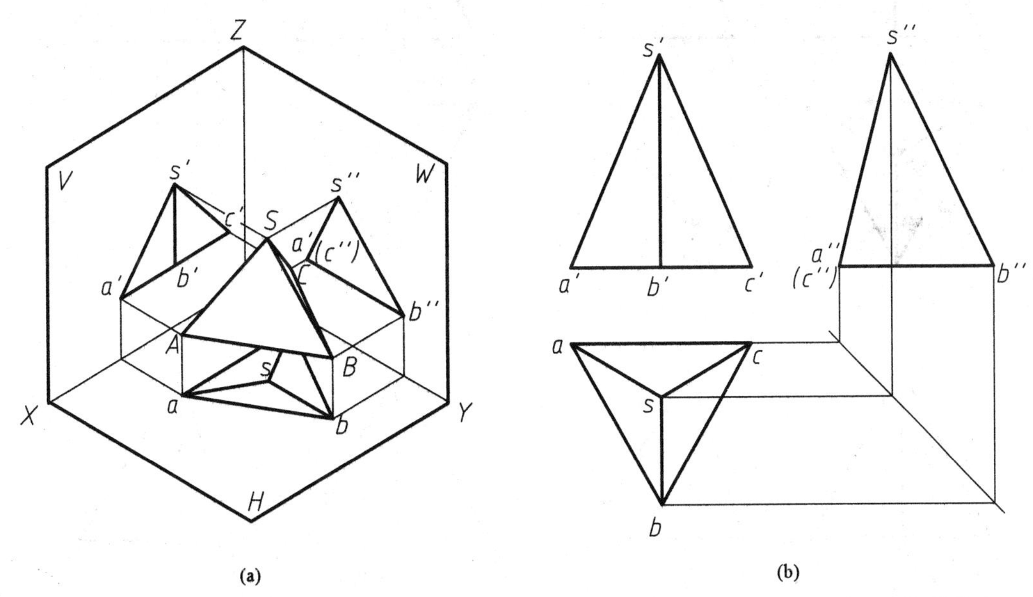

图 4-3　正三棱锥的投影

画三棱锥的投影时，一般先画反映底面的各个投影，再定出锥顶的各个投影，最后在锥顶与底面各顶点的同面投影间作连线，以绘出各棱线的投影。

2. 棱锥表面上的点

组成棱锥的表面可能有特殊位置的平面，也可能有一般位置的平面。对于特殊位置平面上点的投影可利用平面投影的积聚性作出。而对于一般位置平面上点的投影，则需运用平面上取点的原理选择适当的辅助线来作图。

如图 4-4(a)所示，已知三棱锥表面上点 M 的正面投影 m'和点 N 的水平投影 n，求这两点的其他投影。求这两点的其他投影时，必须根据它们所在的平面的相对位置不同，而采用不同的方法。

对于点 M，由于它所在的平面 SAB 为一般位置平面，必须作辅助线才能求出其他投影。可采用两种方法作辅助线：

(1) 过平面内两点作直线。如图 4-4(b)所示，在平面 SAB 内过点 M 及锥顶 S 作辅助线 SD。作图时，首先连接 $s'm'$，并延长与 $a'b'$交于 d'，然后作出 sd 和 $s''d''$，最后根据点 M 在直线 SD 上作出 M 的其他投影 m 和 m''。

(2) 过平面内一点作平面内已知直线的平行线。如图 4-4(c)所示，在平面 SAB 内过点 M 作 AB 的平行线 ME。作图时，首先过 m'作 $a'b'$平行线 $m'e'$，再求出 e，过 e 作 ab 平行线，然后作出 m，最后由 m'和 m 求出 m''。

对于点 N，由于它所在的棱锥侧面 SAC 是侧垂面，其侧面投影有积聚性，因此点 N 的侧面投影 n'' 必在 $s''a''(c'')$ 上。由 n'' 和 n 可求出 n'，作图过程如图 4-4(d)所示。

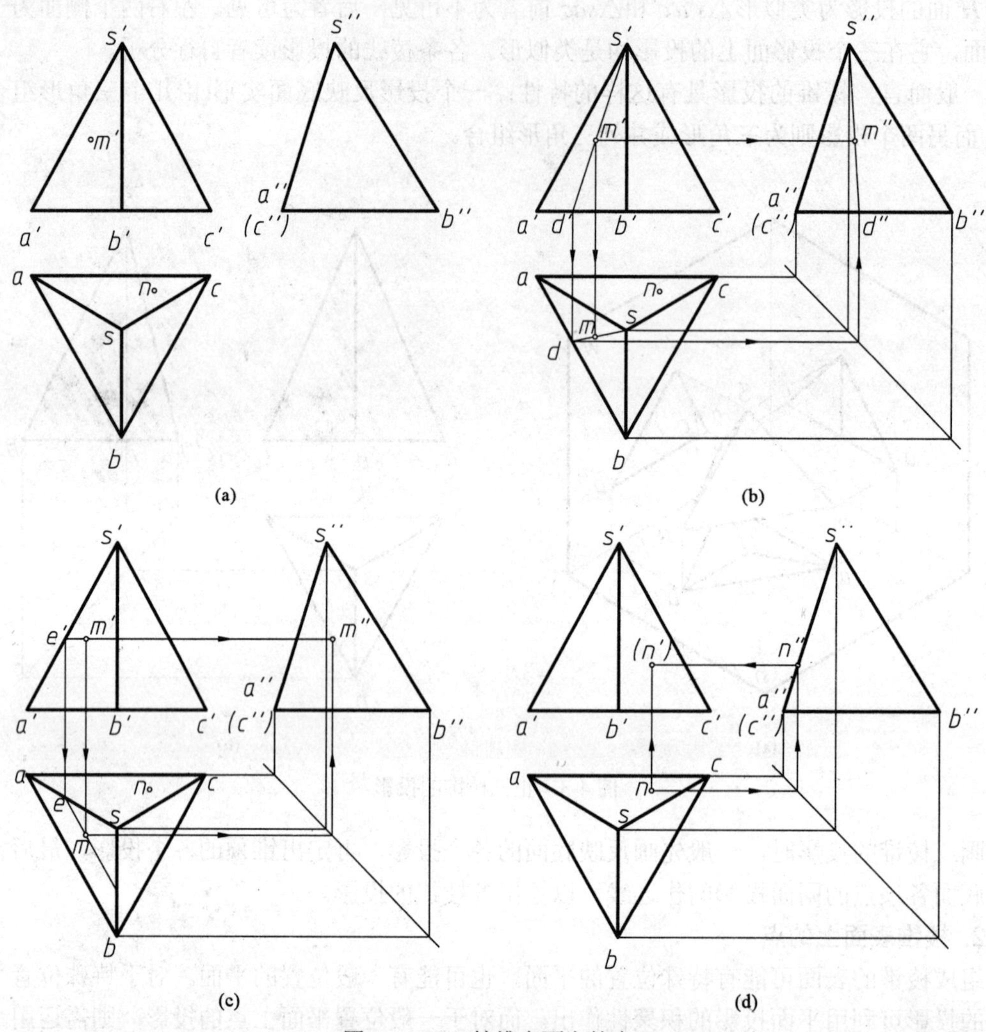

图 4-4 正三棱锥表面上的点

4.2 回转体的投影及其表面取点

表面由平面与曲面围成，或全部由曲面围成的立体称为曲面立体。

常见曲面是回转面，它是由一直线或曲线以一定直线为轴线回转形成。由回转曲面组成的立体，称为回转体，如圆柱体、圆锥体、球体等。

4.2.1 圆柱体

圆柱体是由顶面、底面和圆柱面所组成。圆柱面是由一条直母线 AA_1 绕与它平行的轴线 OO_1 回转而成，如图 4-5 所示。圆柱面上任意一条平行于轴线的直线，称为圆柱面的素线。

1. 圆柱体的投影

如图 4-6 所示，当圆柱体的轴线垂直于 H 面时，它的水平投影为一圆，反映圆柱体顶面和底面的实形，而圆周又是圆柱面的积聚性投影，在圆柱面上任何点或线的投影都重合在这一圆的圆周上。

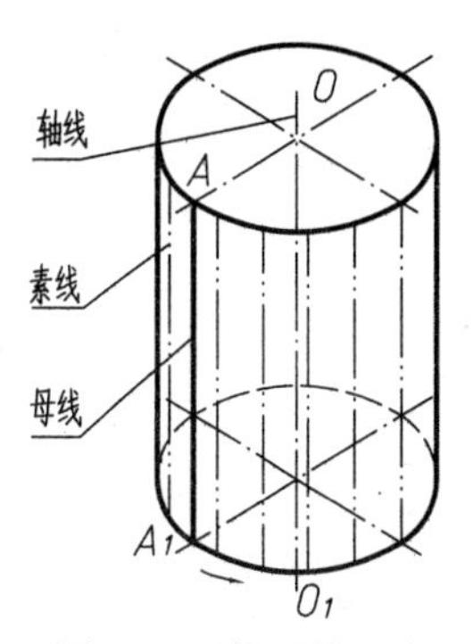

图4-5　圆柱面的形成

该圆柱体的正面投影为矩形。矩形的上、下边线是圆柱体顶面和底面的积聚性投影，其长度等于直径。矩形的左、右两条边 $a'a_1'$ 和 $b'b_1'$ 是圆柱面上最左与最右的两条素线 AA_1 和 BB_1 的正面投影，这两条素线称为轮廓素线。它们是圆柱面前半部可见与后半部不可见的分界线。它们的水平投影积聚成点，侧面投影与圆柱体的轴线(点画线)重合，因圆柱体表面是光滑的曲面，所以在画图时不画出该轮廓素线在其他投影面上的投影。

该圆柱体的侧面投影为与正面投影全等的矩形，其上、下边线是圆柱体顶面和底面的积聚性投影，而矩形的左、右两条边 $c''c_1''$ 和 $d''d_1''$ 则是圆柱面上最前与最后的两条素线 CC_1 和 DD_1 的侧面投影，它们是圆柱面左半部可见与右半部不可见的分界线。它们在其余投影面上投影情况，读者可自行分析。

画圆柱体投影时，一般先画出轴线和圆的中心线及投影为圆的那个投影，然后画出其余投影。

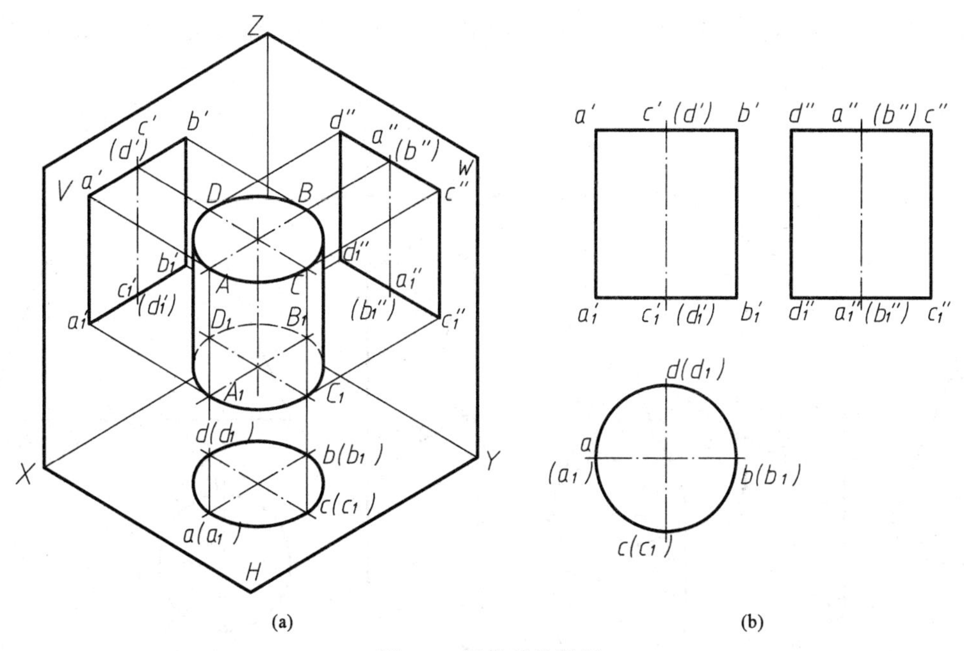

图 4-6　圆柱体的投影

2. 圆柱体表面上的点

如图 4-7 所示，已知圆柱表面上点 M、N 的正面投影，求作它们的水平及侧面投影。

从投影图中可以看出，该圆柱体的轴线为铅垂线，圆柱面的水平投影积聚为一个圆，点 M、N 的水平投影必定在该圆的圆周上。由于 m'可见，故点 M 的 H 面投影 m 应在前半个圆周上。再由 m 和 m'可求出 m''，由于 M 处于圆柱面的左半部，所以 m''是可见的。

点 N 在最右轮廓素线上，其侧面投影 n''应在轴线上且不可见。

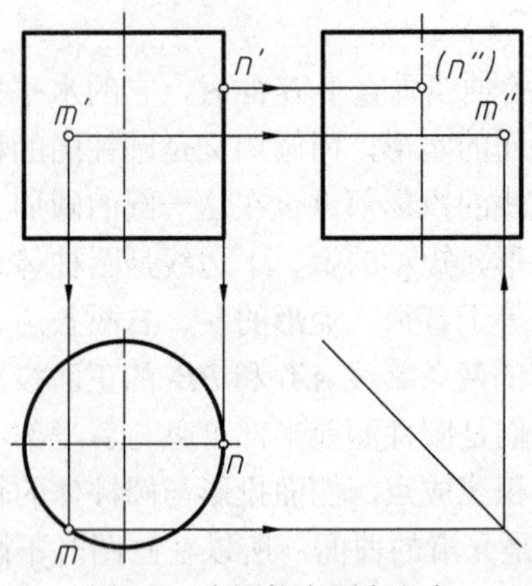

图 4-7 在圆柱表面上取点

4.2.2 圆锥体

圆锥体由圆锥面和底面所围成，圆锥面是由一直母线 SA 绕与它相交的轴线 SO 旋转而成，如图 4-8(a)所示。在圆锥面上通过锥顶 S 的任一直线称为圆锥面的素线。

1. 圆锥体的投影

如图 4-8 所示，当圆锥体的轴线垂直于 H 面时，水平投影为一圆。它反映了底面的实形，同时也是圆锥面的投影。

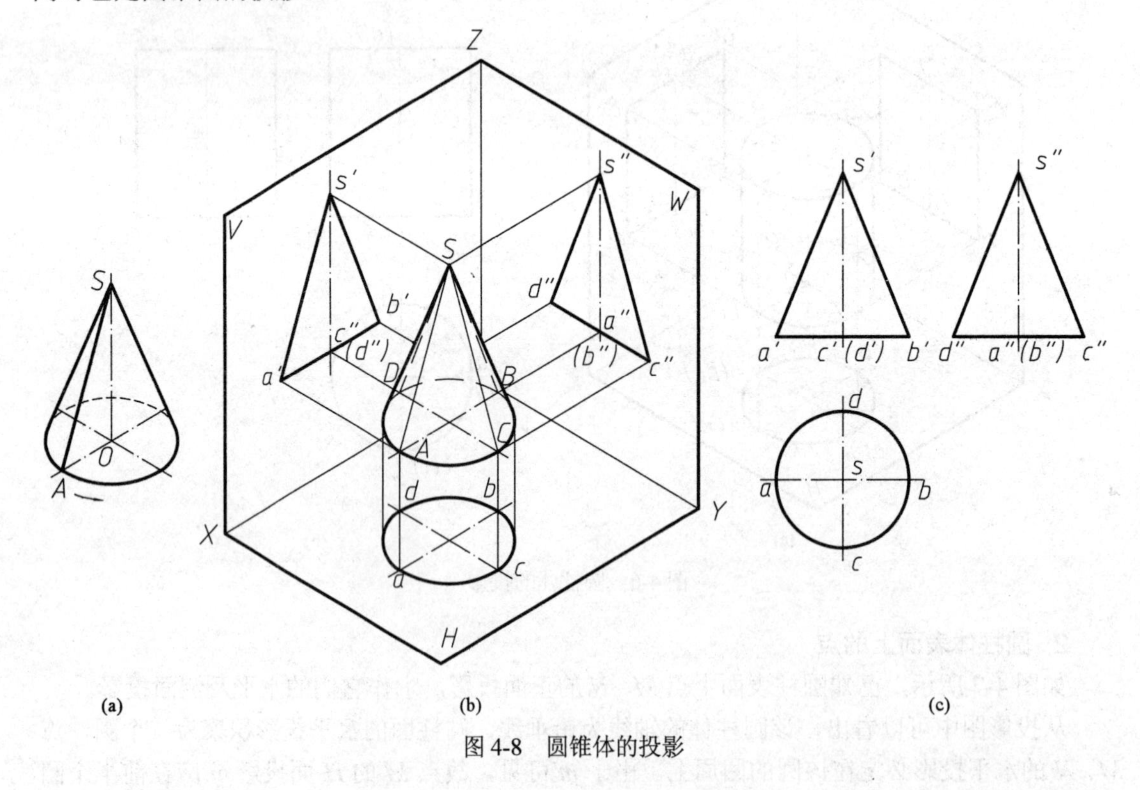

图 4-8 圆锥体的投影

该圆锥体的正面和侧面投影为全等的等腰三角形。等腰三角形的底边是圆锥体底面积聚性的投影，而两腰分别是圆锥面上各轮廓素线的投影。圆锥体的最左、最右轮廓素线是圆锥面正面投影时前半部可见与后半部不可见的分界线，而圆锥体的最前、最后轮廓素线是圆锥面侧面投影时左半部可见与右半部不可见的分界线。

画圆锥体投影时，一般先画出轴线和圆的中心线及投影为圆的那个投影，然后画出其余投影。

2. 圆锥体表面上的点

如图 4-9 所示，已知圆锥表面上点 *K* 的正面投影 *k*′，求作其水平投影 *k* 和侧面投影 *k*″。

因为圆锥面在三个投影面上的投影都没有积聚性，所以必须用作辅助线的方法实现在圆锥体表面上取点。作辅助线的方法有两种：

(1) 辅助素线法。如图 4-9(a)中圆锥体的立体图所示，过锥顶 *S* 与点 *K* 作一辅助素线交底圆于点 *A*，在投影图上过 *k*′作 *s*′*a*′，根据 *k*′可见，所以素线 *SA* 位于前半圆锥面上，求出 *SA* 的水平投影 *sa*，再由 *a* 求得 *a*″，从而得 *s*″*a*″。再根据直线上点的投影规律，求出点 *K* 的水平投影 *k* 和侧面投影 *k*″。由于圆锥面的水平投影是可见的，所以 *k* 可见，又因点 *K* 在左半圆锥面上，所以 *k*″也可见。

(2) 辅助纬圆法。如图 4-9(b)圆锥体的立体图所示，过点 *K* 在圆锥面上作一个平行于底面的圆(该圆称为纬圆)，实际上这个圆就是点 *K* 绕轴线旋转所形成的。点 *K* 的各个投影必在此纬圆的相应投影上。

作图过程如图 4-9(b)所示，通过 *k*′作垂直于轴线的水平圆的正面投影，其长度就是纬圆直径的实长。在水平投影上作出纬圆的投影(该圆的水平投影反映实形，圆心与 *s* 重合)，再根据 *k*′，在纬圆水平投影的前半圆周上定出 *k*，最后由 *k* 和 *k*′求得 *k*″，并判别可见性，即为所求。

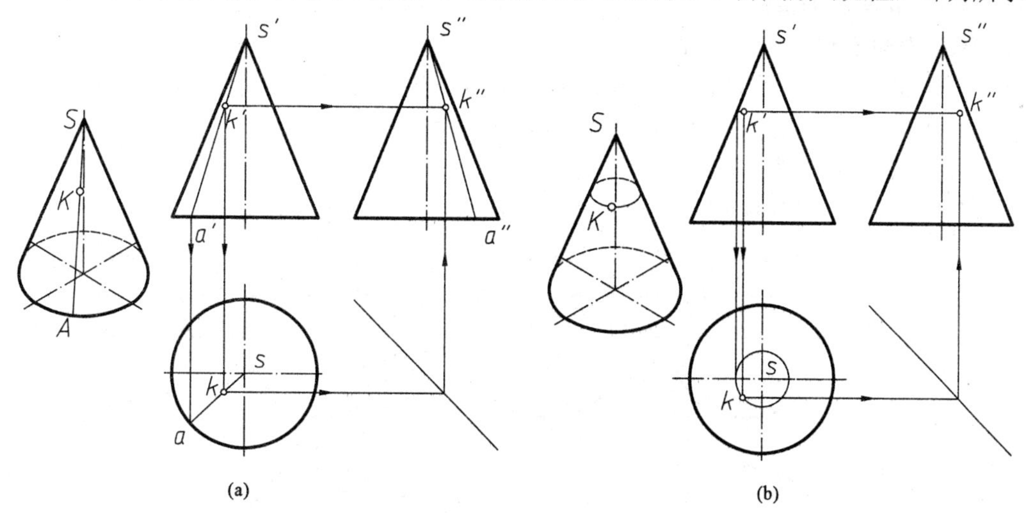

图 4-9　圆锥体表面取点

4.2.3　圆球

球面是由母线圆绕其直径旋转而成，如图 4-10(a)所示。

1. 圆球的投影

如图 4-10 所示，圆球的三面投影均为与其直径相等的圆。它们分别是球三个不同方向的轮廓圆的投影。正面投影的圆 *a*′，是球面上平行于正面的轮廓圆 *A* 的正面投影，轮廓圆 *A* 也是前后半球可见和不可见的分界圆，它的水平和侧面投影都与球的中心线重合而不必画出。轮廓圆 B、C 的对应投影和可见性，请读者自己分析。

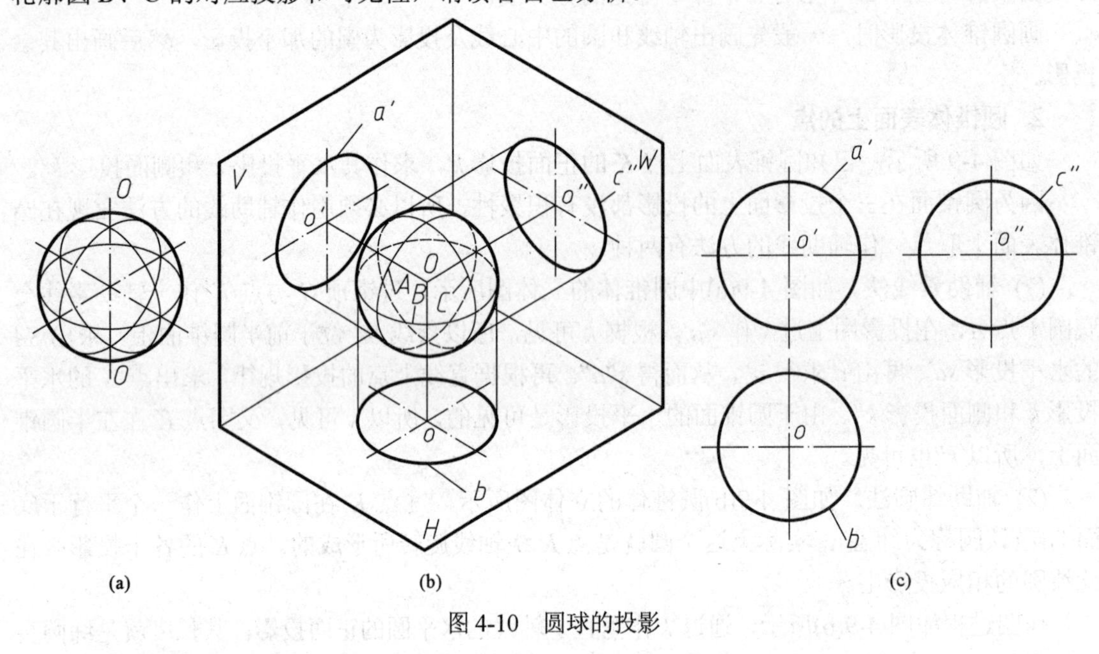

(a) (b) (c)

图 4-10 圆球的投影

画圆球的投影时，应先画出三面投影中圆的对称中心线，对称中心线的交点为球心，然后再分别画出轮廓圆的投影。

2. 圆球表面上的点

球面上不能作直线，因此，确定球面上点的投影时，可包含这个点在球面上作平行于投影面的辅助圆，然后利用圆的投影(积聚成直线或反映为圆的实形)确定点的投影。辅助圆可选用正平圆、水平圆或侧平圆。

如图 4-11 所示，已知球面上点 M 的正面投影 m'，求作其水平和侧面投影。

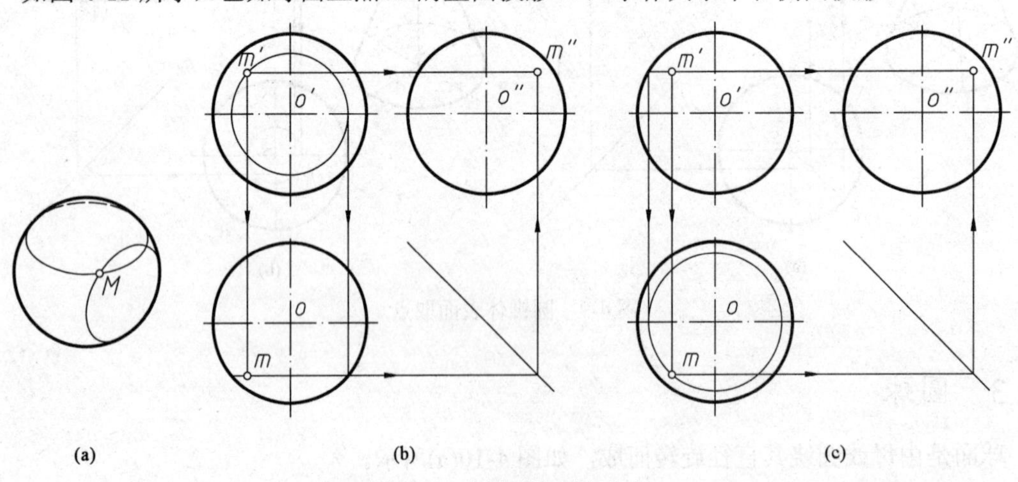

(a) (b) (c)

图 4-11 在圆球表面上取点

根据 m' 的位置和可见性，可知点 M 在前半球面的左上部。过点 M 在球面上作正平或水平的辅助圆，即可在此辅助圆的各个投影上求得点 M 的相应投影。

如图 4-11(b)所示，在正面投影上过 m'以 o'为圆心作圆，此圆即为辅助正平圆反映实形的正面投影，然后作出其水平投影，再根据点 M 在辅助圆上，其水平投影在辅助圆的水平投影上定出水平投影 m，最后由 m 和 m'作出 m''。m 和 m''均可见。

同样也可按图 4-11(c)所示，在球面上作平行与 H 面的辅助圆，先过 m'作出该辅助圆的正面投影，积聚为直线 $a'b'$，然后再作出该圆的水平投影(以 o 为圆心，$a'b'$为直径)，求出 m，最后由 m 和 m'作出 m''。

4.3　平面与立体相交

基本立体被平面截切后，表面产生的交线称为截交线。截切立体的平面称为截平面，截交线围成的图形称为截断面，如图 4-12 所示。绘制被截立体的投影就必须将这些交线的投影绘出。

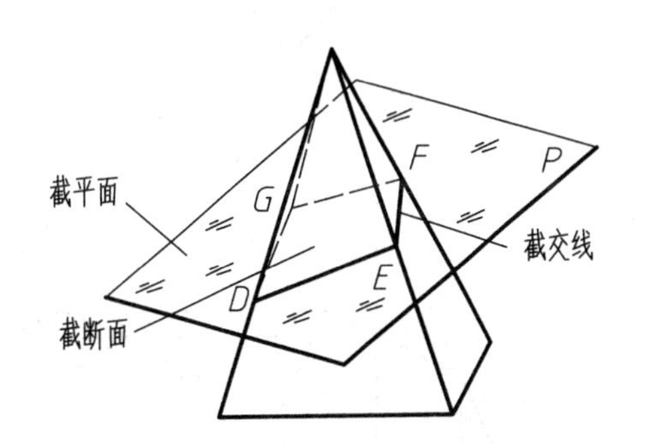

图4-12　平面截切立体

截交线有如下性质：

(1) 截交线一般是由直线、曲线或直线和曲线所围成的封闭的平面图形。

(2) 截交线是截平面和立体表面的共有线，其上的点都是截平面与立体表面的共有点，即：这些点既在截平面上，又在立体表面上。

(3) 截交线的形状取决于被截立体的形状和截平面与立体的相对位置。

4.3.1　平面与平面立体相交

平面与平面立体相交所得的截交线是由直线组成的平面多边形，多边形的边是截平面与平面立体表面的交线，多边形的顶点是截平面与平面立体棱线的交点。因此，求平面立体的截交线可归结为求截平面与立体表面的交线或求截平面与立体上棱线的交点。

【例 4-1】求正四棱锥被平面 P 截切后的投影[图 4-13(a)]。

解：空间及投影分析：截平面 P 与四棱锥的四个侧棱面相交，故截交线的形状为四边形，其四个顶点是截平面 P 与四条侧棱线的交点，如图 4-13(b)所示。

因为截平面是正垂面，所以截交线的正面投影积聚在 p'上，其水平投影和侧面投影为空间截交线的类似形。

作图[图 4-13(c)]：

① 在正面投影上依次标出截平面与四条侧棱线的交点的投影 1′、2′、3′、4′。

② 根据在直线上取点的方法由正面投影 1′、2′、3′、4′求得相应的侧面投影 1″、2″、3″、4″和水平投影 1、2、3、4。

③ 连接这些点的同面投影，即为截交线的投影。

最后在各个投影上擦去四条侧棱线位于截断面和锥顶之间被截去的部分，注意侧面投影中四棱锥右侧棱是不可见的。

当一个立体被多个平面截切时，一般应逐个平面进行分析和作图，同时要注意各个截平面之间的交线。

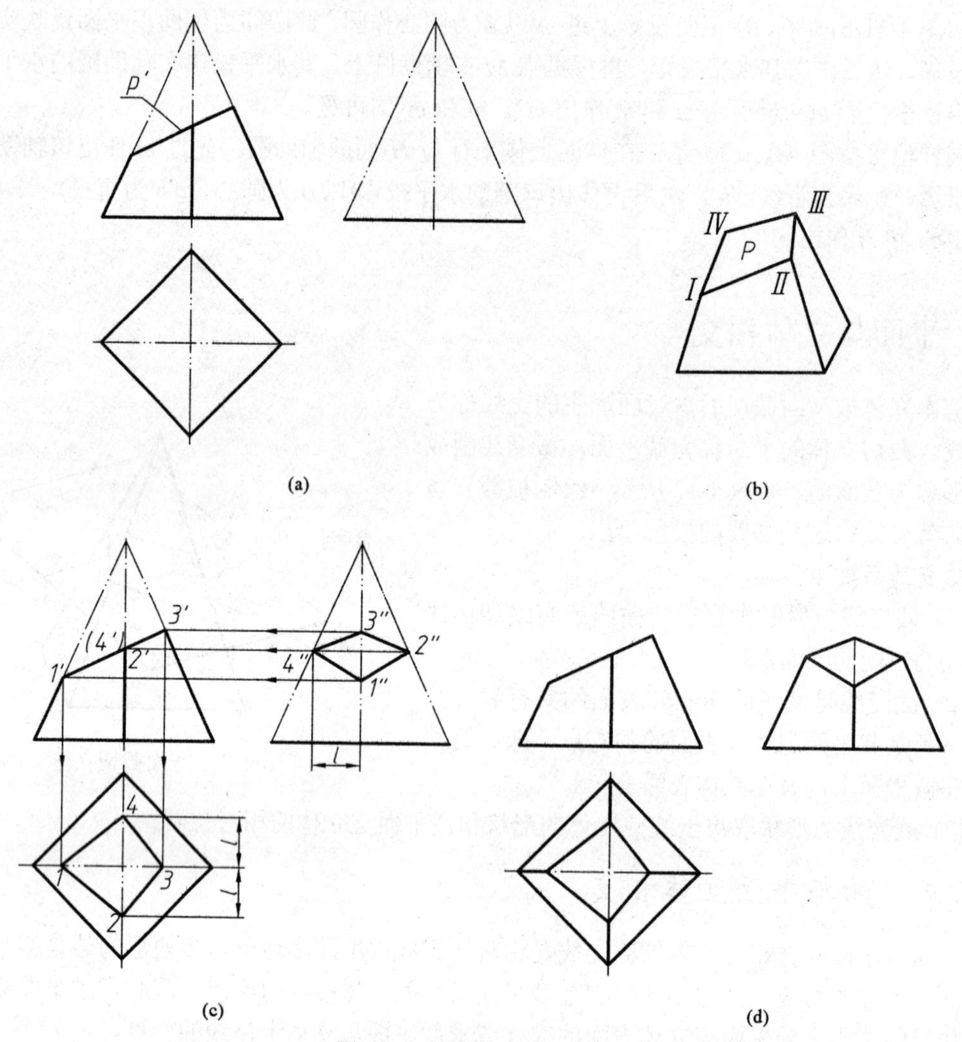

图 4-13 正四棱锥的截交线

【例 4-2】已知正三棱锥被一正垂面和一水平面截切，试完成其截切后的水平投影和侧面投影，如图 4-14(a)所示。

解：空间及投影分析[图 4-14(b)]：截平面 *P* 为水平面，与三棱锥的底面平行，故它与三棱锥的三个侧面的交线和三棱锥的底面的对应边平行；截平面 *Q* 为正垂面，与三棱锥的三个侧面的交线组成的截断面也应为正垂面。另外，截平面 *P* 与 *Q* 亦相交(交线为正垂线)，故 *P* 与 *Q* 截出的截交线均为四边形。

作图[图 4-14(c)]：

① 作平面 *P* 与三棱锥的截交线 Ⅰ Ⅱ Ⅲ Ⅳ：首先作平面 *P* 与三棱锥的完整截交线，由正面投影 1′、2′和 *m*′，得水平投影△12*m*，注意其中 12//*ab*、2*m*//*bc*、1*m*//*ac*，然后根据 3′、4′分别在 1*m* 和 2*m* 上取得 3 和 4 点，然后作出 Ⅰ、Ⅱ、Ⅲ、Ⅳ的侧面投影 1″、2″、3″、4″。最后将 Ⅰ Ⅱ Ⅲ Ⅳ的水平投影和侧面投影依次连线，注意交线 Ⅲ Ⅳ的水平投影为不可见。

② 作平面 *Q* 与三棱锥的截交线 Ⅲ Ⅳ Ⅴ Ⅵ：由正面投影的 5′和 6′很容易得到侧面投影上的 5″和 6″，并求出水平投影 5 和 6。将 Ⅲ Ⅳ Ⅴ Ⅵ的侧面投影和水平投影依次连线。

③ 最后在各个投影上擦去三棱锥的 *SA* 和 *SB* 两条侧棱线位于两截断面之间被截去的部分，结果如图 4-14(d)所示。

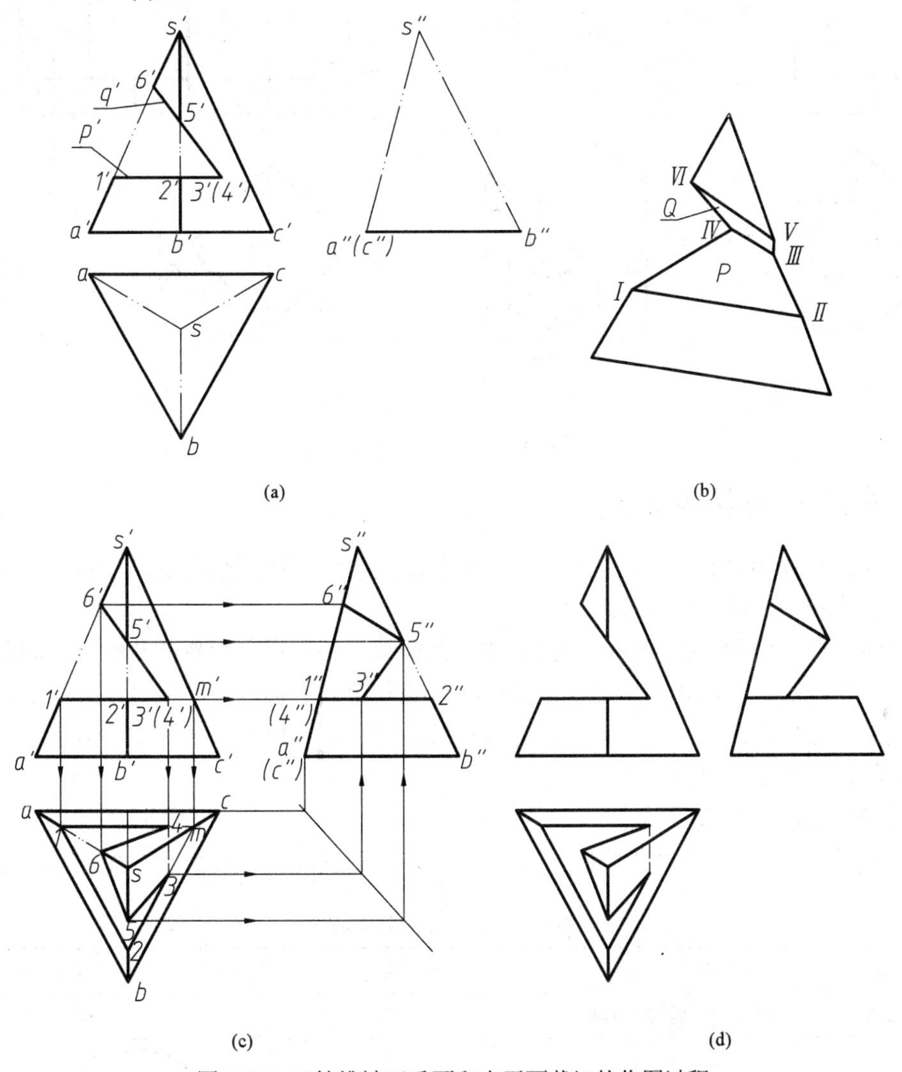

图 4-14　三棱锥被正垂面和水平面截切的作图过程

【例 4-3】完成正四棱柱穿孔的侧面投影[图 4-15(a)]。

解：空间及投影分析[图 4-15(b)]：穿孔的两侧面为侧平面，上、下两面为水平面，在四棱柱上形成矩形通孔。矩形通孔与棱柱侧面相交，前部交线为 *ABCDEF*，其中 *AB*、*BC* 和 *DE*、*EF* 为水平线，*AD* 和 *CF* 为铅垂线，通孔前、后交线是对称的，故只需求前部交线 *ABCDEF* 的各个投影。

作图[图 4-15(c)]：

① 依次标记出交线 *ABCDEF* 的正面投影和水平投影，然后求出该交线的侧面投影。穿孔上、下面的侧面投影积聚成直线段，线上 *a*″、(*c*″)和 *d*″、(*f*″)点是虚实线的分界点。后面交线与前面交线对称。

② 擦除四棱柱的前、后棱线位于穿孔上下面之间的一段。

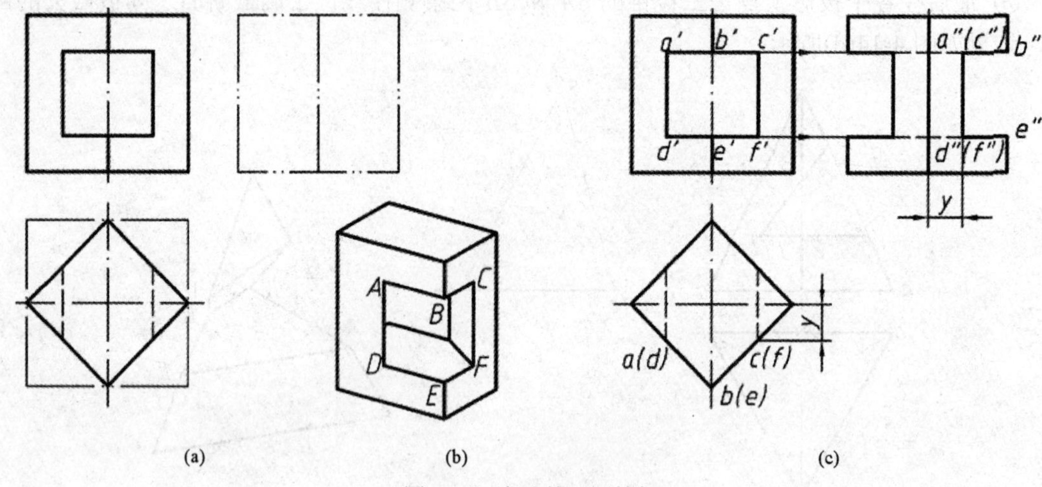

图 4-15 穿孔的正四棱柱

4.3.2 平面与回转体相交

平面与回转体相交时，截交线通常是一条封闭的平面曲线，也可能是由直线组成的平面多边形或直线和曲线组成的平面图形。

截交线是截平面和回转体表面的共有线，截交线上的点也是两者的共有点。因此，当截交线为非圆曲线时，一般先求出能确定截交线形状和范围的特殊点，如最高、最低、最左、最右、最前、最后点，可见与不可见的分界点等，然后再求出若干中间点，最后将这些点连成光滑曲线，并判别可见性。

1. 平面与圆柱体相交

根据截平面与圆柱面轴线的相对于位置不同，其截交线有三种形状，如表 4-1 所示。

表 4-1 圆柱体的截交线

截平面的位置	与轴线平行	与轴线垂直	与轴线倾斜
交线形状	平行于轴线的直线	圆	椭圆
立体图			
投影图			

【例 4-4】如图 4-16(a)所示，已知带矩形切口圆柱体的正面和侧面投影，求作水平投影。

解：空间及投影分析：由图 4-16(a)(b)可以看出，圆柱的矩形切口是由两个平行于圆柱轴线的水平截平面 *P*、*Q* 和与圆柱轴线垂直的侧平面 *R* 截切而成。由于 *P*、*Q* 上下对称，所以只需分析截平面 *P* 与圆柱面的交线。*P* 与圆柱面的交线为平行于圆柱轴线的两条直线 *AB*、*CD*，其正面投影与 p'重合，侧面投影积聚在圆上。*R* 与圆柱面的交线为前后对称的两段圆弧 *BEF*，其正面投影积聚在 r'上，侧面投影重合在圆上。

作图[图 4-16(c)]：

首先作出完整圆柱体的水平投影，然后标记出 *A*、*B*、*C*、*D*、*E*、*F* 的正面和侧面投影，再按投影关系求出其水平投影 *a*、*b*、*c*、*d* 和 *e*、(*f*)，依次连接 *a*、*b*，*c*、*d* 及 *be*。注意画出与 *bef* 对称的后半部分。另外，由于切口是穿通，故 *bd* 应画成虚线。

最后注意位于截平面 *R* 左侧的前后轮廓素线被截去了，水平投影不应该有该段轮廓素线的投影，结果如图 4-16(d)所示。

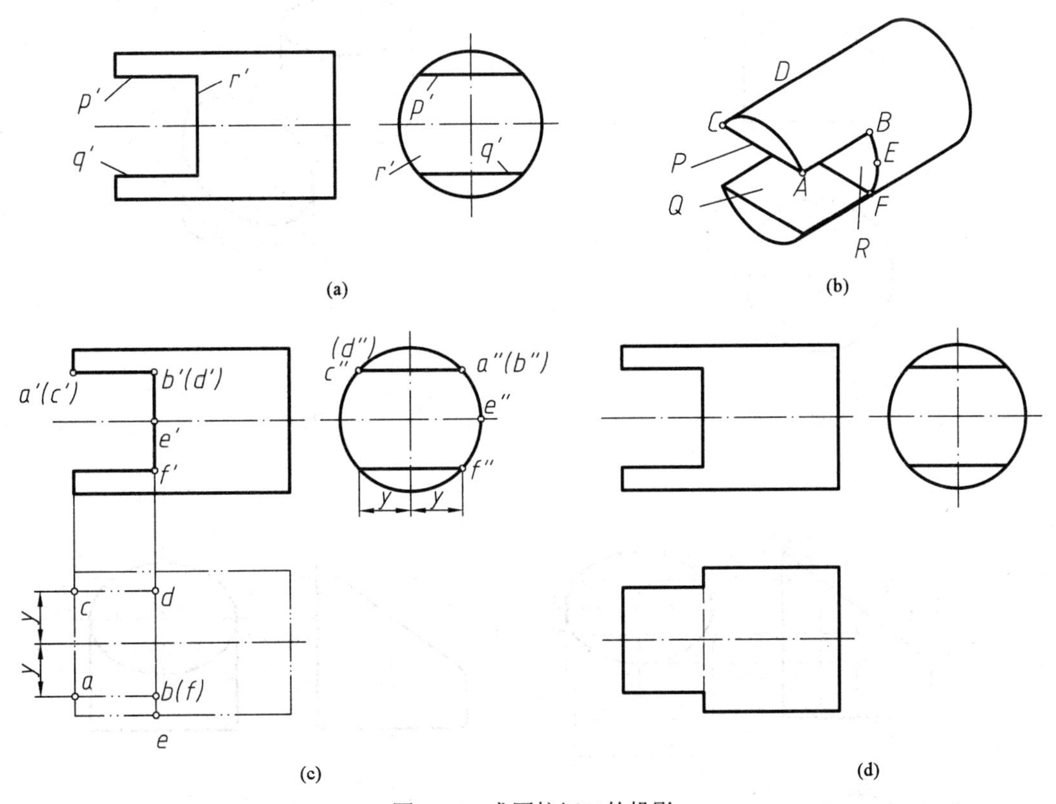

图 4-16　求圆柱切口的投影

【例 4-5】如图 4-17(a)所示，已知圆柱体被正垂面截切后的正面和水平投影，求作侧面投影。

解：空间及投影分析：截平面 *P* 与圆柱轴线倾斜，因此截交线是一椭圆。由于截平面为正垂面，故截交线正面投影积聚在 p'上；又因圆柱面水平投影有积聚性，所以截交线水平投影积聚在圆柱面的水平投影的圆周上。而侧面投影仍为椭圆，但不反映实形，如图 4-17(b)所示。

作图:

① 求特殊点。如图 4-17(c)所示，*A*、*B* 两点为最高、最低点，同时也是椭圆长轴的端点，*C*、*D* 两点为最前、最后点，也是椭圆短轴的端点。作图时，首先标记出 *A*、*B*、*C*、*D* 的正面和水平投影，然后求出它们的侧面投影 *a″*、*b″*、*c″*、*d″*。

② 求一般点。为了准确地作出椭圆，还需适当地作出一些一般点，如图 4-17(c)所示，先在水平投影上取对称于中心线的 1、2、3、4 点，再定出它们的正面投影 1′、2′、3′、4′，最后求出它们的侧面投影 1″、2″、3″、4″。

③ 依次光滑地连接 *a″*、3″、*c″*…，即得截交线椭圆的侧面投影。

最后注意圆柱的前后轮廓素线的侧面投影仅画到 *c″*、*d″*处，结果如图 4-17(d)所示。

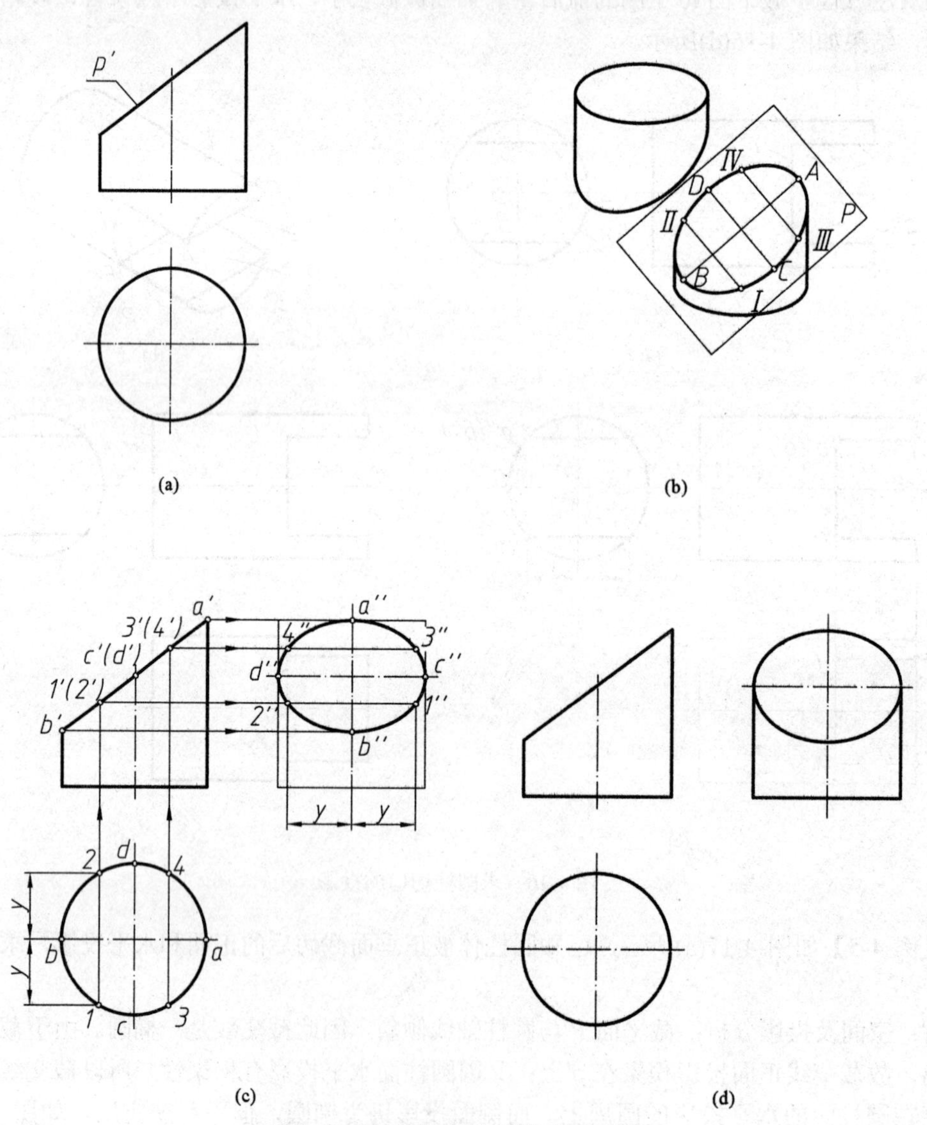

图 4-17　求正垂面截切圆柱的截交线

2. 平面与圆锥相交

根据截平面与圆锥面轴线的相对于位置不同，其截交线有五种形状，如表 4-2 所示。

表 4-2　圆锥体的截交线

截平面的位置	通过锥顶	与轴线垂直 (α= 90°)	与轴线倾斜 (α>θ)	与一条素线平行 (α=θ)	与轴线平行或倾斜 (0≤α<θ)
交线形状	两条相交直线	圆	椭圆	抛物线	双曲线
立体图	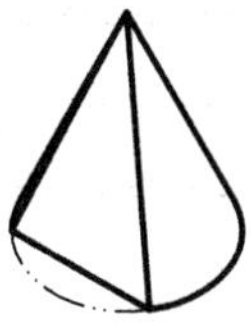	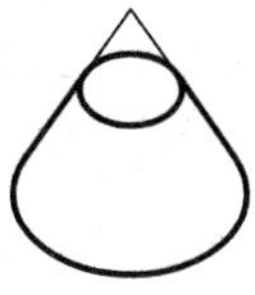	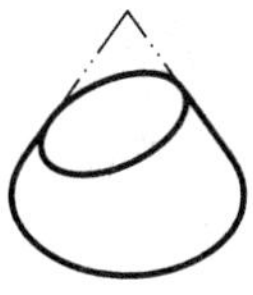	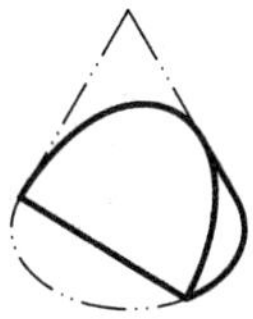	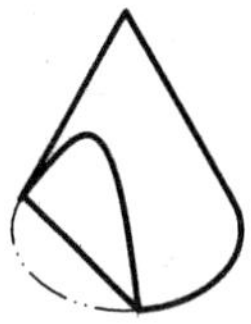
投影图	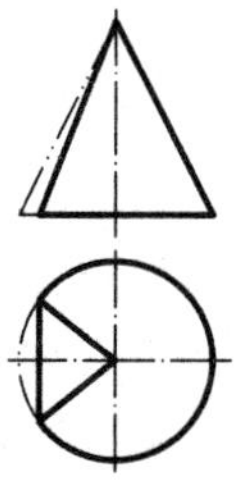	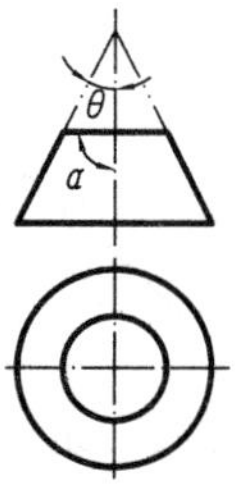	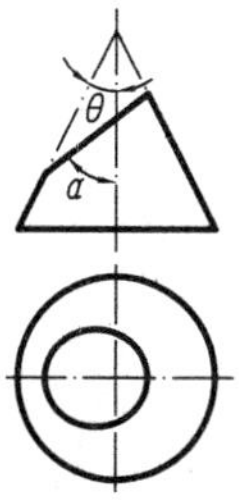	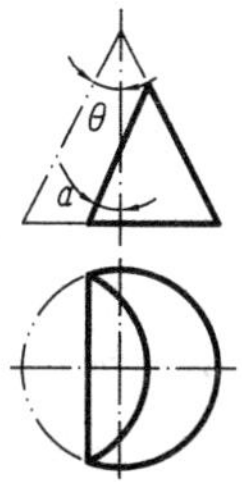	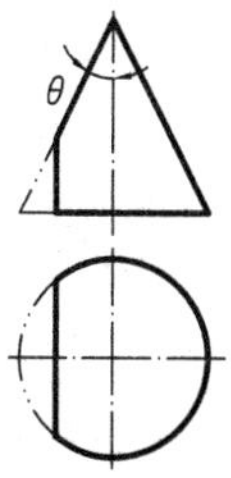

【例 4-6】已知圆锥被正垂面 P 截切，完成截交线的水平投影，并画出其侧面投影，如图 4-18(a)所示。

解：空间及投影分析：从图上可以看出，截平面 P 与圆锥的轴线倾斜，截交线为椭圆。因截平面 P 为正垂面，所以截交线正面投影积聚在 p'上，其水平和侧面投影仍为椭圆，但不反映实形。

作图：

① 求特殊点。如图 4-18(b)所示，截平面与圆锥最左、最右轮廓素线的交点 A、B 是椭圆一根轴两个端点，其正面投影 a'、b'位于圆锥的正面投影的轮廓线上，并由此可求出水平投影 a、b 及侧面投影 $a''b''$。我们知道椭圆的长轴和短轴垂直平分，所以 $a'b'$的中点 c'、(d')即为椭圆另一根轴的两个端点的重合投影，利用圆锥表面取点的方法可以求出其水平投影 c、d 和侧面投影 c''、d''。

截平面与圆锥最前、最后轮廓素线的交点为 E、F，正面投影即为 $a'b'$与轴线的交点 e'、(f')，可以直接求得侧面投影，进而求得水平投影 e、f。e''、f''两点也是圆锥侧面投影的轮廓线与截交线侧面投影椭圆的切点。

② 求一般点。如图 4-18(c)所示，在截交线正面投影 $a'b'$上取一对重影点 g'(h')，然后利用圆锥表面取点的方法求出其水平投影 g、h 和侧面投影 g''、h''。

③ 依次光滑地连接各点的水平投影和侧面投影，擦去被截去的轮廓线的投影，结果如图 4-18(d)所示。

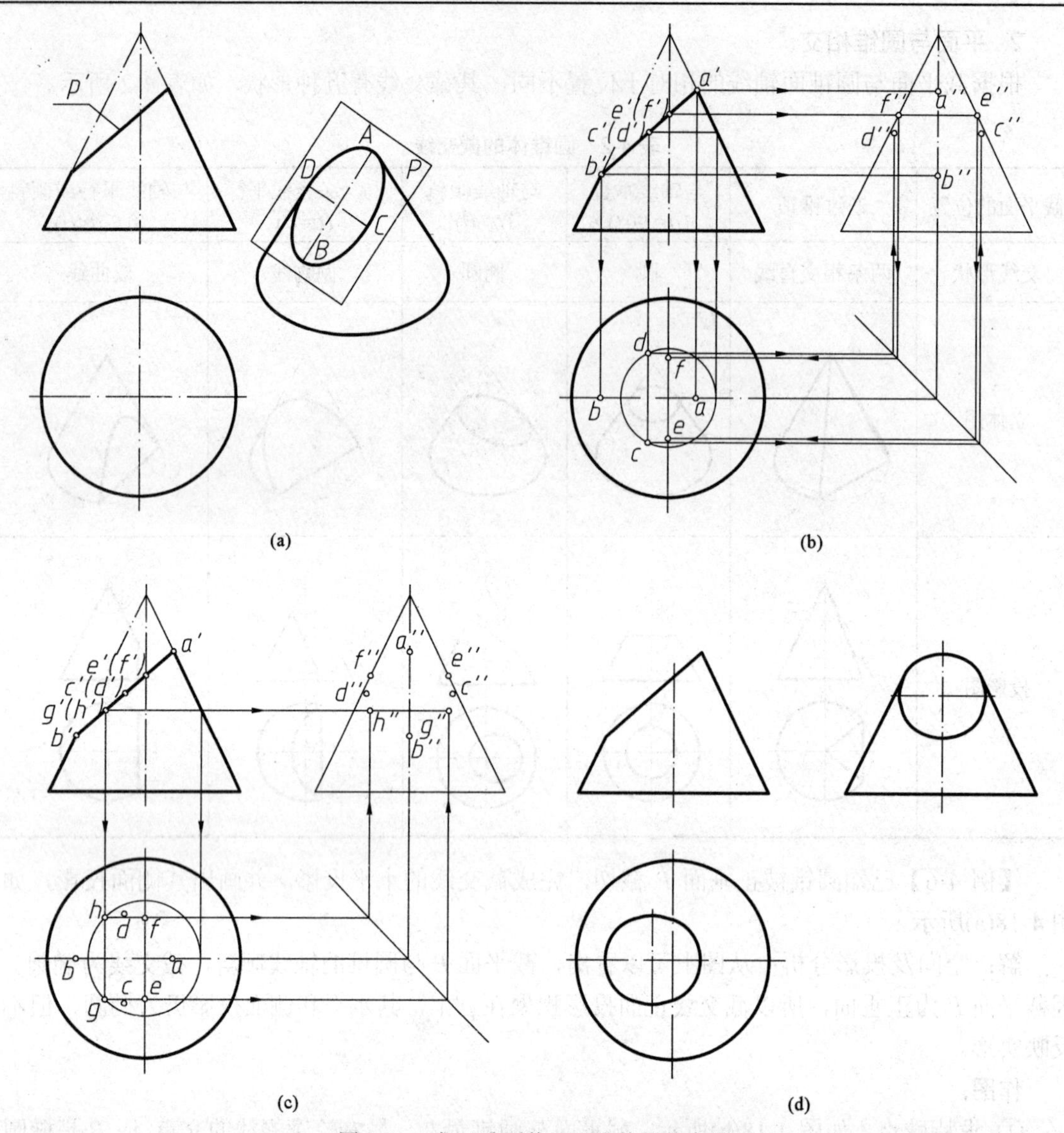

图 4-18　求正垂面截切圆锥体的截交线

【例 4-7】如图 4-19(a)所示，圆锥被一正平面截切，补全截交线的正面投影。

解：空间及投影分析[图 4-19(a)]：由于截平面 P 与圆锥的轴线平行，所以截交线是双曲线的一叶，其水平投影积聚在截平面的水平投影 p 上，正面投影反映实形。

作图[图 4-19(b)]：

① 求特殊点。截交线的最低点 A、B 是截平面与圆锥底圆的交点，其水平投影 a、b 为截平面的水平积聚性投影 p 与圆锥底圆的交点，并由此可得正面投影 a'、b'。A、B 同时也是最左、最右点。最高点 E 的水平投影 e 位于 ab 的中点处，用过 E 点作水平辅助圆求出 c'，如图 4-19(b)所示。

② 求一般点。如图 4-19(b)所示，在截交线水平投影上对称地取两点 c、d，然后利用圆锥表面取点的方法求出其正面投影 c'、d'。

③ 依次光滑地连接各点的正面投影，结果如图 4-19(b)所示。

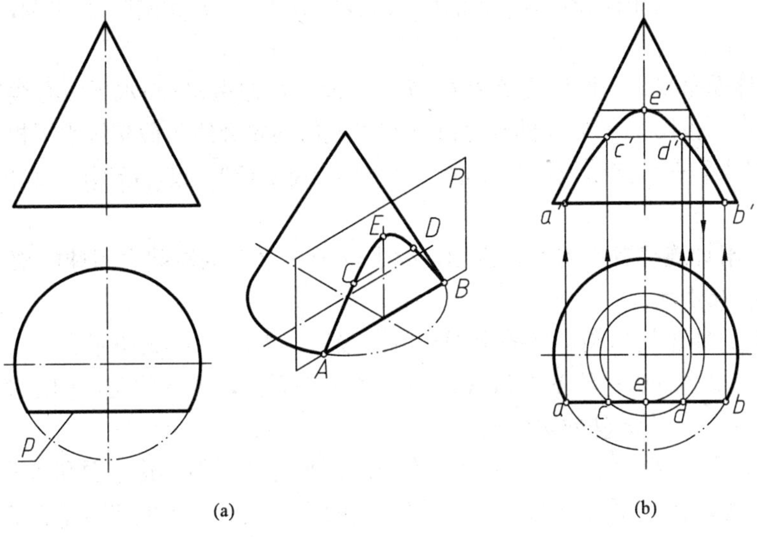

(a)　　(b)

图 4-19　求正平面与圆锥体的截交线

3. 平面与圆球相交

平面与圆球相交时，截交线总是圆，但根据平面与投影面的相对位置不同，截交线的投影可能是圆、椭圆和直线。

【例 4-8】求正垂面 P 与圆球的截交线，如图 4-20(a)所示。

解：空间及投影分析：由于截平面 P 为正垂面，故截交线正面投影积聚在截平面的正面投影 p'上，而水平投影为椭圆。

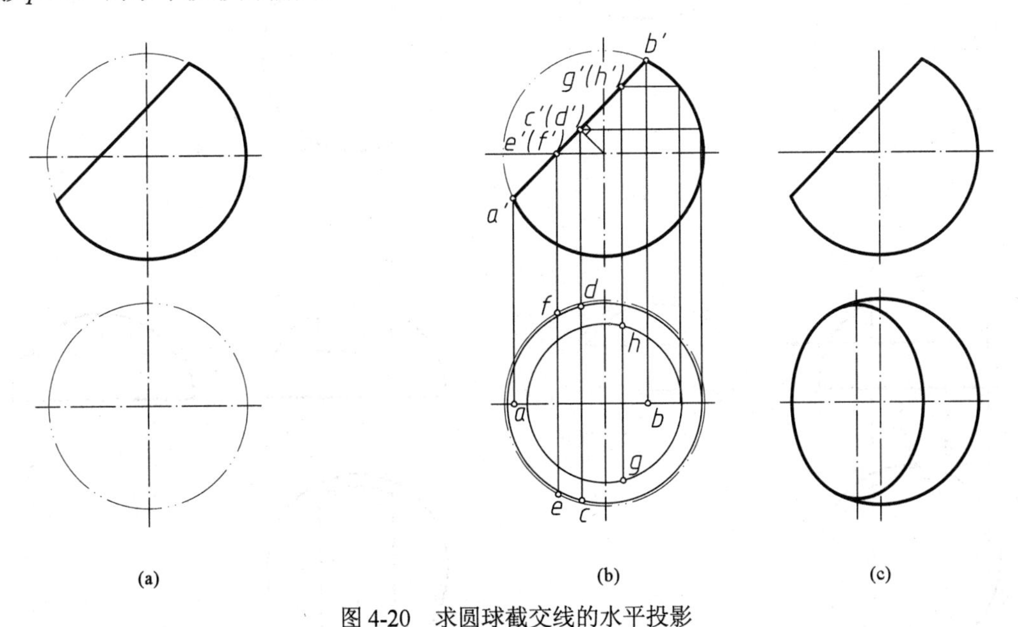

(a)　　(b)　　(c)

图 4-20　求圆球截交线的水平投影

作图[图 4-20(b)]：

① 求特殊点。圆球的正面轮廓线与 p'的交点 a'、b'，为截交线上最高、最低点，并可直接求得其水平投影 a、b，它们是截交线的水平投影椭圆的短轴的端点。长轴应该与短轴垂直

平分，其端点 C、D 的正面投影在 $a'b'$ 的中点上 c'、(d')，过 $c'(d')$ 作一水平圆，即可求得水平投影 c、d。

截平面与球面水平最大圆的交点为 E、F，正面投影即为 $a'b'$ 与水平中心线的交点 e'、(f')，可以直接求得水平投影 e、f。e、f 两点是圆球水平投影的轮廓线与截交线水平投影椭圆的切点。

② 求一般点。在截交线正面投影取一对重影点 g'、(h')，过 $g'(h')$ 作一水平圆，即可求得水平投影 g、h。

③ 依次光滑地连接各点的水平投影，擦去位于 e、f 左侧被截去圆球的部分水平轮廓线，其结果如图 4-20(c)所示。

【例 4-9】求作带切口槽半球的水平和侧面投影，如图 4-21(a)所示。

解：空间及投影分析：从图 4-21(a)的投影图可以看出，半球的切口槽是由左右对称的两个侧平面 P 和一个水平面 Q 截切而成。

两个侧平面 P 与球面的交线分别为一段与侧面平行的圆弧，其正面和水平投影积聚成直线，侧面投影反映实形。而水平面 Q 与球面的交线为一段与水平面平行的圆弧，其正面和侧面投影积聚成直线，水平投影反映实形。截平面之间的交线为正垂线。如图 4-21(b)所示。

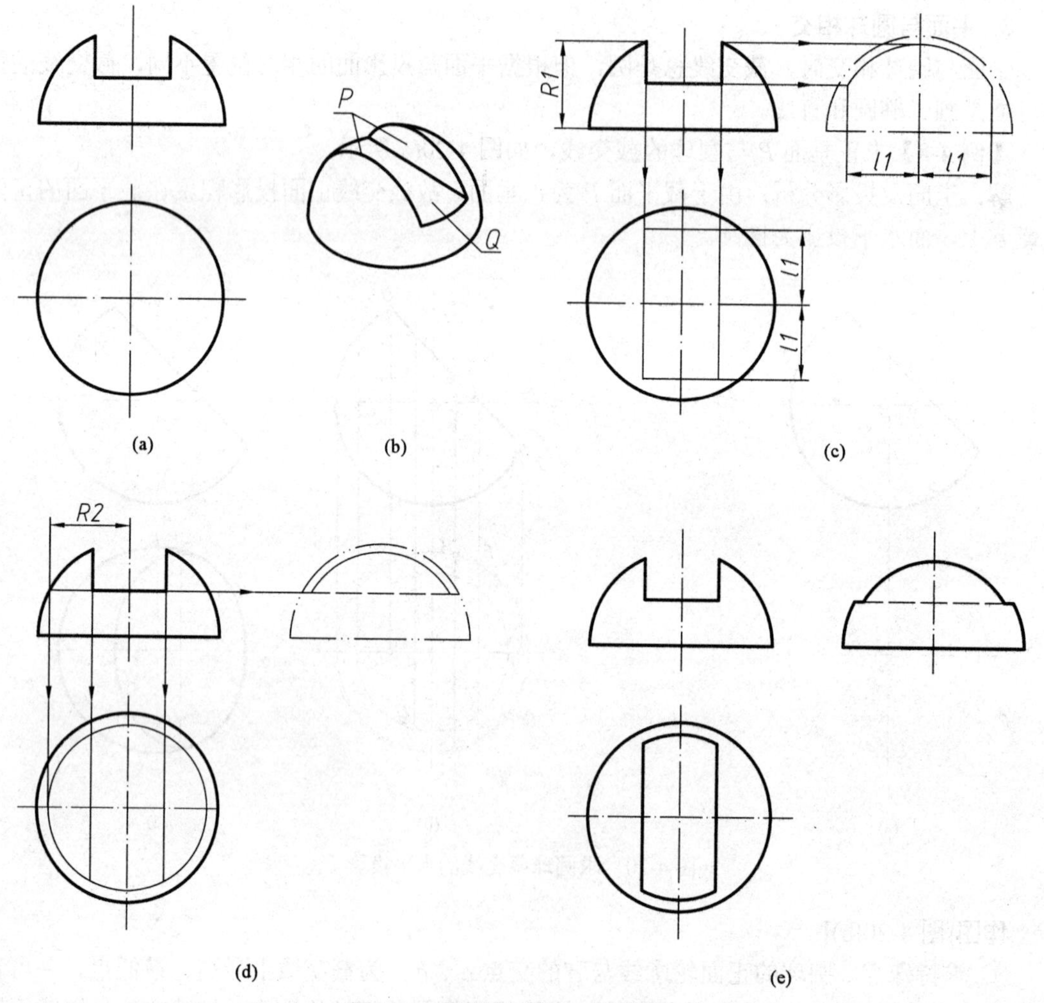

图 4-21 求带切口槽半球的投影

作图：

① 作 P 面截交线的水平和侧面投影。水平投影为直线，侧面投影为圆弧，其半径 $R1$ 从正面投影量取，如图 4-21(c)所示。

② 作 Q 面截交线的水平和侧面投影。侧面投影为直线，注意中间不可见部分画虚线；水平投影为圆弧，其半径 $R2$ 从正面投影量取，如图 4-21(d)所示。

最后注意，半球侧面投影的轮廓线在切槽以上部分被切去，结果如图 4-21(e)所示。

4. 平面与同轴组合回转体相交

作组合回转体的截交线时，首先要分析该立体是由哪些基本立体组成，再分析截平面与每个基本立体的相对位置、截交线的形状和投影特性，然后逐个画出每个基本立体的截交线，并注意相邻部分的连接点。

【例 4-10】求作组合回转体截交线的水平投影，如图 4-22(a)所示。

解：空间及投影分析[图 4-22(a)、(b)]：该同轴组合回转体由轴线为侧垂线的一个圆锥体和两个直径不等的圆柱体组成，左边的圆锥和圆柱同时并被水平面 P 截切，而右边大圆柱不仅被 P 截切，还被正垂面 Q 截切。P 与圆锥面的交线为双曲线，水平投影反映实形，正面和侧面投影积聚成直线。P 与两个圆柱面的交线均为平行于轴线的直线，水平投影反映实形，正面投影积聚在 p'上，侧面投影分别积聚在圆上。Q 与大圆柱面的交线为椭圆的一部分，正面投影积聚在 q'上，侧面投影积聚在大圆上，水平投影为一段椭圆弧。

作图[图 4-22(c)]：

① 作出立体截切前的水平投影。

② 作锥面的截交线。该截交线的最左点 E 是圆锥正面轮廓线与 P 的交点，其正面投影 e' 和侧面投影 e''可直接得到，并可求出水平投影 e。A、B 两点是圆锥底圆与 P 的交点(也是与小圆柱面上截交线的连接点)，其正面投影 a'、b'和侧面投影 a''、b''也可直接得到，由此求出水平投影 a、b。在正面投影取一对重影点 c'、d'，利用侧平的辅助圆求出侧面投影 c''、d''，进而求出水平投影 c、d。依次连接 a、d、e、c、b 即得该段截交线的水平投影。

③ 作 Q 与大圆柱面的截交线。该段截交线的最右点(也是最高点)H 是圆柱正面轮廓线与 Q 的交点，其正面投影 h'和侧面投影 h''可直接得到，并可求出水平投影 h。F、G 两点是 P 面与 Q 面交线与大圆柱面的交点(也是大圆柱体上 Q 面与 P 面截交线的连接点)，其正面投影 f'、g'和侧面投影 f''、g''也可直接得到，由此求出水平投影 f、g。在正面投影取一对重影点 i'、j'，然后求出侧面投影 i''、j''，进而求出水平投影 i、j。依次次连接 f、i、h、j、g 即得该段截交线的水平投影。

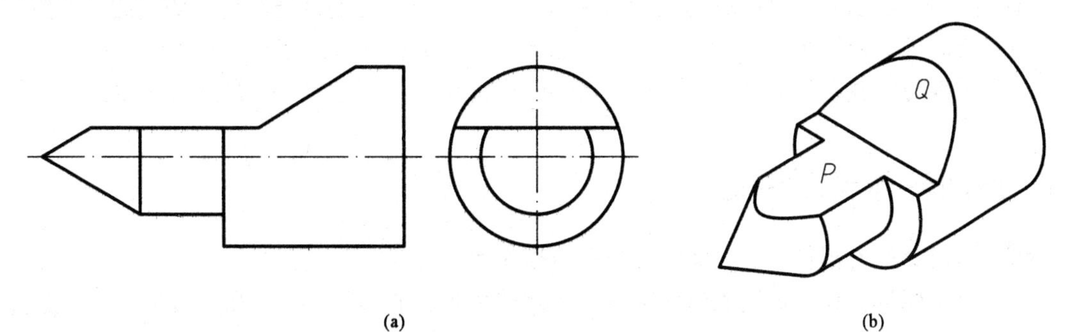

(a)　　　　(b)

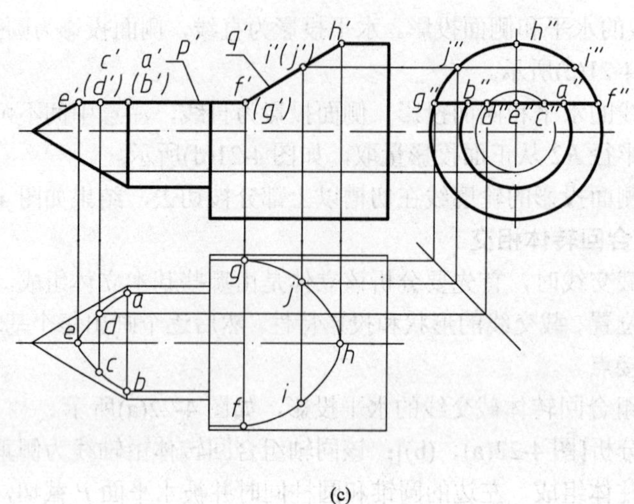

(c)

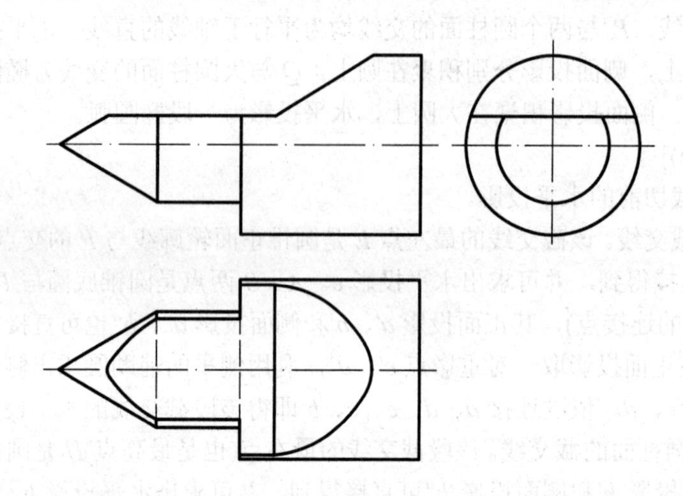

(d)

图 4-22 平面与组合回转体相交

④ 作 P 面与大、小圆柱面的截交线。P 面与大、小圆柱面的截交线均为侧垂线。正面投影与 p 重合，侧面分别积聚在大、小圆上，而水平投影为分别过连接点的水平线。

注意圆锥与圆柱之间以及大、小圆柱之间的交线的下半部分的水平投影为虚线。

4.4 两回转体表面相交

两立体相交称为相贯，其表面的交线称为相贯线。

两回转体相贯，其相贯线的形状取决于两回转体各自的形状、大小和相对位置。一般情况下，相贯线是封闭的空间曲线；在特殊情况下，可能不封闭，也可能是平面曲线或直线。

由于相贯线是两立体表面的交线，故相贯线是两立体表面的共有线，相贯线上的点是两立体表面上的共有点。当相贯线为非圆曲线时，一般先求出能确定相贯线形状和范围的特殊点，如最高、最低、最左、最右、最前、最后点，可见与不可见的分界点等，然后再求出若干中间点，最后将这些点连成光滑曲线，并判别可见性。注意，只有一段相贯线同时位于两个立体的可见表面时，这段相贯线的投影才是可见的；否则就不可见。

求共有点的主要方法有：表面取点法和辅助平面法。

4.4.1 相贯线产生形式

相贯线有三种产生形式：

(1) 外表面相贯，如图 4-23(a)所示。

(2) 内表面与外表面相贯，如图 4-23(b)所示。

(3) 两内表面相贯，如图 4-23(c)所示。

从图中可以看出，虽然它们的形式不同，但相贯线是一样的。

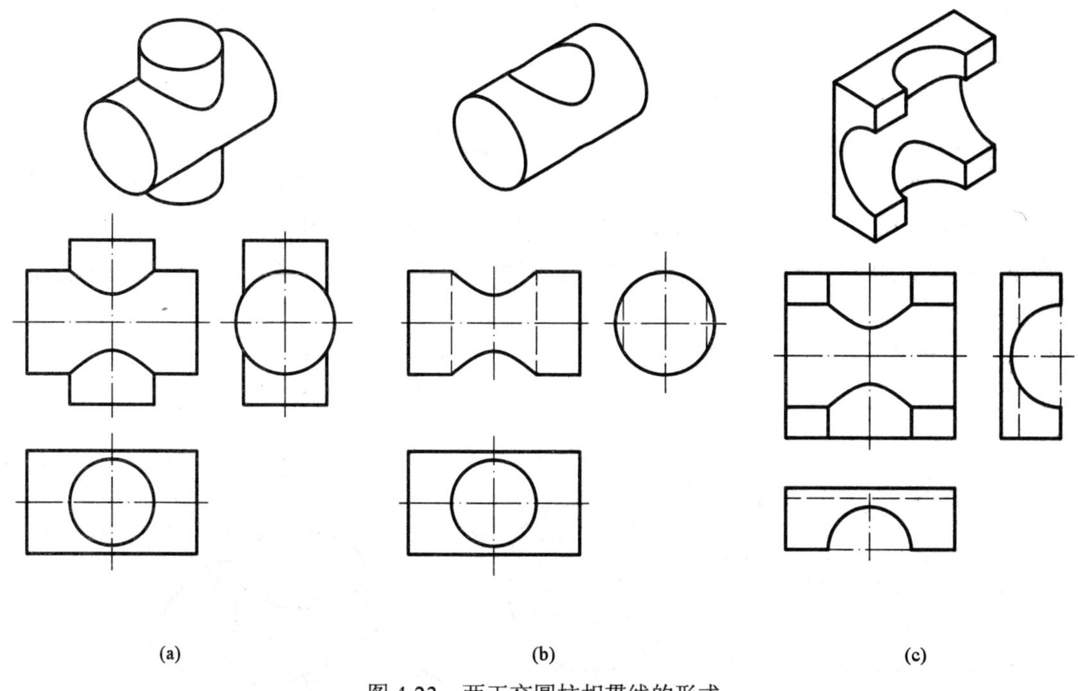

图 4-23 两正交圆柱相贯线的形式

4.4.2 相贯线的变化

两相贯立体相对大小的变化将影响相贯线的形状。图 4-24 表明了两正交圆柱的直径大小的变化对相贯线的影响。

从相贯线非积聚性的投影图中可以看出，相贯线的弯曲方向总是朝向较大直径的圆柱的轴线，如图 4-24(a)(b)(d)(e)所示；当两圆柱的直径相等时(即共切于一个圆球时)，相贯线变为两椭圆(投影为交叉直线)，如图 4-24(c)所示。

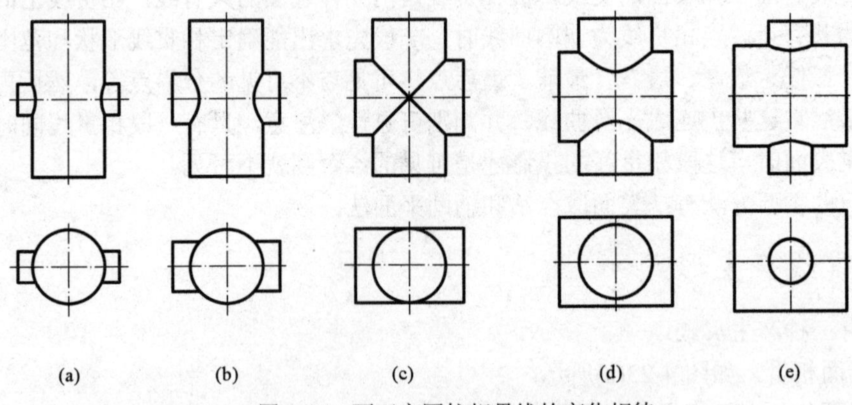

图 4-24　两正交圆柱相贯线的变化规律

4.4.3　表面取点法作相贯线

如果相贯的回转体中有一个是轴线垂直于投影面的圆柱，则圆柱的一个投影具有积聚性，相贯线的一个投影必在这个有积聚性的投影上。于是，利用这个投影的积聚性，确定两回转体表面若干共有点的已知投影，然后用立体表面上取点的方法求它们的未知投影，从而作出相贯线的投影。

【例 4-11】已知两圆柱正交，求作它们相贯线的投影，如图 4-25(a)所示。

分析：从图 4-25(a)中可以看出，小圆柱面轴线垂直于 *H* 面，其水平投影有积聚性；大圆柱面轴线垂直于 *W* 面，其侧面投影有积聚性。根据相贯线的共有性，相贯线的水平投影一定积聚在小圆柱面的水平投影上，侧面投影积聚在大圆柱面的侧面投影上，为两圆柱面侧面投影共有的一段圆弧。

由上分析可见，相贯线水平和侧面投影已知，可以求出正面投影。由于相贯线前后、左右对称，所以在正面投影中，相贯线可见的前半部分和不可见的后半部分重合，且左右对称。

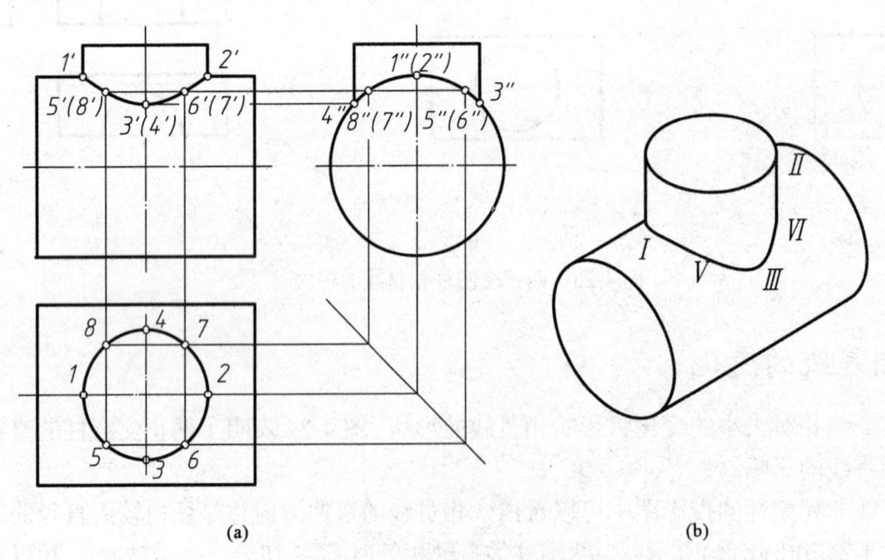

图 4-25　求正交两圆柱的相贯线

作图[图 4-25(b)]：

① 求特殊点。在水平投影中可以直接定出相贯线的最左、最右、最前、最后点 *I*、*II*、*III*、*IV*的水平投影 1、2、3、4，然后作出这四点相应的侧面投影 1″、2″、3″、4″，再由这四点的水平投影和侧面投影求出其正面投影 1′、2′、3′、4′。

可以看出：*I*、*II*点是大圆柱正面投影轮廓线上的点，是相贯线上的最高点；而*III*、*IV*点是小圆柱侧面轮廓线上的点，是相贯线上的最低点。

② 求一般点。在相贯线的水平投影上，取左右、前后对称的 5、6、7、8，然后作出其侧面投影 5″、6″、7″、8″，最后求出正面投影 5′、6′、7′、8′。

③ 连线并判别可见性，按水平投影的顺序，将各点的正面投影连成光滑的曲线。由于相贯线是前后对称的，故在正面投影中，只需画出可见的前半部 1′5′3′6′2′，不可见后半部分 1′(8′)(4′)(7′)2′与之重影。

【例 4-12】求圆柱与半球的相贯线，如图 4-26(a)所示。

分析：从图 4-26(a)中可以看出，圆柱和半球前后均对称，且两者共底互交，故相贯线为前后对称的不封闭的空间曲线。

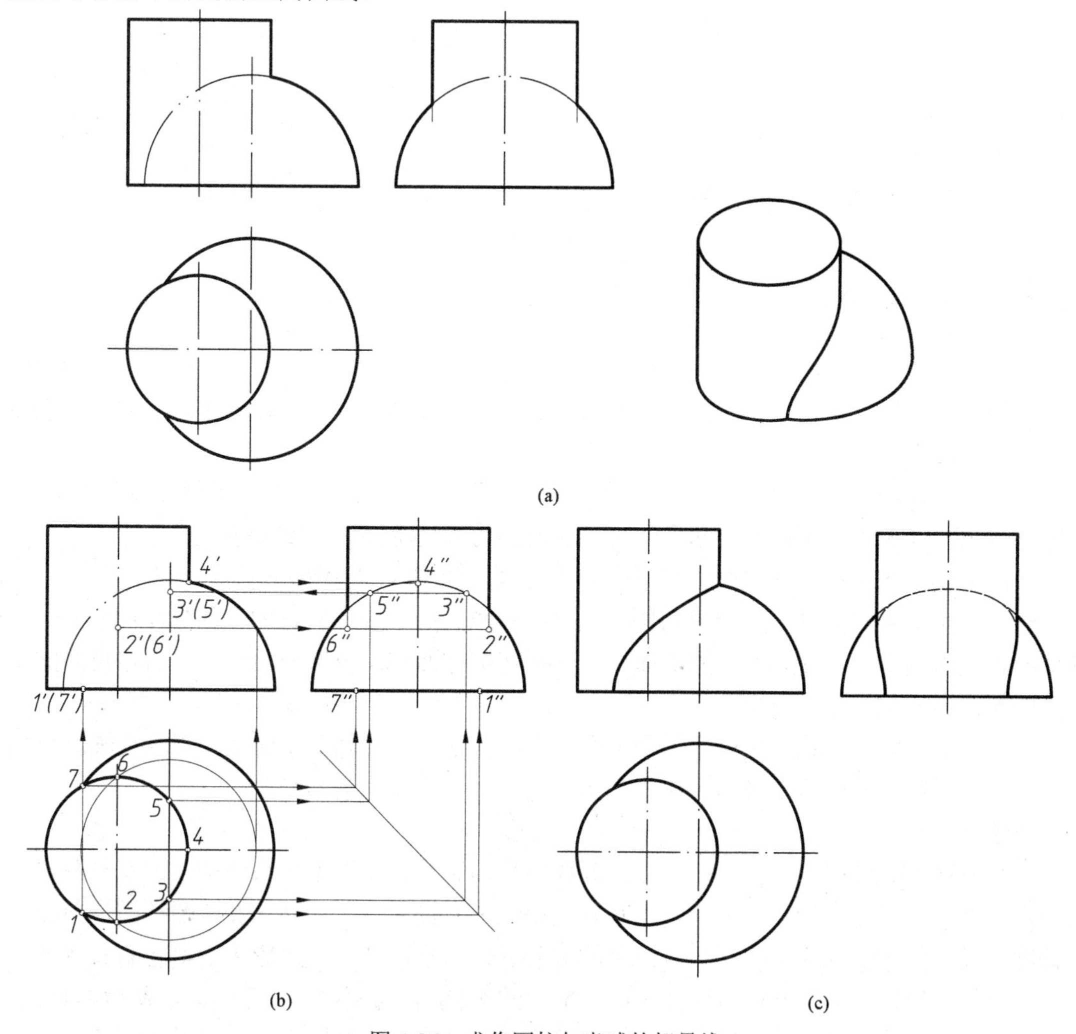

图 4-26　求作圆柱与半球的相贯线

由于圆柱面轴线垂直于H面，其水平投影有积聚性，故相贯线水平投影积聚在半球范围内的圆柱面水平投影上，而相贯线的正面和侧面投影未知。

因为相贯线是两立体表面共有的线，现水平投影已知，故可以利用表面取点的方法求出相贯线上一系列点的正面和侧面投影，从而作出相贯线正面和侧面。

作图(如图 4-26(b)所示)：

① 作特殊点。相贯线的最低点 *I*、*Ⅶ*点是圆柱底圆和半球底圆交点，其水平投影即为圆柱面积聚性投影和半球底圆投影的交点 1、7，而正面和侧面投影分别在圆柱底圆和半球底圆的积聚性投影上；最前(后)点 *Ⅱ*(*Ⅵ*)是圆柱最前(后)轮廓素线与球面的交点，其水平投影 2、6 已知，利用球表面取点(作辅助水平圆)求出其正面和侧面投影；最高点*Ⅳ*点是圆柱最右轮廓素线与球面的交点，可以直接得到水平和正面投影 4、4′，从而求出侧面投影 4″；*Ⅲ*、*V*点是球面侧面轮廓圆与圆柱面的交点，是相贯线侧面投影和球面的切点，其水平投影(3、5)和侧面(3″、5″)可以直接得到，进而求出正面投影(3′、5′)。

② 求一般点。在特殊点之间适当取一至两对点，同样用辅助纬圆法求出它们的正面和侧面投影(其作图略)。

③ 按相贯线在水平投影中诸点的顺序，连接诸点的正面投影，由于前后对称，所以前半和后半相贯线的正面投影 1′2′3′4′和 7′6′5′4′重合；按同样的顺序连接诸点的侧面投影，作出相贯线的侧面投影，注意位于圆柱面右半部分的相贯线侧面投影是不可见的，即 2″3″4″5″6″侧面投影为虚线。

图 4-26(c)是作图结果，注意在正面投影中半球和圆柱轮廓线仅画到 4′为止，在侧面投影中，半球的轮廓线画到 3″、5″为止，而圆柱轮廓线画到 2″、6″为止。

4.4.4 辅助平面法

辅助平面法就是利用三面共点的原理求相贯线上的一系列的点，即假想用一个辅助平面截切两相贯回转体，得两条截交线，两截交线的交点，即为两相贯立体表面共有的点，也是辅助平面上的点。

为了能方便地作出相贯线上的点，最好选用特殊位置平面(投影面的平行面或垂直面)作为辅助平面，并使辅助平面与两回转体交线的投影为最简单(为直线或圆)。

【例 4-13】求轴线正交的圆柱与圆台的相贯线，如图 4-27(a)所示。

分析：如图 4-27(b)所示，圆柱与圆台正交的相贯线为一前后对称的空间封闭曲线。由于圆柱的轴线为侧垂线，故相贯线的侧面投影重影在圆柱面侧面投影的圆周上，而相贯线的水平和侧面投影无积聚性，需求出。

此题可用表面取点法，也可用辅助平面法求解。这里采用辅助平面法。为了使辅助平面与圆柱面及圆锥面的交线的投影为直线或圆，采用水平面作为辅助平面。

作图：

① 求特殊点[图 4-27(a)]。点 *I*、*Ⅱ*是圆柱面最高和最低轮廓素线与圆锥面最左轮廓素线的交点，是相贯线上的最高、最低点，其三个投影可直接求出；点*Ⅲ*、*Ⅳ*是圆柱面最前和最后轮廓素线与圆锥面的交点，是相贯线上的最前、最后点，其侧面投影 3″、4″可直接求出，而水平和侧面投影，可以通过圆柱轴线作水平辅助面 P，P 与圆柱相交于最前、最后的素线，与圆锥交于水平圆，两者的水平投影的交点即为*Ⅲ*、*Ⅳ*的水平投影 3、4，并由此求 3′、4′。

② 求一般点[图 4-27(c)]。在点 *I*、*II*之间的适当位置作一系列辅助水平面 *Q*、*R* 等，可求出一系列一般点 *V*、*VI*、*VII*、*VIII*等。

③ 按相贯线在侧面投影中各点的顺序，连接诸点的正面投影，由于前后对称，所以前半和后半相贯线的正面投影 1′5′3′7′2′和 1′6′4′8′2′重合；按同样的顺序连接各点的水平投影，作出相贯线的水平投影，注意位于圆柱面下半部分的相贯线水平投影是不可见的，即将 37284 画成虚线。

图 4-27(d)是作图结果，注意在正面投影中圆柱和圆锥轮廓素线仅画到 1′、2′为止，在水平投影中，圆柱轮廓素线画到 3、4 为止。

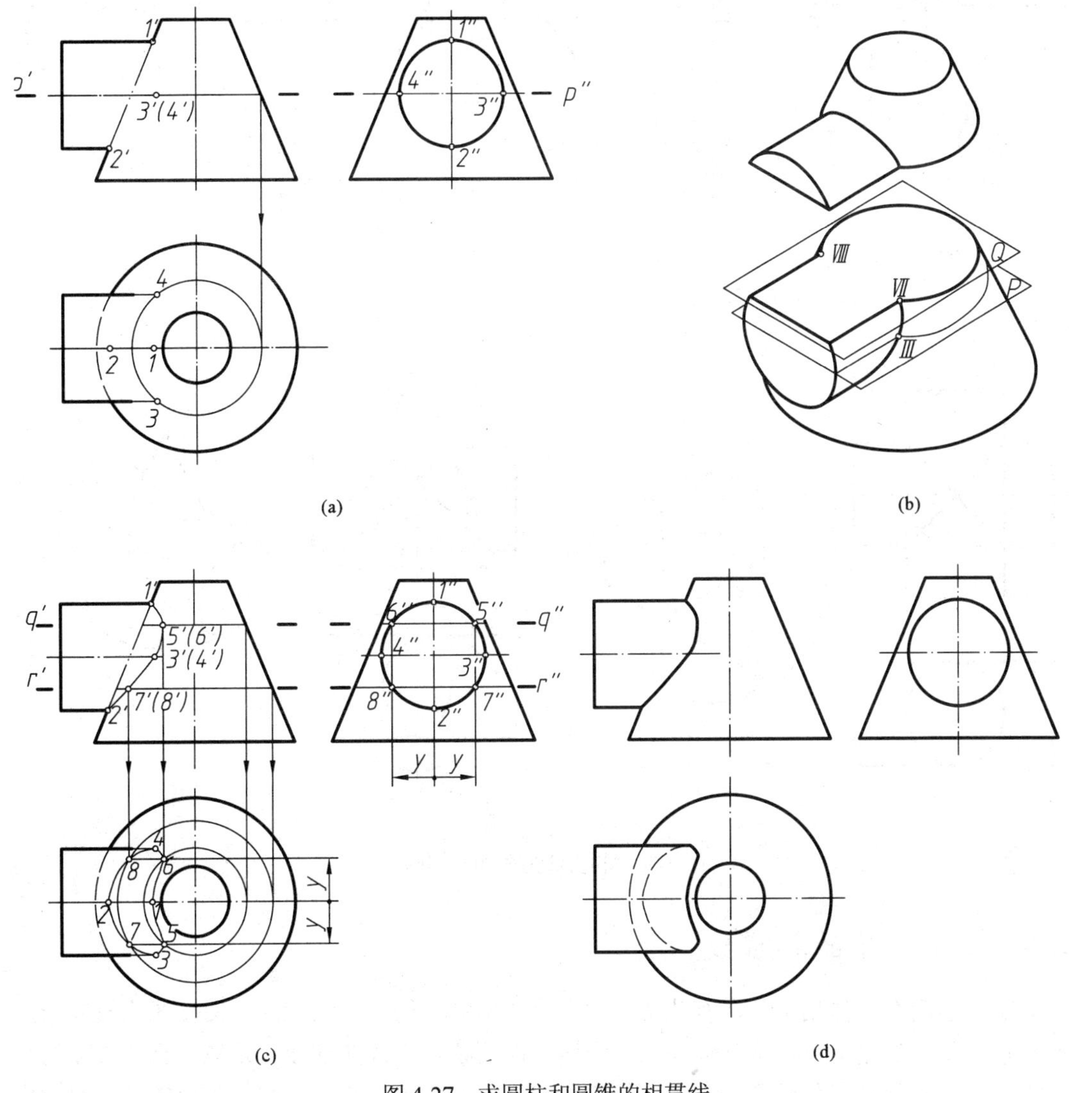

图 4-27　求圆柱和圆锥的相贯线

4.4.5　相贯线的特殊情况

在一般情况下，两回转体的相贯线是封闭空间曲线，但在特殊情况下，也可能是平面曲线或直线或不封闭。下面介绍几种相贯线特殊情况：

(1) 两轴线平行共底的圆柱相交，其相贯线是两条平行于轴线的直线，不封闭，如图 4-28(a)所示。

(2) 两共锥顶共底的圆锥相交，其相贯线为两相交直线，不封闭，如图 4-28(b)所示。

(3) 同轴回转体相交，其相贯线为垂直于轴线的圆，如图 4-29 所示。

(4) 两相交回转体共内切球时，其相贯线为两相交椭圆，如图 4-30 所示。

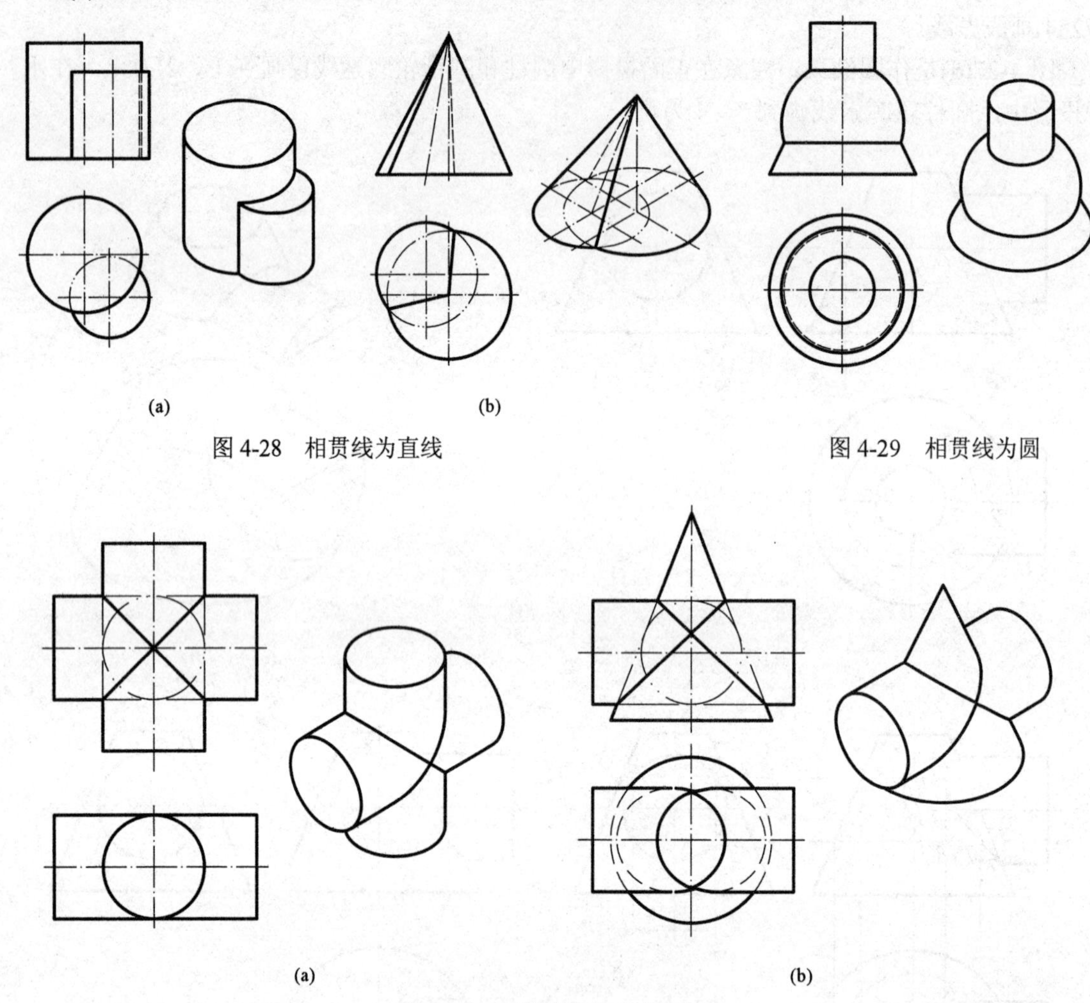

图 4-28　相贯线为直线

图 4-29　相贯线为圆

图 4-30　相贯线为两相交椭圆

4.4.6　多个立体的相贯线

除了上述两个立体相贯外，有些机件由多个基本立体构成，它们的表面交线比较复杂，但是每段相贯线都是两个基本立体表面的交线，而两条相贯线的连接点是三个立体表面的共有点。画图时必须注意分析各个基本立体的形状、相对位置及它们之间的相交情况，应用相贯线的基本作图方法，逐一作出各相贯线的投影。

【例 4-14】完成组合相贯线的正面投影及水平投影，如图 4-31(a)所示。

分析：由图 4-31(a)可以看出，该立体由圆柱 A、半球 B、圆柱 C 组成。其中 A 与 C 为圆柱正交，相贯线的侧面投影积聚在位于圆柱面 C 内的圆柱面 A 的积聚性投影上(上半圆)，水平投影积聚在位于圆柱面 *A* 内的圆柱面 *C* 的积聚性投影上(一段圆弧)，正面投影待求；*A* 与 *B* 为圆柱与半球正交，相贯线的侧面投影积聚在位于半球 *B* 内的圆柱面 *A* 的积聚性投影上(下半圆)，水平投影和正面投影待求；*B* 与 *C* 为圆柱与半球共轴相交，相贯线为水平圆，其正面和侧面投影为水平直线，水平投影重合在圆柱面 *C* 的积聚性圆上。三段相贯线的连接点为 *Ⅱ*、*Ⅲ* 两点。

作图：

① 作圆柱 *A* 与圆柱 *C* 的相贯线。如图 4-31(b)所示，*Ⅰ*、*Ⅱ*、*Ⅲ* 为特殊点，*Ⅳ*、*Ⅴ* 为一般点，它们的水平和侧面投影为已知，由此求出正面投影。按侧面各点顺序，连接其正面投影。

② 作圆柱 *A* 与半球 *B* 的相贯线。如图 4-31(c)所示 *Ⅵ*、*Ⅱ*、*Ⅲ* 为特殊点，*Ⅶ*、*Ⅷ* 为一般点，它们的侧面投影为已知，利用过点 *Ⅶ*、*Ⅷ* 的水平辅助圆可以求出其水平和正面投影。按侧面各点顺序，连接其水平和正面投影。由于该段相贯线位于圆柱面 *A* 的下半部分，故水平不可见画虚线。

③ 圆柱 *C* 与半球 *B* 的相贯线。可以直接得到，注意侧面投影位于圆柱 *A* 区域的一段为虚线。

最终结果如图 4-31(d)所示。

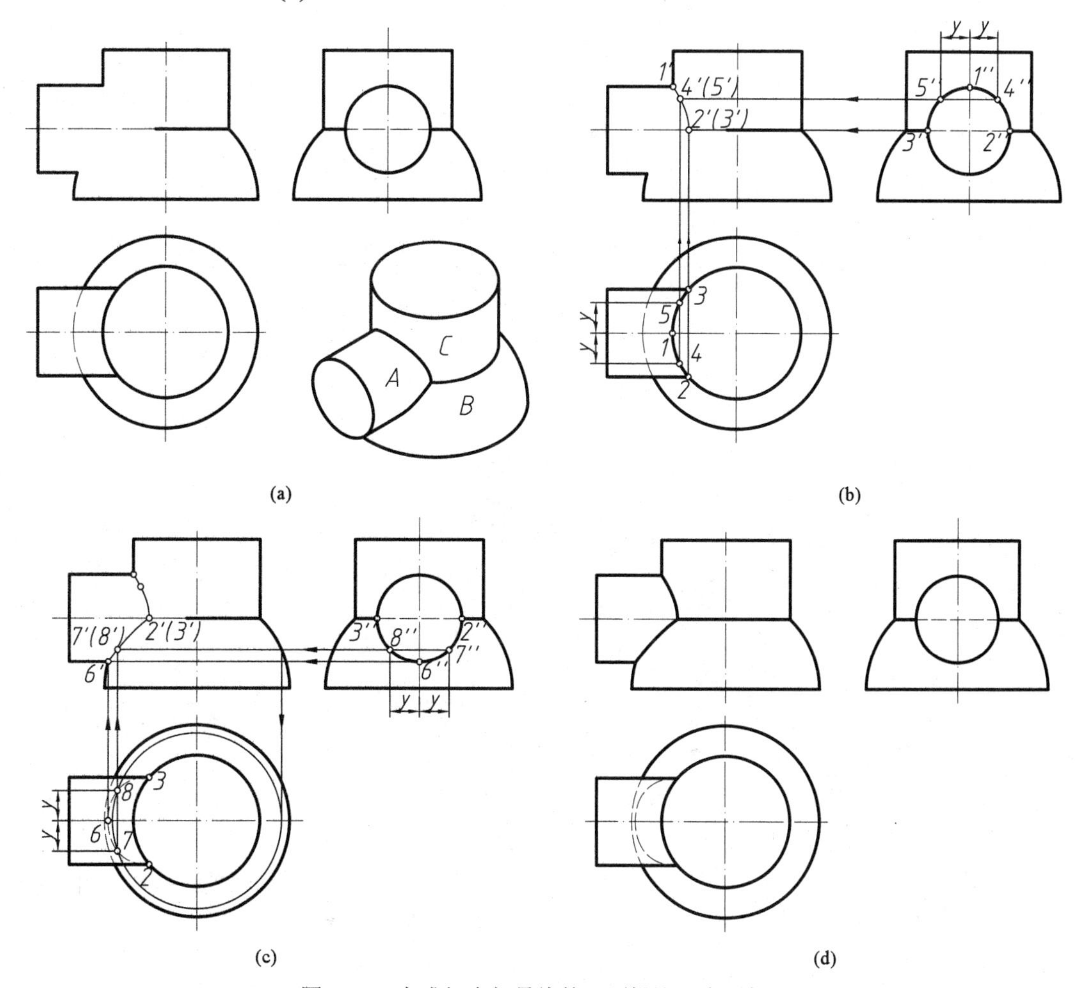

图 4-31　完成组合相贯线的正面投影及水平投影

4.4.7 相贯线的简化画法

当两个正交圆柱的直径相差较大时，其相贯线可用圆弧代替，即用大圆柱的半径作圆弧代替，并向大圆柱的轴线方向弯曲，如图 4-32 所示。

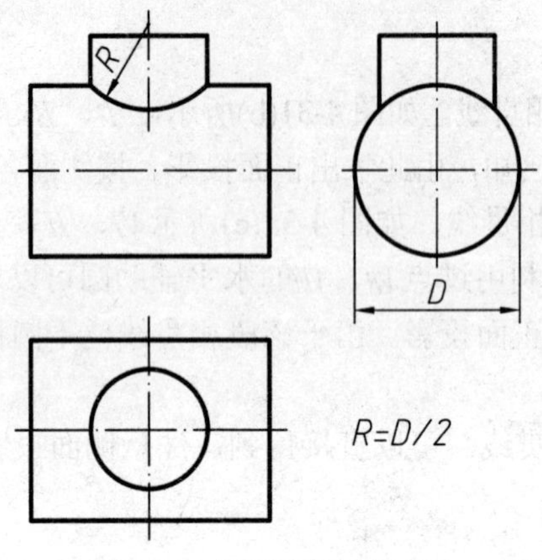

图 4-32 相贯线的近似画法

第 5 章　轴测图

多面正投影图是工程上应用最广的图形，如图 5-1(a)所示，它能确切地表达物体形状大小，且作图方便，度量性好，但其立体感差，不易想象出物体的真实形状。如图 5-1(b)所示的是轴测图，是一种能同时反映物体长、宽、高三个方向尺度的单面投影图，其立体感强，但作图麻烦，度量性差，因此，在生产中一般作为辅助图样。

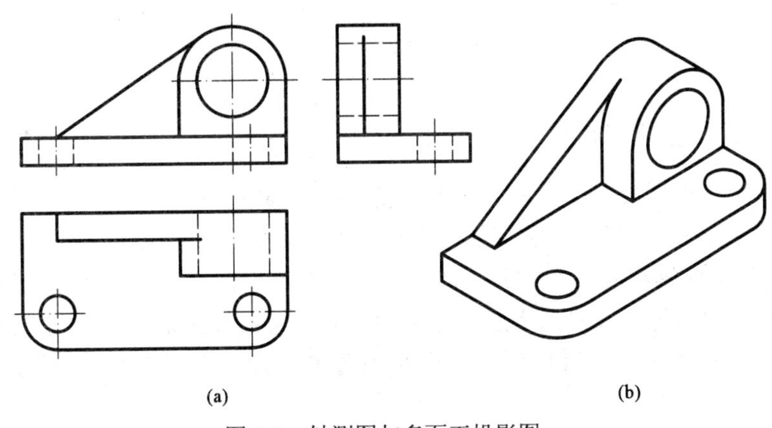

图 5-1　轴测图与多面正投影图

5.1　轴测图的基本知识

5.1.1　轴测图的形成

将物体连同其参考直角坐标系，沿不平行任一坐标面的方向，用平行投影法投射在单一投影面上所得到的图形称为轴测投影或轴测图。

轴测投影中的单一投影面称为轴测投影面，用 P 表示。空间直角坐标轴 OX、OY、OZ 在 P 面上的投影称为轴测轴，分别用 O_1X_1、O_1Y_1、O_1Z_1 表示，如图 5-2 所示。

用正投影法形成的轴测图形称为正轴测图，如图 5-2(a)所示，投射方向 S 垂直于轴测投影面 P；用斜投影法形成的轴测图称为斜轴测图，如图 5-2(b)所示，投射方向 S 倾斜于轴测投影面 P。

5.1.2　轴间角和轴向伸缩系数

轴测轴之间的夹角 $\angle X_1O_1Y_1$、$\angle X_1O_1Z_1$、$\angle Y_1O_1Z_1$ 称为轴间角。

坐标轴轴向线段的投影长度与实际长度的比值称为轴向伸缩系数。OX、OY、OZ 轴的轴向伸缩系数分别用 p、q、r 表示，其定义如下(图 5-2)：

$$p=\frac{O_1A_1}{OA};\quad q=\frac{O_1B_1}{OB};\quad r=\frac{O_1C_1}{OC}。$$

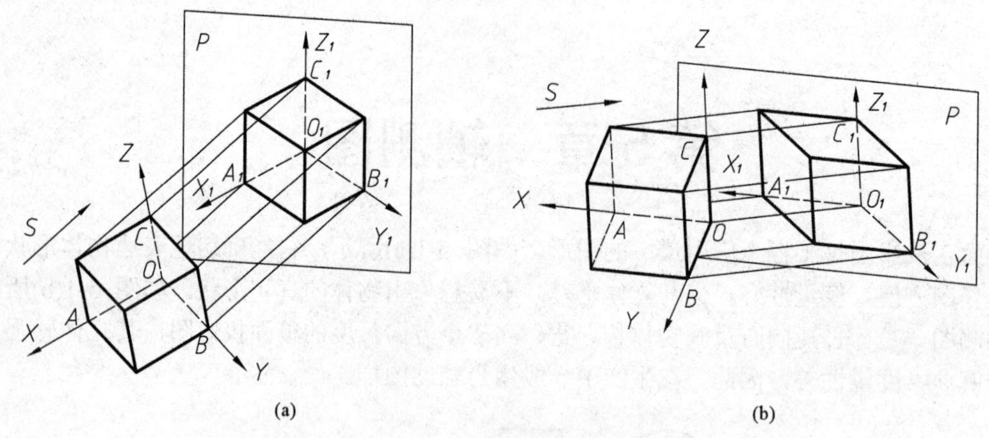

图 5-2　轴测图的形成

5.1.3　轴测图的基本性质

由于轴测投影是平行投影，所以具有平行投影的全部特性：

(1) 物体上相互平行的线段，它们的轴测投影也相互平行。

(2) 物体上与坐标轴相互平行的直线段，它们的轴测投影也平行于相应的轴测轴，且投影长度（即轴测图中）等于线段的实长与相应的轴向伸缩系数的乘积。因此，画轴测图时，凡是与坐标轴平行的直线段，可以沿着轴向进行作图和测量，“轴测”两字就是指“沿轴测量”的意思。

5.1.4　轴测图的分类

如前所述，按照投射方向不同，轴测图分为正轴测图和斜轴测图两类。每类根据轴向伸缩系数的不同，又可分为三种(图 5-3)。为了作图方便，常采用正等测轴测图和斜二测轴测图。

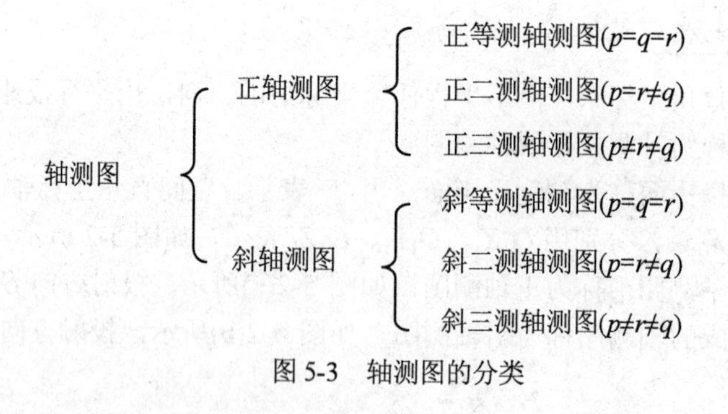

图 5-3　轴测图的分类

5.2　正等测轴测图

5.2.1　轴间角和轴向伸缩系数

正等测轴测图的轴间角$\angle X_1O_1Y_1=\angle X_1O_1Z_1=\angle Y_1O_1Z_1=120°$，三轴的轴向伸缩系数都相等，即 $p=q=r\approx0.82$，如图 5-4(a)所示。

因为轴测图的大小并不影响人们对物体的直观形象的认识，因此，为了便于作图，在画正等测轴测图时，常采用简化伸缩系数，即 $p=q=r=1$。采用简化伸缩系数画出的正等测轴测图比原轴测图沿轴向都放大了 1.22 倍，如图 5-4 所示。

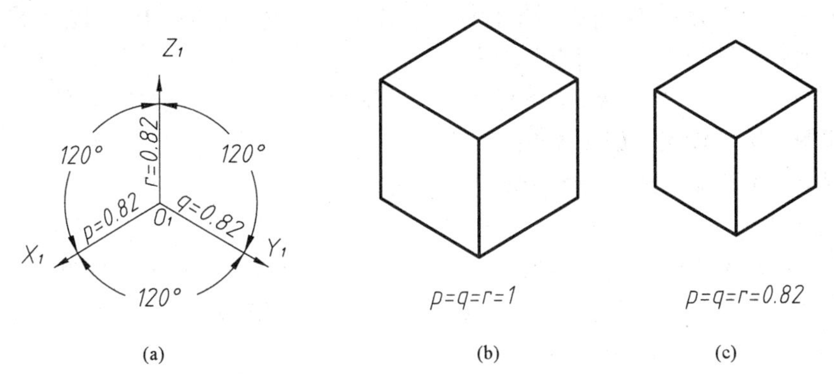

(a)　(b)　(c)

图 5-4　正等测的轴间角与轴向伸缩系数

5.2.2　正等测轴测图的画法

绘制物体轴测图的常用方法有坐标法、切割法和叠加法。其中坐标法是最基本的画法。

1．坐标法

坐标法就是根据物体坐标关系定出物体表面各顶点的轴测投影，依次连接各顶点形成物体轴测图。

【例 5-1】作出图 5-5(a)所示正六棱柱的正等测轴测图。

分析：正六棱柱前后、左右对称，可选棱柱的轴线作为 Z 轴，棱柱顶面的中心为坐标原点 O。为减少不必要的作图线，首先作出正六棱柱顶面正六边形的轴测图，然后再作出各侧棱，最后连线作出底面完成正六棱柱的轴测图。

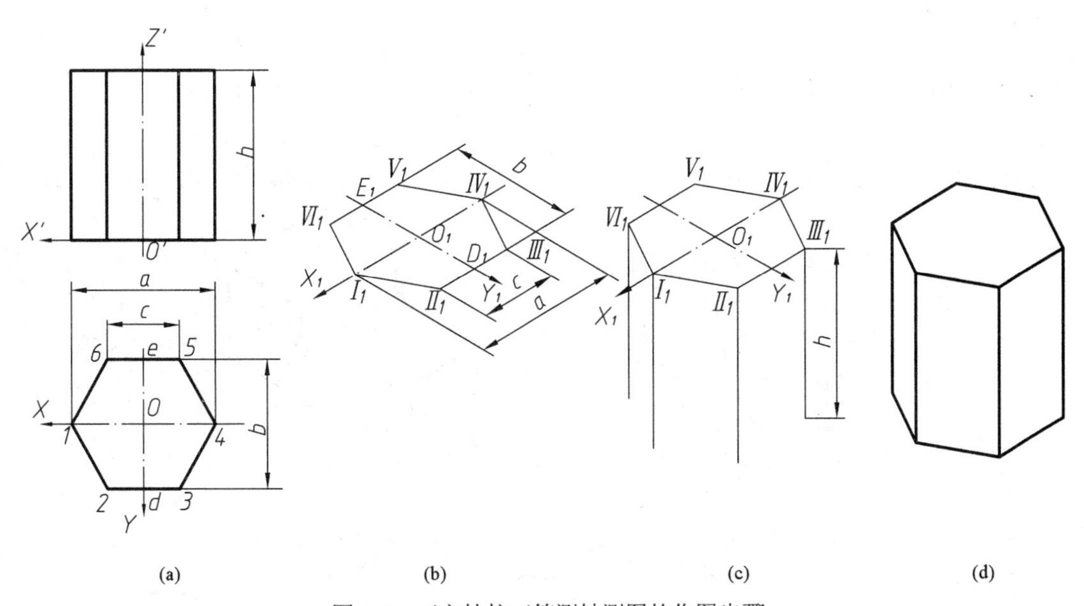

(a)　(b)　(c)　(d)

图 5-5　正六棱柱正等测轴测图的作图步骤

作图：

① 画轴测轴 O_1X_1、O_1Y_1、O_1Z_1，并根据 a 和 b 在轴测轴上直接定出 I_1、IV_1、D_1、E_1 四点，如图 5-5(b)所示。

② 过 D_1、E_1 两点分别作 O_1X_1 的平行线，在线上定出 II_1、III_1、V_1、VI_1 各点；依次连接各顶点即得顶面的轴测图，如图 5-5(c)所示。

③ 过顶点 VI_1、I_1、II_1、III_1 向下作 OZ 轴的平行线，并在其上量取高度 h，依次连接得底面的轴测图，然后描深，如图 5-5(d)所示。

在轴测图上，不可见的线一般不画出。

2. 切割法

如果物体是由基本立体通过一系列的切割而形成，此时可以先画出完整的基本立体，再在其上逐步“切割”，最终得到物体的轴测图的方法，称为切割法。

【例 5-2】求作图 5-6(a)所示立体的正等测图。

分析：该立体可以看成由一个长方体切割而成。左上方被切去一个四棱柱，左前下方被切去一个三棱柱。画图时可先画出完整的长方体，再画出被切割部分，从而完成该立体的正等测轴测图。

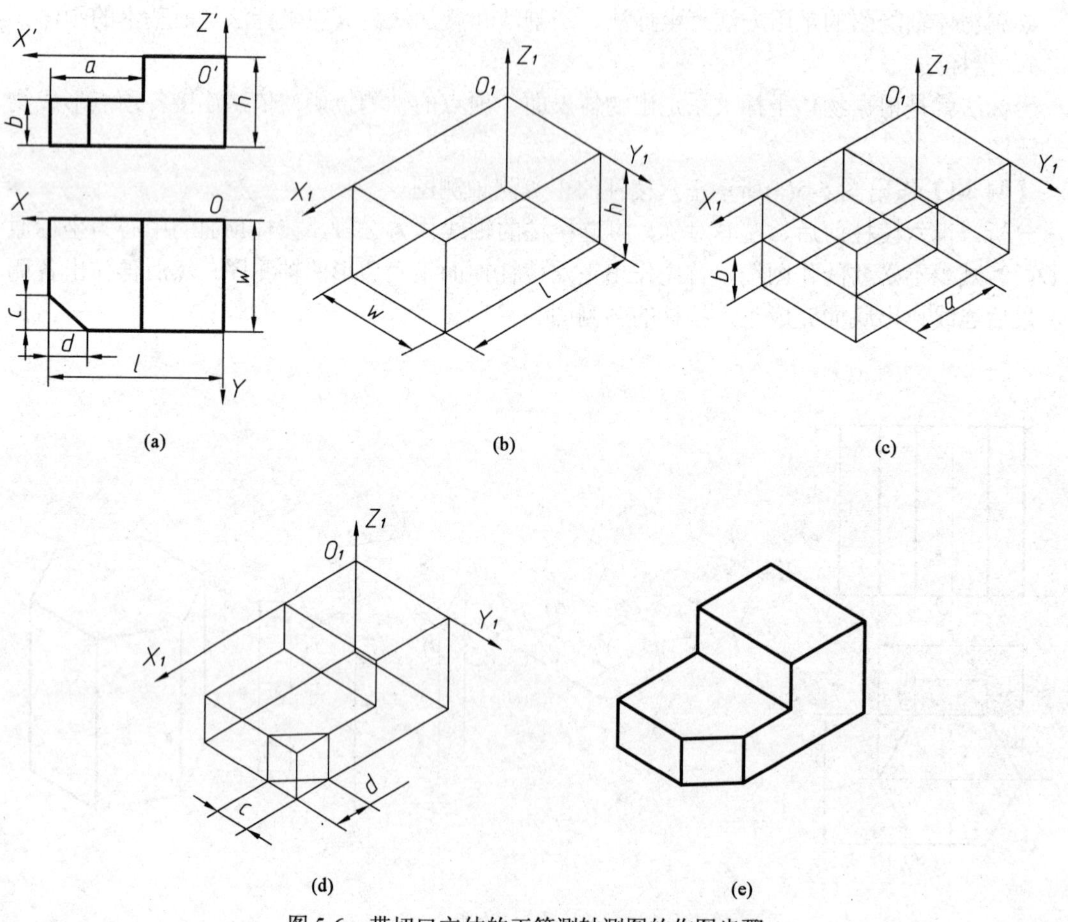

图 5-6　带切口立体的正等测轴测图的作图步骤

作图：

① 选定坐标原点和轴测轴，根据尺寸 l、w、h 先画出长方体的正等测轴测图，如图 5-6(b)所示。

② 根据尺寸 a、b，在长方体左上角作出切掉一部分长方体后的立体正等测轴测图，如图 5-6(c)所示。

③ 根据尺寸 c、d，在立体的左前方切去一三棱柱，即得该立体的正等测轴测图，如图 5-6(d)所示。

④ 擦去多余作图线，加深后得如图 5-6(e)所示的正等测轴测图。

3．叠加法

如果物体是由几个基本立体叠加而成，可以按照各部分的相对位置关系将它们各自的轴测图叠加起来，由此得到物体轴测图的方法称为叠加法。

【例 5-3】求作图 5-7(a)所示物体的正等测轴测图。

分析：该物体可以看成是由一个大长方体叠加一个小长方体和一个三棱柱形成的。根据它们的相对位置关系分别画出它们的轴测图。注意，画后一个基本形体时，首先用坐标法定出它与前一个形体的相对位置。

作图：

① 选定坐标原点和轴测轴，根据尺寸 l、w、b 先画出大长方体的正等测轴测图，如图 5-7(b)所示。

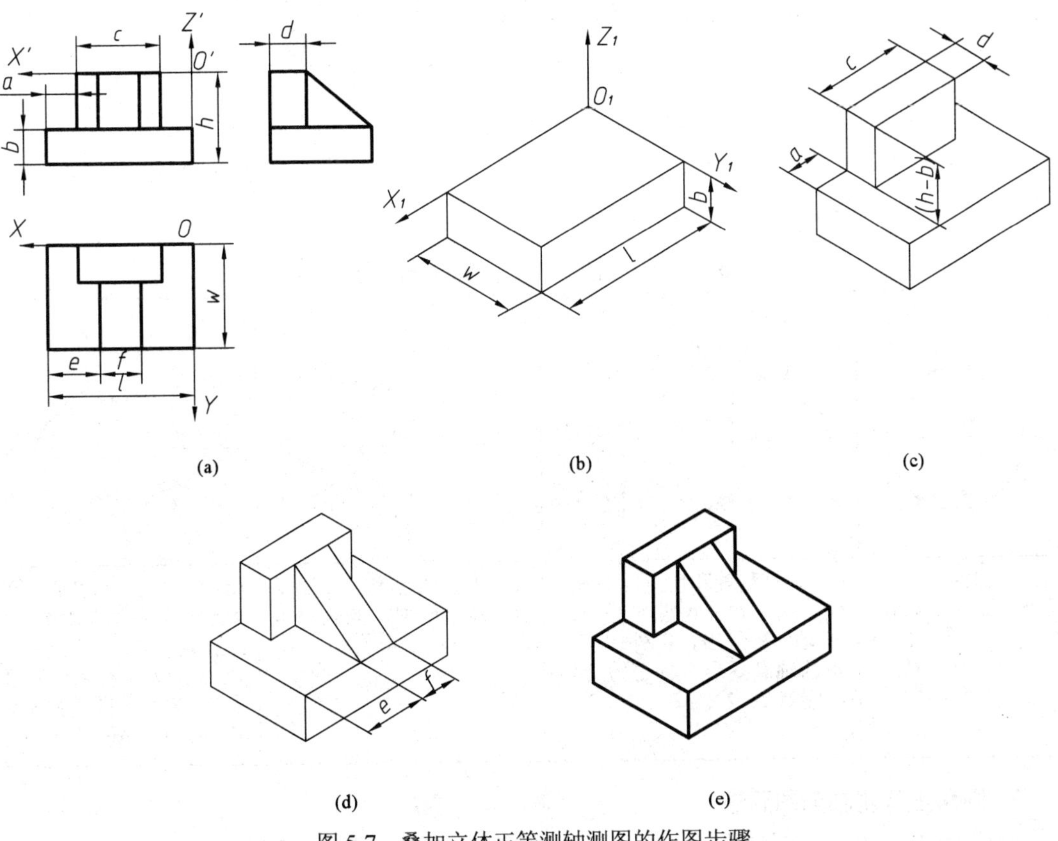

图 5-7　叠加立体正等测轴测图的作图步骤

② 根据尺寸 a，定出小长方体与大长方体的位置，然后根据 c、d、h 画出小长方体正等轴测图，如图 5-7(c)所示。

③ 根据尺寸 e，定出三棱柱与大长方体的位置，然后根据 f 画出三棱柱的正等测轴测图，如图 5-7(d)所示。

④ 擦去多余作图线，加深后得如图 5-7(e)所示的正等测轴测图。

5.2.3　回转体的正等测轴测图画法

1. 平行于坐标面的圆的正等测轴测画法

平行于三个坐标面的圆的正等测轴测图均为椭圆，如图 5-8 所示。通常用“菱形法”近似作图。

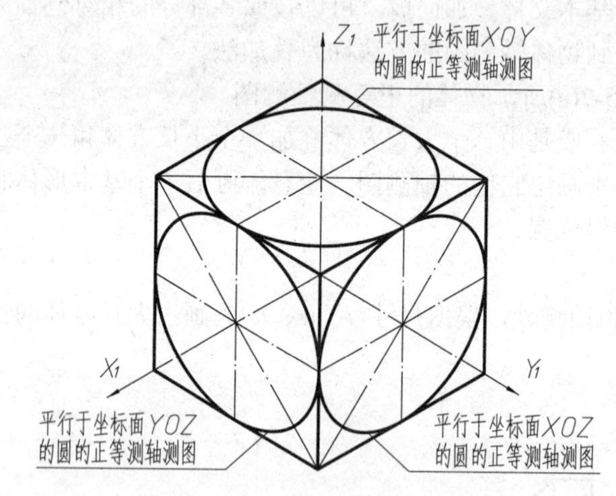

图 5-8　坐标面圆的正等测轴测图

表 5-1 示出了水平面的圆的正等测轴测图的作图方法，正平面及侧平面圆的正等测轴测图作法与表 5-1 基本相同，只是菱形方向不同。

表 5-1　水平圆正等测轴测图的作图步骤

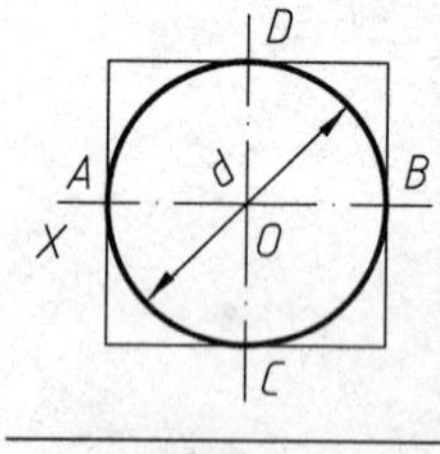 (a) 作圆的外切正方形，得切点 A、B、C、D	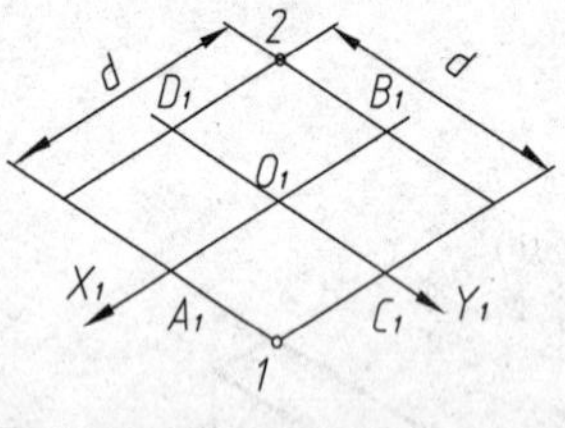 (b) 作轴测轴和切点 A_1、B_1、C_1、D_1，并过此四点作 X_1、Y_1 轴的平行线，得外切正方形的轴测菱形。标记短对角线端点 1、2	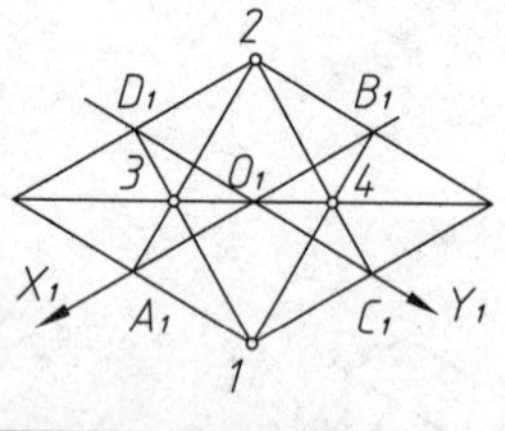 (c) 从 1、2 点作 A_1、C_1、B_1、D_1 的连线，与长对角线交于点 3、4	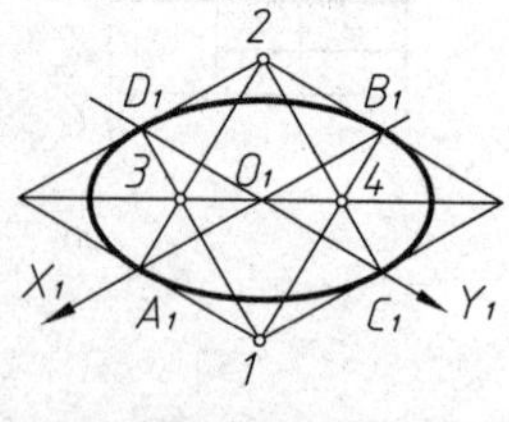 (d) 以 1、2 为圆心，以 $1D_1$ 为半径作圆弧 A_1C_1、B_1D_1；以 3、4 为圆心，以 $3A_1$ 为半径来作圆弧 A_1D_1、B_1C_1，四段圆弧即连成近似的椭圆

2. 圆角正等测轴测图画法

物体上的 1/4 圆弧构成的圆角的正等测轴测图的作图步骤如图 5-9 所示。

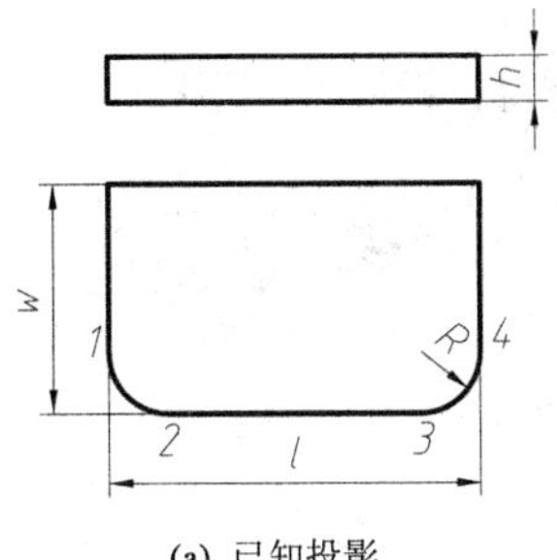

(a) 已知投影

(b) 作长方体轴测图，并根据 R 定出切点的轴测投影 1_1、2_1、3_1、4_1

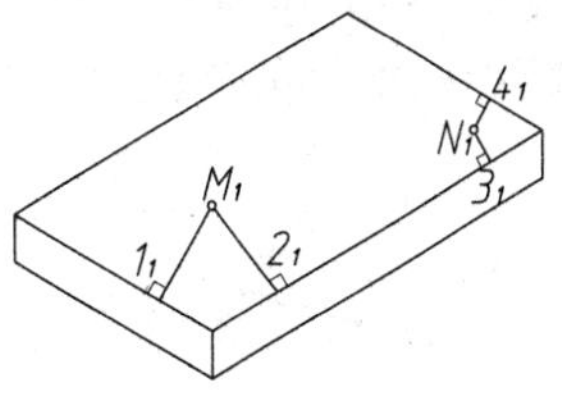

(c) 过各切点作相应边的垂线得交点 M_1、I_1

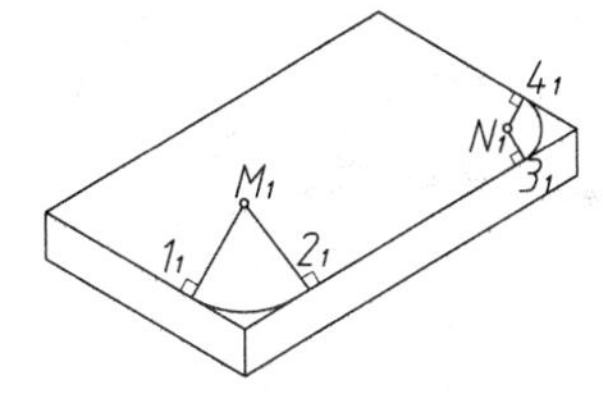

(d) 分别以 M_1、I_1 为圆心作圆弧切于切点

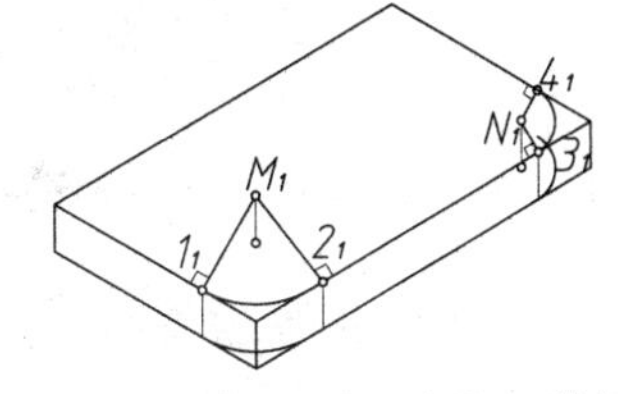

(e) 将上表面的圆心和切点沿 Z_1 轴向下平移 h，在下表面得相应圆心和切点，同样在下表面作圆弧

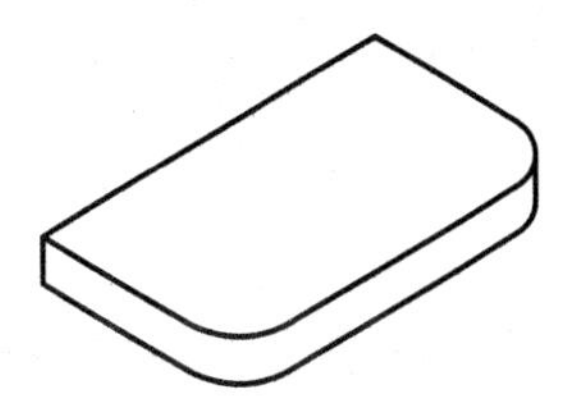

(f) 作右边上下圆弧的公切线，擦去多余作图线，并加深

图 5-9　圆角的正等测轴测图的作图步骤

3. 回转体的正等测轴测图画法

【例 5-4】作圆柱的正等测轴测图。

分析：作图时，可分别作出顶圆和底圆的正等测轴测图，然后再作两椭圆的公切线。作图步骤如图 5-10 所示。

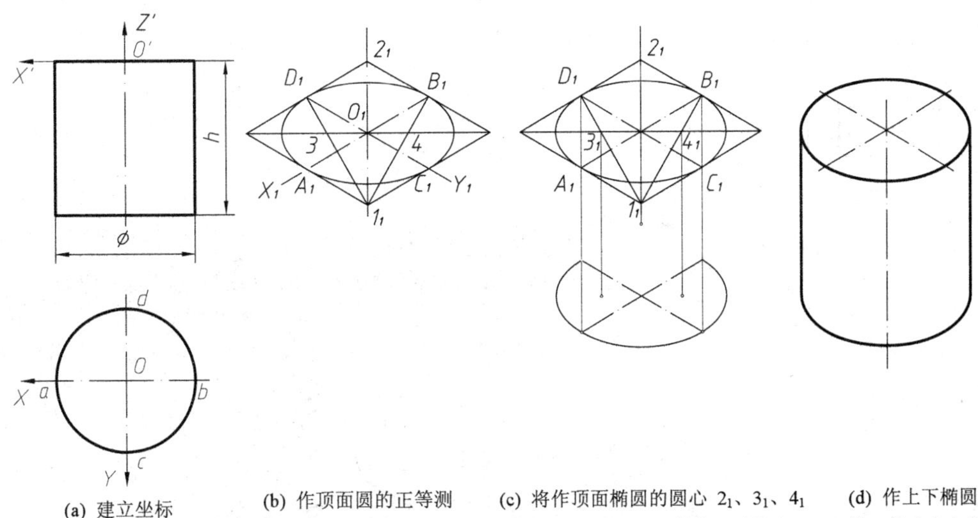

(a) 建立坐标

(b) 作顶面圆的正等测的椭圆

(c) 将作顶面椭圆的圆心 2_1、3_1、4_1 和切点 A_1、C_1 沿 Z_1 轴向下平移 h，得底面椭圆的圆心和切点，作出底面椭圆的可见部分

(d) 作上下椭圆的公切线，擦去多余作图线，并加深

图 5-10　圆柱的正等测轴测的作图步骤

【例 5-5】作横放圆台的正等测轴测图。

解：圆锥体的作图方法与圆柱体类似，具体作图步骤如图 5-11 所示。

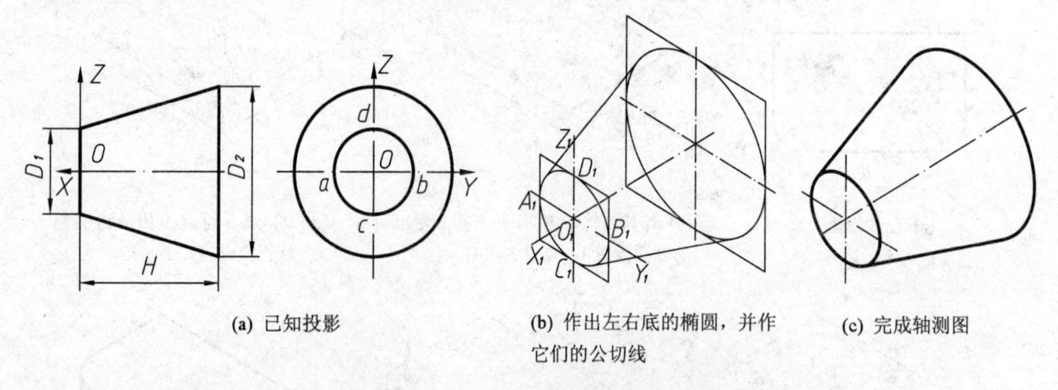

(a) 已知投影　(b) 作出左右底的椭圆，并作它们的公切线　(c) 完成轴测图

图 5-11　圆锥正等测轴测图的作图步骤

【例 5-6】作如图 5-12(a)所示组合体的正等测轴测图。

分析：该物体可以看成由一个底板和一个竖板组成。作图时根据它们的相对位置关系分别画出它们的轴测图。

作图步骤如图 5-12(b)~(e)所示。

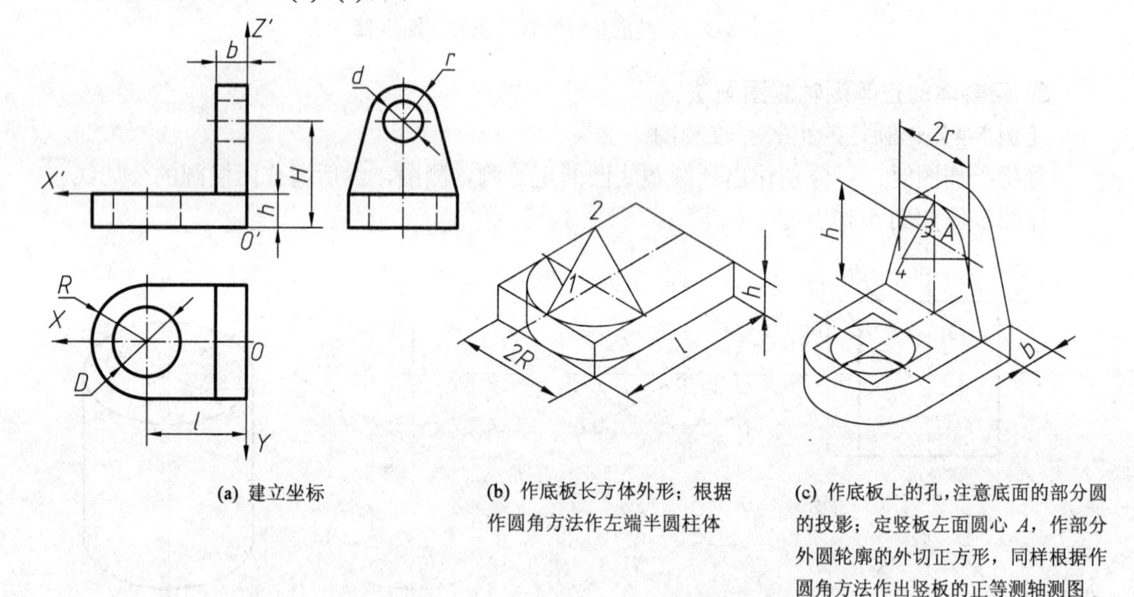

(a) 建立坐标　(b) 作底板长方体外形；根据作圆角方法作左端半圆柱体　(c) 作底板上的孔，注意底面的部分圆的投影；定竖板左面圆心 A，作部分外圆轮廓的外切正方形，同样根据作圆角方法作出竖板的正等测轴测图

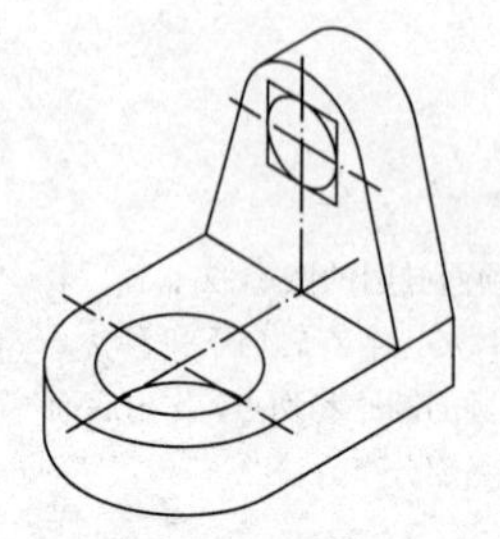

(d) 作竖板上的孔

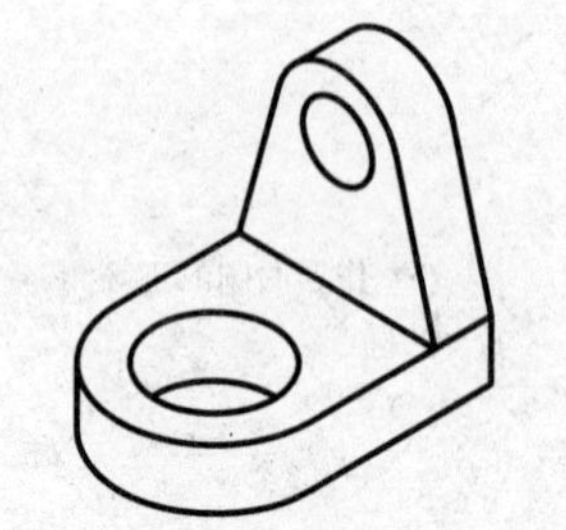

(e) 擦去作图线，加深，完成轴测图

图 5-12　组合体正等测轴测图的作图步骤

5.3　斜二测轴测图

5.3.1　轴间角和轴向伸缩系数

斜二测轴测图的轴间角$\angle X_1O_1Z_1=90°$，$\angle X_1O_1Y_1=\angle Y_1O_1Z_1=135°$；$X$轴轴向伸缩系数和$Z$轴轴向伸缩系数均等于 1，即$p=r=1$，$Y$轴轴向伸缩系数$q=0.5$，如图 5-13 所示。

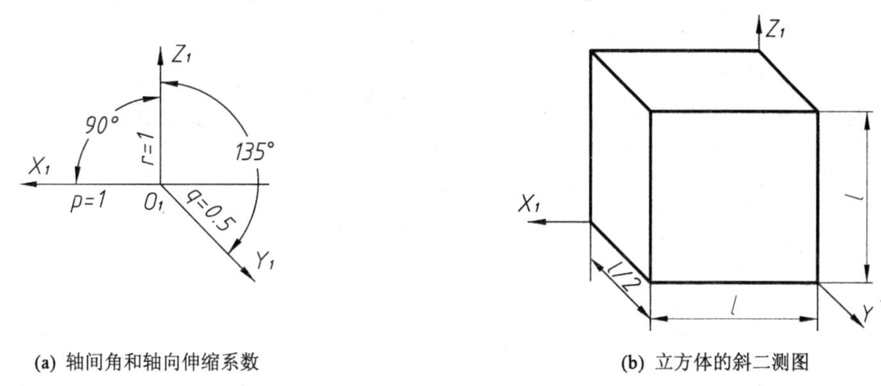

(a) 轴间角和轴向伸缩系数　(b) 立方体的斜二测图

图 5-13　斜二测的轴间角和轴向伸缩系数

5.3.2　斜二测轴测图的画法

由于斜二测的正面(平行于XOZ坐标面)能反映物体正面的实形，因此画斜二测时，当物体某个面的形状比较复杂，且具有较多圆或圆弧时，常将该面置于与XOZ坐标面平行，这样作图较为方便。

【例 5-7】作出端盖的斜二测[图 5-14(a)]。

分析：该物体的前面有较多的圆，故采用斜二测作图比较方便，坐标原点设在中间圆的圆心上。作图时，先作后面大圆盘，然后再作前面的圆筒。

作图：具体作图步骤如图 5-14 所示。

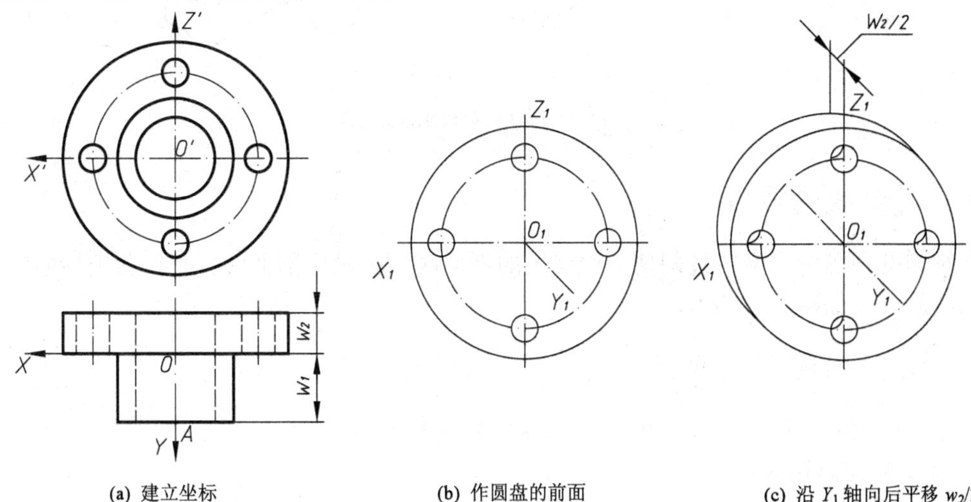

(a) 建立坐标　(b) 作圆盘的前面　(c) 沿Y_1轴向后平移$w_2/2$距离画出圆盘后面可见部分，并作前后面的公切线

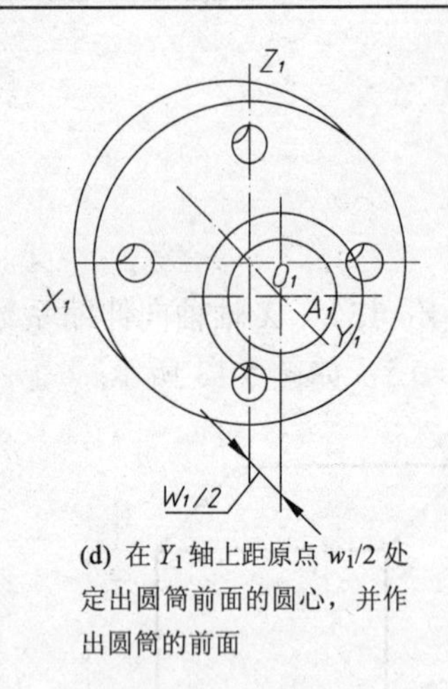

(d) 在 Y_1 轴上距原点 $w_1/2$ 处定出圆筒前面的圆心，并作出圆筒的前面

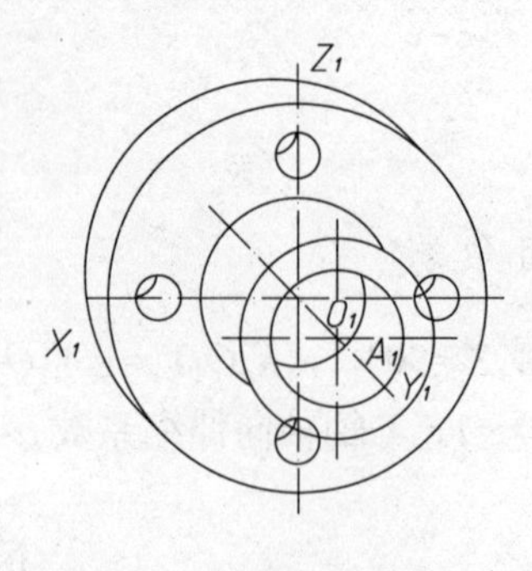

(e) 在原点处作圆筒的后面可见部分，并作圆筒前后面的公切线

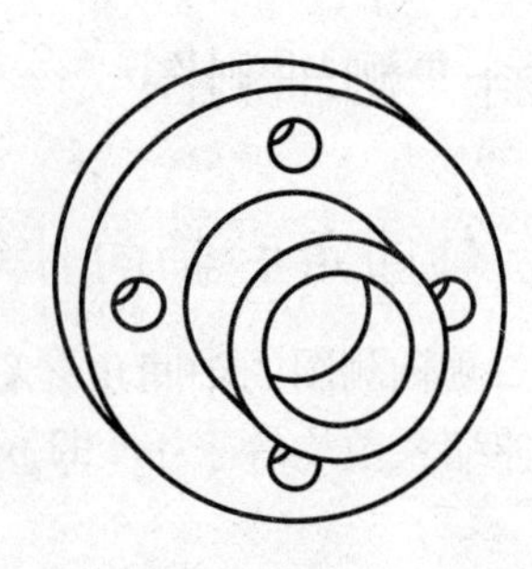

(f) 完成端盖斜二测轴测图

图 5-14　端盖的斜二测

5.4　轴测剖视图的画法

在轴测图上，为了表示机件的内部形状，可假想用剖切平面将零件的一部分剖去，这种剖切后的轴测图称为轴测剖视图。

5.4.1　轴测剖视图的剖切方法

一般采用两个剖切平面沿坐标面方向切掉零件的四分之一将零件剖开[图 5-15(a)]。尽量避免用一个剖切平面剖切整个零件[图 5-15(b)]和选择不正确的剖切位置[图 5-15(c)]。

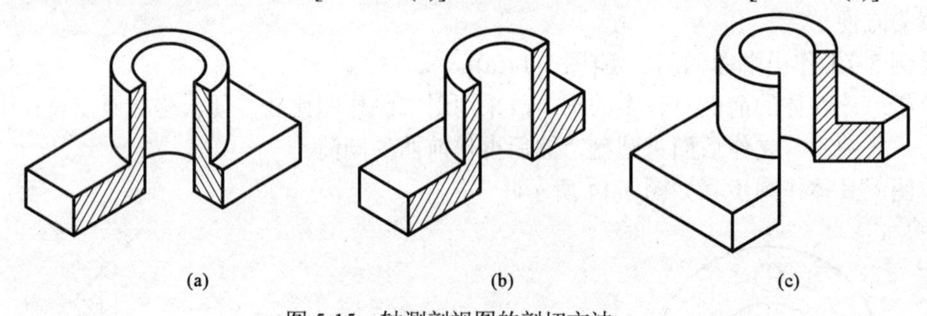

(a)　(b)　(c)

图 5-15　轴测剖视图的剖切方法

5.4.2　剖面线的画法

在轴测剖视图中，应在被剖切平面切出的剖面区域内画出剖面线。平行各坐标面的剖面的剖面线的画法如图 5-16 所示。

5.4.3　轴测剖视图的画法

轴测剖视图的具体画法有下述两种(以正等测轴测图为例)：

1. 先画外形后再剖切

作图步骤如下：

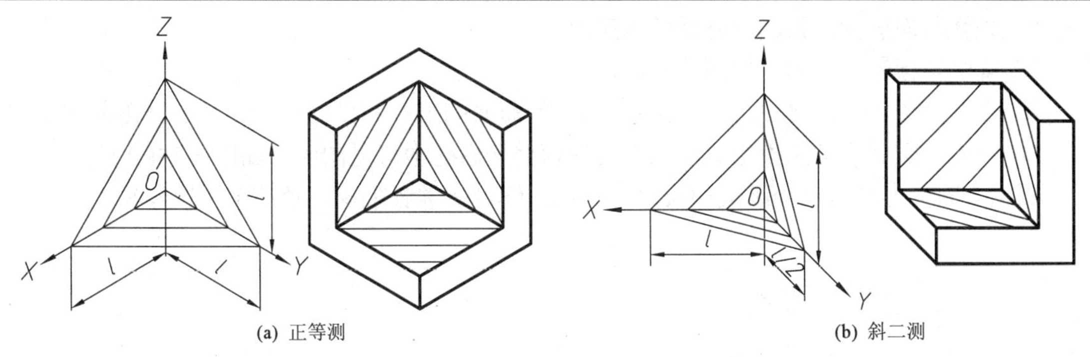

(a) 正等测　　(b) 斜二测

图 5-16　轴测剖视图中剖面线的画法

① 确定坐标轴的位置，如图 5-17(a)所示。

② 画出外形轮廓的轴测图，如图 5-17(b)所示。

③ 沿 X、Y 轴向分别画出剖切平面与圆筒内外表面的交线，得到断面形状，如图 5-17(c)所示。

④ 画出剖切后下部孔的轴测投影，如图 5-17(d)所示。

⑤ 最后擦去被剖切掉的四分之一部分轮廓，并画上剖面线，即完成该底座的轴测剖视图[图 5-17(e)]。

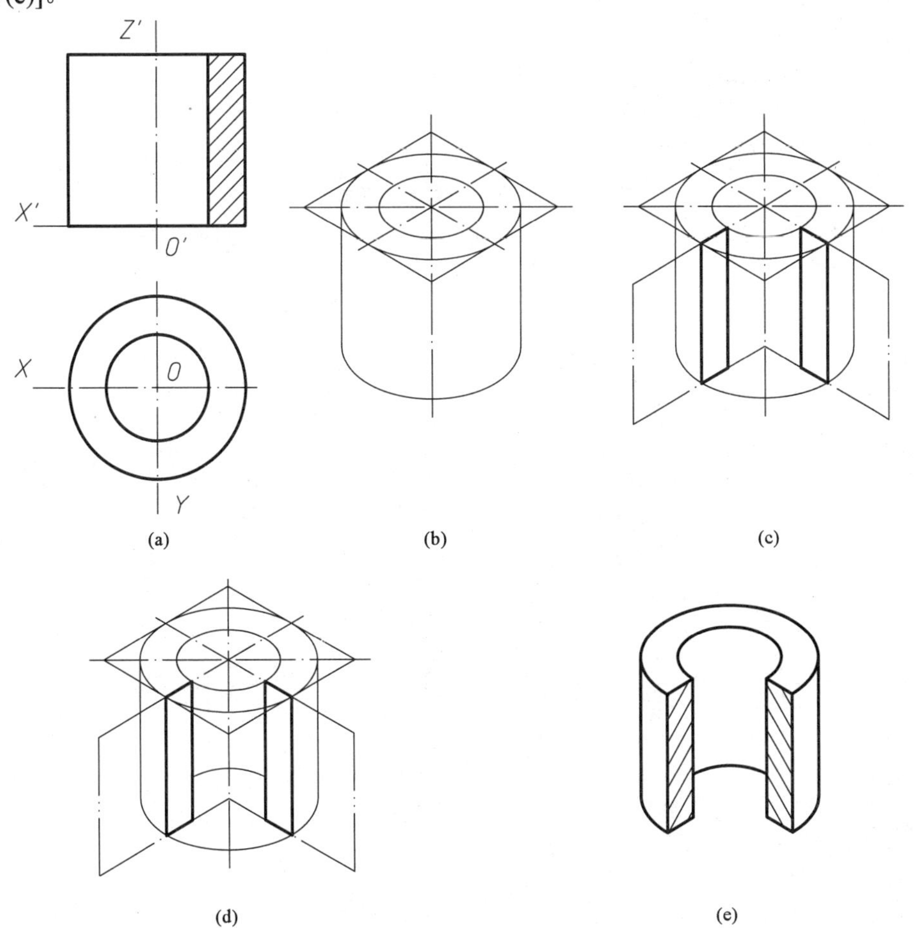

(a)　(b)　(c)

(d)　(e)

图 5-17　圆筒的轴测剖视图画法 1

2. 先画断面形状，再画剖开后的可见轮廓

① 确定坐标轴的位置，如图 5-18(a)所示。

② 在轴测图上作出 $X_1O_1Z_1$ 和 $Y_1O_1Z_1$ 面上的断面的形状和剖面线，如图 5-18(b)所示。

③ 画出剖面后的可见投影。注意不要漏画剖开后孔中可见的线，如图 5-18(c)所示。

画法 2 的特点是可以少画被切去部分的线，但对初学者来说，画法 1 比较容易入手。

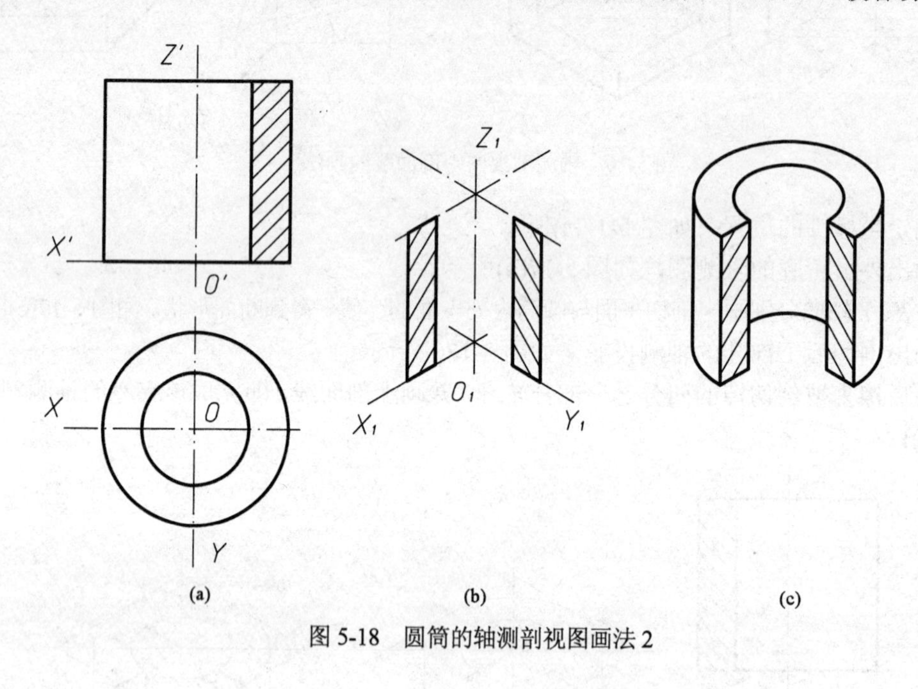

图 5-18 圆筒的轴测剖视图画法 2

第 6 章　组合体的视图及尺寸标注

任何复杂的机器零件，从几何形体角度看，都可以认为是由一些基本立体(平面立体和曲面立体)所组成，我们将其称为组合体。

本章着重介绍应用前面所学的投影理论，解决组合体的画图和看图，以及组合体尺寸标注等问题。

6.1　三视图的形成及其投影规律

6.1.1　三视图的形成

国家标准规定，用正投影法绘制的物体的图形称为视图。如图 6-1(a)所示，在三投影面体系中，把物体由前向后投影所得的图形称为主视图；把物体由上向下投影所得的图形称为俯视图；把物体由左向右投影所得的图形称为左视图。由此定义的三视图分别相当于物体的正面投影、水平投影和侧面投影。因此．三面投影图中所运用的各种原理和方法，在三视图中依然适用。

三视图的配置如图 6-1(b)所示，无需标注视图名称。

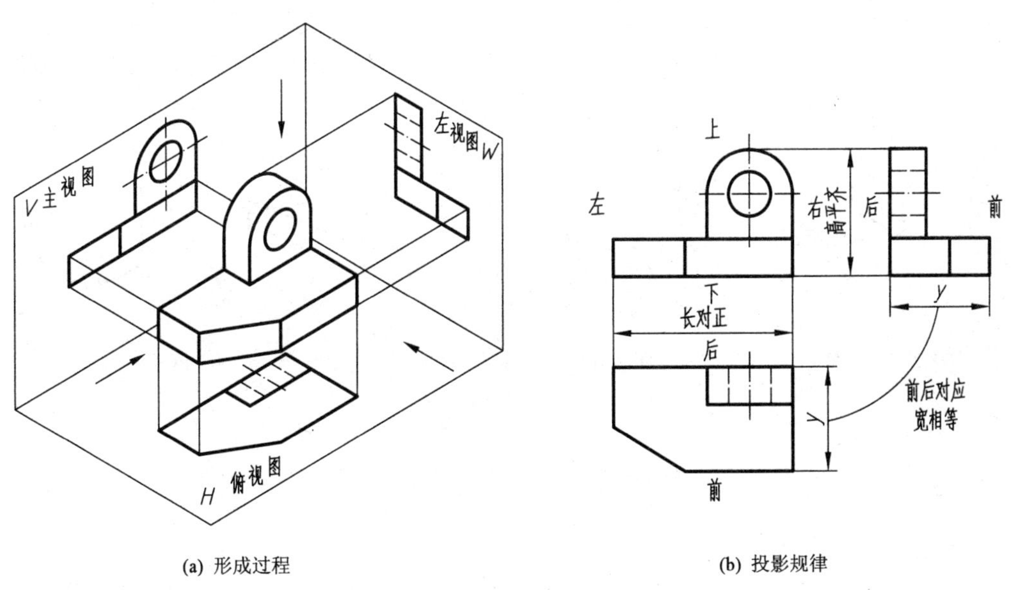

(a) 形成过程　　(b) 投影规律

图 6-1　三视图

6.1.2　三视图的投影规律

如图 6-1 所示，主视图反映机件的左右和上下的相对位置关系，即反映了物体的长和高；俯视图反映物体的左右和前后的相对位置关系，即反映了物体的长和宽；左视图反映物体的上下和前后的相对位置关系，即反映了物体的高和宽。

因此，三视图的投影规律为：

主、俯视图——长对正；

主、左视图——高平齐；

俯、左视图——宽相等。

物体三视图投影规律不仅适用于物体整体的投影，也适用于物体局部结构的投影。同时要注意物体上下、左右和前后各部位与三视图的联系，特别要注意俯视图和左视图除了反映宽相等以外，俯视图中的下方左视图中的右方，反映的是物体的前面；俯视图中的上方和左视图中的左方，反映的是物体的后面，如图 6-1(b)所示。

6.2 组合体的形体分析

6.2.1 组合体的组合形式

大多数的机件都可以看成是由一些基本立体经过叠加、切割等方式组合而成的组合体。如图 6-2(a)所示的六角头螺栓(毛坯)，就是由圆柱和六棱柱叠加而成的；如图 6-2(b)所示的接头，则是从圆柱上切割掉两块而形成；形状较复杂的组合体一般是叠加和切割的综合形式，如图 6-2(c)所示。

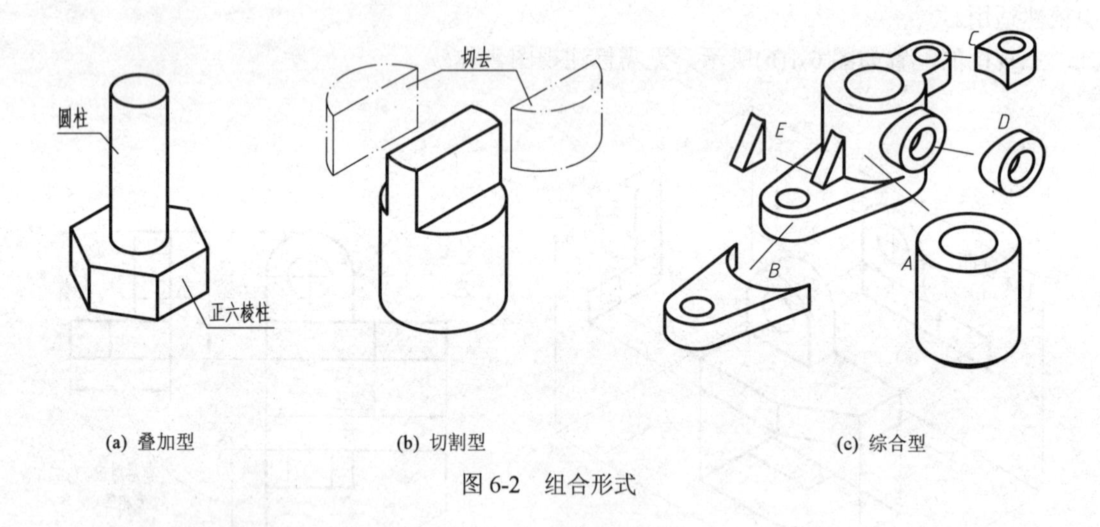

图 6-2 组合形式

6.2.2 组合体的各基本形体之间的表面连接关系

1. 叠加型的组合体

叠加型的组合体各形体之间的表面连接关系可分为堆叠、相切、相交等三种情况：

(1) 堆叠。两个形体的结合面是平面接触。结合处两个基本形体的表面有共面和不共面两种情况。不共面时两个基本形体之间有分界线，如图 6-3(a)~(c)所示；共面(共平面或共曲面)时两个基本形体之间没有分界线，如图 6-3(d)(e)所示。

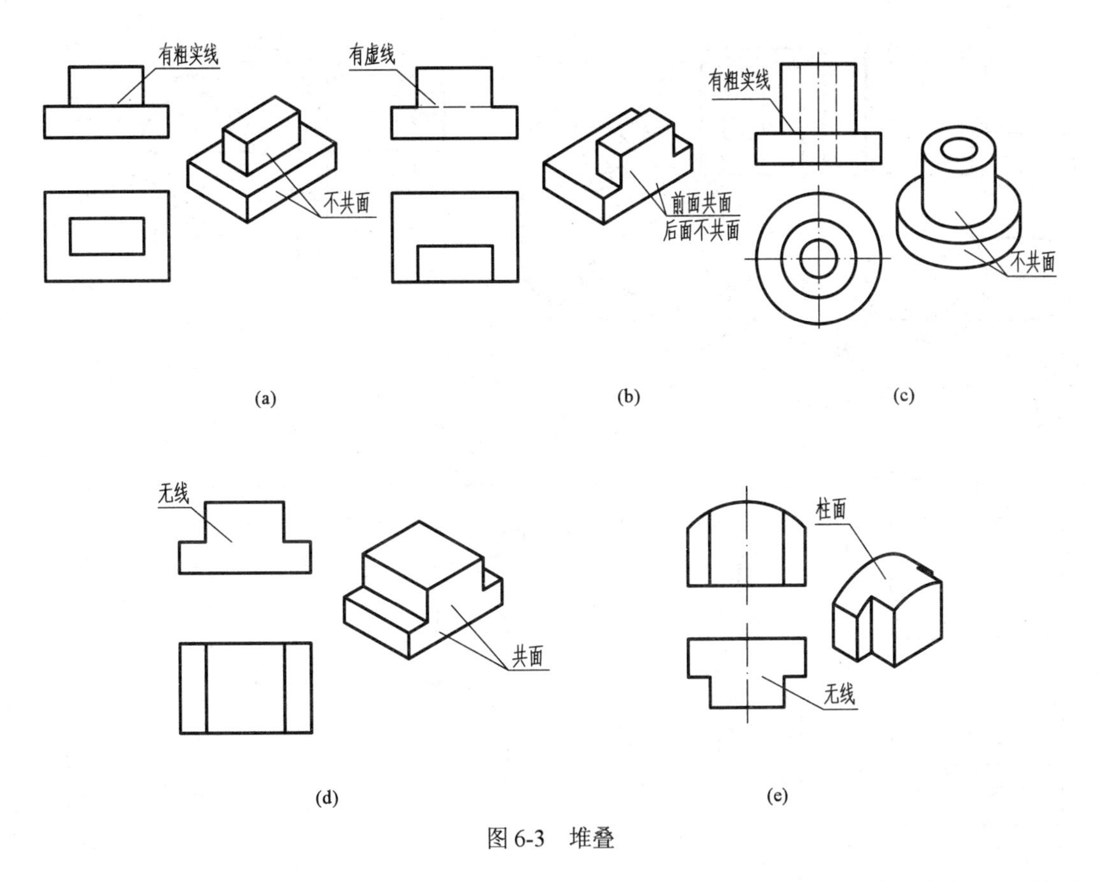

图6-3 堆叠

(2) 相切。当两个基本形体结合处的表面相切时，在相切处不画分界线。如图6-4所示。

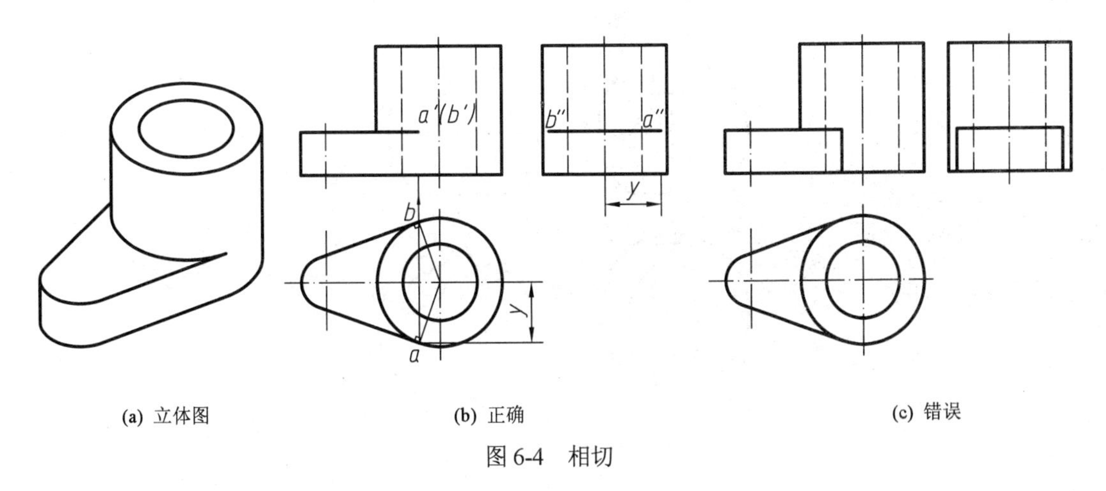

(a) 立体图　(b) 正确　(c) 错误

图6-4 相切

(3) 相交。相交是指两基本形体的表面相交时所产生的交线(相贯线)，两表面的交线必须画出，如图6-5所示。

2. 切割型组合体

基本形体被切割或穿孔后，其表面会产生各种形状的截交线或相贯线，如图6-6所示。截交线和相贯线的作法在前面章节中已介绍，这里不再作阐述。

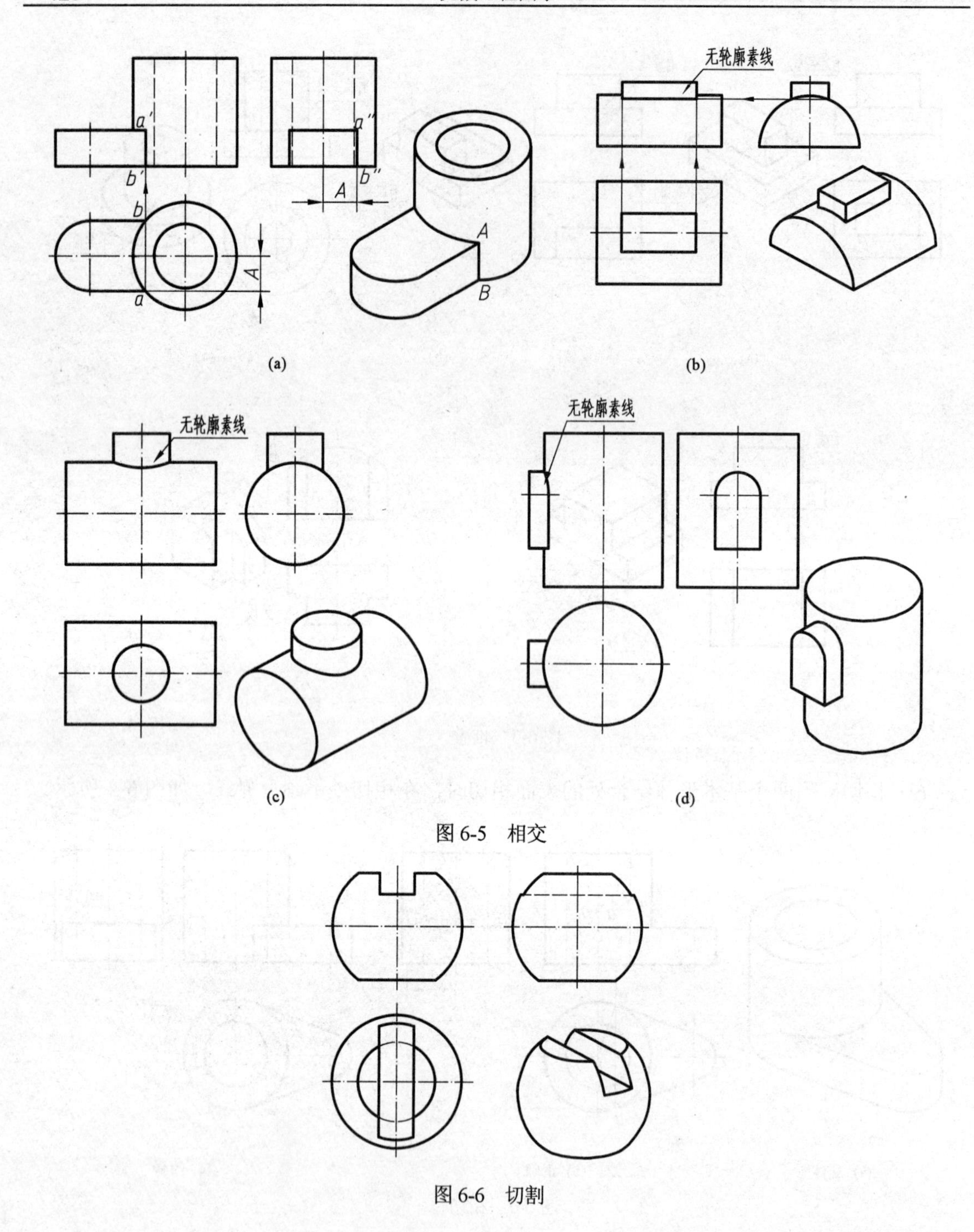

图 6-5　相交

图 6-6　切割

6.3　组合体的三视图的画法

在组合体的视图表达和阅读时，要将形状比较复杂的组合体分解为若干基本形体，并确定这些基本形体的相对位置及各基本形体之间的连接关系，从而可将复杂的问题化为简单问题来处理的一种思维方法称为形体分析法。

6.3.1　叠加型组合体的三视图画法

以图6-7所示的轴承座为例说明绘图过程：

(1) 形体分析。该零件由底板、轴承、支撑板、肋板四个部分组成。轴承是一个空心圆柱体。底板、支撑板、肋板均为柱体，它们之间的组合为堆叠，且表面不共面；支撑板两侧面与轴承外圆柱面相切；肋板两侧面与轴承外圆柱面相交。

(2) 视图选择。在三视图中，主视图应尽量能反映组合体的形状特征。一般选择原则是：

① 放置位置。将组合体自然放正，并考虑使组合体的主要平面或主要轴线与投影面平行或垂直。对于本例使底板与水平面平行。

② 投影方向。以最能清楚地表达组合体的位置和形状特征以及能减少其他视图上虚线的那个方向，作为主视图的投影方向。

图6-7中，轴承座以自然位置(底面与水平面平行)放置后，对由箭头所示的*A*、*B*、*C*和*D*四个方向的投影进行比较，以*A*向和*C*向作为主视图投影方向进行比较，显然*A*向要比*C*向好。因*C*向的主视图虚线太多，使视图不是很清楚，不利读图；再比较*B*向和*D*向，虽然两者的主、俯视图几乎一样，但由*B*向确定的左视图中的虚线要比*D*向确定的左视图中的虚线多，因此*D*向要比*B*向好；而从形状特征上看，*A*向要比*D*向好，所以最后确定*A*向作为主视图的投影方向。

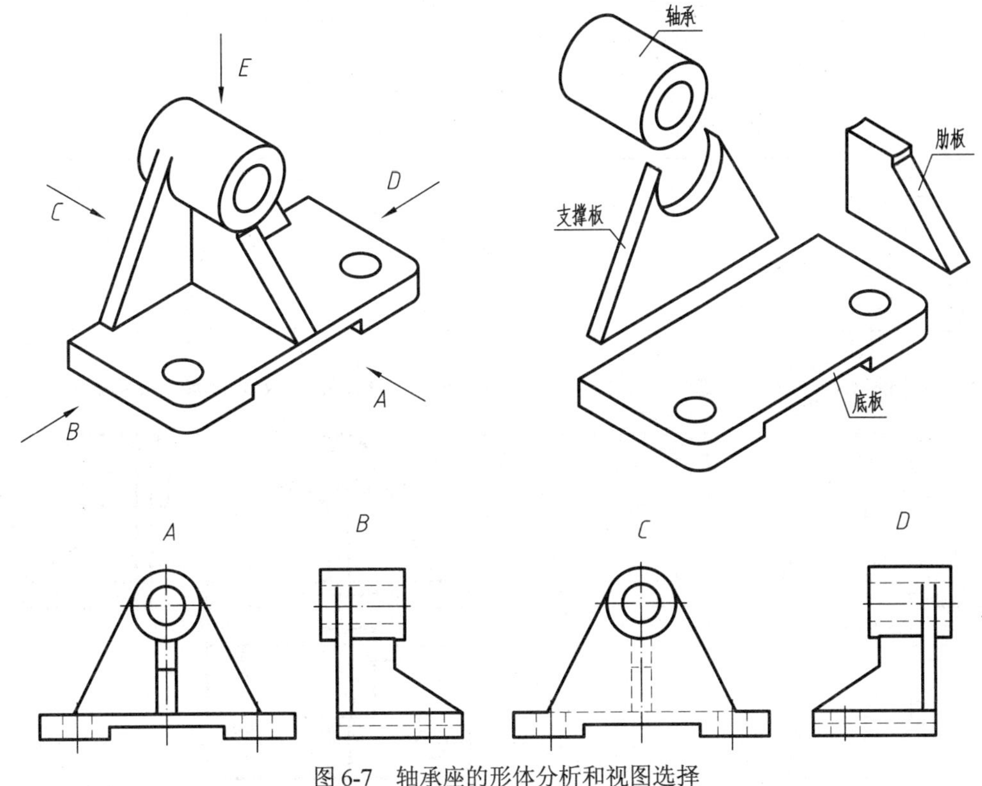

图6-7　轴承座的形体分析和视图选择

(3) 画三视图：

① 布置视图。根据组合体的大小，选定适当的比例，按图纸的图幅布置各视图的位置，即画出各视图的定位线、对称中心线、主要轴线等，如图6-8(a)所示。

② 画底稿。按形体分析法的分析，用细线逐步画出组合体各形体的三视图。先画主要形体，后画次要形体，画后一个形体要注意与先前画的形体相对位置、表面连接关系、遮挡关系；先画各形体的基本轮廓，后画各形体的细节。在画各形体视图时，一般先画反映该形体的形状特征的视图，然后按投影规律画出其他视图。如图 6-8(b)(c)(d)所示。

③ 检查加深。底稿画完之后必须仔细检查，纠正错误，擦去多余图线，按规定的线型加深，如图 6-8(e)所示。

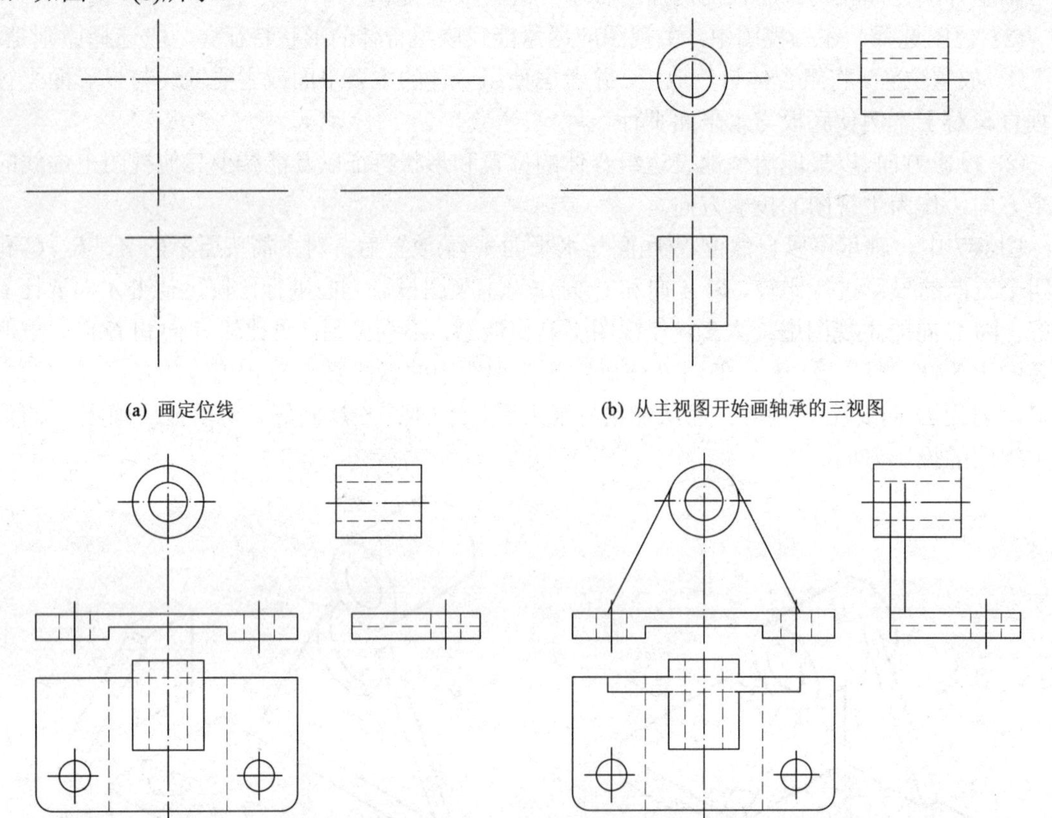

(a) 画定位线

(b) 从主视图开始画轴承的三视图

(c) 从俯视图开始画底板的三视图，注意与轴承的相对位置

(d) 从主视图开始画支撑板的三视图，注意与轴承相切处无线

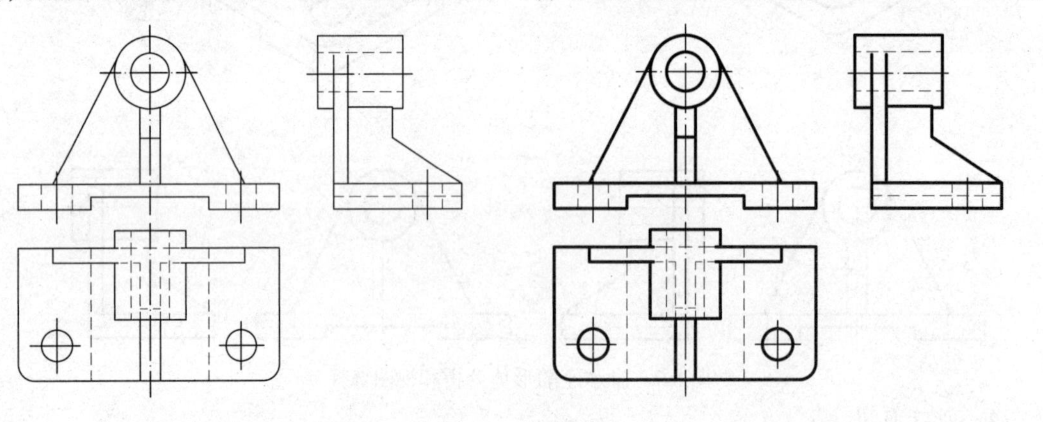

(e) 从左视图开始画肋板的三视图，注意与轴承的交线

(f) 检查加深

图 6-8 轴承座三视图的画图步骤

6.3.2　切割型组合体的三视图画法

对于切割型组合体，可以按切割顺序依次画出切去每一部分后的三视图。对于某些复杂表面，可以根据第 3 章线面投影特性，分析其在各投影面上的投影，从而完成切割体的三视图的绘制。

下面以图 6-9(a)为例说明作图步骤。

(1) 形体分析。如图6-9(a)所示，该组合体可视为由长方体 *I* 依次切去 *II*、*III*、*IV*形体而形成。

(2) 选择主视图。选择原则如前例所述，现选择箭头所示 *A* 方向为主视图方向。

(3) 画三视图。作图步骤如图 6-9(b)~(f)所示。

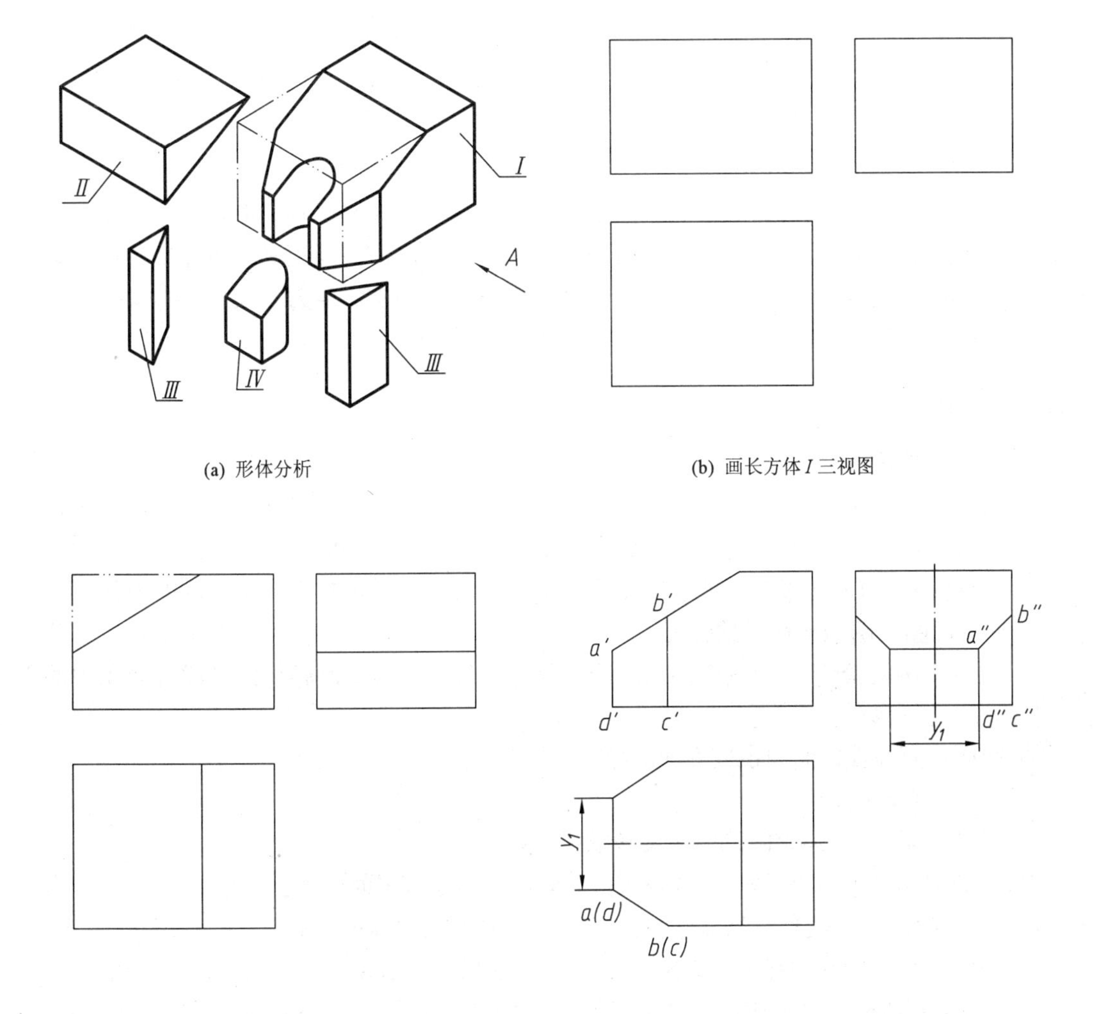

(a) 形体分析

(b) 画长方体 *I* 三视图

(c) 从主视图开始画切去形体 *II* 的三视图

(d) 从俯视图开始画切去形体 *III* 的视图，四边形 *ABCD* 的侧面投影利用水平和正面投影作出

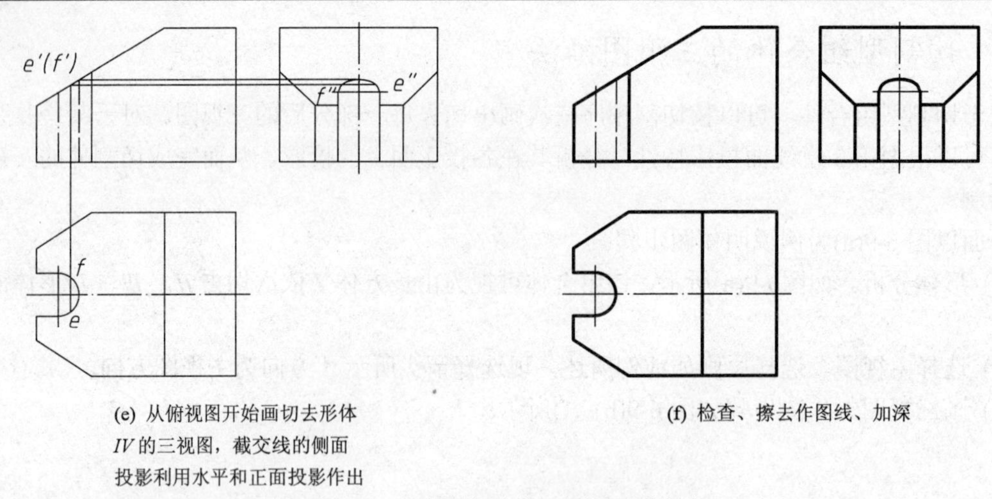

(e) 从俯视图开始画切去形体 *IV* 的三视图，截交线的侧面投影利用水平和正面投影作出

(f) 检查、擦去作图线、加深

图 6-9 切割型组合体三视图画图步骤

6.4 读组合体的视图

画图是把物体用正投影方法表达在图纸上，而读图则是根据已画出的视图，运用形体分析和点、线、面、体的投影分析，想象出物体的形状。所以，要能正确、迅速地读懂视图，必须掌握读图的基本要领和基本方法，培养空间想象能力和构思能力，通过不断实践，逐步提高读图能力。

6.4.1 读图的基本方法

1. 相关视图要联系起来读

一个视图不能唯一确定物体的形状，必须由两个或两个以上的视图才能唯一确定物体的形状，因此必须将所有相关视图联系起来读才能想象出物体的形状。如图 6-10 所示，它们某一个或两个视图相同，如果与其他视图联系起来读，就可以看出它们表示不同的形体。

2. 理解视图中图线和线框的含义

(1) 如图 6-10(c)所示，视图中的点画线一般是对称中心线或回转体的轴线，而图中的粗实线和虚线有三种意义：

① 物体表面为投影面的积聚性面的投影。

② 两个面交线的投影。

③ 回转面(圆柱面、圆锥面)轮廓素线的投影。

(2) 视图中的每个封闭线框，通常都是物体的一个表面(平面或曲面)的投影，并且封闭线框与对应的空间表面一般具有类似性(或真实性)，如图 6-10(a)(b)所示。

(3) 视图上相邻的封闭线框，通常表示(上下、前后或左右)错开的相邻面或相交的面，如图 6-11 所示。若线框内仍有线框，通常表示两个面凹凸不平或具有通孔，如图 6-12 所示。

(4) 利用图中虚、实的变化判定形体间的相对位置。

形体间表面连接关系的变化，会使视图中的图线也产生相应的变化。如图 6-13(a)所示，左视图中三角形肋板与底板的连接线是可见的实线，说明它们左面不平齐。因此，三角形肋板是在底板的中间。而图 6-13(b)左视图中三角形肋板与底板的连接线是不可见的虚线，说明它们左面平齐。因此，根据俯视图，可以肯定三角形肋板左右各有一块。

3. 找出反映形体特征的视图

特征视图，就是最能反映物体形状特征和位置特征的视图。

如图 6-14(a)中的左视图是形体 *I* 的特征视图，俯视图是形体 *II* 的特征视图。图 6-14(b)的左视图是位置特征视图，它们清楚地反映了形体 *I*、*II* 的位置。

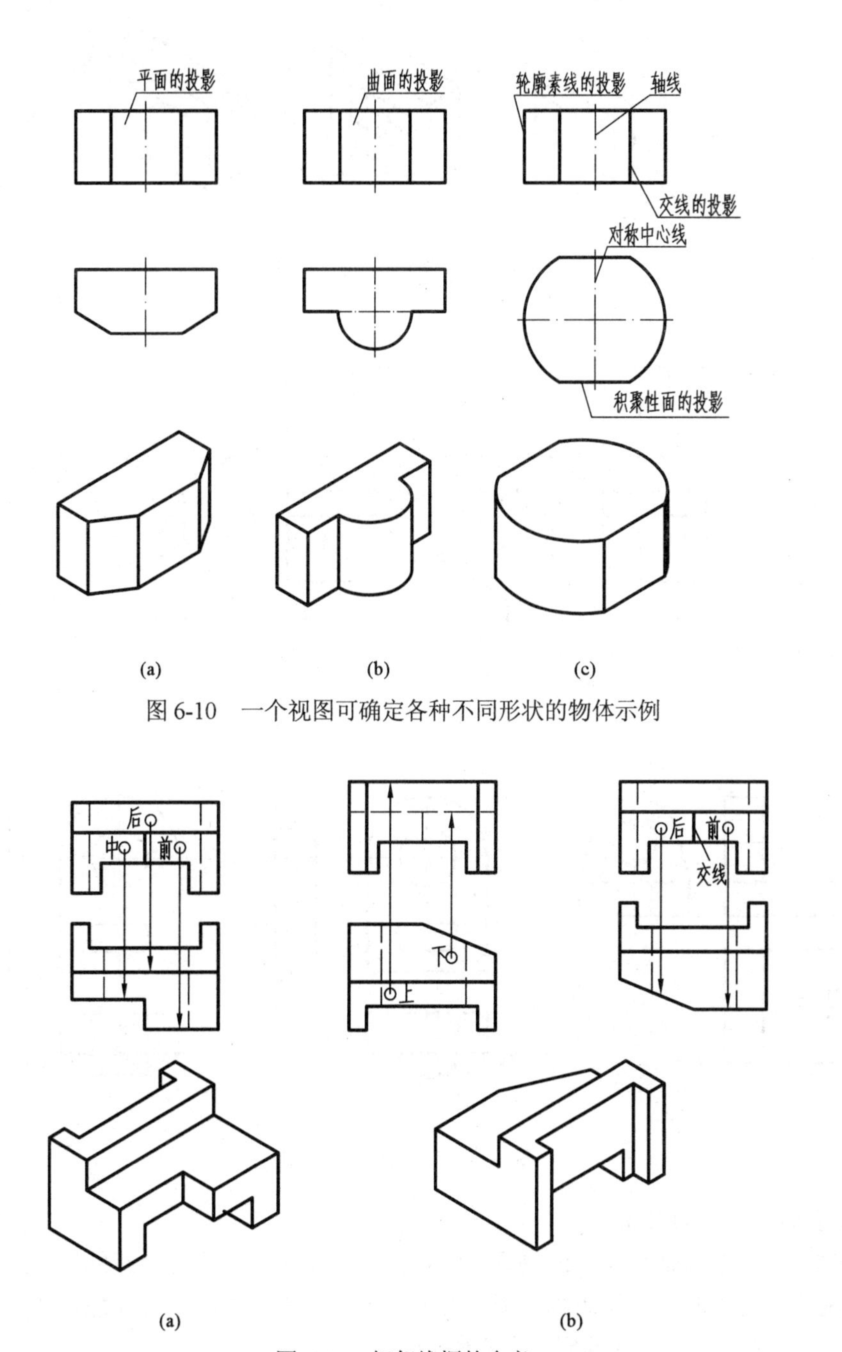

图 6-10 一个视图可确定各种不同形状的物体示例

图 6-11 相邻线框的含义

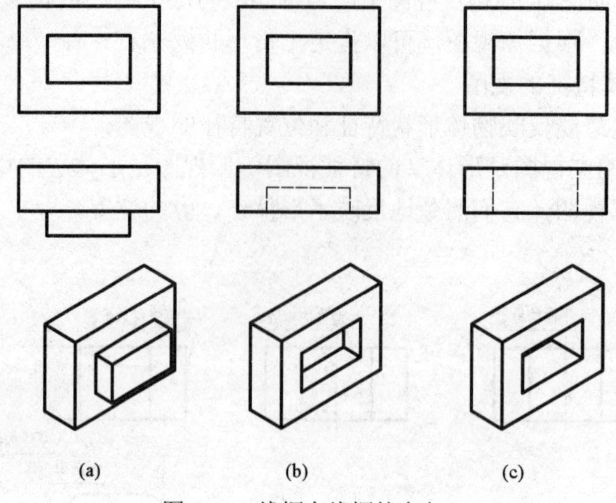

图 6-12　线框套线框的含义

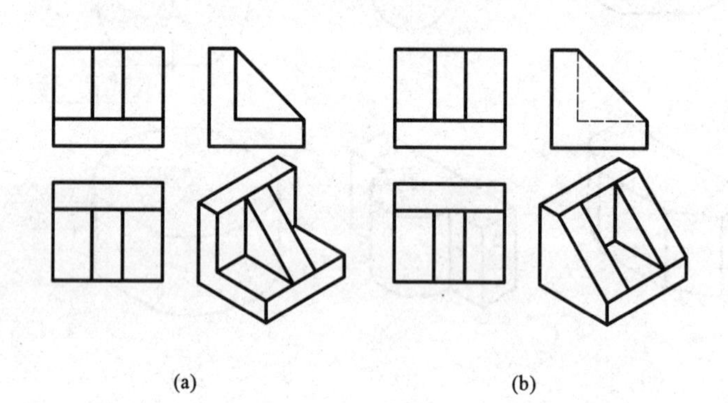

图 6-13　形体位置的变化，虚实线改变

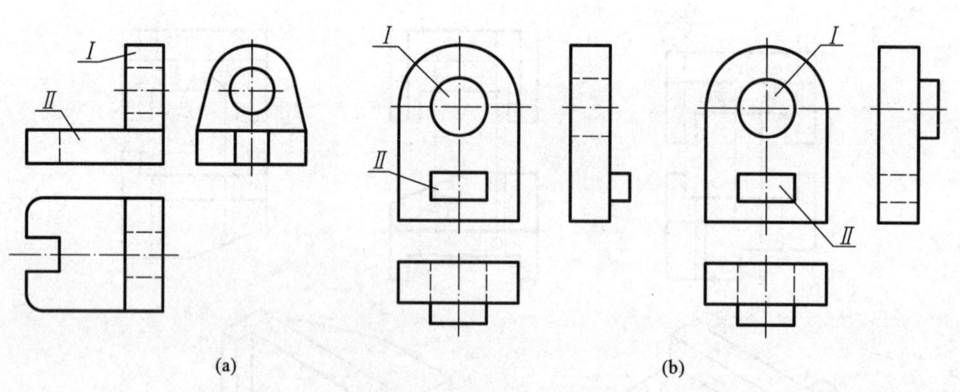

图 6-14　善于找特征视图

4．善于构思物体的形状

读图过程是不断地把想象中的物体与给定视图反复对照，反复修改的思维过程。为了提高读图的能力，应不断培养构思物体形状的能力，从而进一步丰富空间想象能力，达到能正确和迅速地读懂视图，图 6-15 表明了这个过程。

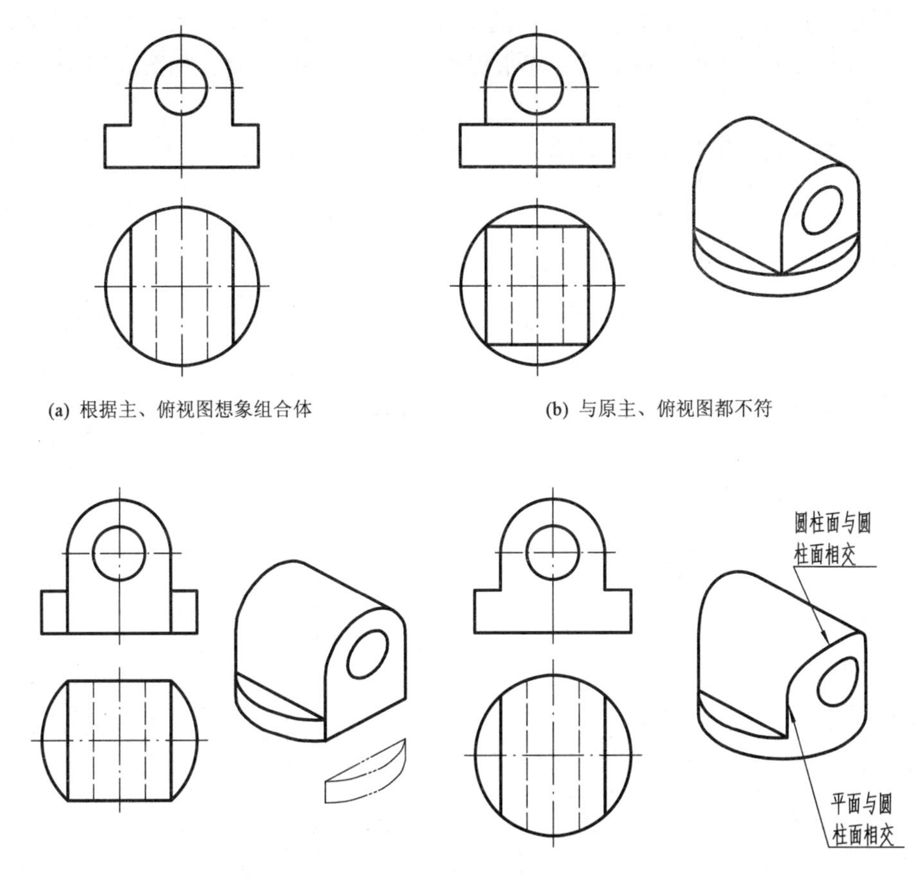

(a) 根据主、俯视图想象组合体　(b) 与原主、俯视图都不符

(c) 与原主、俯视图都不符　(d) 主、俯视图都符合

图6-15　反复对照，不断修正，想象出正确的组合体

6.4.2　读组合体视图的方法

1. 形体分析法

先在反映特征较明显的主视图上按线框将组合体划分为几个部分（几个基本形体），然后通过投影关系找出各线框所表示的部分在其他视图上的投影，从而想象出各部分的形状以及它们之间的相对位置、组合形式，最后综合想象出组合体的整体形状。

【例 6-1】如图 6-16 所示，读懂组合体的三视图，想象出其空间形状。

解：

① 抓主视，划分线框。从主视图入手，将该组合体按线框划分为 *I*、*II*、*III*、*IV*四个部分，如图 6-17(a)所示。

② 对投影，想形状。根据投影规律，找出这几部分的其他投影，再根据这些投影想象出它们的形状。其分析过程如图 6-17(b)~(e)所示。

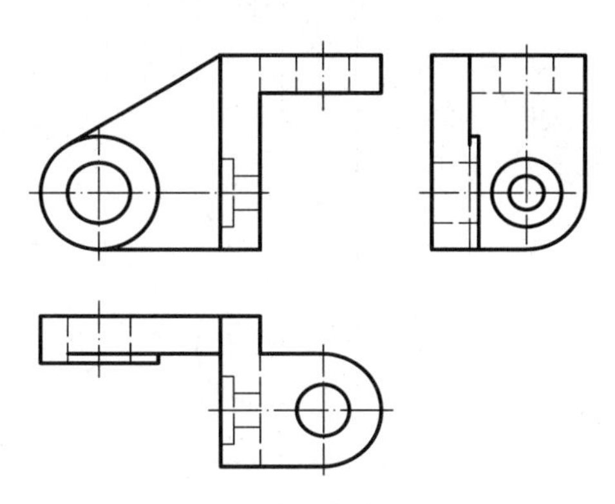

图6-16　读组合体视图

③ 合起来，想整体。在看懂每个部分的基础上，抓住位置特征视图(这里为主视和俯视图)，分析各部分的相对位置，最后综合起来想象出物体的整体形状，如图 6-17(f)所示。

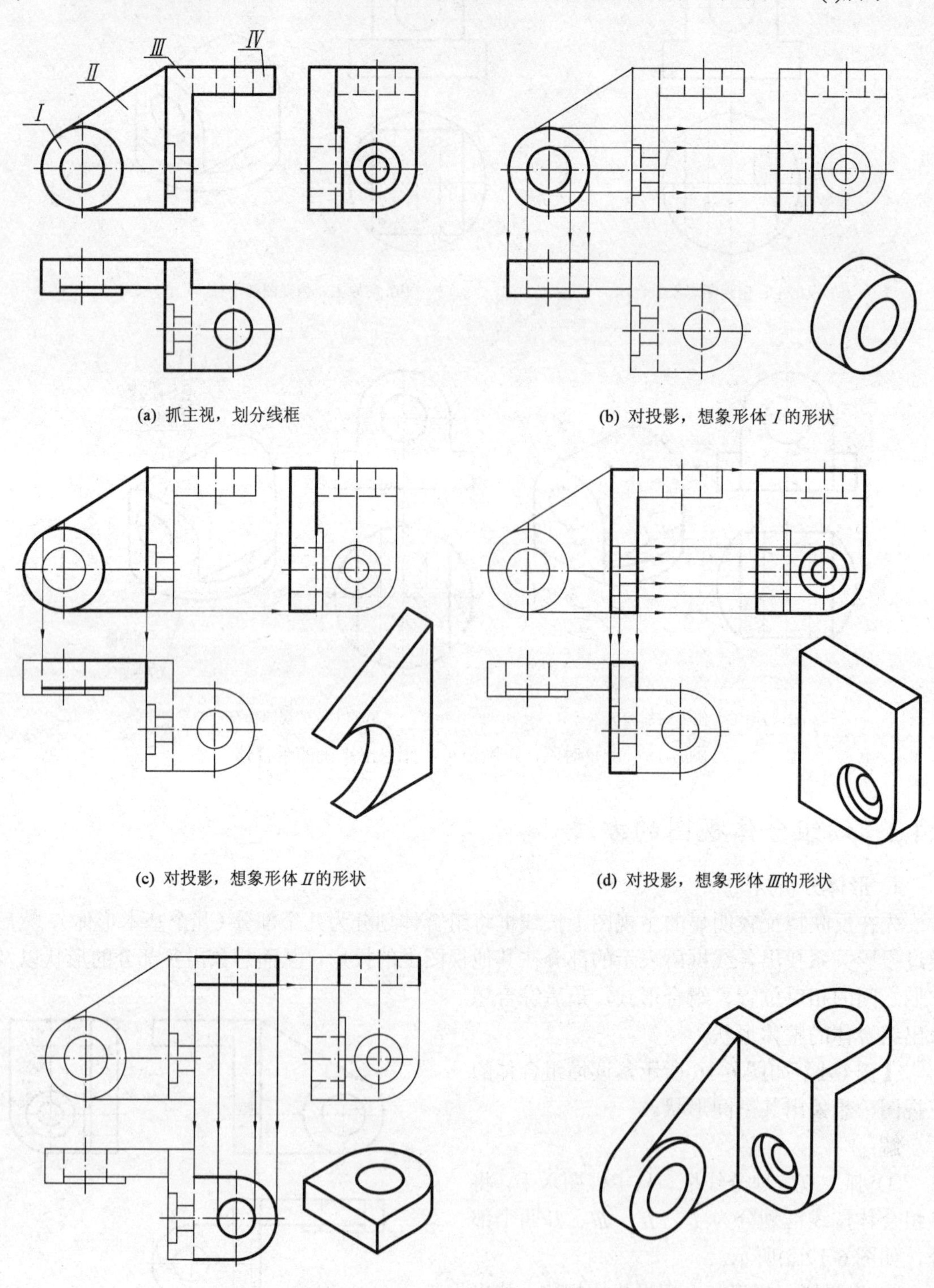

(a) 抓主视，划分线框

(b) 对投影，想象形体 I 的形状

(c) 对投影，想象形体 II 的形状

(d) 对投影，想象形体 III 的形状

(e) 对投影，想象形体 IV 的形状

(f) 合起来，想整体

图 6-17 形体分析法读组合体视图的过程

2. 面形分析法

对于切割型组合体，某些表面形状比较复杂，常采用面形分析法。首先用上述分线框，对投影的方法分析出物体切割前的基本形状，然后分析切割平面的位置，找出切割后断面的特征视图，从而分析出形体表面的特征，最后综合想象出组合体的整体形状。

【例 6-2】如图 6-18(a)所示压块的三视图，读懂其三视图，想象空间形状。

解：

① 想原型，定切割面。根据图 6-18(a)三视图，该压块初始形状为一个长方体经多次切割而成。由主、俯视图可以看出靠右方挖去一阶梯孔。从主视图看，左上角被切去一块；从俯视图看左端前后各被切去一块；从左视图看，下部前后部位均被切去一块。

② 面形分析，定表面。如图 6-18(b)所示，俯视图上封闭梯形线框 p，对应主视图只有直线 p'，而左视图上可以找到与之对应的类似形 p''，于是可断定 P 面为垂直于正面的梯形。长方体的左上方即被正垂面切割。

如图 6-18(c)所示，主视图上封闭七边形线框 q'，对应俯视图只有直线 q，而左视图上可以找到与之对应的类似形 q''，于是可断定 Q 面为垂直于水平面的七边形。长方体的左端前后各被铅垂面切掉一块。

如图 6-18(d)(e)所示，用同样的方法可以分析出平面 R 与平面 T 均为正平面的矩形。在主视图上它们为相邻两线框，由左视图可以看出平面 R 在平面 T 的前面，并且在两者之间还有一个水平面，由此可以确定在压块的下方前、后两侧各切掉一个长方块。

③ 合起来，想整体。通过形体和面形分析，逐步弄清了各表面的空间位置和形状，从而可以想象出物体的形状，如图 6-18(f)所示。

小结：

① 形体分析法和面形分析法两者都是划分线框、对投影，但形体分析法是从体的角度出发，得到的是一个形体的三个投影，而面形分析法是从物体的表面出发，得到的是一个面的三个投影。

② 形体分析法适合于叠加方式形成的组合体，面形分析法比较适合切割方式形成的组合体。而往往一个组合体既有叠加又有切割，读图时，一般以形体分析为主，想象出物体总体结构形状，而对于复杂的局部切割，采用面形分析，确定这些部位表面的形状和位置。

3. 已知物体的两个视图，求第三视图

已知物体的两个视图，求第三视图是一种培养和检验读图能力的一种方法。先用形体分析法和面形分析法读懂已知的两视图，再利用形体分析法和面形分析法补画出第三视图。

【例 6-3】如图 6-19(a)所示，已知物体主、左视图，补画俯视图。

解：

① 读懂已给的两视图，想象出物体的形状。根据主视图可以将物体分为 A、B、C、D 四个部分，如图 6-19(a)所示。各部分的分析如图 6-19(b)~(d)所示。

② 再从主、左视图上可以看出，A 部分位于 B 部分的上方中间靠后，C、D 部分则分居 A、B 部分的两侧，且 A、B、C、D 后侧面共面。

综合上述分析，可想象出如图 6-20 所示的空间形状。

作图：用形体分析的方法，逐个补画出各部分的俯视图，最后完成整个组合体的俯视图。作图次序如图 6-21 所示。

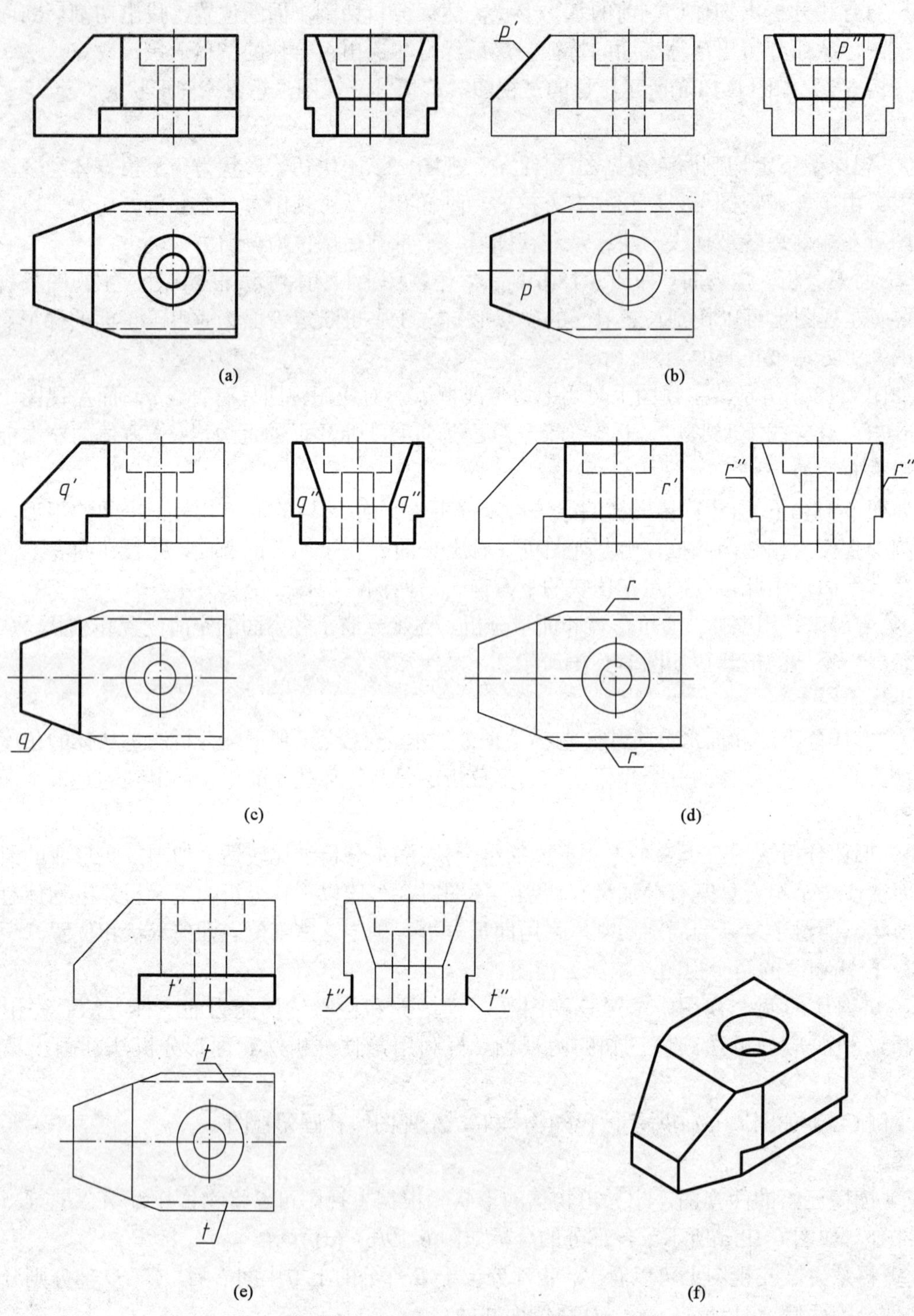

图 6-18　面形分析法读组合体视图

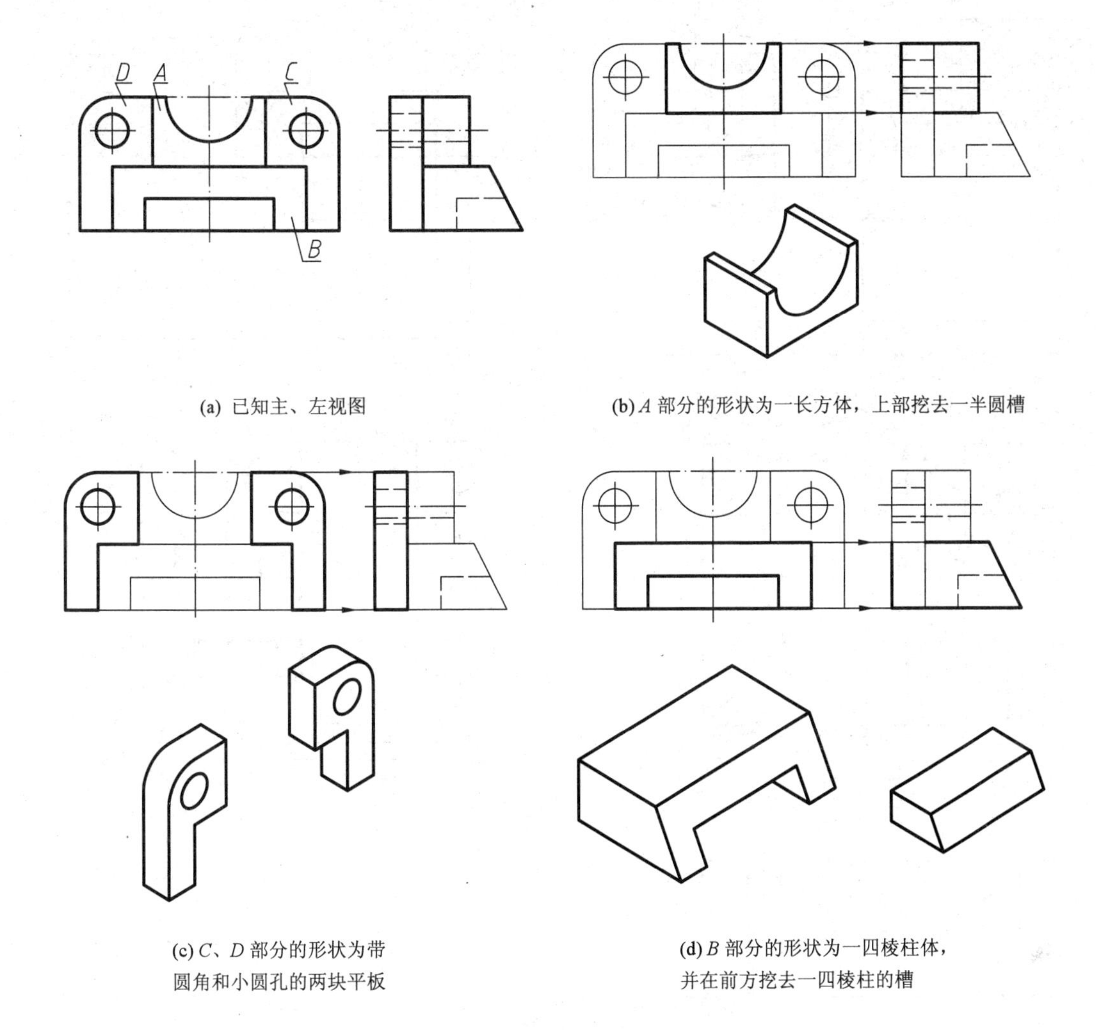

(a) 已知主、左视图

(b) A 部分的形状为一长方体，上部挖去一半圆槽

(c) C、D 部分的形状为带圆角和小圆孔的两块平板

(d) B 部分的形状为一四棱柱体，并在前方挖去一四棱柱的槽

图 6-19　由两视图补画第三视图的形体分析

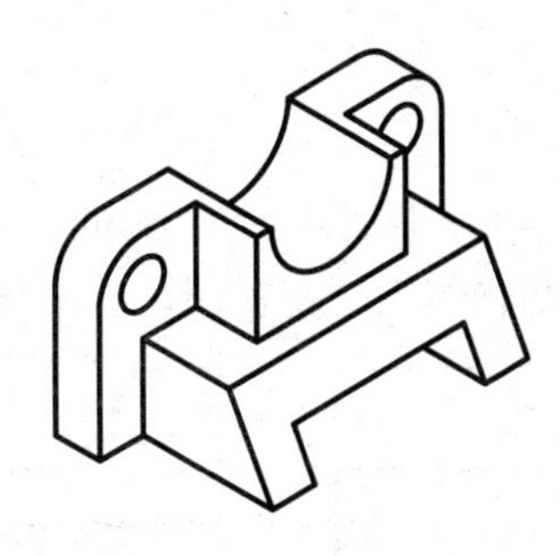

图 6-20　想象出的物体形状

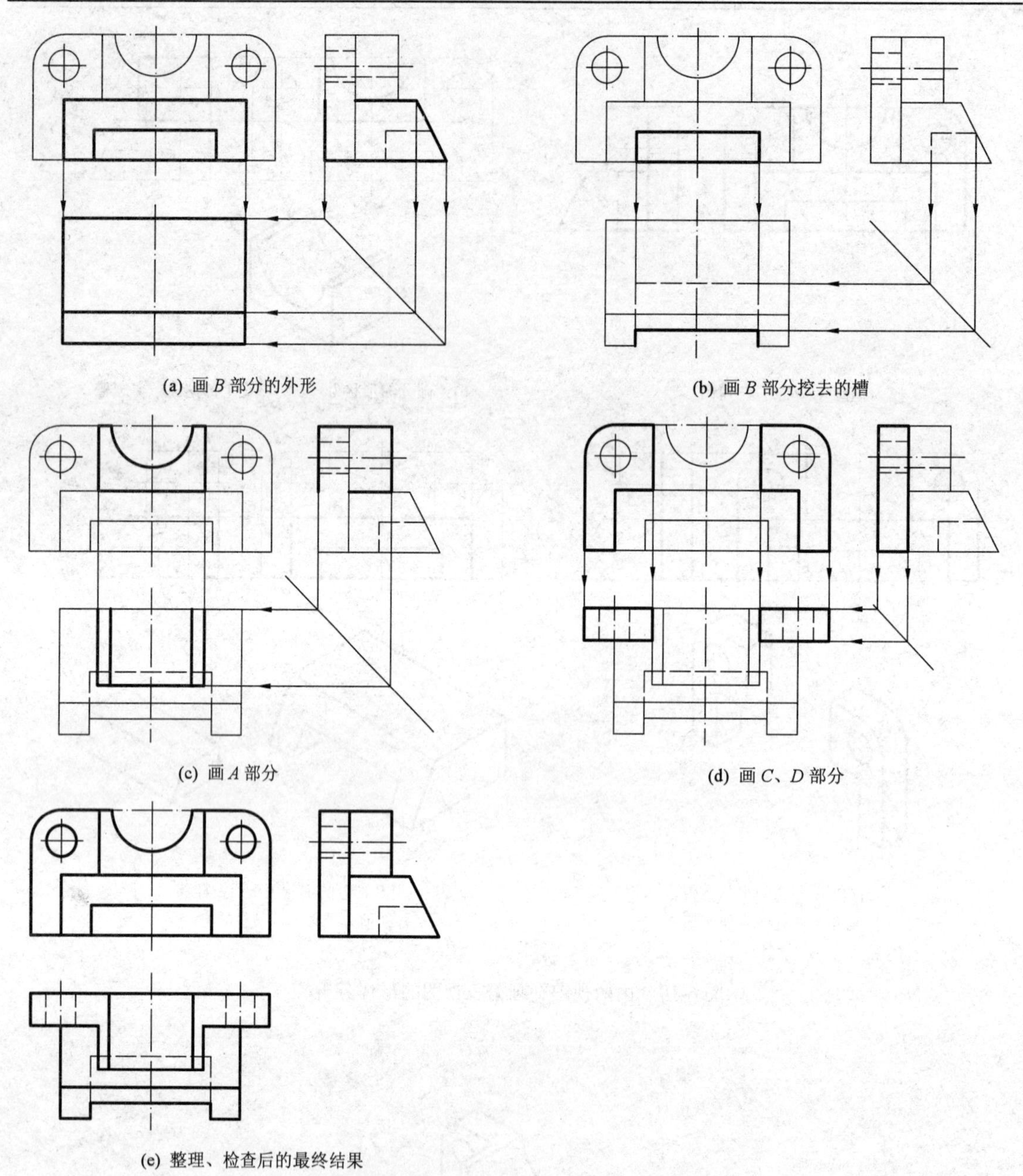

图 6-21 由两视图补画第三视图的方法

【例 6-4】如图 6-22 所示，已知物体主、左视图，补画俯视图。

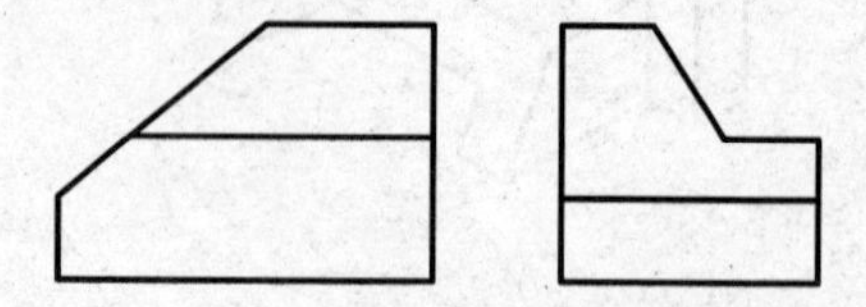

图 6-22 补画俯视图

解：读懂已给的两视图，想象出物体的形状。从主、左视图外部轮廓可知，该物体是由一个长方体切割而成。主视图的缺口说明长方体左上角被正垂面 P 切去一块三棱柱，如图

6-23(a)所示；左视图的缺口说明长方体前面被侧垂面 Q 和水平面 R 切去一块柱体。最终形状如图 6-23(b)所示。

作图：按顺序分别画出长方体及被切去各块后的俯视图，如图 6-24(a)~(c)所示。最后验证正垂面 P 的 p 与 p''是否类似。

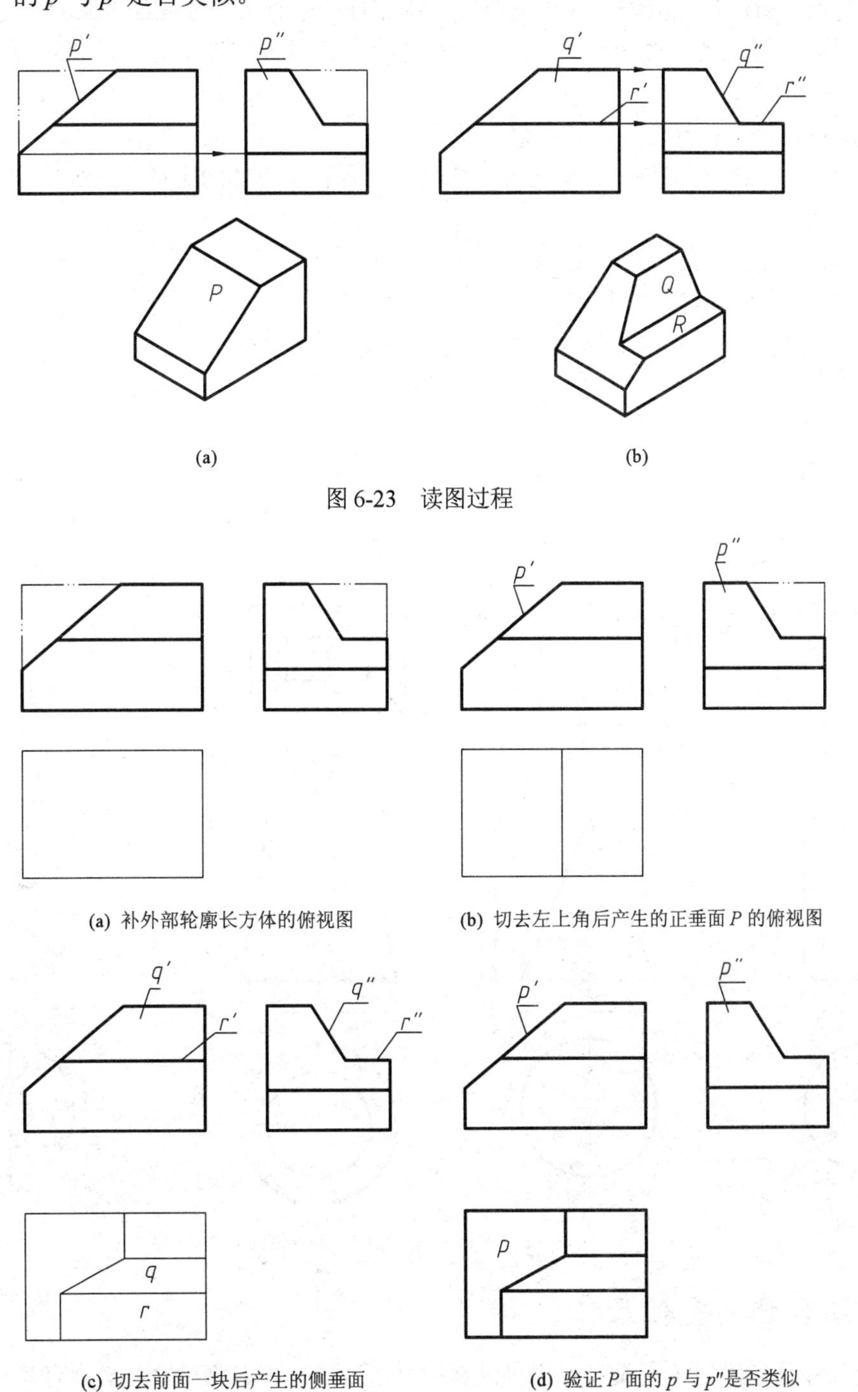

(a)　　(b)

图 6-23　读图过程

(a) 补外部轮廓长方体的俯视图

(b) 切去左上角后产生的正垂面 P 的俯视图

(c) 切去前面一块后产生的侧垂面 Q 和水平面 R 的俯视图

(d) 验证 P 面的 p 与 p''是否类似

图 6-24　补图过程

6.5 组合体的尺寸标注

视图只能表示物体的形状，物体大小则要靠尺寸来确定。标注组合体尺寸的基本要求是：

(1) 正确。所注尺寸应符合《机械制图》国家标准中有关尺寸注法的规定。

(2) 完整。所注尺寸必须能完全确定组成组合体各部分的形状大小及相对位置。既不能遗漏，也不要有重复。

(3) 清晰。尺寸布置要整齐、清楚，便于阅读。

组合体尺寸标注要完整，必须包含组成组合体各基本形体的定形尺寸、定位尺寸和组合体的总体尺寸。

6.5.1 基本形体的定形尺寸

定形尺寸是指确定各基本形体的形状和大小的尺寸。图 6-25 示出了常见基本形体的定形尺寸的注法。

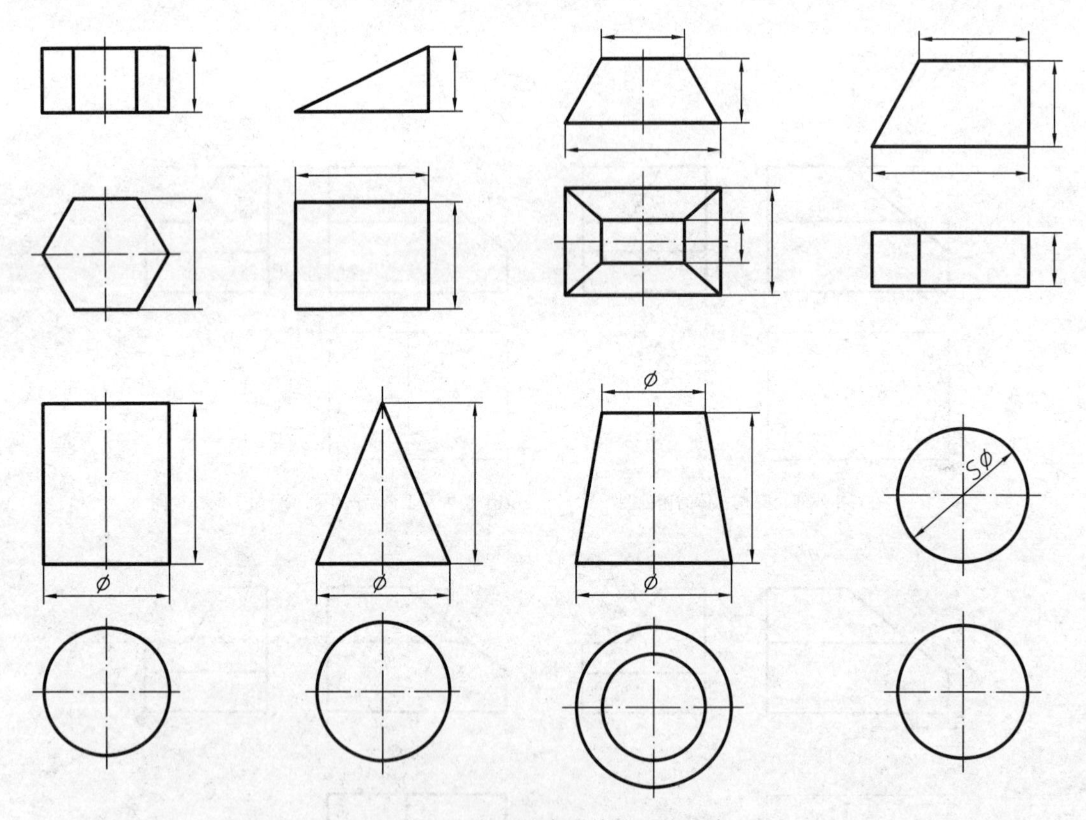

图 6-25 常见基本形体的尺寸注法

6.5.2 组合体的定位尺寸

定位尺寸是指确定各组成部分相对位置的尺寸。要标注定位尺寸，必须有尺寸基准。

尺寸基准是指标注尺寸的起始点。物体有长、宽、高三个方向的尺寸，在每个方向上至少有一个尺寸基准。通常以物体的对称面(线)、轴线、底面和端面作为尺寸基准。

如图 6-26 所示为一些常见形体的定位尺寸。注意，标注回转体的定位尺寸，一般是标注它的轴线的位置，不能标注其轮廓素线的位置。

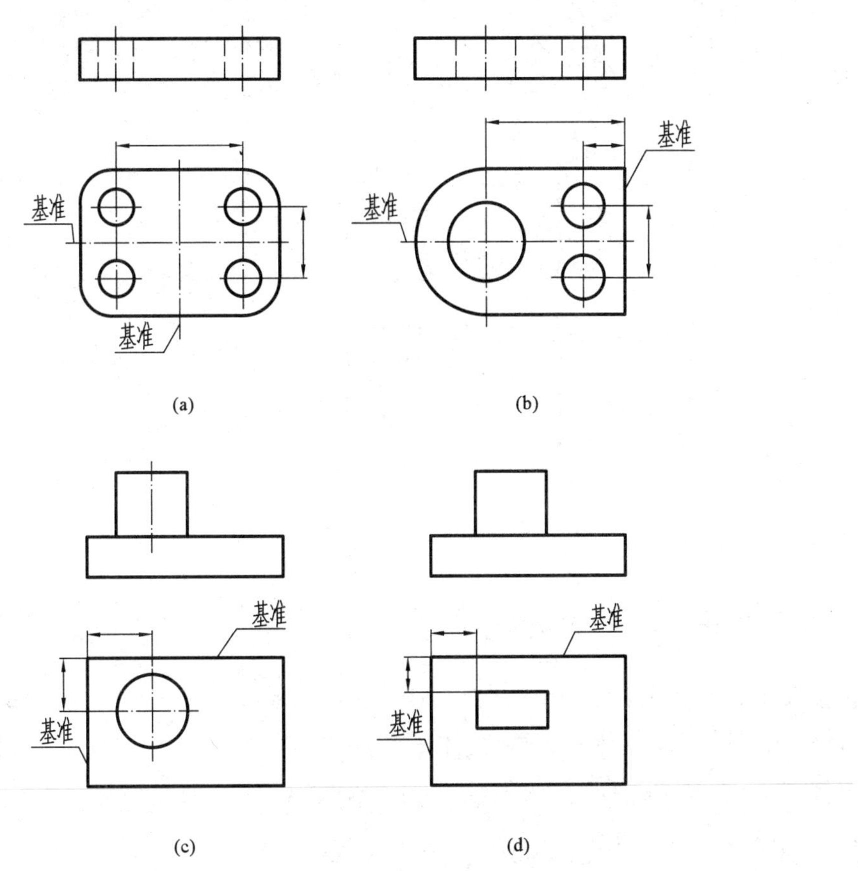

图 6-26　常见形体的定位尺寸及基准要素

6.5.3　截切、相贯体的尺寸标注

如图 6-27 所示为切割立体的尺寸标注示例，在图中除了应该标注基本立体的定形尺寸外，还应该注出截平面的定位尺寸。注意，不能直接在截交线上标注尺寸。

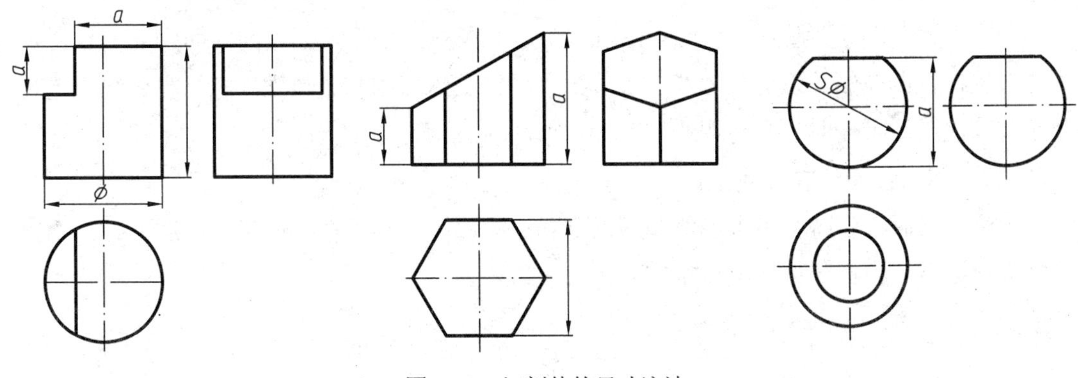

图 6-27　切割体的尺寸注法

如图 6-28 所示为相贯立体的尺寸标注示例，在图中除了应该标注每个基本立体的定形尺寸外，还应该注出两相交立体的定位尺寸。注意，不能直接在相贯线上标注尺寸。

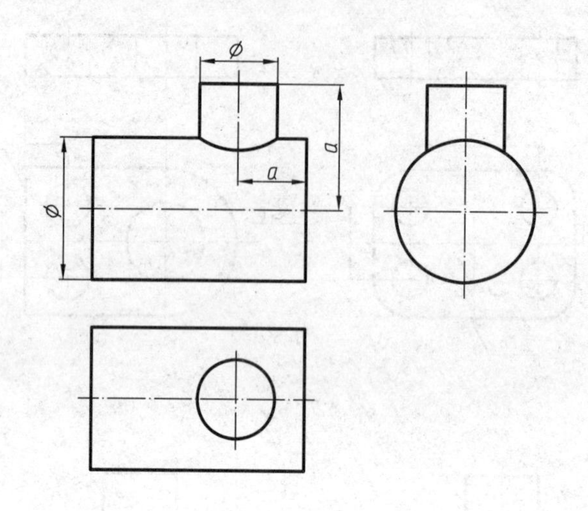

图 6-28 相贯立体的尺寸标注

6.5.4 标注组合体尺寸的方法

标注尺寸时，一般先对组合体进行形体分析，选定长、宽、高三个方向的尺寸基准，然后依次标注出每个基本立体的定形尺寸和各个基本立体之间的定位尺寸，最后调整、检查、标注总体尺寸。图 6-29 表示了轴承座的尺寸标注过程。

6.5.5 组合体尺寸标注的注意点

(1) 同一形体的尺寸应尽量集中标注，且尽量标注在形状特征最明显的视图上，以便于读图，如图 6-30 所示。

(2) 半径尺寸都应注在投影为圆弧的视图上，如图 6-30 所示。

(3) 同轴圆柱，直径尺寸尽量标注在投影为非圆的视图上，如图 6-31 所示。

(4) 对称结构的尺寸，不能只注一半，如图 6-32 所示。

(5) 标注尺寸排列要整齐。小尺寸在内，大尺寸在外；平行尺寸之间的间隔应一致；尺寸尽量布置在视图外面，以免尺寸线、尺寸数字与视图轮廓相交。特别注意，当无法避免尺寸数字与其他图线重合时，其他图线应断开，如图 6-33 所示。

(6) 尺寸尽可能不注在虚线上。

在标注尺寸时，有时会出现不能兼顾以上各点的情况，必须在保证尺寸标注正确、完整和清晰的前提下，根据具体情况，统筹安排，合理布置。

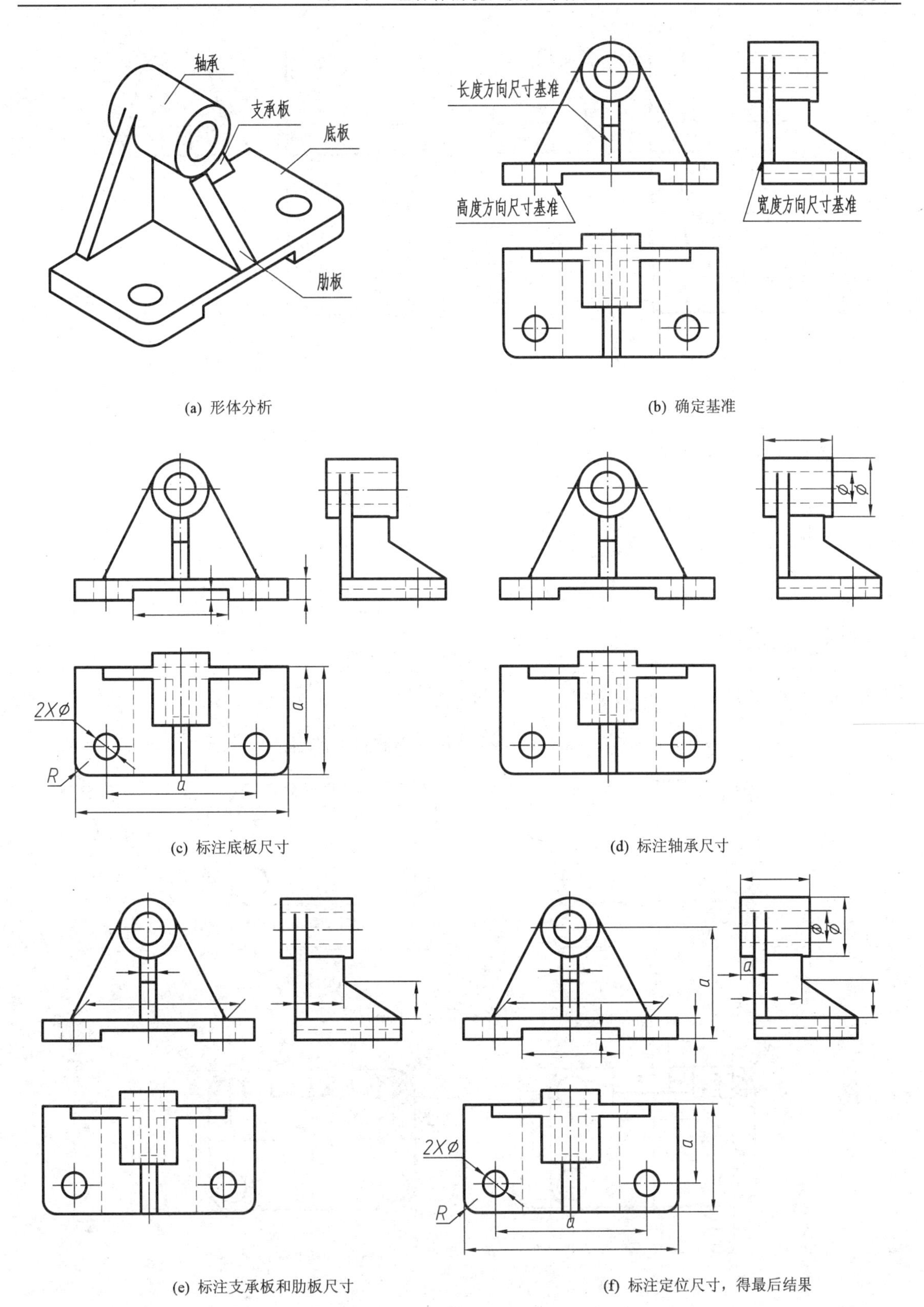

(a) 形体分析

(b) 确定基准

(c) 标注底板尺寸

(d) 标注轴承尺寸

(e) 标注支承板和肋板尺寸

(f) 标注定位尺寸，得最后结果

图 6-29 轴承座尺寸的标注

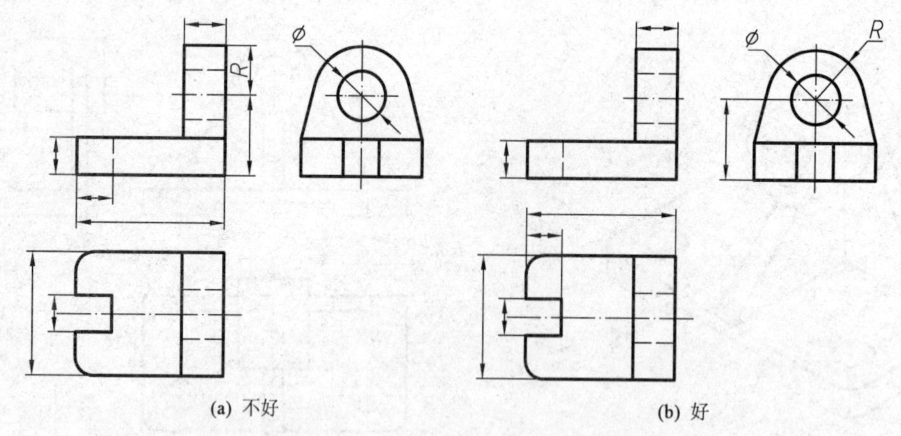

图 6-30　尺寸集中标注在特征视图上

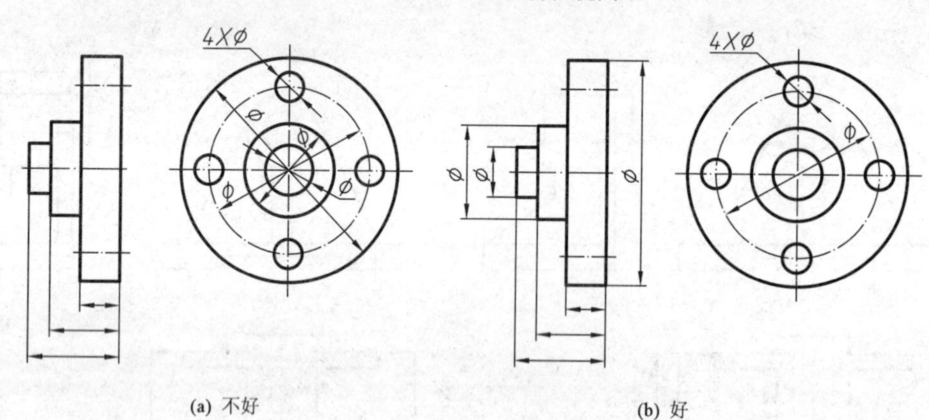

图 6-31　回转体直径尺寸尽量注在非圆视图上

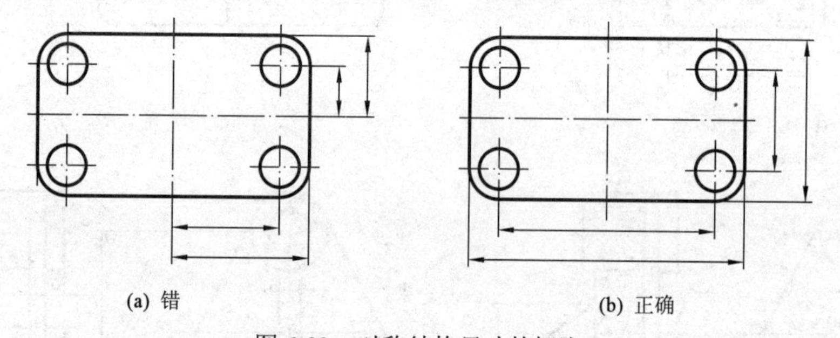

图 6-32　对称结构尺寸的标注

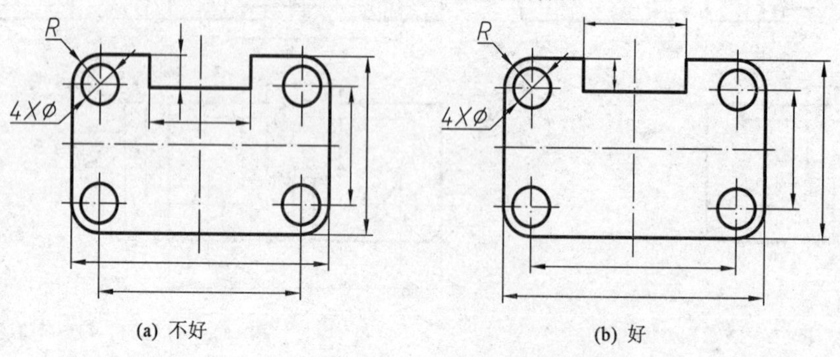

图 6-33　尺寸布置要恰当

6.6　AutoCAD绘制三视图

在绘制三视图的时候，可以充分利用AutoCAD提供的极轴、对象捕捉和对象追踪保证三视图的三等投影规律，用标注工具完成三视图的尺寸标注。

6.6.1　符合投影三等规律

在画三视图时，投影要满足“长对正、高平齐、宽相等”的三等投影规律。例如要绘制如图6-34所示的三视图时，绘图步骤如下：

(1) 先用直线(Line)命令绘制各视图基准线，然后绘制俯视图，确定*AB*两切点的位置。如图6-35所示。

(2) 将主视图和左视图的底边线用偏移(Offset)命令按尺寸向上偏移。如图6-36所示。

(3) 将极轴、对象捕捉和对象跟踪设成有效状态，用直线(Line)命令绘制主视图上的竖直线和确定水平线的长度。如图6-37所示。注意：在绘制时，启动直线命令后，先将光标移至俯视图的某个需要对齐的投影点，停顿一下，待出现此点的特征名称后，垂直向上移动(此时对象跟踪出现)至主视图对应的某根线上，然后按下左键，再移动光标至另一根线，画出竖直线。

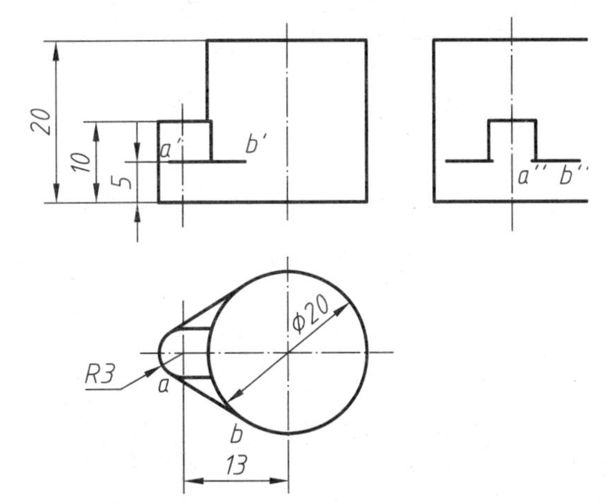

图6-34　AutoCAD画三视图举例

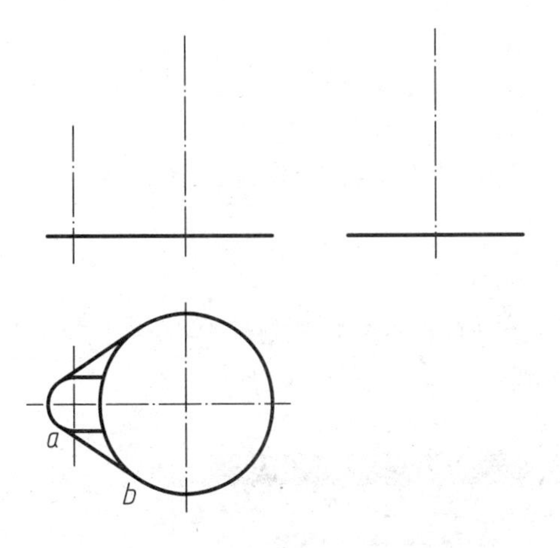

图6-35　AutoCAD画三视图步骤一

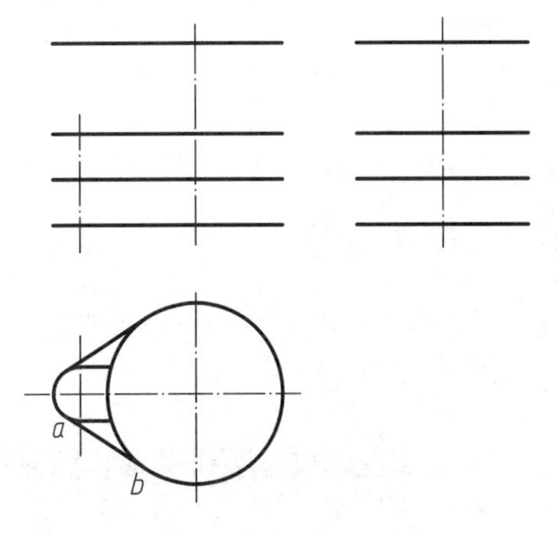

图6-36　AutoCAD画三视图步骤二

(4) 用修剪(Trim)命令修剪多余的线段，然后用删除命令（Erase）删除多余线段得主视图。如图6-38所示。

(5) 绘制左视图时，先将俯视图和左视图的中心线延长至相交，过交点作45°斜线(为了宽相等)。然后利用对象跟踪，绘制如图6-39所示的线段。

(6) 修剪整理后就可完成图形的绘制，如图 6-40 所示。

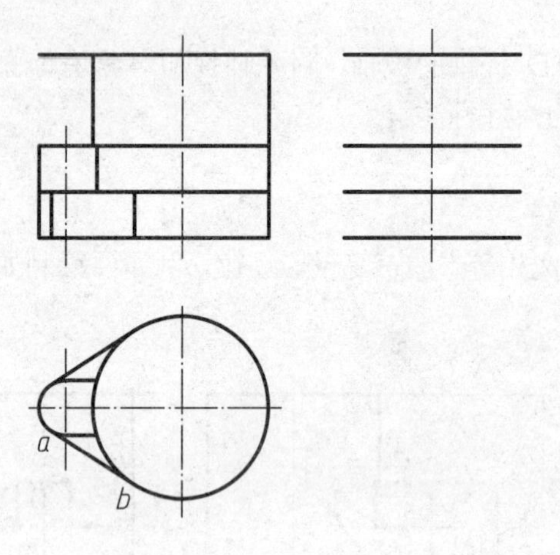

图 6-37 AutoCAD 画三视图步骤三

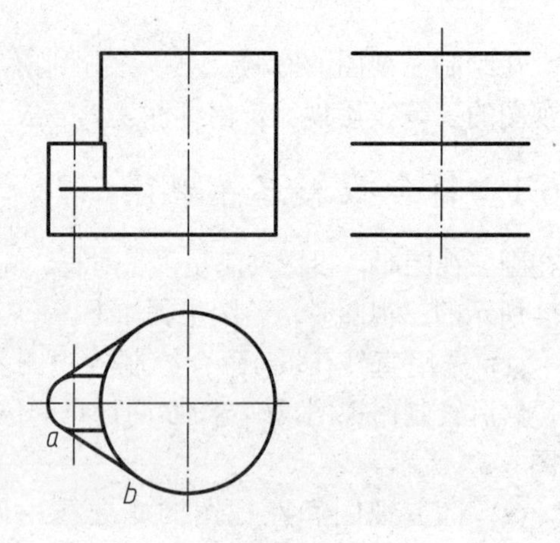

图 6-38 AutoCAD 画三视图步骤四

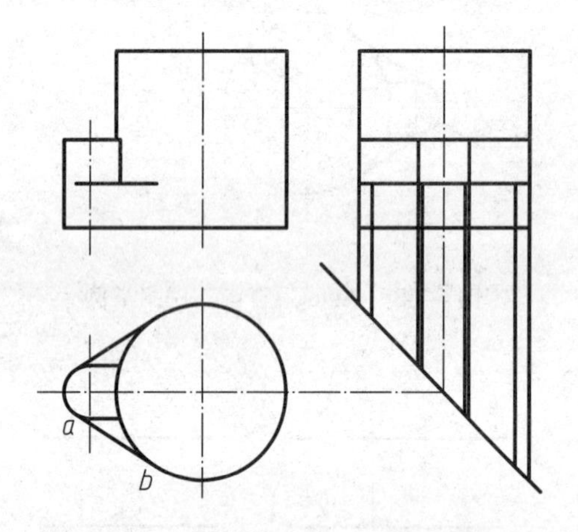

图 6-39 AutoCAD 画三视图步骤五

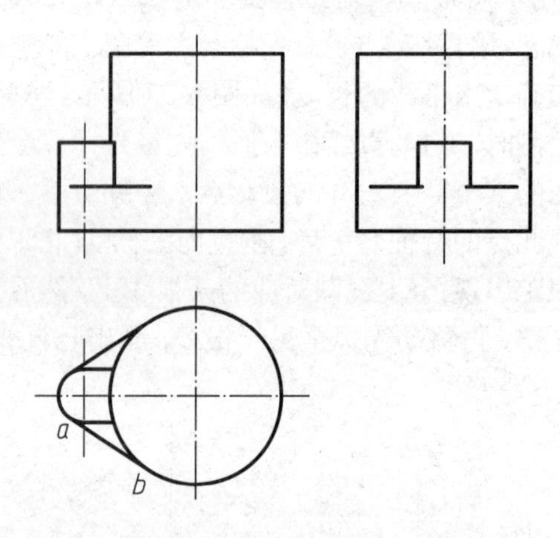

图 6-40 AutoCAD 画三视图步骤六

6.6.2 尺寸标注

在 AutoCAD 中，标注尺寸可通过标注工具栏(图 6-41)上的命令按钮或下拉菜单中的“标注”来完成。一般采用工具栏标注，因为图标比较直观。

图 6-41 尺寸标注工具栏

1. 设定尺寸标注样式

在尺寸标注中，尺寸样式的设定至关重要，只要尺寸样式设定合理，对于各种不同的尺寸标注就变得得心应手了。系统提供了 ISO-25 的尺寸标注样式，它与我们的国标有一些差别，需要对其默认值作适当的修改。

设定尺寸标注样式由尺寸标注工具栏上的最后一个命令按钮(标注样式)或在命令行键入命令“D”来进行。命令启动后进入标注样式管理器(图 6-42)。

如果我们采用 acadiso.dwt 作为样板图，系统默认的是 ISO-25 的尺寸标注样式，在此样式中尺寸数字的高度为 2.5，箭头长度 2.5。在此样式的基础上通过以下步骤可以建立符合国标要求的尺寸样式。

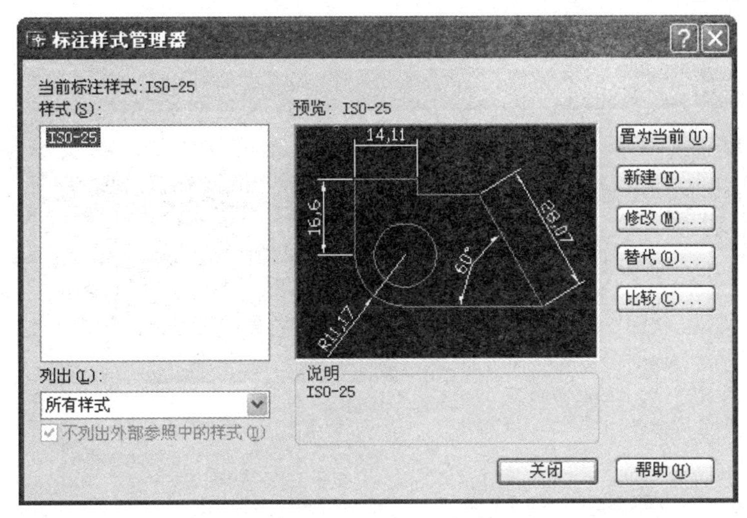

图 6-42　标注样式管理器

(1) 修改 ISO-25 的部分参数：

① 单击“修改(M)……”，在“直线和箭头”选项卡中(图 6-43)，将“基线间距(A)”设置为 5，“起点偏移量(F)”设置为 0。

图 6-43　尺寸线和箭头设置

② 若要调整标注的字高和箭头长度，请选择“调整”选项卡(图6-44)，在“使用全局比例(S)”右边的数值框中将1改成1.4，这样就可以使尺寸数字的高度和尺寸箭头的长度扩大1.4倍，变为3.5，千万不要去单独调整字高和箭头长度，那样太麻烦。如果不需要调整字高和箭头长度请跳过此操作。

③ 选择“主单位”选项卡(图6-45)，将“小数分隔符(c)”设置为“‘.’(句点)”。然后按“确定”。其他选项卡中的不做修改。

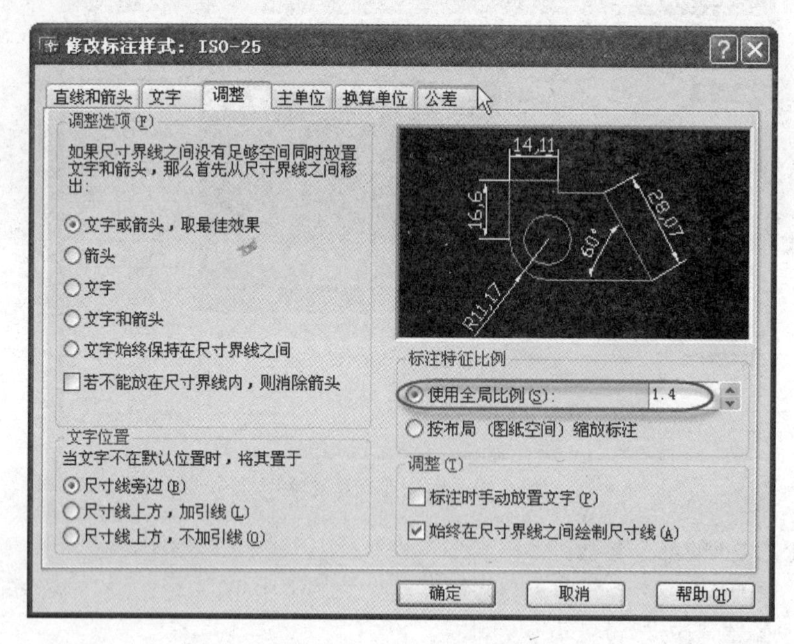

图6-44　全局比例设置

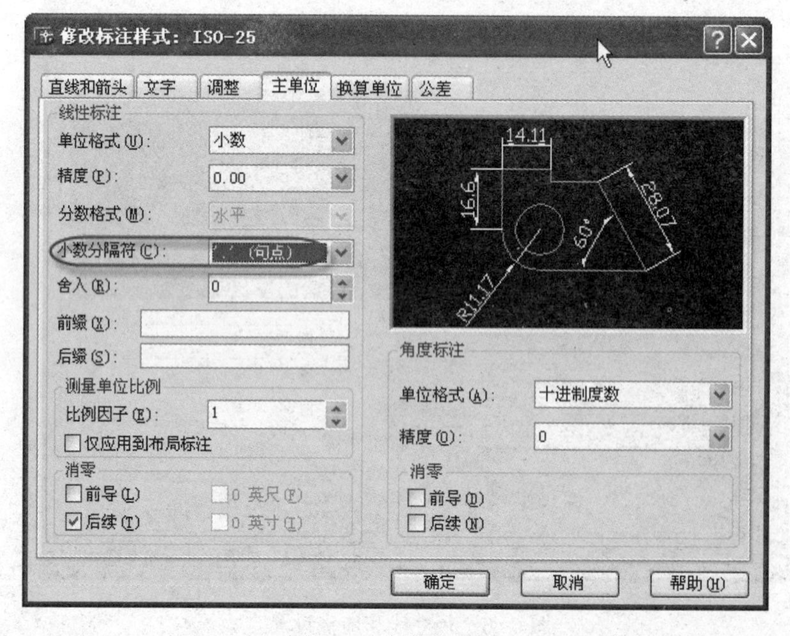

图6-45　主单位设置

(2) 在 ISO-25 中建立标注子样式。子样式可以使标注尺寸时，线性尺寸、角度尺寸、半径尺寸和直径尺寸等按各自不同的参数进行标注，从而满足国标的要求。

① 建立角度标注子样式。单击“新建(N)……”命令按钮开始建立尺寸标注样式。首先在弹出的对话框(图 6-46)中，在“用于(U)”的列表框中选择“角度标注”，然后单击“继续”按钮进入设置窗口，选择“文字”选项卡如图 6-47 所示。在“文字对齐(A)”中选择“水平”，然后按确定。

② 建立半径标注子样式。单击“新建(N)……”命令按钮开始建立尺寸标注样式。在弹出的对话框(图 6-46)。在“用于(U)”的列表框中选择“半径标注”，然后，单击“继续”按钮进入设置窗口，选择“文字”选项卡如图 6-47 所示，在“文字对齐(A)”中选择“ISO 标准”。再选择“调整”选项卡(图 6-48)，在“调整选项(F)”下选择“文字”，然后按确定。

③ 建立直径标注子样式。与建立半径标注子样式基本相同，只是在“用于(U)”的列表框中选择“直径标注”。

这样就完成了尺寸样式的修改，能基本满足国标中尺寸标注的需要。

图 6-46 创建新标注样式

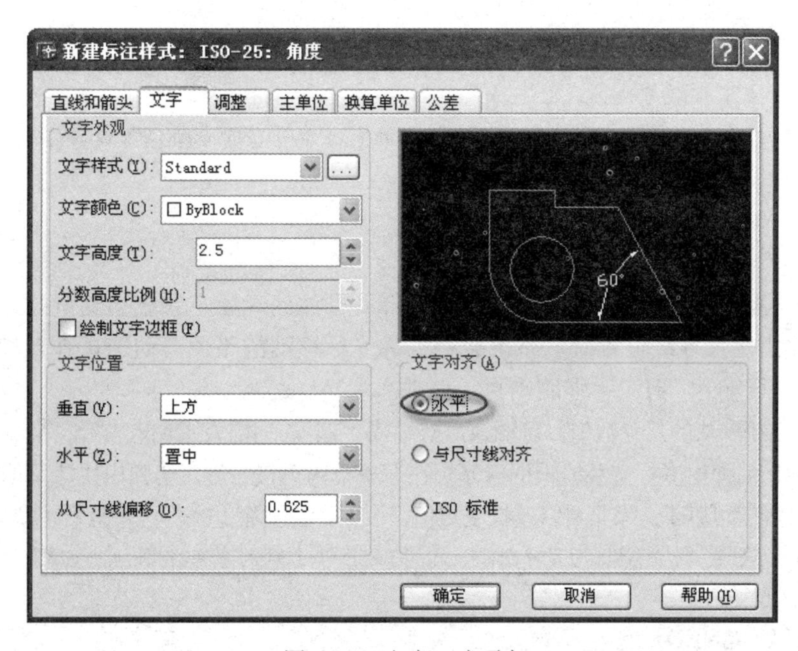

图 6-47 “文字”选项卡

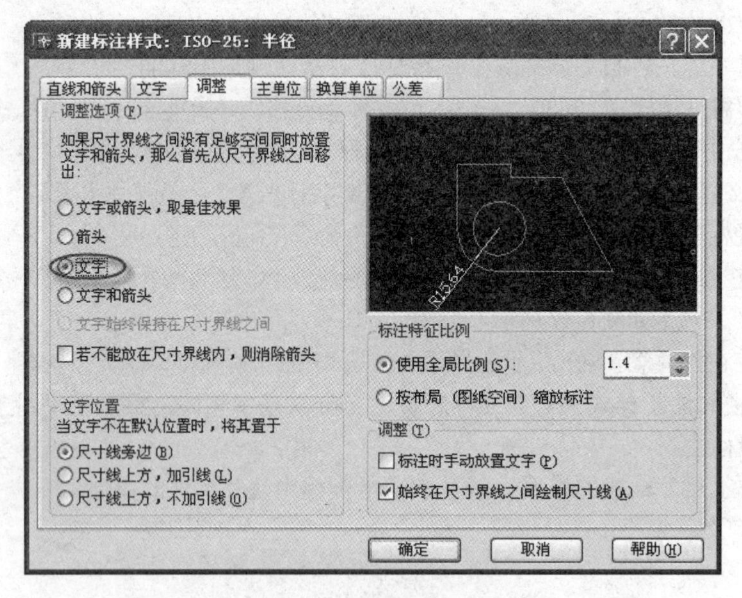

图 6-48 “调整”选项卡

2. 尺寸标注命令

AutoCAD 提供了全面的尺寸标注命令，如：长度型、圆弧型和角度型等。在进行尺寸标注前，先将“对象捕捉”设置成端点、交点和圆心等功能有效。

(1) 线性(水平/垂直型)标注。标注水平型和垂直型尺寸，使用 DIMLINEAR 命令。

DIMLINEAR 命令的操作过程一般为：

命令: IMLINEAR

指定第一条尺寸界线原点或<选择对象>:

指定第二条尺寸界线原点:

指定尺寸线位置或[多行文字(M)/文字(T)/角度(A)/水平(H)/垂直(V)/旋转(R)]:（指定标注位置）

标注文字=100

说明：

① 在指定标注起点时，若按回车键，则选择要标注的对象，系统会测量此对象的长度。

② 在需要指定尺寸线位置时，系统会根据你光标移动的路径自动选择垂直型或水平型。若要强制水平，请输入“H”；强制垂直，请输入“V”。

③ 要改变系统默认的尺寸数值，可输入“M”或“T”。如需人工加入直径符号“ϕ”时，可输入“M”，回车后弹出多行文字编辑框，光标在编辑框内再按右键，会弹出快捷菜单，选择“符号”中的“直径”就可以了。除非要修改长度数值，否则不要删除“<>”，它是系统默认的测量值。

(2) 对齐型标注。对齐型尺寸标注中，尺寸线平行于尺寸界线两起点连成的直线。其操作过程为：

命令: DIMALIGNED

指定第一条尺寸界线原点或 <选择对象>:

指定第二条尺寸界线原点:

指定尺寸线位置或[多行文字(M)/文字(T)/角度(A)]:

标注文字=100

(3) 基线标注。基线标注是从同一基线出发标注多个平行尺寸，一般先用“线性标注”标注一个尺寸后启用它。

(4) 连续标注。连续标注是标注首尾相连的多个尺寸。使用方法与基线标注相同。

(5) 直径标注。直径标注用来标注圆的直径，其尺寸数字前自动加上“ϕ”。使用时选择圆周上的点即可。

(6) 半径标注。半径标注用来标注圆弧的半径，其尺寸数字前自动加上“R”。操作同直径标注。

(7) 角度标注。角度标注用来标注两条直线之间的夹角，或者三点构成的角度，其尺寸数值后会自动加上“°”。其操作过程为：

命令:DIMANGULAR

选择圆弧、圆、直线或<指定顶点>:

指定角的第二个端点:

指定标注弧线位置或[多行文字(M)/文字(T)/角度(A)]:

标注文字=120

说明：

① 若选择直线，则通过指定的两条直线来标注其角度。

② 若选择圆弧，则以圆弧的圆心作为角度的顶点，以圆弧的两个端点作为角度的两个端点，来标注弧的夹角。

③ 若选择圆，则以圆心作为角度的顶点，以圆周上指定的两点作为角度的两个端点，来标注弧的夹角。

(8) 快速引线标注。可创建带有一个或多个引线的文字。引线是由箭头、直线段或样条曲线段等组成的复杂对象，引线的末端是注释。引线和注释在图形中被定义成两个独立的对象，但两者是相关的。移动注释会引起引线的移动，但移动旁注线并不会导致注释的移动。

3. 尺寸编辑

(1) 编辑标注。编辑标注按钮是对已标注好的尺寸进行编辑。其操作过程为：

命令:DIMEDIT

输入标注编辑类型[默认(H)/新建(N)/旋转(R)/倾斜(O)]<默认>:↵

选择对象:找到 1 个

选择对象:↵

说明：

① 默认(H)：使尺寸文字回归到默认位置。

② 新建(N)：重新输入尺寸文字。

③ 旋转(R)：旋转尺寸文字。

④ 倾斜(O)：调整尺寸界线的倾斜角度。

(2) 编辑标注文字。编辑标注文字用于改变尺寸文字的位置。其操作过程为：

命令:DIMTEDIT

选择标注:

指定标注文字的新位置或[左(L)/右(R)/中心(C)/默认(H)/角度(A)]:

说明：

① 左(L)：将标注文字放在尺寸线的左侧。

② 右(R)：将标注文字放在尺寸线的右侧。

③ 中心(C)：将标注文字放在尺寸线的中间。

④ 默认(H)：将标注文字放到默认位置。

⑤ 角度(A)：修改标注文字的角度。

除了以上命令，也可以用双击需要编辑的标注，在特性对话框中修改。一般情况下不要用分解命令将尺寸标注分解，因为一旦分解就失去了其标注的属性，要对尺寸标注进行放大或缩小就麻烦了。

第7章　机件的表达方法

机器上零件的结构形状多种多样，为了使图样能够正确、完整、清晰地表达零件内外结构形状，仅用主、俯、左三个视图不能满足表达要求。因此，国家标准《机械制图》图样画法中规定了绘制机械图样的基本方法和零件形状的表达方法。本章主要介绍其中常用的一些零件表达方法。

7.1　视图

视图主要用于表达机件的外部结构和形状，一般只画出机件的可见部分，必要时才画出其不可见部分。视图有基本视图、向视图、局部视图和斜视图四种。

7.1.1　基本视图

国家标准《机械制图》图样画法中规定，如图 7-1 所示，以正六面体的六个面作为基本投影面，把零件放置在正六面体中，分别将零件向六个基本投影面投射所得的视图称为基本视图。除了第 6 章的主视图、俯视图和左视图外，新增如下三个视图：

右视图——由右向左投射得到的视图；

仰视图——由下向上投射得到的视图；

后视图——由后向前投射得到的视图。

基本投影面按图 7-1 展开后各视图的配置位置如图 7-2 所示，此时一律不注视图名称。

六个基本视图仍满足“长对正、高平齐、宽相等”的投影规律，如图 7-2 所示。

六个基本视图反映空间的上下、左右和前后的位置关系，如图7-2所示。特别应注意，左、

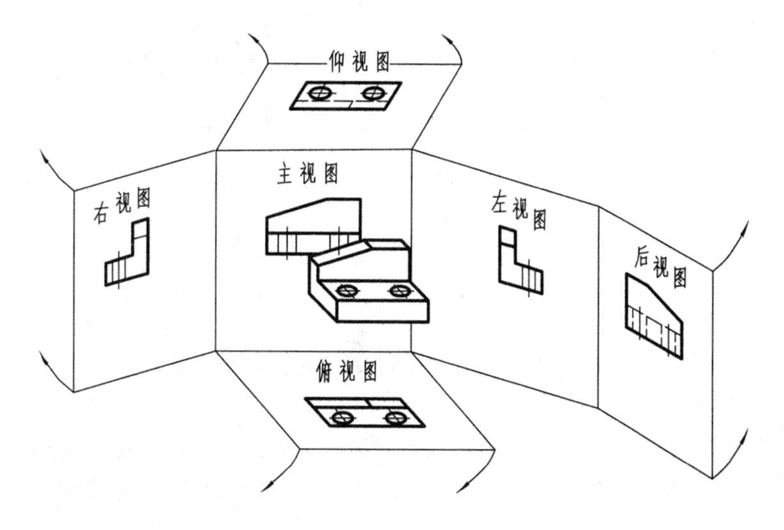

图 7-1　六个基本投影面及其展开

右视图和俯、仰视图靠近主视图的一侧，反映零件的后面，而远离主视图的一侧，反映零件的前面。

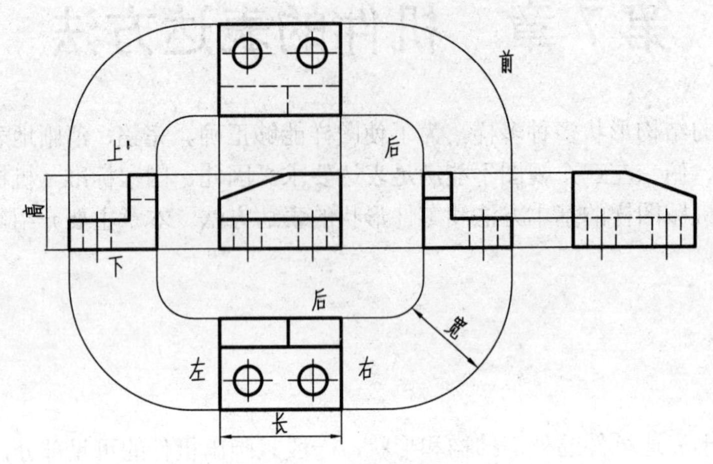

图 7-2 基本视图的配置

7.1.2 向视图

六个基本视图如不能按图 7-2 配置视图时，则必须在相应视图的上，用箭头指明投影方向并注上字母，在对应视图的上方标注“×”(“×”为大写的拉丁字母)。这种位置可自由配置的视图称为向视图，如图 7-3 所示。

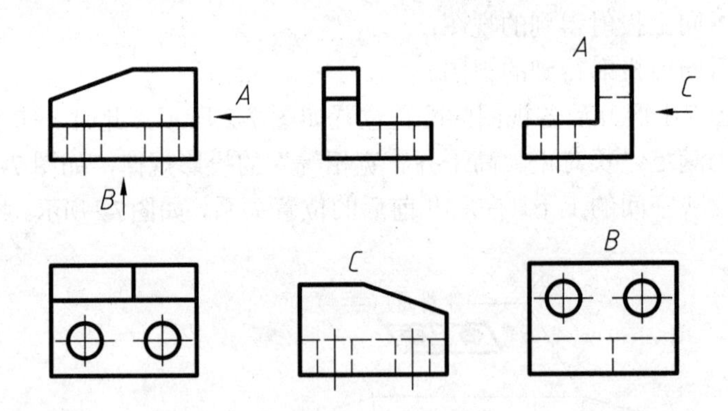

图 7-3 向视图的标注方法

7.1.3 局部视图

将零件的某一部分向基本投影面投影所得的视图称为局部视图。

局部视图的画法和标注：

(1) 局部视图断裂边界通常用波浪线或双折线表示，如图 7-4 所示的 *B* 向局部视图。当所表示的局部结构是完整的，且外形轮廓线又是封闭时，可省略波浪线或双折线，如图 7-4 所示的 *A* 向局部视图画法。

(2) 局部视图可按基本视图配置,这时可省略标注,如图 7-5 所示的俯视方向的局部视图。也可以按向视图方式配置和标注，如图 7-4 所示的 *A* 向局部视图等。

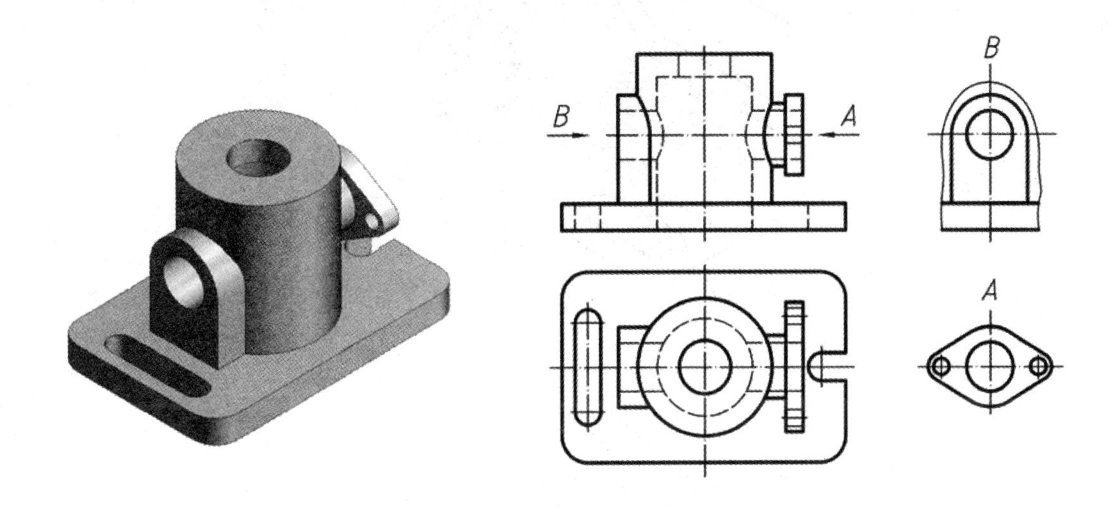

图 7-4　局部视图

在需表达零件上的局部形状，而又没有必要画出整个基本视图的情况，应该采用局部视图。如图 7-4 所示零件，采用了主视图和俯视图为基本视图，并配合局部视图表达，比采用主、俯视图和左、右视图的表达来得简洁，且符合制图标准提出的对视图选择的要求：在完整、清晰地表达零件各部分形状的前提下，力求制图简便。

7.1.4　斜视图

将零件向不平行于任何基本投影面投射所得的视图称为斜视图。斜视图用来表达零件上倾斜表面的真实形状。

如图 7-5(a)所示零件上的倾斜结构，在俯视图和左视图上均不能反映实形，如果设置一个辅助投影面 *P* 与零件的倾斜部分平行，且垂直于另一基本投影面(图 7-5(a)中为 *V* 面)，然后将零件的倾斜部分向辅助投影面 *P* 面投射，就得到反映零件倾斜部分实形的视图，即斜视图，它如主俯视图一样，存在着“长对正，宽相等”的投影规律。

斜视图画法和标注：

(1) 斜视图一般只要求表达出倾斜部分的形状，因此，斜视图的断裂边界通常用波浪线或双折线表示，如图 7-5(b)所示的 *A* 向斜视图。当所表示的倾斜结构是完整的，且外形轮廓线又是封闭时，可省略波浪线或双折线。

(2) 斜视图一般按投射方向配置和标注。

其标注方法是：在相应视图上用带字母的箭头指明投射方向和表达部位，在斜视图上方用对应字母标出视图名称，如图 7-5(b)所示的“*A*”向斜视图。

斜视图也可配置在其他适当位置。在不致引起误解时，允许将图形旋转，这时用旋转符号表示旋转方向，而表示视图名称的字母应写在旋转符号箭头端。旋转符号方向应与实际旋转方向一致。

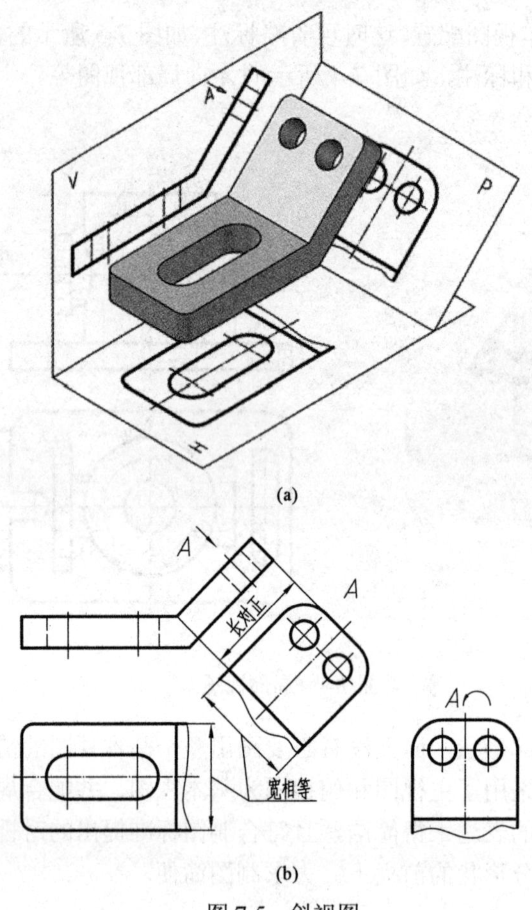

图 7-5　斜视图

7.2　剖视

根据国家标准规定，物体的可见轮廓线用粗实线画出，不可见轮廓线用虚线表示。当零件内部形状较为复杂时，视图上就出现较多虚线，有些虚线甚至还可能与物体的外形轮廓线相重叠，如图 7-6 所示。虚、实线相混的图形既不利于看图，也不便于标注尺寸。为了解决这个问题，国家标准规定用剖视图来表示物体内部结构的形状。

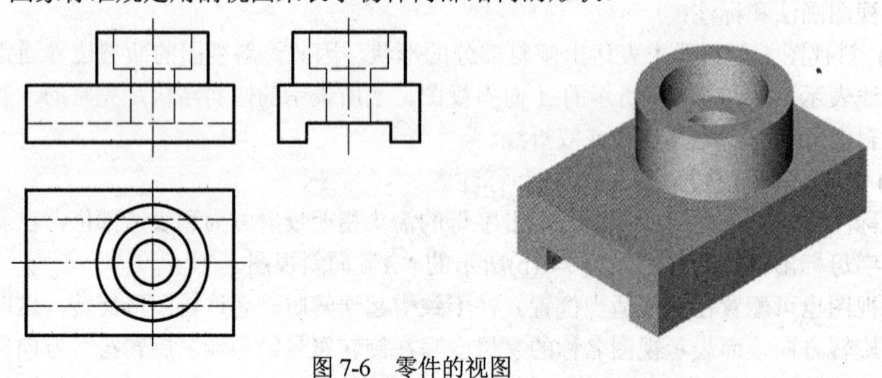

图 7-6　零件的视图

7.2.1　剖视图的概念

1. 剖视图的形成

如图 7-7(a)所示，假想用剖切平面剖开零件，将处在观察者和剖切平面之间的部分移去，而将其余部分向投影面投射并在剖面区域内画上剖面符号，所得的图形称为剖视图，简称剖视。

剖切平面与零件的接触部分，称为剖面区域。

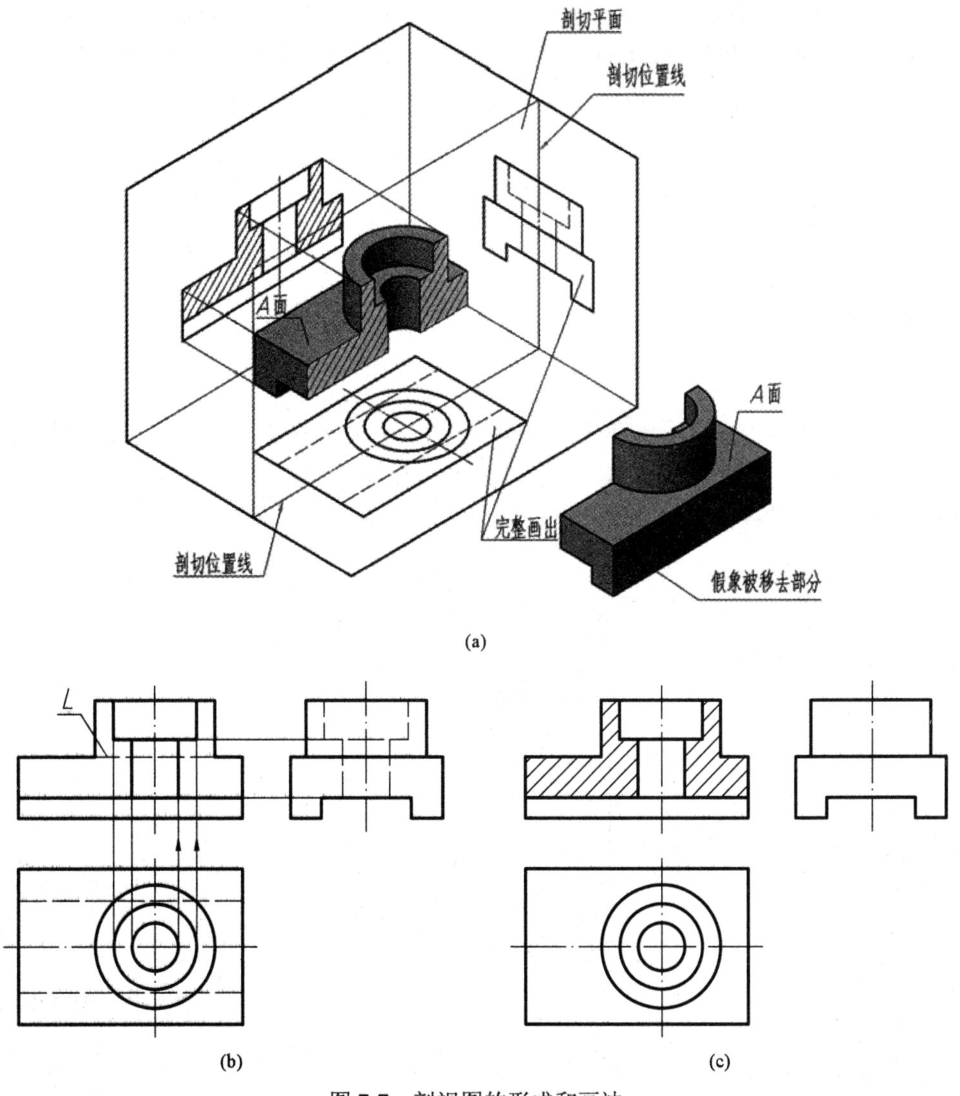

图 7-7　剖视图的形成和画法

2. 剖视图的画法

(1) 确定剖切平面的位置。一般用平面作为剖切面。为了能清楚地表示零件内部结构的真实形状，一般剖切平面应平行于相应的投影面。同时，为避免剖切而产生不完整的结构要素，剖切平面应该通过零件内部孔、槽的轴线或与零件的对称平面相重合。

(2) 搞清剖切后的情况。零件被剖切后，要想清楚移走哪部分、留下哪部分；搞清剖面区域的形状、剖切平面后面哪些是可见的。画图时要把剖面区域和剖切平面后面的可见轮廓画全，如图 7-7(b)所示。

为了保持图形清晰，在剖视图和其他视图中，看不见的轮廓线——虚线，只要不影响机件结构形状的表达，可以省略不画，如图 7-7(b)所示的虚线 *L*，它表示机件上 *A* 面的不可见部分的正面投影，在剖视图中省略并不影响机件的结构形状的表达。因 *A* 面的位置由其正面投影的粗实线部分来确定。其他视图省略虚线的理由，读者自行分析。

(3) 在剖面区域画上剖面符号。剖面区域需按规定画出与零件材料相应的剖面符号，如表 7-1 所示。对金属材料(或不需要在剖面区域中表示材料类别时)的剖面线用细实线画成与主要轮廓线或剖面区域的对称线成 45°的一组等距线，如图 7-8 所示。剖面线之间的距离视剖面区域的大小而异，通常可取 2~4mm；同一零件的各个剖面区域其剖面线画法应一致。

图 7-8 金属材料剖面线的画法

当图形的主要轮廓线或剖面区域的对称线与水平线成 45°或接近 45°时，该图形的剖面线可画成与主要轮廓线或剖面区域的对称线成 30°或 60°的平行线，其倾斜的方向仍与其他图形的剖面线一致，如图 7-9 所示。

表 7-1 剖面符号

<table>
<tr><td colspan="2">金属材料
(已有规定剖面符号者除外)</td><td></td><td>木质胶合板</td><td></td></tr>
<tr><td colspan="2">线圈绕组元件</td><td></td><td>基础周围的泥土</td><td></td></tr>
<tr><td colspan="2">转子，电枢、变压器和
电抗器等的叠钢片</td><td></td><td>混凝土</td><td></td></tr>
<tr><td colspan="2">非金属材料
(已有规定剖面符号者除外)</td><td></td><td>钢筋混凝土</td><td></td></tr>
<tr><td colspan="2">玻璃及供观察用的
其他透明材料</td><td></td><td>格网（筛网、过滤网等）</td><td></td></tr>
<tr><td colspan="2">型砂、填沙、粉末冶金、砂轮、
陶瓷刀片、硬质合金刀片等</td><td></td><td>固体材料</td><td></td></tr>
<tr><td rowspan="2">木材</td><td>纵剖面</td><td></td><td>液体材料</td><td></td></tr>
<tr><td>横剖面</td><td></td><td>气体材料</td><td></td></tr>
</table>

3. 剖视图的标注

为了便于看图，画剖视图时需要标注如下内容(图 7-10)：

(1) 视图名称。在剖视图上方标注剖视图名称“×–×”(×为大写拉丁字母)。

(2) 剖切位置和投射方向。在相关视图上用剖切符号表示剖切平面起、讫和转折位置，用箭头指明投射方向，并注上相应字母。

剖切符号用断开的粗实线表示，线宽为 1~1.5d(d 为粗实线线宽)，线长约为 5mm，画时应尽可能不与图形的轮廓线相交。

下列情况可省略标注：

① 当剖视图按基本视图关系配置时，可省略箭头，如图 7-9 所示。

② 当单一剖切平面通过零件的对称平面，且平行基本投影面，剖视图又按基本视图关系配置时，可省略标注，如图 7-11(b)所示的剖视图。

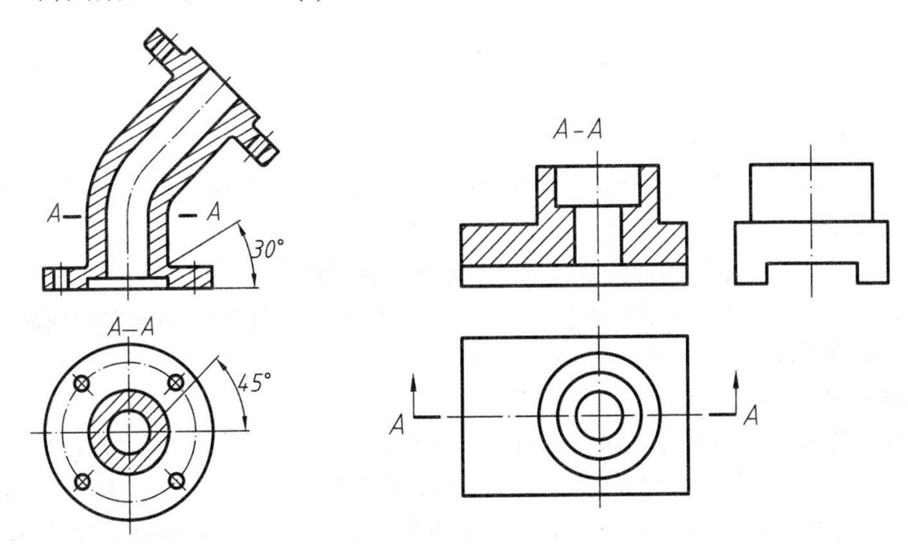

图 7-9　剖视图中的剖面线画法　　图 7-10　剖视图的标注

4. 画剖视图的注意点

(1) 剖视图是假想的，当一个视图取剖视后，其他视图仍按完整的零件表达需要来绘制。

(2) 剖切平面后面的可见部分应全部画出，不能遗漏(图 7-11)。

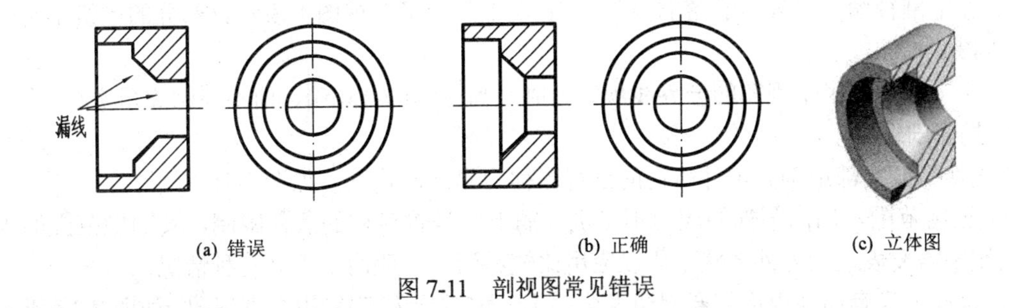

(a) 错误　(b) 正确　(c) 立体图

图 7-11　剖视图常见错误

(3) 剖视图应省略不必要的虚线，只有对尚未表示清楚的零件结构形状才画出虚线；或画出虚线对清楚表示零件的结构形状有帮助，而又不影响图形清晰，如图 7-12 所示。

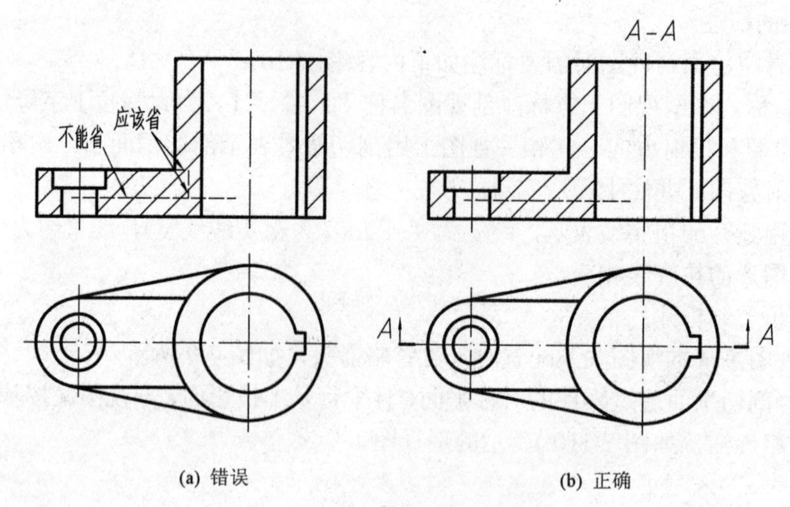

(a) 错误 (b) 正确

图 7-12 剖视图中虚线的画法

7.2.2 剖视图的种类

根据国家标准，剖视图按剖切范围可分为：全剖视图、半剖视图和局部剖视图。

1. 全剖视图

用剖切平面完全地剖开零件所得的剖视图称为全剖视图。

适用范围：全剖视图适用于内部形状比较复杂的不对称机件(图7-7)或外形比较简单(不需要保留时)的对称机件[图 7-11(b)]。

2. 半剖视图

当零件具有对称平面时，在垂直于对称平面的投影面上投影所得的图，可以以对称中心线为界，一半画成剖视，另一半画成视图，这种剖视图称为半剖视图，如图 7-13、图 7-14 所示。

(1) 适用范围。半剖视图适用于内外形状都需要表达的对称机件，如图 7-13 所示。若零件的形状接近于对称，且不对称部分已有其他视图表达清楚时，也可画成半剖视图，如图 7-14 所示。

(2) 标注方法。半剖视图的标注方法与全剖视图标注相同。

半剖视图的剖切方法与全剖视图相同，如图 7-13(b)所示。

(3) 画半剖视图时应注意的问题：

① 在半剖视图上已表达清楚的内部结构，在不剖的半个视图上表示该部分的虚线不必画出[图 7-13(b)]。

② 半个剖视和半个视图的分界线规定画成点画线[图 7-13(b)]，而不能画成粗实线。

3. 局部剖视图

用剖切平面局部地剖开零件所得的剖视图称为局部剖视图，如图 7-15 所示。

(1) 适用范围。局部剖视的应用不受机件的形状是否对称的条件限制，其剖切范围的大小，决定于需要表达的内外形状，所以应用比较灵活。一般用于下列几种情况：

① 机件上只有局部内形需要剖切表达，而又不宜(或无需)采用全剖视图，如图 7-13 所示的上、下底板上的安装孔。

② 当不对称的机件内、外形状都需要表达时，如图 7-15 所示。

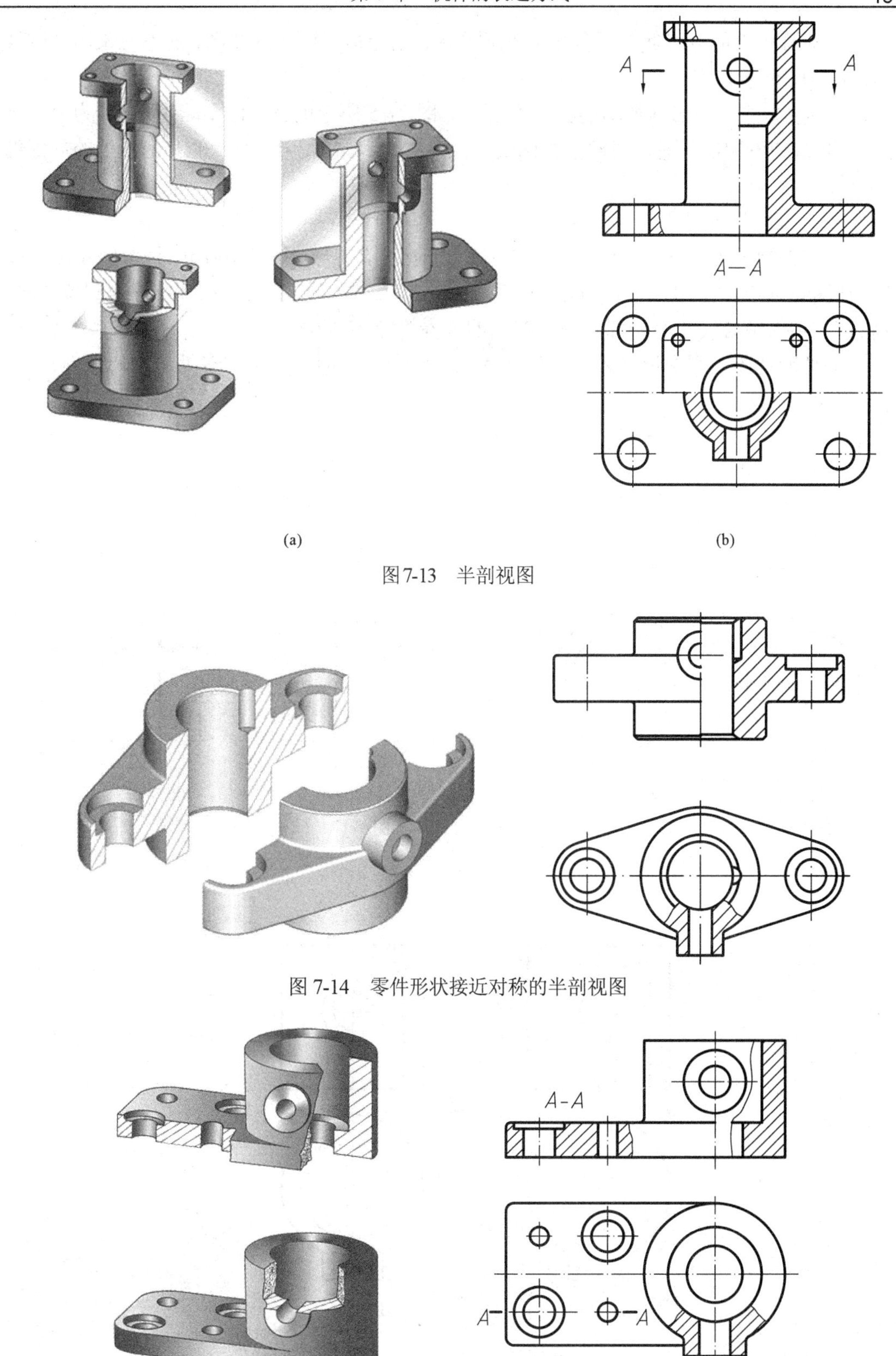

图 7-13　半剖视图

图 7-14　零件形状接近对称的半剖视图

图 7-15　局部剖视图

③ 当对称机件的轮廓线与对称中心线重合时，则应画成局部剖视图，而不应采用半剖视图，如图 7-16 所示。

(2) 标注方法。局部剖视图的标注方法，如图 7-15 所示的 $A-A$ 局部剖视。若为单一剖切平面，且剖切位置明显时，局部剖视图的标注可省略，如图 7-15 所示的其他两处的局部剖视。

(3) 画局部剖视图时应注意的问题：

① 局部剖视图中，视图与剖视的分界线为波浪线[图 7-15、图 7-16(b)]，波浪线不应与图样的其他图线重合，也不应出界，如图 7-17、图 7-18 所示。当被剖切的局部结构为回转体时，允许将该结构的中心线作为局部剖视与视图的分界线(图 7-19)。

② 局部剖视图运用的情况较广，但应注意，在同一视图中，不宜多处采用局部剖视图，使图形显得凌乱。

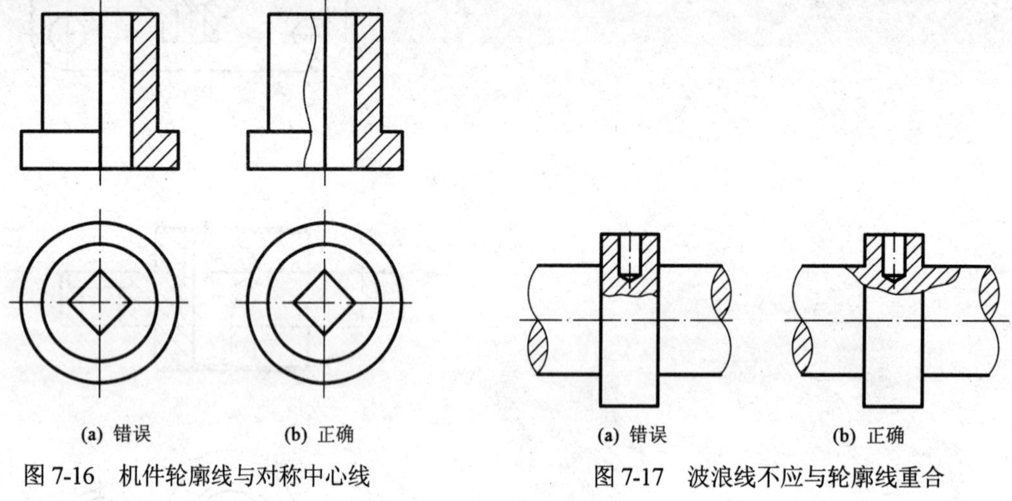

图 7-16 机件轮廓线与对称中心线重合时的局部剖视图画法

图 7-17 波浪线不应与轮廓线重合

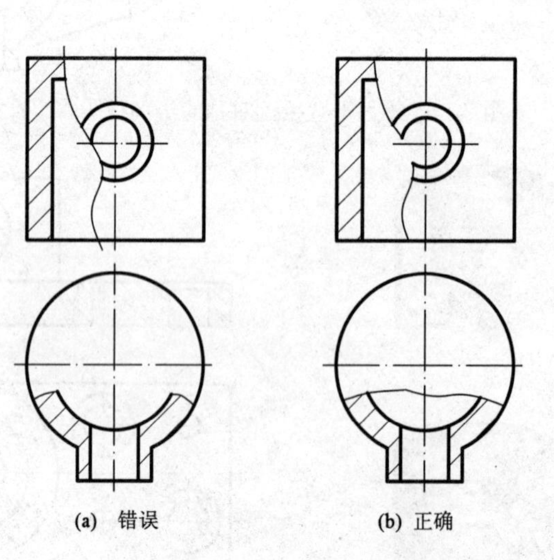

图 7-18 波浪线的画法

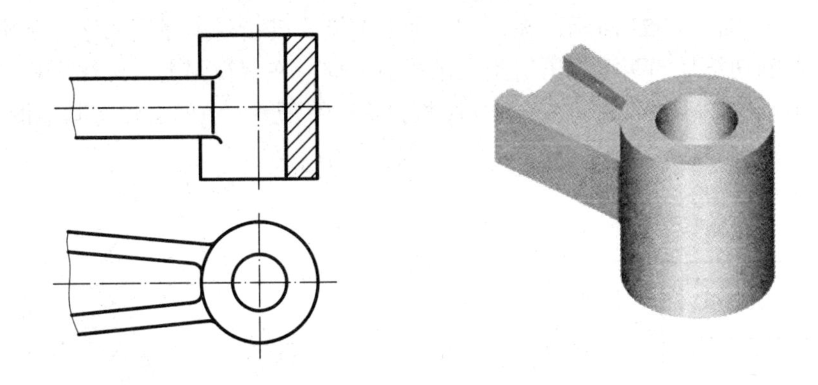

图 7-19　中心线作为分界线

7.2.3　剖切面的种类

在画剖视图时，可以根据机件的结构特点，选用不同的剖切面和剖切方法来表达。

1. 单一剖切面

(1) 平行于基本投影面的剖切面。前面介绍的各种剖视图例中，所选用的剖切面都是这种剖切面。

(2) 不平行于任何基本投影面的剖切平面。用不平行于任何基本投影面，但却垂直于一个基本投影面的剖切平面剖开机件的方法称为斜剖，如图 7-20 所示。它主要用来表达机件倾斜部分的内部结构。

所得的斜剖视图一般放置在箭头所指的方向上，并与原视图保持对应的投影关系，也可放置在其他位置，如图 7-20 所示。在不致引起误解时，允许将图形旋转，但要在剖视图上方指明旋转方向并标注名称。

斜剖视图必须按规定标注，不能省略，如图 7-20 所示。

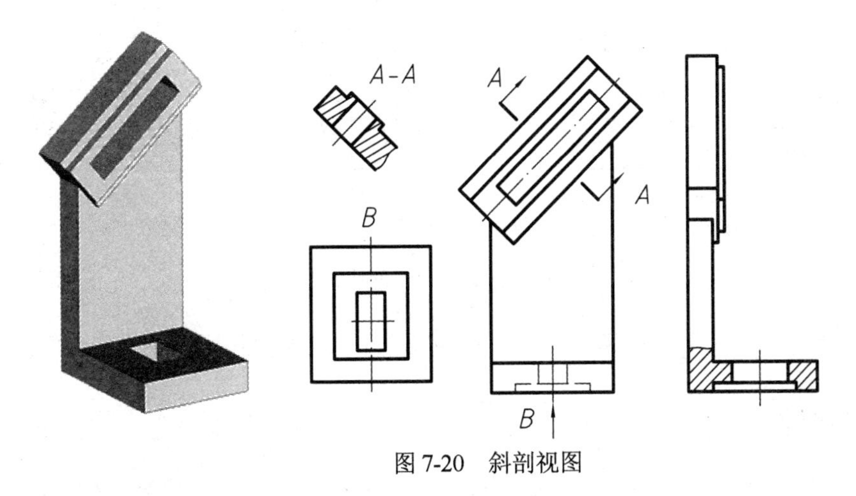

图 7-20　斜剖视图

2. 几个平行的剖切平面

用几个平行的剖切平面剖开零件的方法称为阶梯剖。它主要用来表达孔、槽等内部结构处于不同层次的几个平行平面上的机件，如图 7-21 所示。

(1) 标注方法。如图 7-21 所示，在剖切平面的起迄和转折处用相同的字母标出，转折处必须是直角。在剖切符号的两端画出箭头表示投射方向，在剖视图上方标注出相应的名称。当转折处位置很小时，可省略字母。当剖视图按投影关系配置，中间又没有其他图形隔开时，可省略箭头。

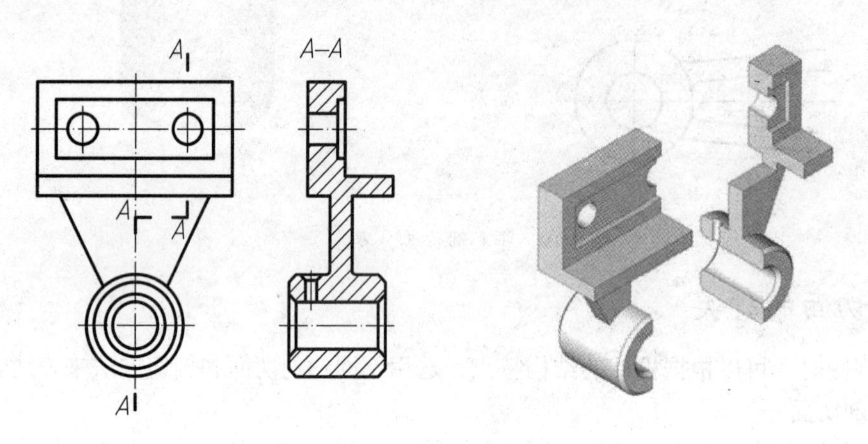

图 7-21 阶梯剖的剖视图

(2) 画阶梯剖应注意的问题：

① 剖切平面的转折处，不允许与零件上的轮廓线重合，如图 7-22(a)所示。

② 在剖视图上，不应画出两个平行剖切平面转折处的投影，如图 7-22(b)所示。

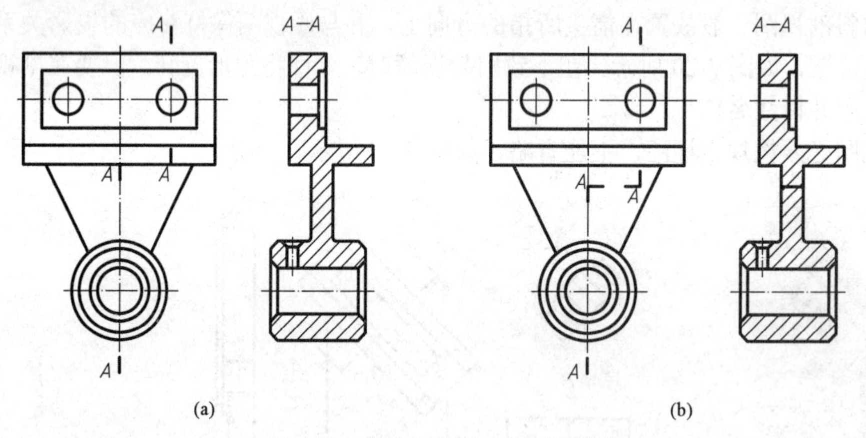

图 7-22 阶梯剖中容易出现的错误

③ 当两个要素在图形上具有公共对称中心线或轴线时，可以以对称中心线或轴线为界各画一半，如图 7-23 所示。

④ 要正确选择剖切平面，在剖视图中不应出现不完整的要素，如半个孔、不完整肋板等，如图 7-24 所示。

3. 几个相交剖切平面

(1) 两个相交的剖切平面(交线垂直于某一基本投影面)。两个相交的剖切平面(交线垂直于某一基本投影面)剖开零件的方法称为旋转剖。旋转剖主要用来表达孔、槽等内部结构不在同一剖切平面内，但这些结构又具有同一回转轴线的零件。

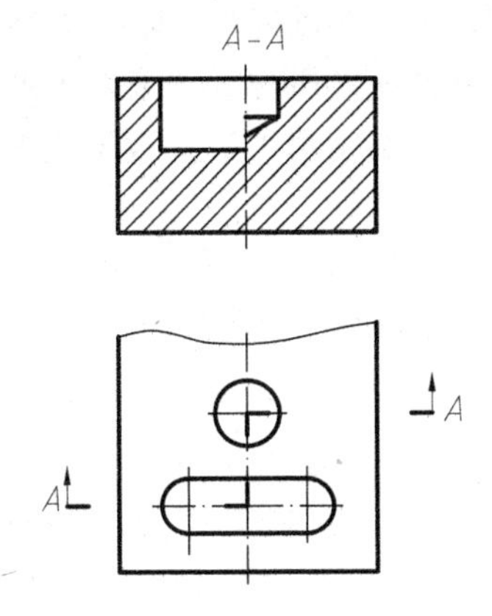

图 7-23　具有公共对称中心线的两要素的阶梯剖画法

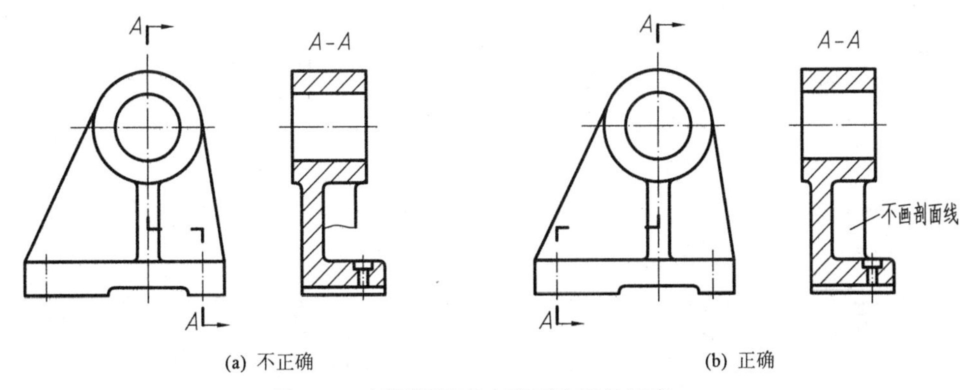

(a) 不正确　　(b) 正确

图 7-24　剖视图不应出现不完整的要素

用这种方法画剖视图时，先假想按剖切位置剖开零件，然后将被剖切平面剖开的结构及有关部分旋转到与选定的基本投影面(图 7-25 中为水平面)平行再进行投射。

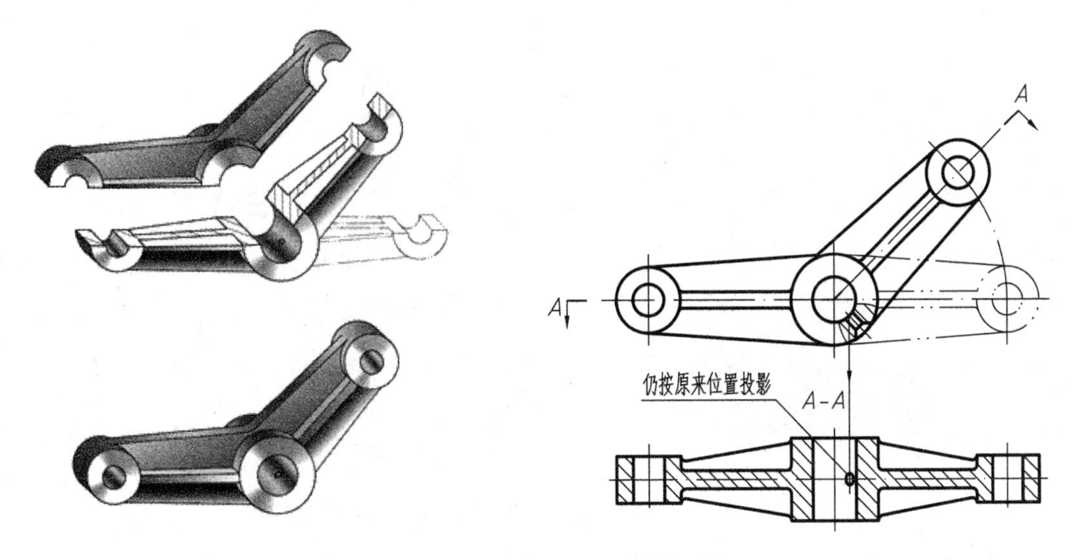

图 7-25　旋转剖剖切面后的结构画法

用旋转剖的方法获得的剖视图，必须加以标注。如图 7-25 所示，在剖切平面的起迄和转折处用相同的字母标出。在剖切符号的两端画出箭头表示投射方向，在剖视图上方标注出相应的名称。当转折处位置很小时，可省略字母。当剖视图按投影关系配置，中间又没有其他图形隔开时，可省略箭头。

(2) 画旋转剖应注意的问题：

① 在剖切平面后的其他结构，一般仍按原来位置投影，如图 7-25 中的 *A*–*A* 剖视图中小圆孔画法。

② 当剖切后产生不完整的要素时，该部分仍按不剖绘制，如图 7-26 所示。

(3) 几个相交的剖切平面。用几个相交的剖切平面剖开零件的方法称为复合剖，如图 7-27、图 7-28 所示，用来表达内形较为复杂，且分布位置不同的零件。用复合剖方法获得的剖视图，必须加以标注。如图 7-28 所示，当剖视图采用展开画法时，应标注“×–×展开”。

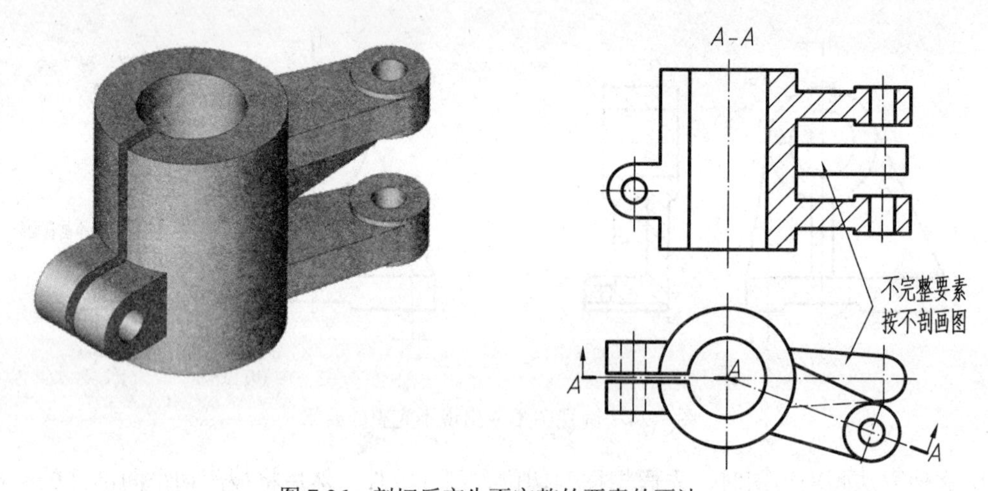

图 7-26 剖切后产生不完整的要素的画法

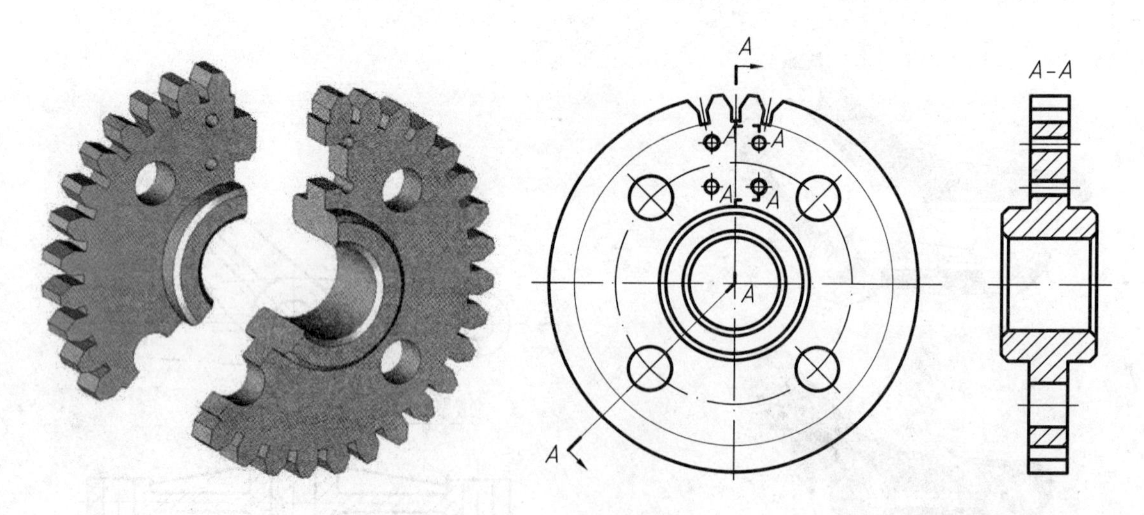

图 7-27 复合剖的剖视图

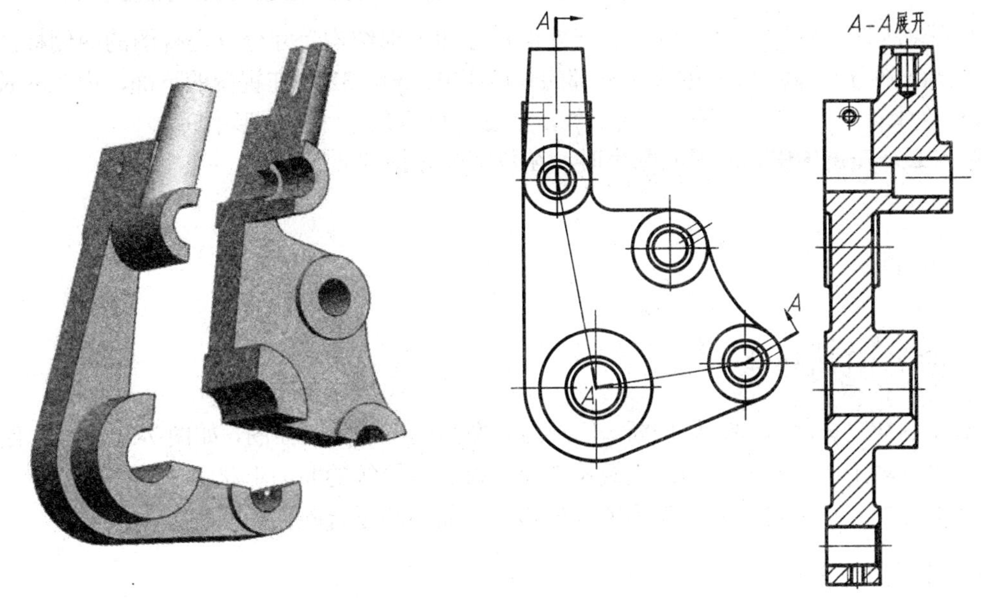

图 7-28　复合剖的展开画法

7.2.4　剖视图的尺寸标注

在组合体中我们已经介绍了视图上的尺寸标注，这些基本方法同样适用于剖视图。但在剖视图中标注尺寸时，还应注意以下几点：

(1) 在同一轴线上的圆柱和圆锥的直径尺寸，一般应尽量标注在剖视图上，避免标注在投影为同心圆的视图上，如图 7-29 中表示直径的七个尺寸。但在特殊情况下，当在剖视图上标注直径尺寸有困难时，或者需借助尺寸标注表达形体时，可以注在投影为圆的视图上。

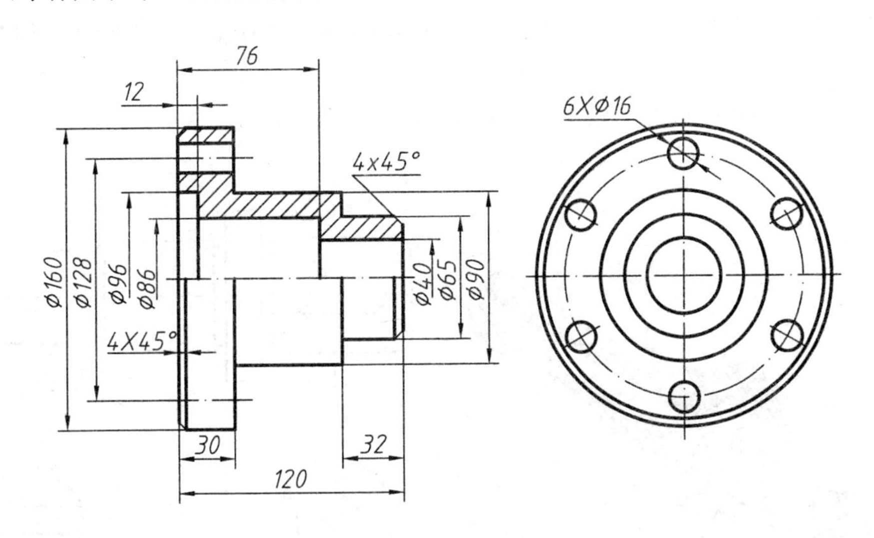

图 7-29　剖视图的尺寸标注

(2) 当采用半剖视图时，有些尺寸不能完整地标注出来，则尺寸线应略超过圆心或对称中心线，此时仅在尺寸线的一端画出箭头，如图 7-29 所示的直径ϕ45、ϕ32、ϕ20 等。

(3) 在剖视图上标注尺寸，应尽量把外形尺寸和内部结构尺寸分开在视图的两侧标注，这样既清晰又便于看图。如图中表示外部的长度 120、30、32 注在视图的下部，内孔的长度 12、76 注在上部。尺寸一般标注在图形外，必要时可将尺寸注在图形中间。

(4) 如必须在剖面中注写尺寸数字时，在数字处应将剖面线断开。

7.3 断面图

7.3.1 断面图的概念

假想用剖切平面将零件某处切断，仅画出断面的图形称为断面图，如图 7-30 所示。断面图常用来表达轴上的键槽和孔的深度及零件上肋板、轮辐等的断面形状。

按断面图配置位置的不同，断面图分为移出断面图和重合断面图两种。

7.3.2 移出断面图

画在视图外的断面图称为移出断面图。

1. 移出断面图的画法

移出断面图的轮廓线用粗实线绘制。一般只画出断面的形状，如图 7-30 所示。

画移出断面图应注意以下几点：

(1) 当剖切平面通过回转面形成的孔或凹坑时，这些结构应按剖视绘制，如图 7-30 第二处断面图所示。

(2) 当剖切平面通过非圆孔，会导致出现完全分离的两个断面时，则这些结构亦应按剖视绘制。如图 7-31 *A–A* 断面所示。

(3) 用两个或多个相交剖切平面剖切得出的移出断面图，中间一般应断开，如图 7-32(a) 所示。

(4) 对称的移出断面也可画在视图的中断处，如图 7-32(b)所示。

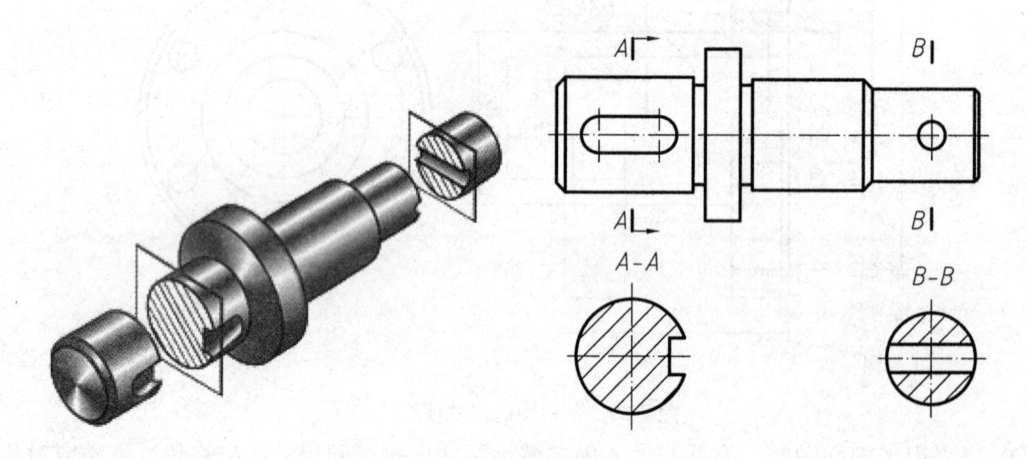

图 7-30 键槽断面图

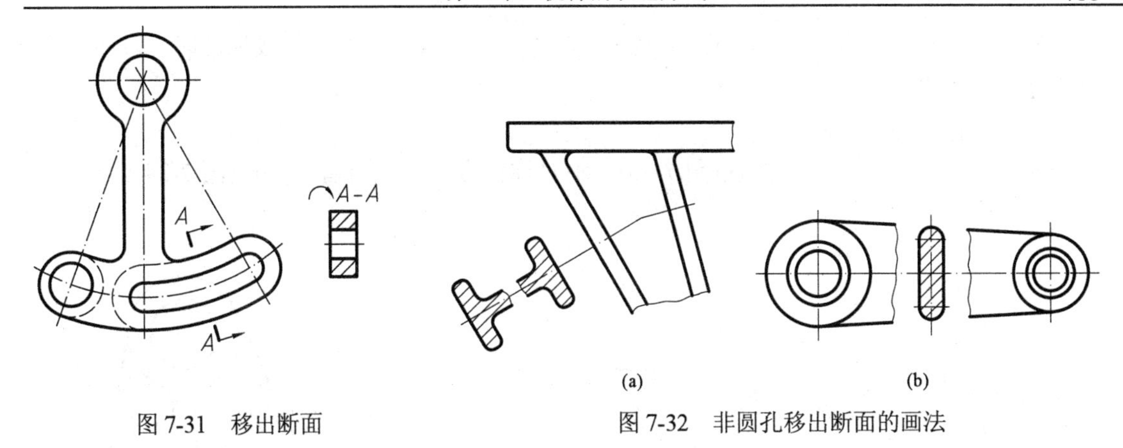

图 7-31　移出断面　　图 7-32　非圆孔移出断面的画法

2. 移出断面图的配置和标注

移出断面图一般配置在剖切线的延长线上，如图 7-30 所示，必要时可以配置在其他适当位置，如图 7-33 中的一处断面图，在不至于引起误解时，允许将断面图旋转，如图 7-31 所示。

移出断面图一般用剖切符号表示剖切位置，用箭头表示投射方向，并注上字母(一律水平书写)，在断面图的上方应用相同的字母标出相应的名称，如图 7-30 中 *A*–*A*、*B*–*B* 断面所示。如下情况可以省略某些标注：

(1) 配置在剖切符号延长线上的不对称移出断面图，可省略字母(图 7-33)。

(2) 不配置在剖切符号延长线的对称移出断面图以及按投影关系配置的不对称移出断面，均可省略箭头(图 7-33 中 *A*–*A* 断面)。

(3) 配置在剖切符号延长线上的对称移出断面图(图 7-33 右端的移出断面)，以及配置在视图中断处的对称移出断面(图 7-32)，均不必标注。

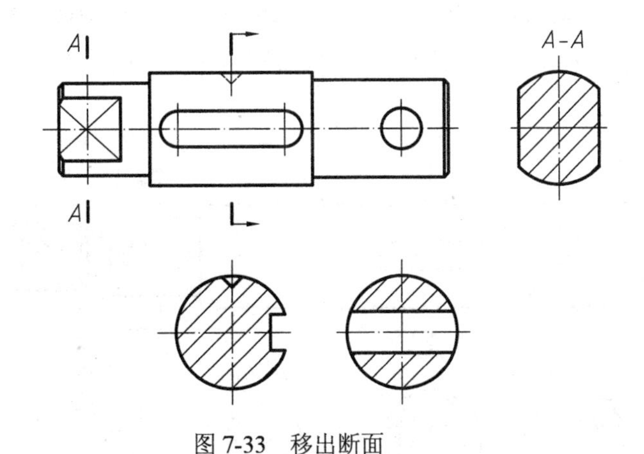

图 7-33　移出断面

7.3.3　重合断面图

画在视图内的断面图称为重合断面图。

1. 重合断面图的画法

重合断面图的轮廓线用细实线绘制。当视图中的轮廓线与重合断面图的图形重叠时，视图中的轮廓线仍应连续画出，不可间断，如图 7-34 所示。重合断面图画成局部时，习惯上不画波浪线，如图 7-35 所示。

2. 重合断面图的标注

对称的重合断面图，不必标注(图 7-35)。不对称重合断面图可省略字母(图 7-34)。

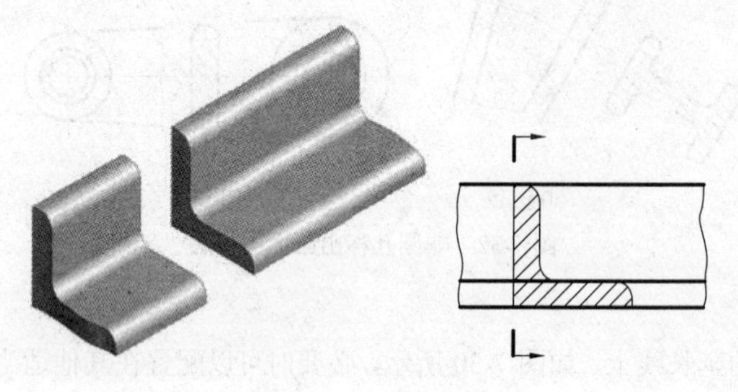

图 7-34 角钢断面图

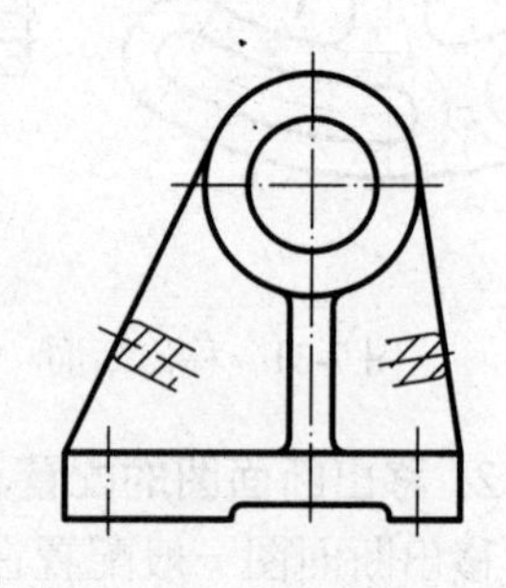

图 7-35 对称重合断面不必标注

7.4 局部放大图、简化画法及其他规定画法

7.4.1 局部放大图

将零件的部分细小结构，用大于原图的比例画出的图形称为局部放大图，如图 7-36 所示。

绘制局部放大图时，用细实线圈出被放大的部位，并尽量配置在被放大部位的附近。当零件上有几个被放大的部位时，必须用罗马数字依次标明被放大的部位，并在局部放大图上方标注出相应的罗马数字和所采用的比例，如图 7-36 中 *I*、*II* 局部放大图，当零件上被局部放大的部位仅有一处时，在局部放大图的上方只需标明所采用的比例。

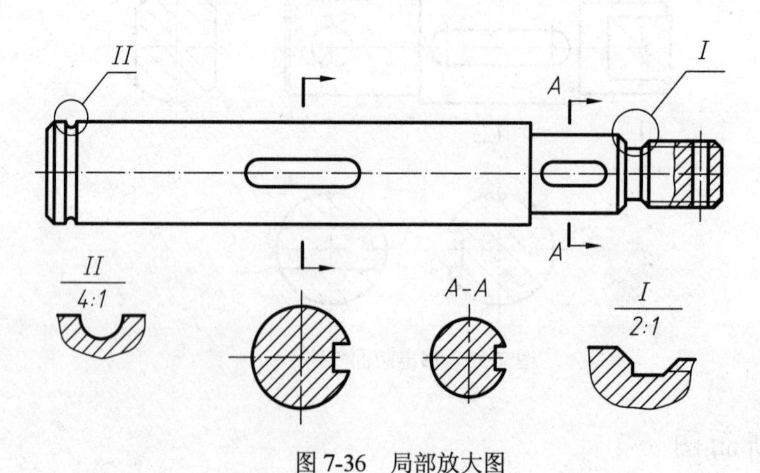

图 7-36 局部放大图

7.4.2 简化画法及其他规定画法

表 7-2 介绍了国家标准规定的部分简化画法和其他规定画法。

表 7-2　简化画法和其他规定画法

内容	图　例	说　明
相同结构的简化画法	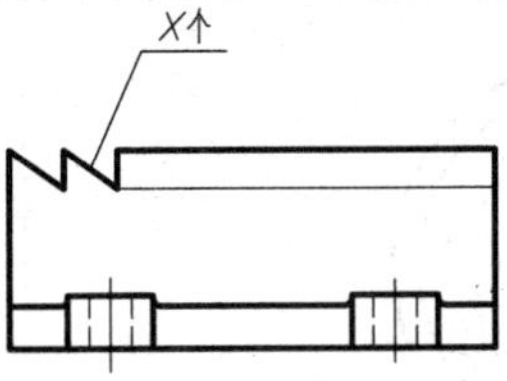 X个	当零件上具有若干相同结构，如齿、槽等，并按一定规律分布时，只要画出几个完整的结构，其余用细实线连接，但在图中必须注明该结构的总数
	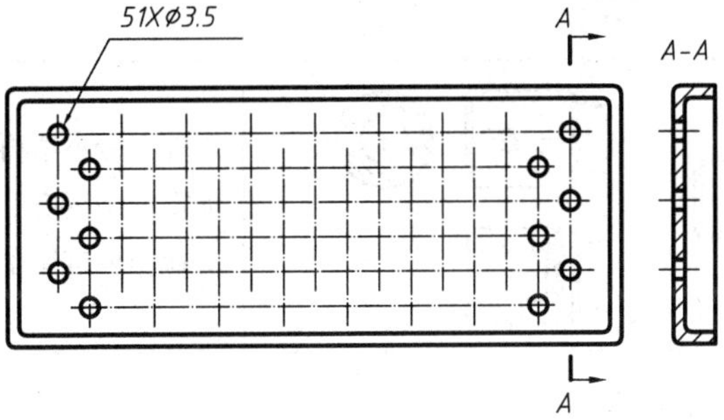 51XΦ3.5　A　A-A　A	当零件上具有若干直径相同且成规律分布的孔时，可以仅画出一个或几个，其余用点画线表示其中心位置，但在图中必须注明孔的总数
法兰盘上均匀分布孔的画法	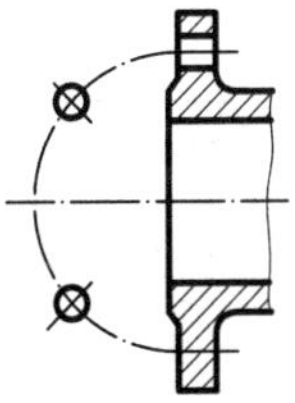	零件法兰盘上均匀分布在圆周上直径相同的孔
零件上的肋、轮辐、孔等的剖切	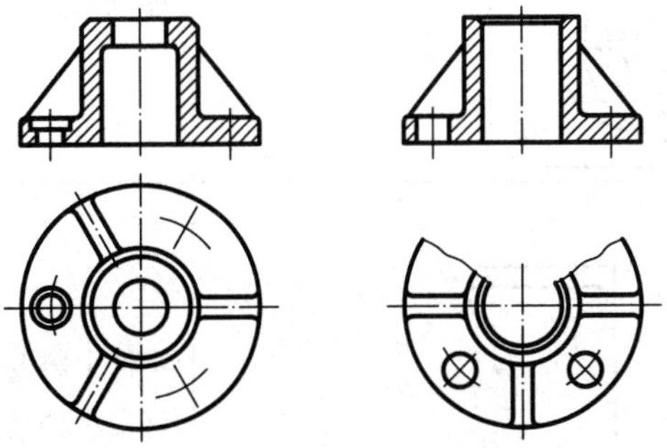	(1) 对于零件上的肋、轮辐及薄壁等结构，当剖切平面沿纵向剖切时，这些结构不画剖面符号，而用粗实线将它与其邻接部分分开 (2) 在回转体零件上均匀分布的肋、轮辐、孔等结构，不处于剖切平面上时，可将这些结构旋转到剖切平面上画出其剖视图 (3) 均匀分布的孔只画一个，其余用中心线表示孔的中心位置

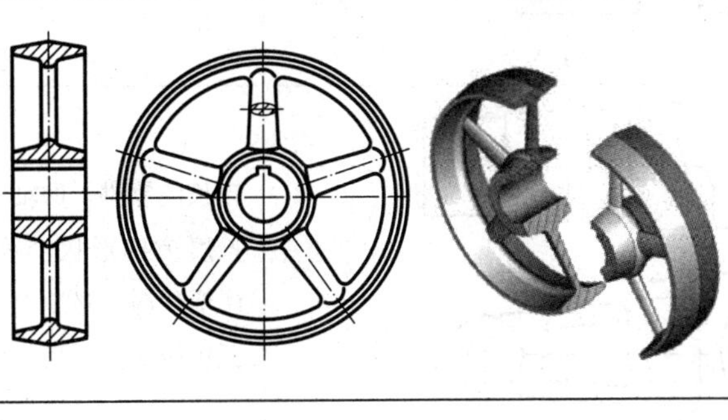

(续表)

内容	图例	说明
对称图形的简化画法	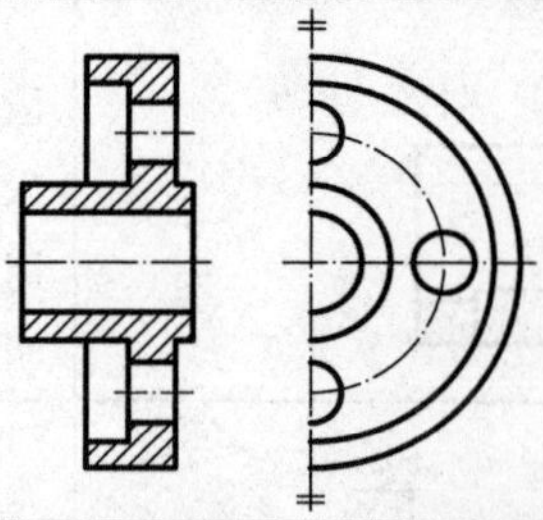	在不致引起误解时，对称零件的视图可只画一半(或四分之一)，并在对称中心线的两端画出两条与其垂直的平行细实线
较小结构的简化画法	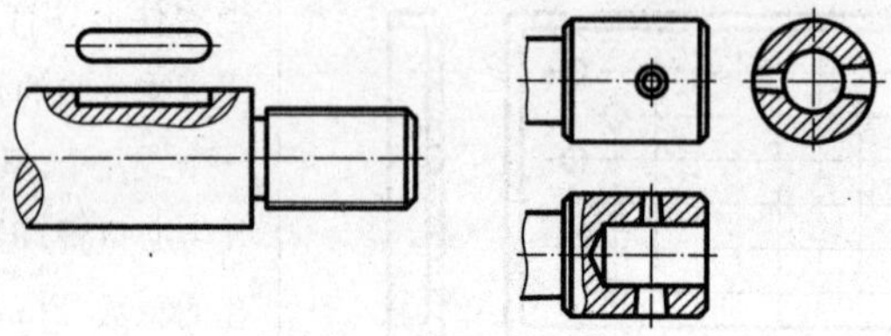	零件上较小结构所产生的交线，如在一个图形中已表示清楚时，其他图形可简化画出
平面的表示法	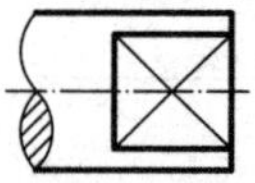	回转体零件上的平面在图形上不能充分表达时，可用两条相交的细实线表示
斜度不大的结构	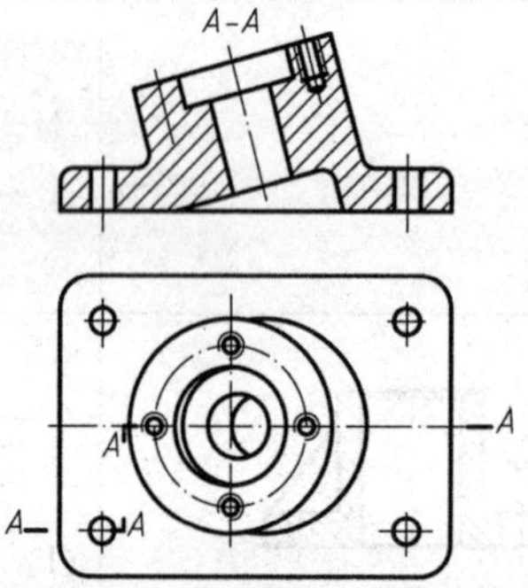 A-A A A A A	与投影面倾斜角度小于或等于30°的圆或圆弧，其投影可用圆或圆弧代替
	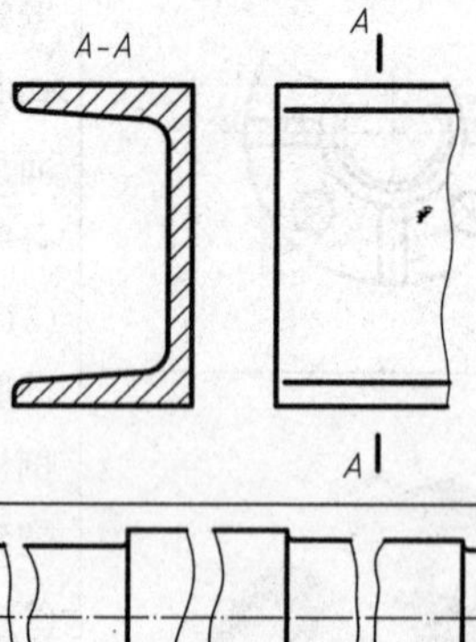 A-A A A	零件上斜度不大的结构，其投影可按小端画出
折断画法	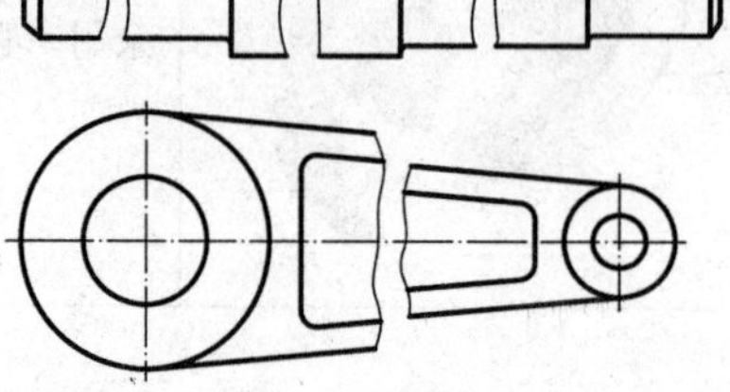	较长的零件，如轴、连杆等，沿长度方向形状一致或按一定规律变化时，可断开后缩短绘制，但仍按实际长度标注尺寸

7.5　表达方法综合举例

前面介绍了机件的各种表达方法，包括视图、剖视图和断面图等画法。在画图时，应根据机件的具体情况，正确、灵活地选择使用。一个机件往往可以有几种不同的表达方案。选择表达方案的原则是：用较少的视图，完整、清晰地表达机件的内外形状。要求每一个视图都有一个表达重点，各视图之间应相互补充，使绘图简单，看图方便。下面通过四通管来说明表达方法的选择。

从图 7-37 可知，四通管主要由三个部分组成，中间是带有上下底板的圆筒，左、右部是带有不同形状连接盘的圆筒。

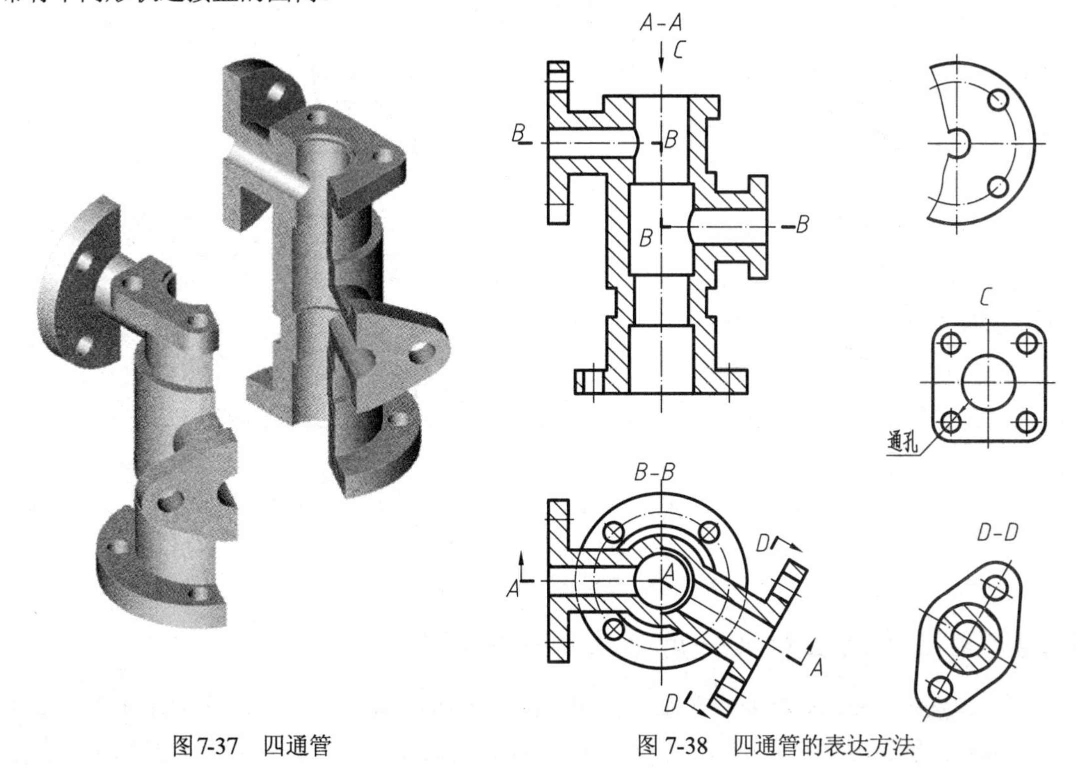

图7-37　四通管　　图7-38　四通管的表达方法

为了清楚地表达四通管的内外结构，如图 7-38 所示，采用了两个基本视图和三个局部视图来表示。其中主视图采用 *A–A* 旋转剖，主要表达四个方向的管的连通情况。俯视图采用 *B–B* 阶梯剖，主要表达右边倾斜管的位置和下底板的形状。左视的局部视图主要表达左边连接盘的形状及其上的孔的分布情况。*D–D* 斜剖视图主要表达右边管及其连接盘的形状。*C* 向视图主要表达上板的形状及其上孔的分布情况。

7.6　第三角投影简介

将物体放在第三分角内，并使投影面处于观察者和物体之间而得到正投影的方法称为第三角投影法。美国等其他一些国家采用这种方法。

7.6.1 第三角投影法中的基本视图

在第三角投影中，同样有六个基本投影面，将物体分别向基本投影面投射可以得到六个基本视图，它们的名称分别称之为前视图、顶视图、右视图、左视图、底视图和后视图，按图 7-39(a)展开后，六个基本视图的配置如图 7-39(b)所示。

第三角投影与第一角投影的基本区别在于观察者与投影面、物体三者的相对位置不同和视图的配置不同，但是第三角投影仍然采用正投影法绘制，因而视图间的投影规律，如“长对正、高平齐、宽相等”同样适用。要注意：右视图、顶视图、左视图及底视图靠近前视图的一侧为物体上的前面。

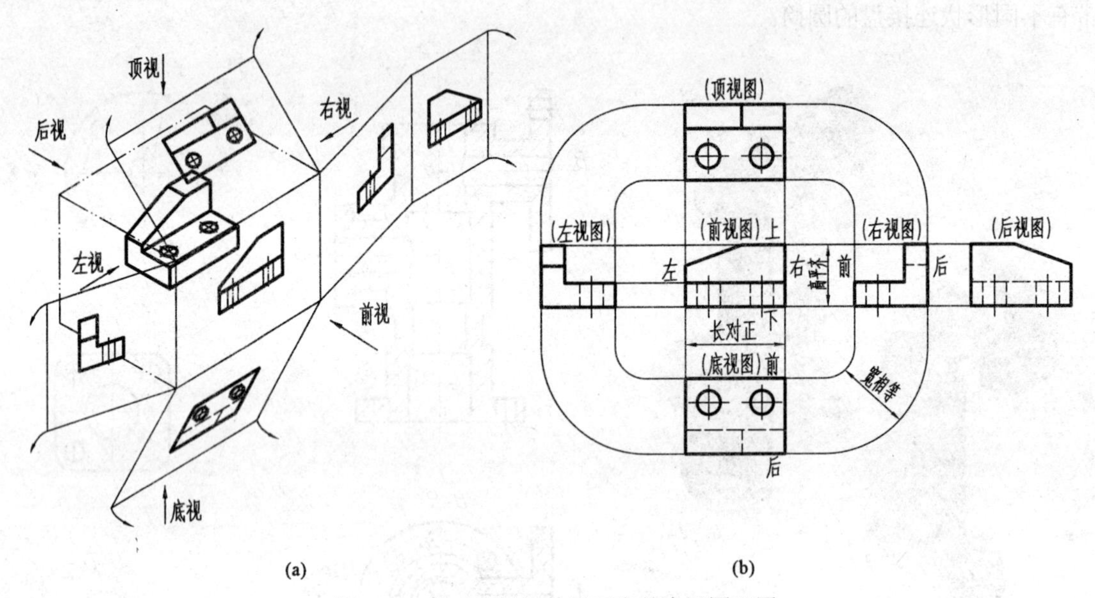

图 7-39 第三角投影的展开和基本视图配置

7.6.2 第三角画法和第一角画法的识别符号

为了识别第三角画法和第一角画法，国家标准 GB/T14692—1993 规定采用第三角画法时，必须在图纸标题栏的上方或左方画出第三角画法的识别符号[图 7-40(a)]。当采用第一角画法时，一般不画出第一角识别符号，必要时可画出如图 7-40(b)所示的第一角画法的识别符号。

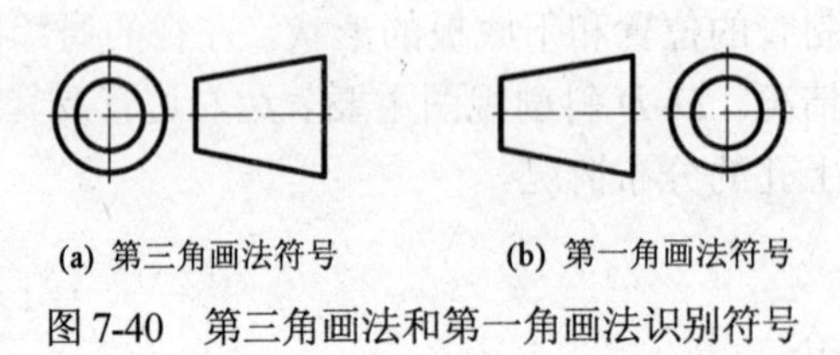

(a) 第三角画法符号 (b) 第一角画法符号

图 7-40 第三角画法和第一角画法识别符号

7.7 用 AutoCAD 绘制剖视图

在绘制剖视图时，要绘制剖面线、剖切符号和波浪线等内容。

7.7.1 图案填充(H/BH)命令

图案填充是以某种图案对封闭的区域填充，在工程图样中可以用来绘制剖面线。其操作过程为：

命令：BHATCH ↵

图案填充命令执行后将显示“边界图案填充”对话框(图 7-41)。各选项的操作如下：

(1) 选择剖面线图案。“边界图案填充”对话框中的“类型”下拉列表提供选择剖面线图案的三种类型：预定义、用户定义和自定义。

一般情况下，使用预定义图案时，点击样例右边的图案会弹出“填充图案选项板”，如图 7-42 所示，选择“AI SI”标签中的“AI SI31”(一般金属材料)或“AI SI37”(非金属材料)。

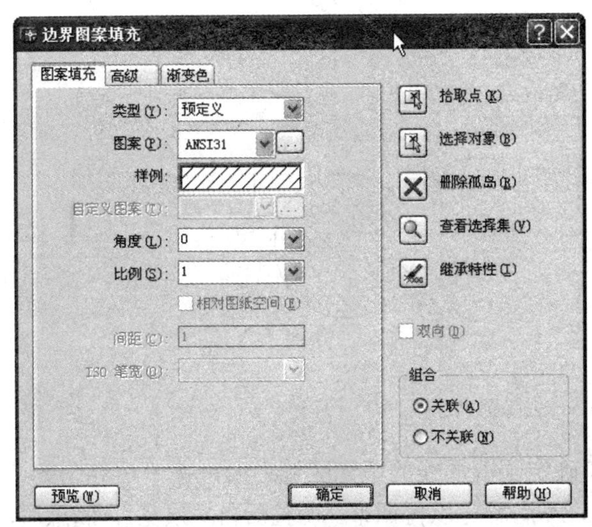

图 7-41　边界图案填充对话框

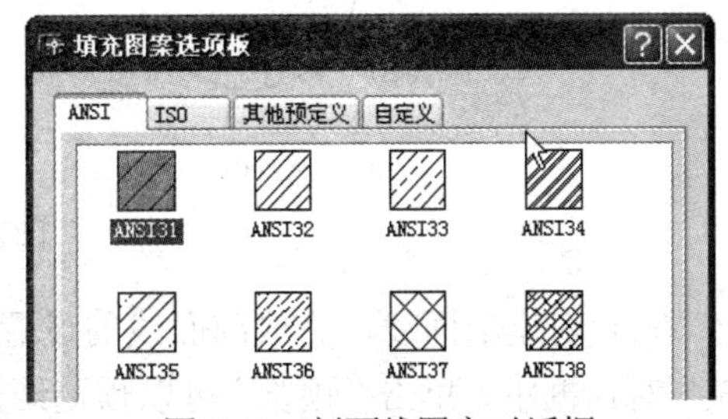

图 7-42　剖面线图案对话框

(2) 设置图案比例和旋转角度：

① 通过在“比例”编辑框内输入相应的数值，可以放大或缩小预定义的图案中线条间的距离。

② 通过在“角度”编辑框内输入相应的数值，可以使图案旋转相应角度。

(3) 选择剖面线的区域。

有以下两种方法可以在屏幕上拾取应用剖面线填充的区域：

① 选择对象：在如图 7-41 所示的“边界图案填充”对话框中，单击“选择对象”按钮，将暂时关闭该对话框。此时用户可用鼠标在屏幕上拾取作为剖面线边界的实体如图 7-43(a)所示，被选择的边界将以高亮显示，如图7-43(b)所示，回车后返回“边界图案填充”对话框。

② 拾取点：在“边界图案填充”对话框中，单击“拾取点”按钮，将暂时关闭该对话框。此时用户可用鼠标在希望画剖面线的封闭区域内任意拾取一点，如图 7-44(a)所示，此时该区

域的边界以高亮显示，如图 7-44(b)所示。此时，若要删除孤岛，则在单击“删除孤岛”按钮后，从屏幕上拾取要删除的孤岛，如图 7-45(b) 所示。拾取点时，务必注意所点区域必须封闭，且封闭区域的边界线必须在屏幕上可见。

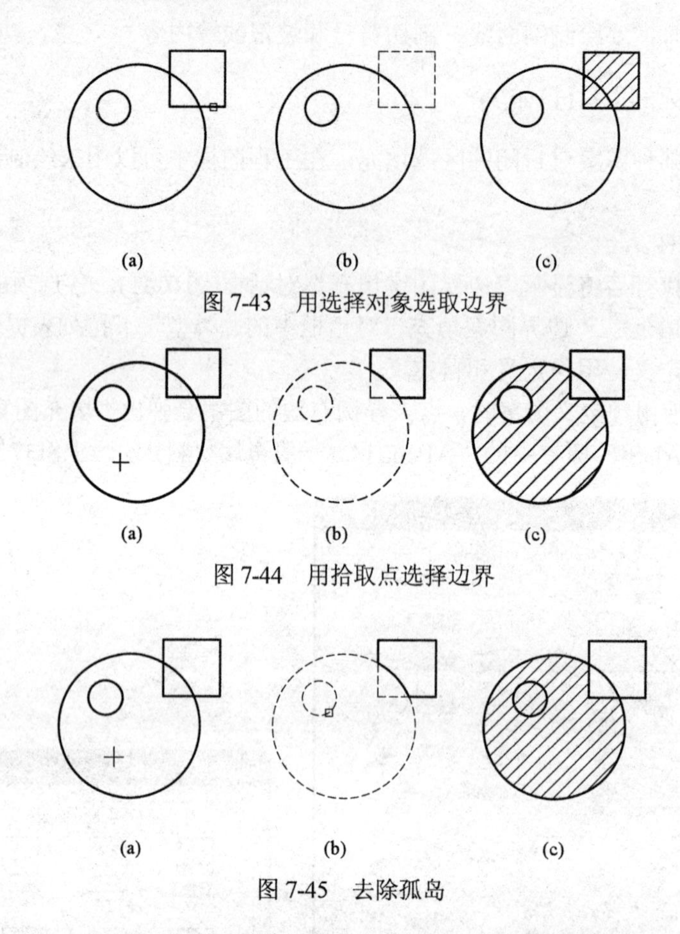

(a)　(b)　(c)

图 7-43　用选择对象选取边界

(a)　(b)　(c)

图 7-44　用拾取点选择边界

(a)　(b)　(c)

图 7-45　去除孤岛

(4) 创建剖面线。完成剖面线的设置和确定了剖面线的填充区域之后，在“边界图案填充”对话框中，单击“预览”可以预览结果，不满意可以再调整，调整后再“预览”，满意后，单击“确定”按钮，将结束图案填充命令，按指定的方式画出剖面线，如图 7-43(c)、7-44(c)、7-45(c)所示。

7.7.2　剖切符号的画法

剖切符号是剖视图经常要绘制的内容，可以利用多段线(Pline)命令绘制，多段线一次绘制对象是作为单个对象处理的，它可以指定线宽，可以创建直线段、弧线段或两者的组合线段。

创建多段线之后，可用 Pedit 命令编辑它或用 Explode 命令将其分解成单独的直线段和弧线段。

绘制如图 7-46 所示的剖切符号的操作步骤如下：

命令: PLINE

指定起点:

图 7-46　剖切符号

当前线宽为 0.0000
指定下一个点或 [圆弧(A)/半宽(H)/长度(L)/放弃(U)/宽度(W)]: w ↵(要改变线宽)
指定起点宽度 <0.0000>: 1 ↵
指定端点宽度 <1.0000>:↵
指定下一个点或 [圆弧(A)/半宽(H)/长度(L)/放弃(U)/宽度(W)]:@0, 5 ↵
指定下一点或 [圆弧(A)/闭合(C)/半宽(H)/长度(L)/放弃(U)/宽度(W)]: w ↵
指定起点宽度 <1.0000>: 0 ↵
指定端点宽度 <0.0000>: ↵
指定下一点或 [圆弧(A)/闭合(C)/半宽(H)/长度(L)/放弃(U)/宽度(W)]: @5,0 ↵
指定下一点或 [圆弧(A)/闭合(C)/半宽(H)/长度(L)/放弃(U)/宽度(W)]: w ↵
指定起点宽度 <0.0000>: 1 ↵
指定端点宽度 <1.0000>: 0 ↵
指定下一点或 [圆弧(A)/闭合(C)/半宽(H)/长度(L)/放弃(U)/宽度(W)]: @4,0 ↵
指定下一点或 [圆弧(A)/闭合(C)/半宽(H)/长度(L)/放弃(U)/宽度(W)]: ↵
命令:

其他类型的剖面符号或箭头，可参考这种方法画出。

7.7.3　波浪线的画法

在绘制局部视图和局部剖视图时，常要绘制波浪线。画波浪线时，较简单的方法是用样条曲线(Spline)命令绘制或先用多段线(Pline)命令画一条折线，再用多段线编辑(Pedit)命令的“样条曲线(S)”选项将该折线改成“波浪”线。

在绘制波浪线时对象捕捉应设定“最近点”有效，这样可以保证波浪线的起点一定在轮廓线上，画剖面线时就不容易出错。如果绘制出的波浪线的弯曲程度不满意，可以选中此线，用夹点编辑的方式，移动控制点，从而达到满意的效果。

第 8 章　标准件和常用件

在各种机械设备中，经常遇到一些标准件和常用件，如螺栓、螺钉、螺母、键、销、齿轮、滚动轴承、弹簧等。由于在机器上应用非常广泛，为了便于制造和使用，将其结构尺寸全部或部分地实行了标准化；同时为了使绘图简便，国家标准制定了它们的规定画法、符号和代号以及标注方法。

8.1　螺纹

8.1.1　螺纹的形成

螺纹是在圆柱或圆锥表面上，沿着螺旋线所形成的具有规定牙型断面的连续凸起和沟槽。在圆柱(或圆锥)外表面上所形成的螺纹称为外螺纹；在圆柱(或圆锥)内表面上所形成的螺纹称为内螺纹。

加工螺纹的方法很多，图 8-1 为车制外螺纹的情况，工件绕轴线作等速回转，刀具沿轴线方向作等速移动，刀具切入工件一定深度即能切出螺纹。对于零件上一些比较小的螺孔，加工时先钻孔然后用丝锥攻丝得螺纹，如图 8-2 所示。

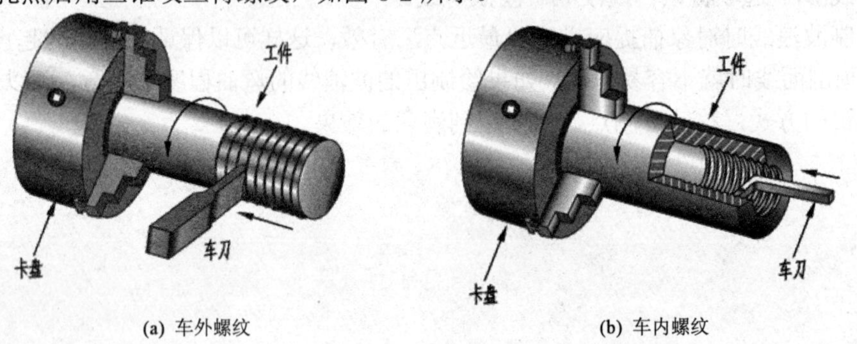

(a) 车外螺纹　　(b) 车内螺纹

图 8-1　车削螺纹

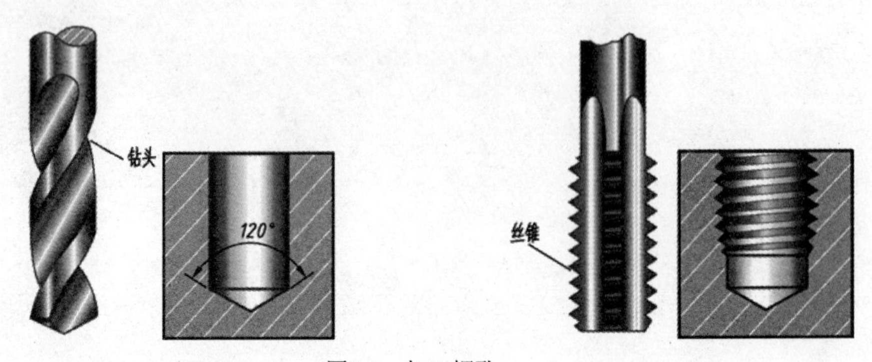

图 8-2　加工螺孔

8.1.2　螺纹的工艺结构和要素

1. 螺纹的工艺结构

(1) 倒角。为了防止端部螺纹碰伤手以及在装配中便于对中，在内、外螺纹的端部一般都有倒角，如图 8-3 所示。

(2) 螺尾和退刀槽。在加工螺纹时，由于车刀的退出或丝锥的本身结构，都造成螺纹最后几个牙不完整，这一段不完整的螺纹称为螺尾，如图 8-4(a)所示。

车削螺纹时，为了便于退刀，并避免产生螺尾，可在螺纹的终止处预先车出一个小槽，称为退刀槽，如图 8-4(b)所示。

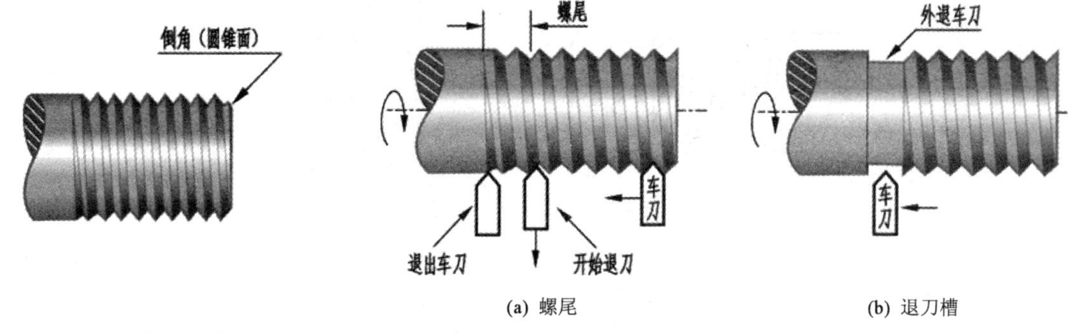

(a) 螺尾　　(b) 退刀槽

图 8-3　螺纹的倒角　　图 8-4　螺尾和退刀槽

2. 螺纹的要素

(1) 牙型。螺纹牙型是指螺纹轴向剖面的形状。常用的牙型有三角形、梯形、锯齿形、矩形等，如表 8-1 所示。

表 8-1　螺纹

螺纹种类	特征代号	外形及牙型图	螺纹种类	特征代号	外形及牙型图
粗牙普通螺纹	M	60°	非螺纹密封管螺纹	G	55°
细牙普通螺纹			螺纹密封管螺纹	R Rc Rp	55°
梯形螺纹	Tr	30°	锯齿形螺纹	B	3°　30°

(2) 直径。螺纹的直径有三个：大径(d 或 D)、小径(d_1 或 D_1)、中径(d_2 或 D_2)，如图 8-5 所示。

① 与外螺纹牙顶或内螺纹牙底相重合的假想圆柱的直径 d 或 D 称为大径。

② 与外螺纹牙底或内螺纹牙顶相重合的假想圆柱的直径 d_1 或 D_1 称为小径。

③ 一个假想圆柱直径，该圆柱的母线通过牙型上沟槽和凸起宽度相等处的直径称为中径。内、外螺纹的中径用 d_2 或 D_2 表示。

代表螺纹尺寸的直径称公称直径，除管螺纹外均指螺纹大径的公称尺寸。

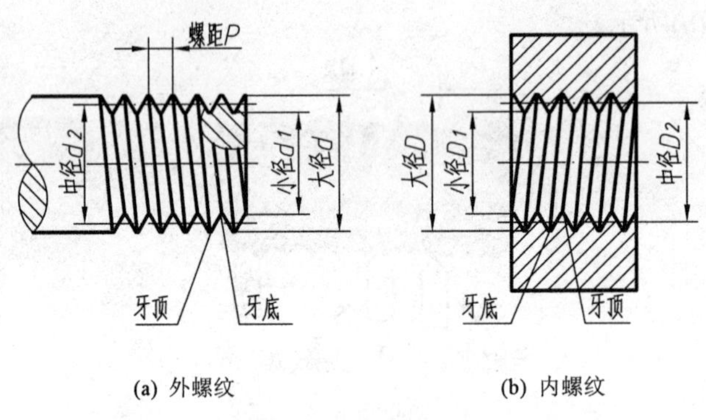

图 8-5 螺纹的要素

(3) 线数。形成螺纹时螺旋线的条数称为线数(n)。螺纹有单线和多线之分，沿一根螺旋线形成的螺纹称为单线螺纹，沿两根以上螺旋线形成的螺纹称为多线螺纹(图 8-6)。

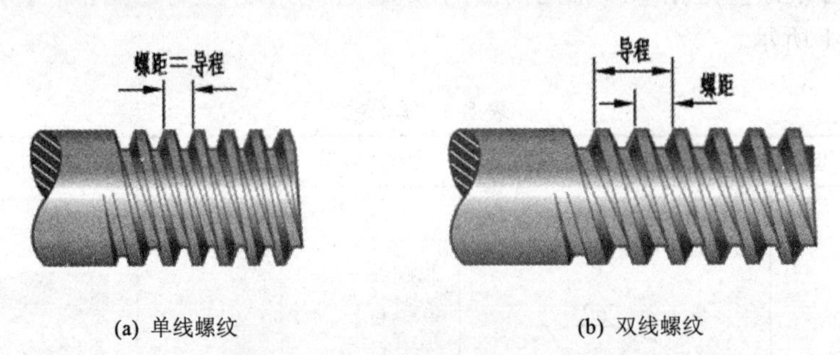

(a) 单线螺纹 (b) 双线螺纹

图 8-6 螺纹的线数、导程与螺距

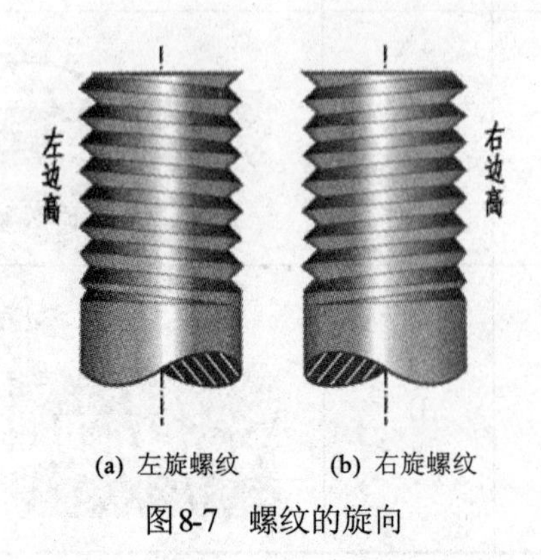

(a) 左旋螺纹 (b) 右旋螺纹

图8-7 螺纹的旋向

(4) 螺距和导程。相邻两牙在中径线上对应点间的轴向距离称为螺距(P)。沿同一条螺旋线转一周，轴向移动的距离称为导程(S)(图 8-6)。导程与螺距的关系为

$$S = n \times P$$

(5) 螺纹的旋向。螺纹有右旋和左旋之分。当螺纹旋进时为顺时针方向旋转的，称为右旋螺纹，为逆时针方向旋转的则称为左旋螺纹(图 8-7)。

8.1.3　螺纹的画法

为了方便作图，国家标准规定了螺纹的画法。

1. 外螺纹画法

如图8-8(a)所示，在反映螺纹轴线的视图上，大径用粗实线表示，小径用细实线表示，并画入倒角部分，其大小为大径的 0.85 倍。螺纹终止界线(完整螺纹与螺尾之间的分界线)用粗实线画出。在投影为圆的视图上，大径用粗实线圆表示，小径用约 3/4 圈细实线圆表示，倒角圆省略不画。

外螺纹用剖视图表达时，螺纹终止线只画牙高的一小段，剖面线必须画到粗实线，如图 8-8(b)所示。

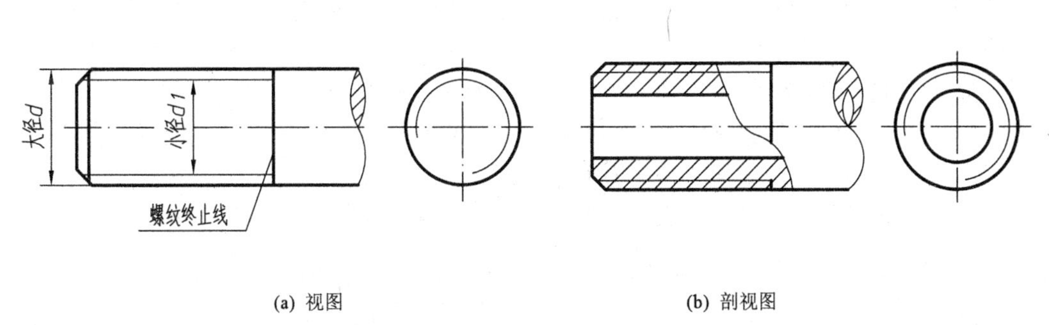

(a) 视图　　(b) 剖视图

图 8-8　外螺纹的画法

2. 内螺纹画法

内螺纹一般用剖视图表达，螺纹大径用细实线表示；小径和螺纹终止线用粗实线表示。在投影为圆的视图上，小径用粗实线圆表示，大径用约 3/4 圈细实线圆表示，倒角圆省略不画，剖面线画到粗实线为止，如图 8-9 所示。

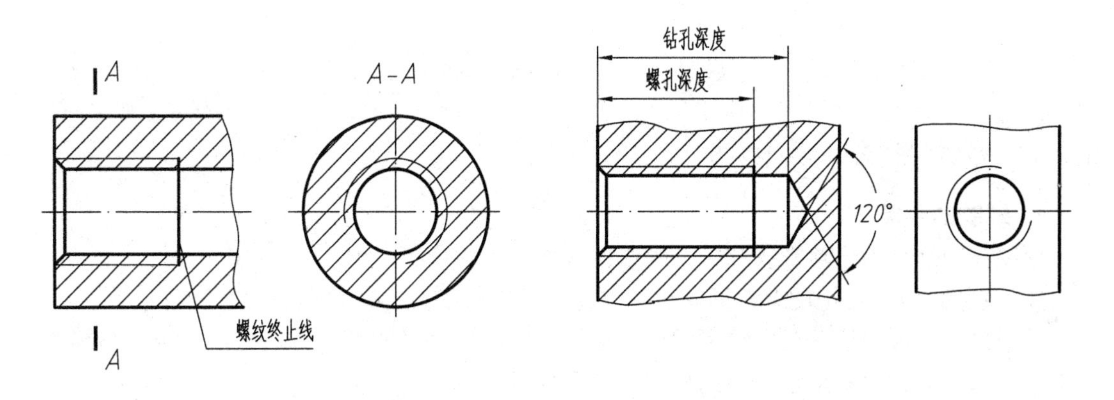

图 8-9　内螺纹的画法　　图 8-10　不穿通螺纹孔的画法

绘制不穿通螺纹孔时，一般应将钻孔深度与螺纹部分的深度分别画出，钻头头部形成的锥顶角画成 120°，如图 8-10 所示。

当螺纹不可见时，所有图线均画成虚线，如图 8-11 所示。

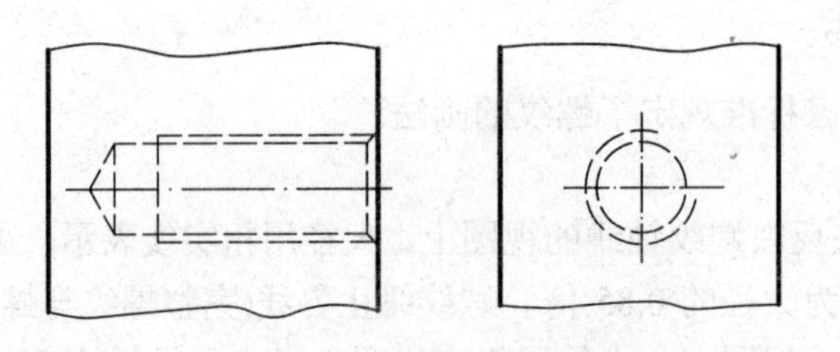

图 8-11 不可见螺纹的画法

3. 螺纹连接的画法

螺纹要素全部相同的内、外螺纹才能结合在一起，其画法如下：

在螺纹结合部分按外螺纹画法绘制，其余部分仍按前述规定画法表示，如图 8-12 所示。

画图时必须注意：

(1) 当剖切平面通过螺杆轴线时，螺杆按不剖绘制，如图 8-12(a)所示。

(2) 同一个零件在各个剖视图中剖面线方向和间隔应一致；在同一个剖视图中相邻零件的剖面线方向或间隔应不同，如图 8-12(b)所示。

(3) 内外螺纹的大径线和小径线，必须在同一条直线上，如图 8-12 所示。

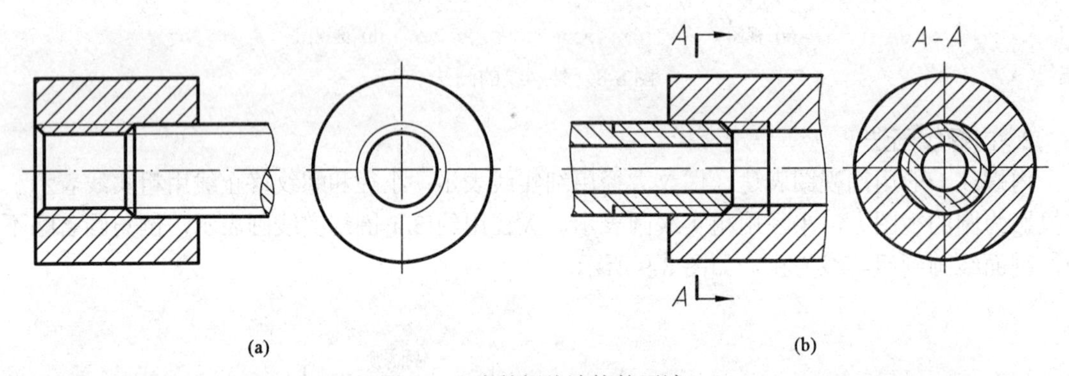

图 8-12 内外螺纹连接的画法

8.1.4 常用螺纹及其标注

1. 螺纹的种类

螺纹按用途分为连接螺纹和传动螺纹两大类，如表 8-2 所示：

(1) 连接螺纹。常用的有普通螺纹、非螺纹密封管螺纹、螺纹密封管螺纹等。

普通螺纹又分粗牙普通螺纹和细牙普通螺纹，相同大径的细牙普通螺纹比粗牙螺纹的螺距小，所以细牙螺纹多用于细小的精密零件和薄壁零件上。

管螺纹的公称直径是指管子的孔径(英寸)，而不是螺纹的大径。

(2) 传动螺纹。常用的有梯形螺纹、锯齿形螺纹。

牙型、公称直径和螺距均符合国家标准的螺纹，称为标准螺纹；仅牙型符合标准的螺纹，称为特殊螺纹；牙型不符合标准的螺纹称为非标准螺纹。

表 8-2　标准螺纹的种类与标注

螺纹类别		标注示例	说　明
连接螺纹	粗牙普通螺纹	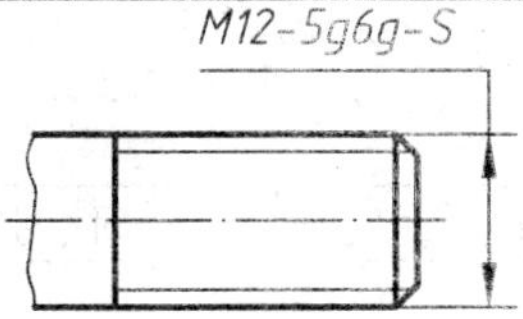 M12-5g6g-S	粗牙普通螺纹，右旋，公称直径为 12，中径公差带代号为 5g，顶径公差带代号为 6g，旋合长度为短
	细牙普通螺纹	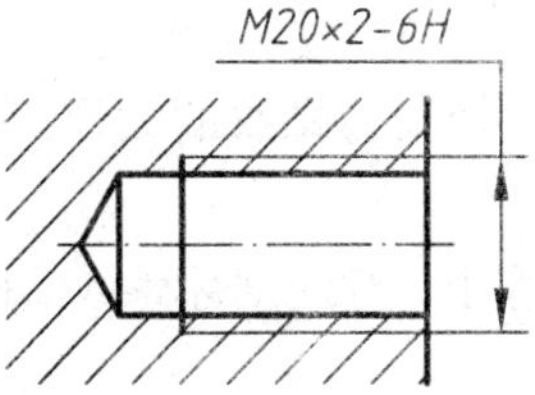 M20×2-6H	细牙普通螺纹，公称直径为 20，螺距为 2 的内螺纹，右旋，中径、顶径公差带代号均为 6H，旋合长度为中等
	非螺纹密封管螺纹	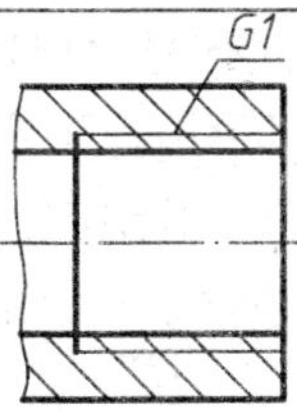 G1	非螺纹密封的管螺纹，内管螺纹的尺寸代号为 1 英寸（内螺纹的公差等级只有一种，不标注）
		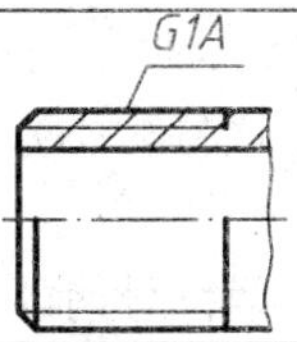 G1A	非螺纹密封的管螺纹，外管螺纹的尺寸代号为 1 英寸，公差等级为 A 级
	螺纹密封管螺纹	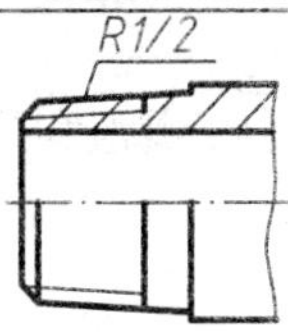 R1/2	R1/2 表示尺寸代号为 1/2 英寸，用螺纹密封的圆锥外螺纹
		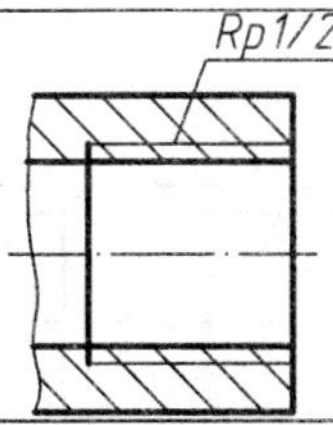 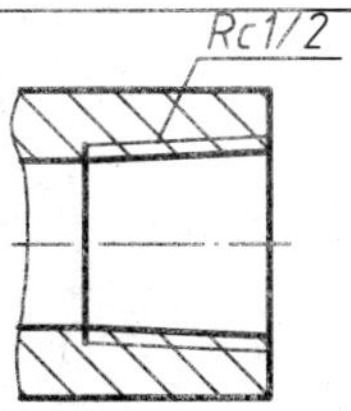 Rp1/2　Rc1/2	Rc1/2 表示尺寸代号为 1/2 英寸，用螺纹密封的圆锥内螺纹 Rp1/2 表示尺寸代号为 1/2 英寸，用螺纹密封的圆柱内螺纹
传动螺纹	梯形螺纹	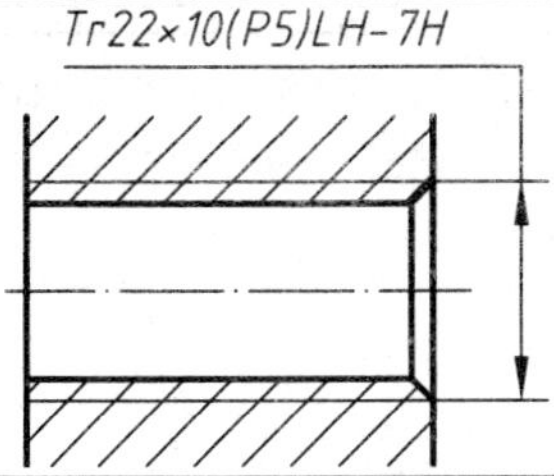 Tr22×10(P5)LH-7H	公称直径为 22，导程为 10，螺距为 5 的双线、左旋梯形内螺纹，中径公差带代号为 7H，旋合长度为中等
	锯齿形螺纹	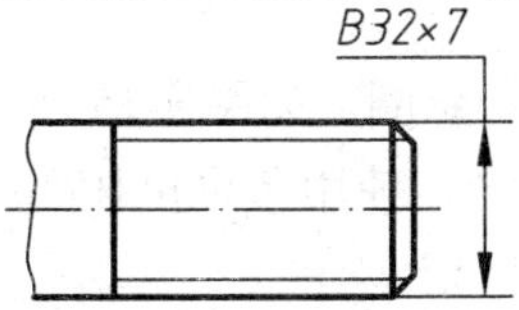 B32×7	公称直径为 32，螺距为 7 的右旋锯齿形外螺纹，旋合长度为中等

2．螺纹的标注

(1) 标准螺纹标注。由于各种螺纹的画法都是相同的，因此国家标准规定，标准螺纹必须用规定的标记进行标注，以区别不同的螺纹。

螺纹标记的代号组成如下：

特征代号 公式直径×螺距或导程(*P* 螺距) 旋向－公差带代号－旋合长度代号

标注说明：

① 特征代号。如表 8-2 所示。

② 公称直径。普通螺纹和梯形螺纹的公称直径均为螺纹的大径。管螺纹特征代号后面为尺寸代号，它是管子内径，单位为英寸。

③ 螺距。普通粗牙螺纹和管螺纹不必标注螺距。普通细牙螺纹、梯形螺纹和锯齿形螺纹则必须标出。多线螺纹应标注“导程(*P* 螺距)”。

④ 旋向。右旋螺纹不必标注，左旋螺纹必须标注代号“LH”。

⑤ 公差带代号。它由用数字表示的螺纹公差等级和用拉丁字母(内螺纹用大写字母代表；外螺纹用小写字母代表)表示的基本偏差代号组成。公差等级在前，基本偏差代号在后。中径和顶径的公差带代号都要表示出来，先写中径的公差带代号，后写顶径的公差代号。当中径和顶径的公差带代号相同时只需标注一个。

⑥ 旋合长度。它是指两个相互旋合的螺纹，沿螺纹轴线方向相互旋合部分的长度。旋合长度分三种：短旋合长度(代号为 S)、中等旋合长度(代号为 N)、长旋合长度(代号为 L)。中等旋合长度的代号 N 不必标注。

(2) 特殊螺纹的标注。特殊螺纹的标注，应在牙型符号前加注“特”字，并注大径和螺距，如图 8-13 所示。

(3) 非标准螺纹的标注。应标出螺纹的大径、小径、螺距和牙型的全部尺寸，如图 8-14 所示。

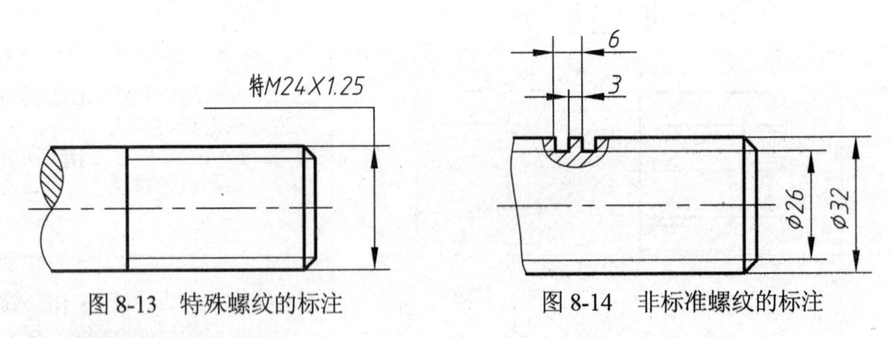

图 8-13 特殊螺纹的标注　　图 8-14 非标准螺纹的标注

8.2 螺纹紧固件

8.2.1 常见螺纹紧固件及其标记

常见螺纹紧固件有螺栓、螺柱、螺钉、螺母和垫圈，如图 **8-15** 所示，其结构型式和尺寸均已标准化，是标准件，一般由标准件厂大量生产，使用单位可按要求根据有关标准选用。

表 **8-3** 列出了常用螺纹紧固件的结构型式和标记。

图 8-15　螺纹紧固件

表 8-3　常用螺纹紧固件的结构型式和标记

名称及视图	规定标记示例	名称及视图	规定标记示例
开槽盘头螺钉	螺钉 GB/T 67－2000 M10×45	螺柱	螺柱 GB/T 899－1988 M12×50
内六角圆柱头螺钉	螺钉 GB/T 70.1－2000 M16×40	1 型六角螺母	螺母 GB/T 6170－2000 M16
十字槽沉头螺钉	螺钉 GB/T 819.1－2000 M10×45	1 型六角开槽螺母	螺母 GB/T 6178－2000 M16
开槽锥端紧定螺钉	螺钉 GB/T 71－2000 M12×40	平垫圈	垫圈 GB/T 97.1－1985 16
六角头螺栓	螺栓 GB/T 5782－2000 M12×50	弹簧垫圈	垫圈 GB/T 93－1987 20

8.2.2 螺纹紧固件及其连接画法

1. 紧固件的画法

螺纹紧固件都是标准件，根据它们的标注，可以从有关标准中查出它们的结构型式和全部尺寸。为了作图方便，一般不按实际尺寸画出，而是采用比例画法。即螺纹紧固件各部分尺寸(除公称长度 *l*)都与螺纹规格(*d* 或 *D*)成一定比例来确定。常用的螺纹紧固件的比例画法，如图 8-16 所示。

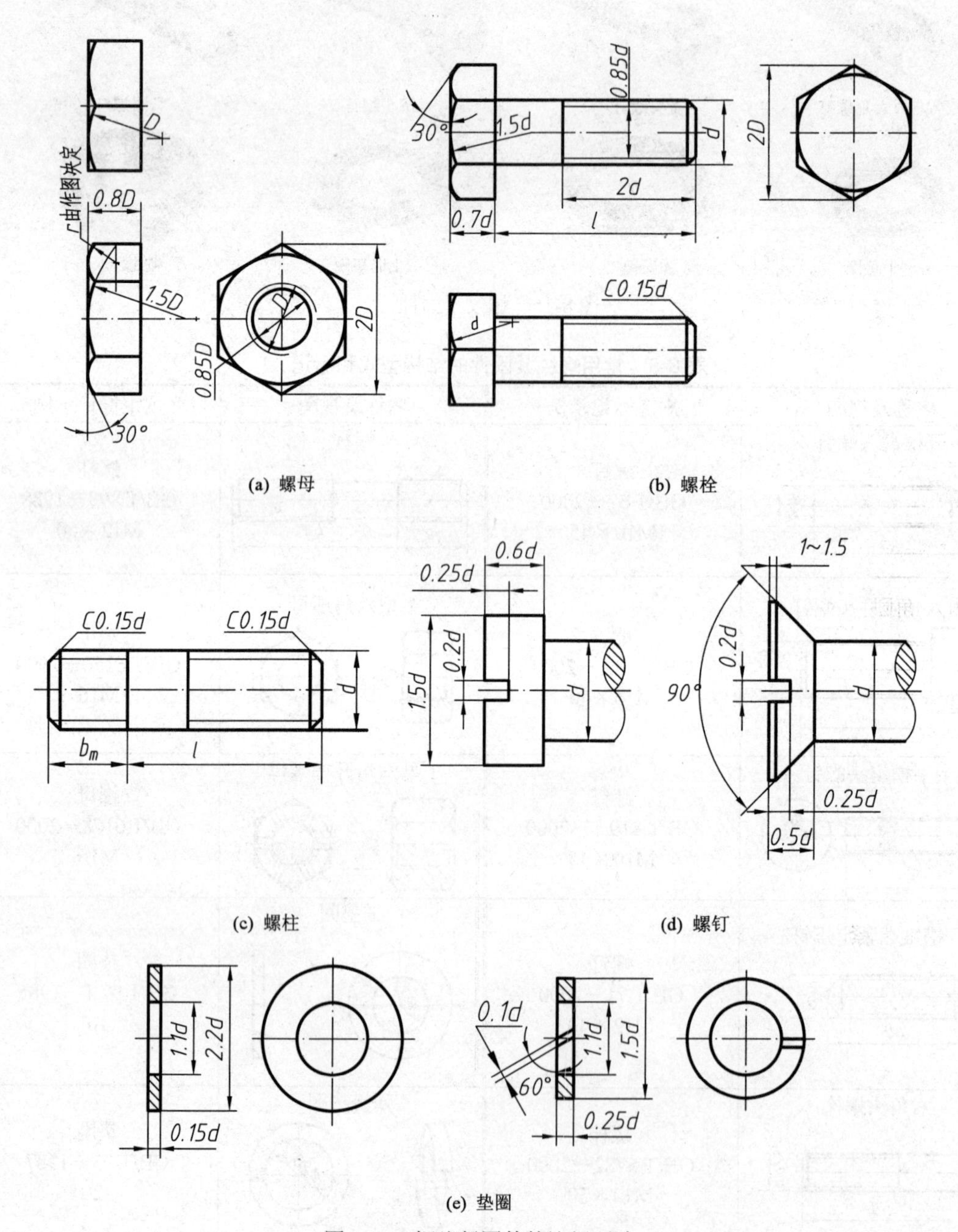

图 8-16 螺纹紧固件的比例画法

2. 紧固件的连接画法

常见的螺纹连接形式有：螺栓连接、双头螺柱连接和螺钉连接等，如图 8-17 所示。在绘制螺纹紧固件连接图时，应遵守下面一些基本规定：

① 两零件的接触表面画一条线，不接触表面画两条线。

② 两零件邻接时，不同零件的剖面线方向应相反，或者方向一致、间隔不等。

③ 对于紧固件(如螺钉、螺栓、螺母、垫圈等)，若剖切平面通过它们的基本轴线时，则这些零件均按不剖绘制，仍画外形；需要时，可采用局部剖视。

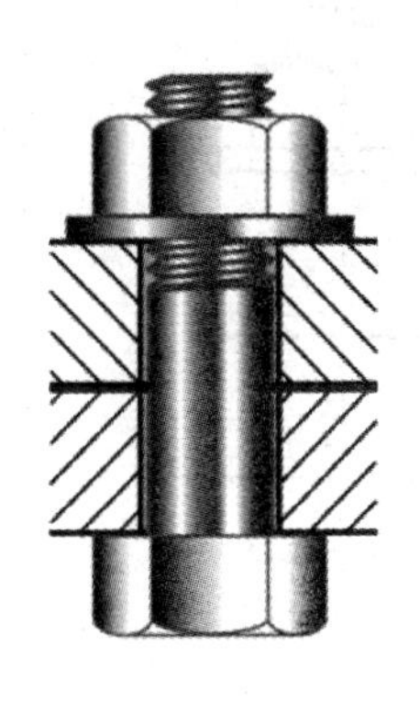

(a) 螺栓连接

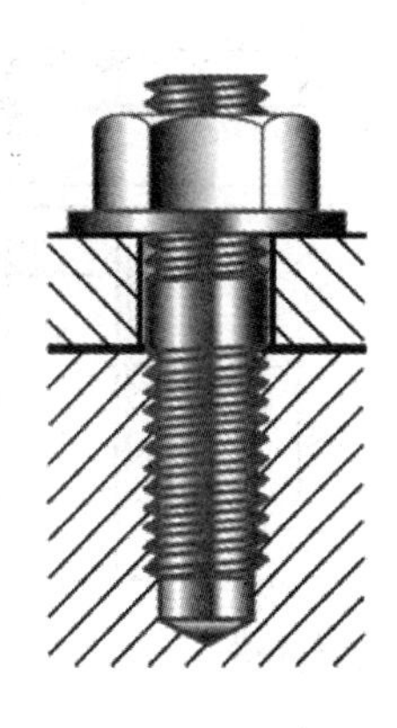

(b) 双头螺柱连接

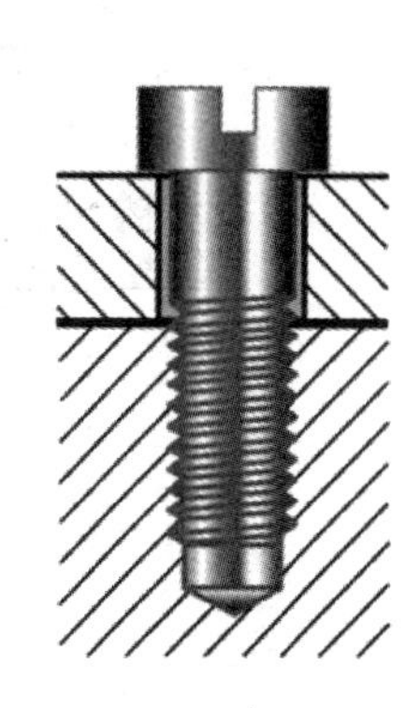

(c) 螺钉连接

图 8-17　螺纹紧固件的连接形式

(1) 螺栓连接。螺栓用来连接不太厚并能钻成通孔的零件。用螺栓连接时先在被连接的两个零件上制出比螺栓直径稍大(作图时一般取 $1.1d$)的通孔，螺栓穿过通孔后套上垫圈(增大支承面积和防止损伤被连接的零件表面)，最后拧紧螺母。如图 8-18(b)所示为用螺栓连接两块板的连接画法。

螺栓公称长度 l 的确定[图 8-18(b)]：

$$l=\delta_1+\delta_2+h+m+a$$

式中：δ_1、δ_2 为被连接件厚度；h 为垫圈厚度，$h\approx 0.15d$；m 为螺母厚度，$m\approx 0.8d$；a 为螺栓顶端露出螺母的高度(一般可按 $0.3\sim0.4d$ 取值)。

根据上式算出的螺栓长度 l 值，查附录表中螺栓长度 l 的系列值，选择接近的公称长度。

(2) 螺柱连接。双头螺柱的两端都制有螺纹，用来旋入被连接零件螺孔的一端，称为旋入端，用来旋紧螺母的一端称为紧固端。

当两个被连接零件中，有一个较厚或不宜用螺栓连接时，常采用双头螺柱连接。这时先在较薄的零件上钻孔，在另一个被连接的零件上制出螺孔，将双头螺柱的旋入端完全旋入到这个螺孔里，而另一端(紧固端)则穿过另一被连接零件的通孔，然后套上垫圈，最后拧紧螺母。如图 8-19(b)所示为用螺柱连接两零件的连接画法。

旋入端的长度 b_m 与被旋入零件的材料有关。当材料为钢、青铜时，取 $b_m=d$；为铸铁时，取 $b_m=1.25d$ 或 $1.5d$；为铝时，取 $b_m=2d$。被旋入零件的螺孔深度一般为 $b_m+0.5d$，钻孔深度一般取 b_m+d。

双头螺柱的公称长度 l 的确定(图 8-19)：

$$l=\delta+h+m+a$$

式中：δ为被连接件厚度；h 为垫圈厚度，$h\approx 0.15d$；m 为螺母厚度，$m\approx 0.8d$；a 为螺栓顶端露出螺母的高度(一般可按 0.3~0.4d 取值)。

根据上式算出的 l 值，查附录表中螺柱的有效长度 l 的系列值，选择接近的标准数值。

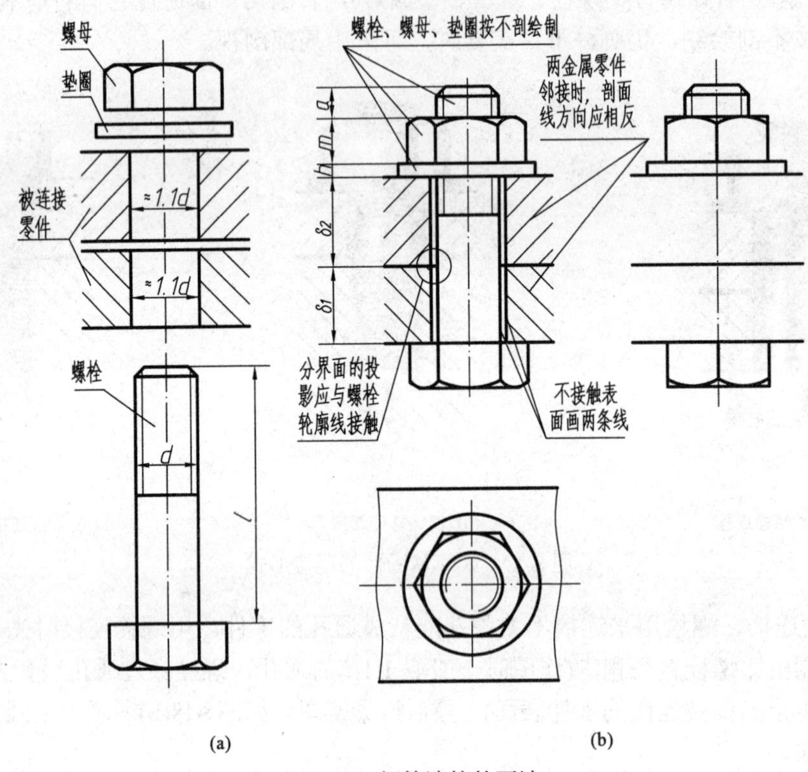

图 8-18 螺栓连接的画法

(3) 螺钉连接。螺钉连接用于被连接零件受力不大，又不需要经常拆卸的场合。螺钉根据其头部形状不同有多种形式。常见的连接螺钉有开槽圆柱头螺钉、开槽沉头螺钉、内六角圆柱头螺钉等。

用螺钉连接时，通常在较厚的零件上加工出螺孔，而在另一个被连接零件上加工成通孔(1.1d)，然后把螺钉穿过通孔旋进螺孔而连接两个零件。

螺钉连接的旋入深度 b_m，其确定方法与双头螺柱相似，可根据零件材料，查阅有关手册确定。被旋入零件的螺孔深度一般为 $b_m+0.5d$，钻孔深度一般取 b_m+d。

螺钉的公称长度 l 的确定(图 8-20)：

$$l=\delta+b_m$$

式中: δ为光孔零件的厚度。根据上式算出的长度查附录中相应螺钉长度 l 的系列值，选择接近的标准长度。

螺纹紧固件连接的画法比较繁琐，容易出错，图 8-21 显示了双头螺柱连接图正误比较。

为了作图简便，螺纹紧固件的连接图一般可采用省略倒角的简化画法，如图 8-22 所示。

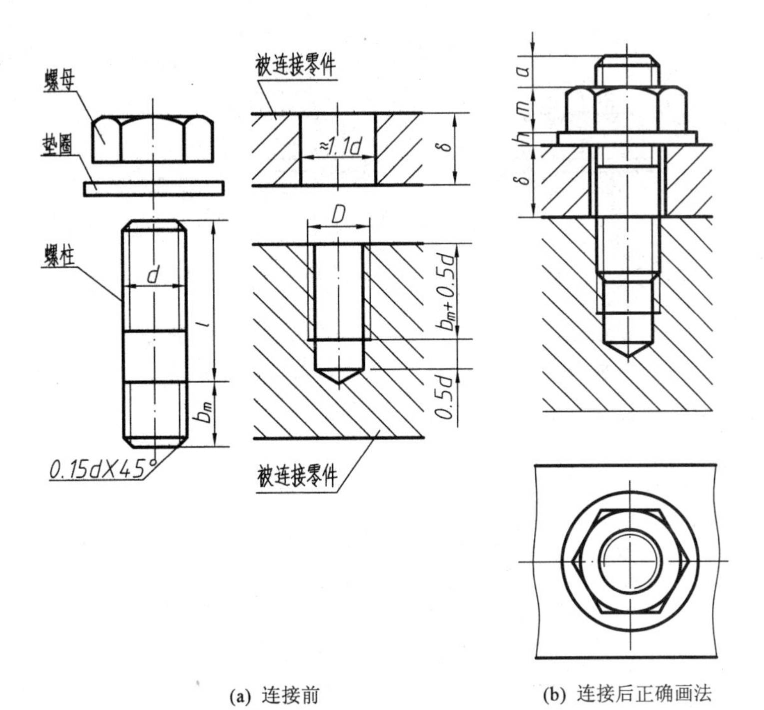

(a) 连接前　　(b) 连接后正确画法

图 8-19　双头螺柱连接的画法

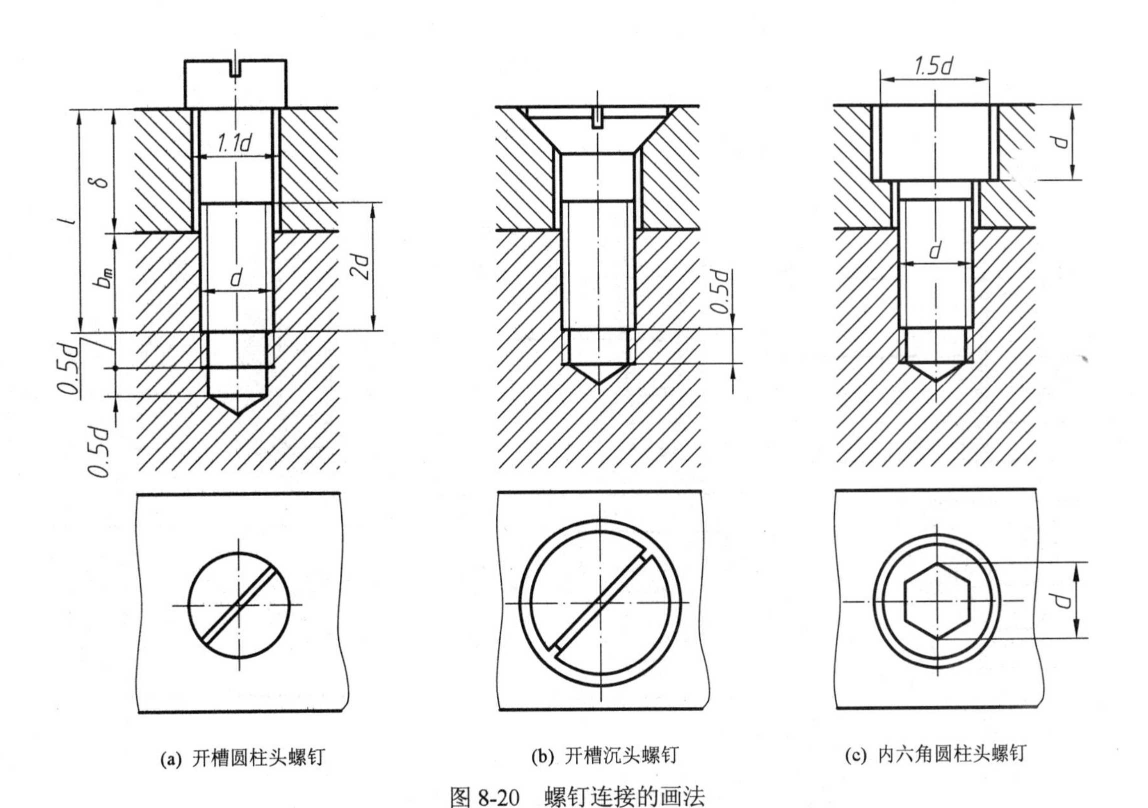

(a) 开槽圆柱头螺钉　　(b) 开槽沉头螺钉　　(c) 内六角圆柱头螺钉

图 8-20　螺钉连接的画法

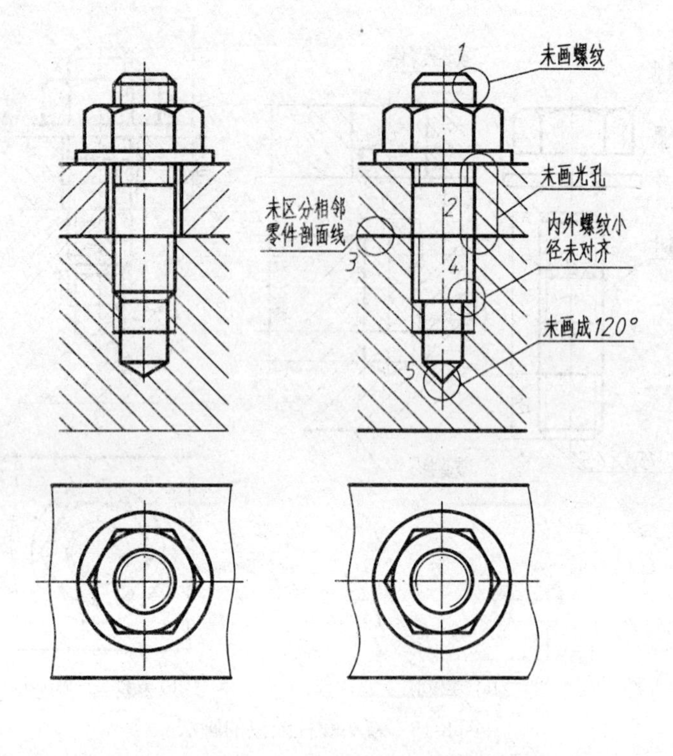

(a) 正确　　(b) 错误

图 8-21　双头螺柱连接画法的正误比较

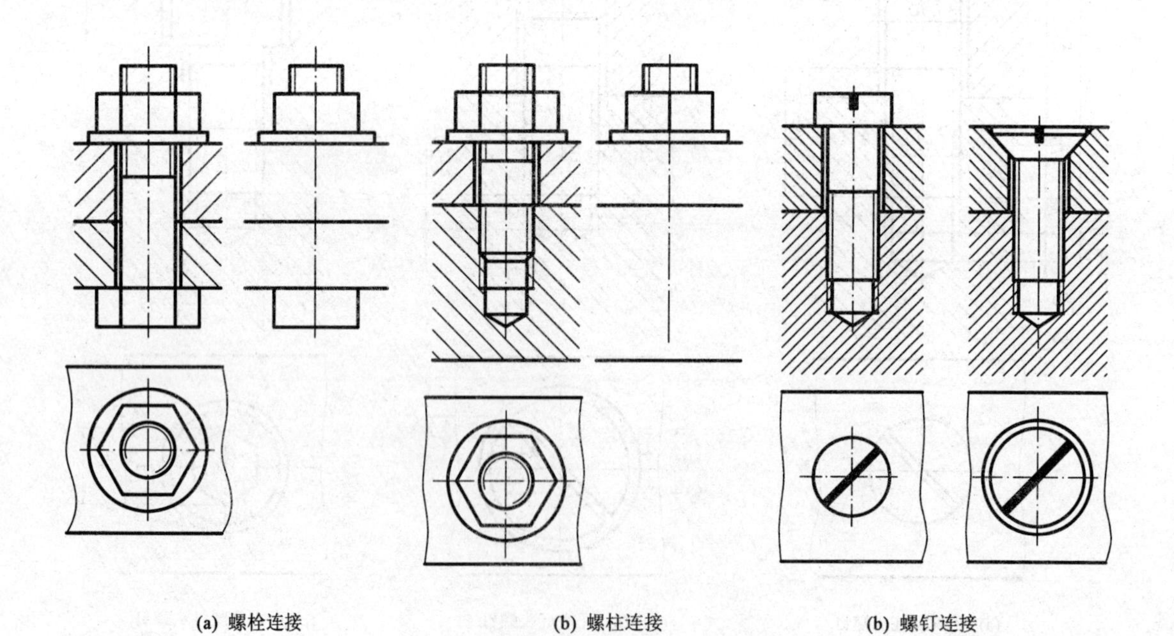

(a) 螺栓连接　　(b) 螺柱连接　　(b) 螺钉连接

图 8-22　螺纹紧固件连接图的简化画法

8.3　键及其连接

机器上往往用键来连接轴上的零件(如齿轮、皮带轮等)，以便传递扭矩，如图 8-23 所示。

8.3.1　键的画法及标注

键的种类很多，常用的有普通平键、半圆键、钩头楔键等(图 8-24)，其中以普通平键为最常见。键亦是标准件，使用时可按有关标准选用(普通平键和半圆键见附录 2)。

普通平键　　半圆键　　钩头楔键

图 8-23　键连接　　　图 8-24　键的种类

表 8-4 为以上三种键的画法及标记示例。

表 8-4　键的画法和标记示例

名称	图　例	标记示例
普通平键	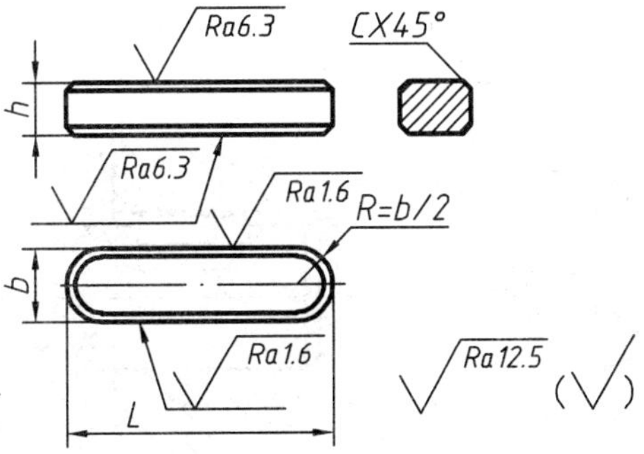	b=18mm、h=11mm、L=100mm 的 A 型普通平键： GB/T 1096－2003　键 18×11×100 (A 型平键可不标注 A，而 B 或 C 型则必须在规格尺寸前标出 B 或 C)
半圆键	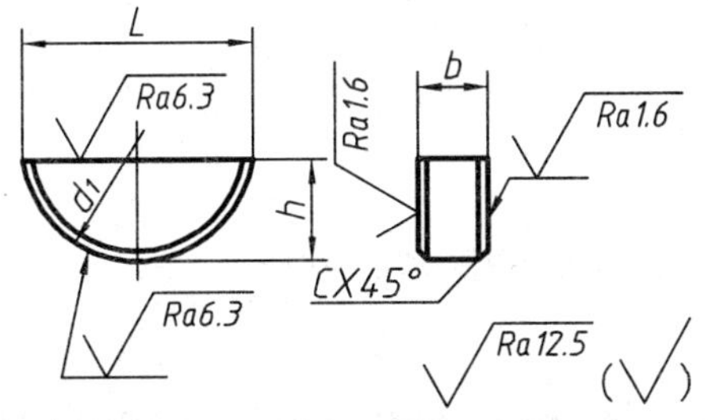	b=6mm、h=10mm、d=25mm、L=24.5mm 的半圆键： GB/T 1099－2003 键 6×10×25

(续表)

名称	图　例	标记示例
钩头楔键	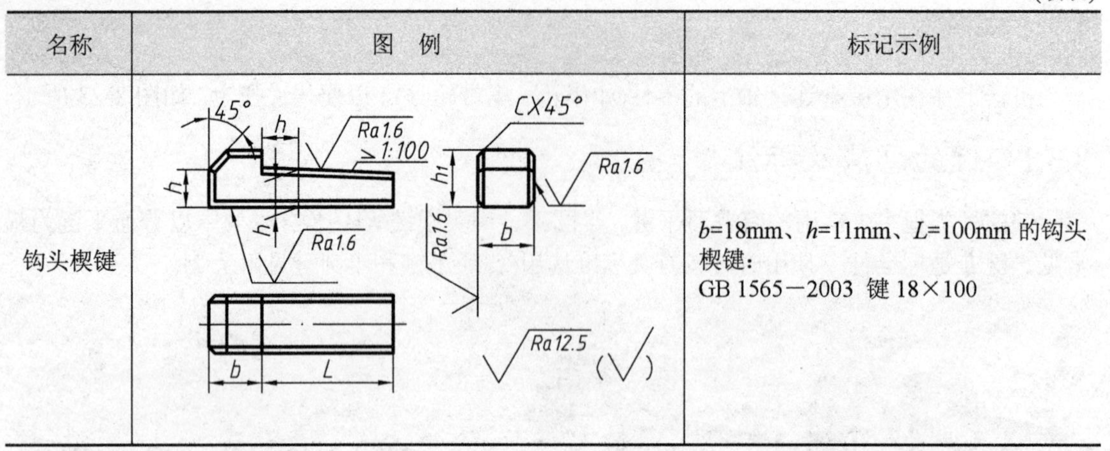	b=18mm、h=11mm、L=100mm 的钩头楔键： GB 1565—2003　键 18×100

8.3.2　键连接的画法

1. 普通平键的连接画法

画平键连接时，应已知轴的直径、键的型式和键的长度，然后根据轴的直径 d 查阅有关的标准，选取键和键槽的断面尺寸，键的长度根据需要在标准系列中选用。键、键槽的断面尺寸见附录。轴和轮子上键槽的画法如图 8-25 所示。

平键连接轴和轮子时，键的两侧面是工作面。在连接图中键的两侧面与轮毂、轴的键槽两侧面均接触，应画一条线；键的底面与轴的键槽底面接触，也应画一条线；而键的顶面与轮毂上键槽的底面之间应有间隙，为非接触面，因此要画两条线。按国标规定，键沿纵向剖切时，不画剖面线，如图 8-25(c)所示。

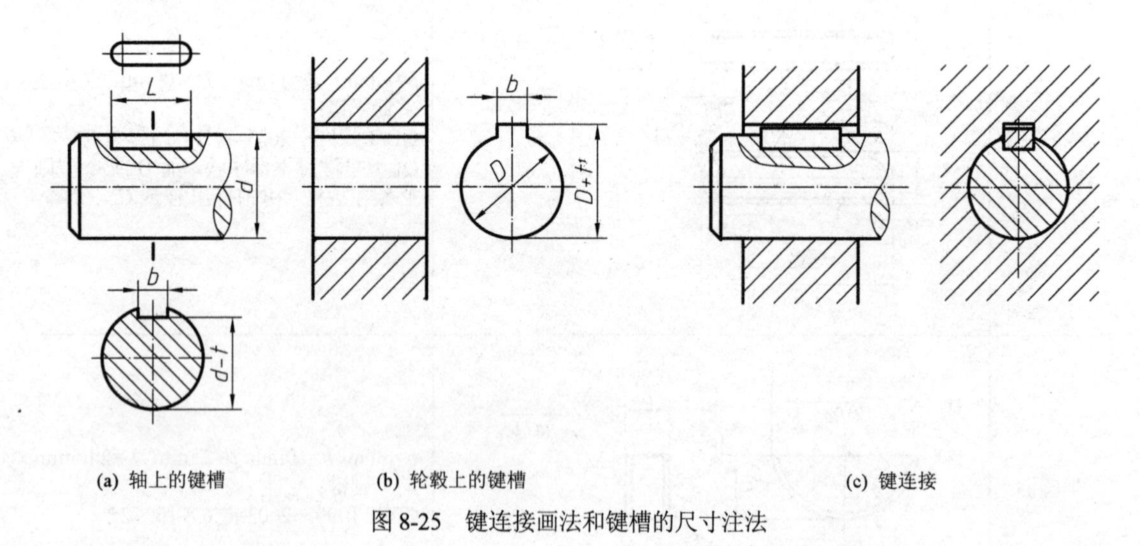

(a) 轴上的键槽　　(b) 轮毂上的键槽　　(c) 键连接

图 8-25　键连接画法和键槽的尺寸注法

2. 半圆键的连接画法

半圆键的连接情况、画图要求与普通平键类似，键的两侧和键的底面应与轴和轮的键槽的表面接触，顶面应留有间隙，如图 8-26 所示。

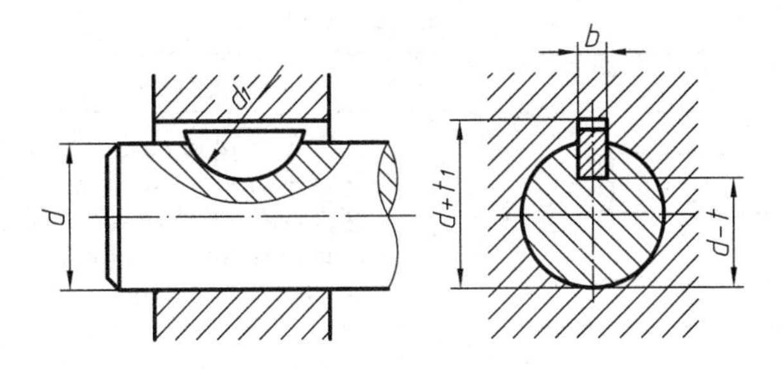

图 8-26　半圆键的连接画法

3. 钩头楔键的连接画法

图8-27为钩头楔键的连接图。钩头楔键的顶面有 1:100 的斜度，装配后楔键与被连接零件键槽的顶面和底面都是接触的，这是其与前两种键连接的不同处。

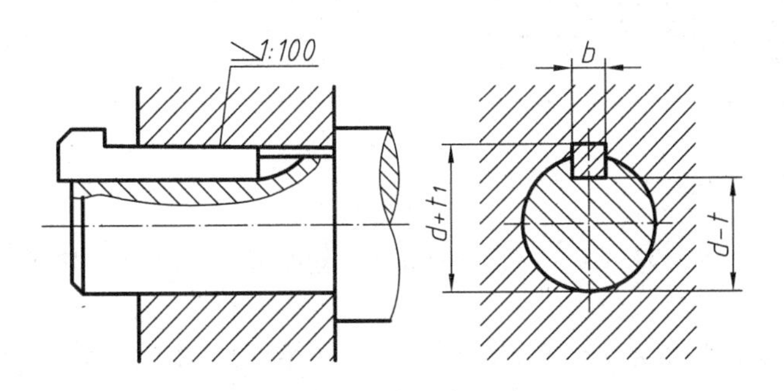

图 8-27　钩头楔键连接画法

8.4　销及其连接

销可以用来连接、定位零件或传递动力。

图 8-28　销

8.4.1　销的画法及标法

常用的有圆柱销、圆锥销、开口销等(图8-28)。销也是标准件，使用时应按有关标准选用。其标准摘录见附录。

如表 8-5 所示为以上三种销的画法和标记示例。

表 8-5 销的种类及其标记

名称	型 式	标记示例	说明
圆柱销		公称直径 *d*=6mm、公称长度 *l*=30mm、公差为 m6、材料为钢、不经淬火、不经表面处理的圆柱销的标记：销 GB/T 119.1 6m6×30	圆柱销有四种直径公差，其公差代号分别为 m6、h8、h11、u8
圆锥销		公称直径 *d*=10mm、长度 *l*=60mm、材料为 35 钢、热处理硬度 28～38HRC、表面氧化处理的 A 型圆锥销：销 GB/T 117 10×60	圆锥销的锥度为 1∶50 有自锁作用，打入后不会自动松脱，它的型式有 A、B 两种。其公称直径是它的小端直径
开口销		公称直径 *d*=5mm、长度 *l*=50mm、材料为低碳钢、不经表面处理的开口销：销 GB/T 91 5×50	开口销与槽形螺母配合使用，以防止螺母松动

8.4.2 销连接的画法

用销连接或定位两个零件时，它们的销孔应在装配时一起加工。图 8-29 为销孔的加工方法和尺寸注法。

销连接的画法如图 8-30 所示，销作为实心件，当剖切平面通过销的轴线时，销按不剖处理。画轴上销连接时，轴常采用局部剖，以表示销和轴之间的配合关系。

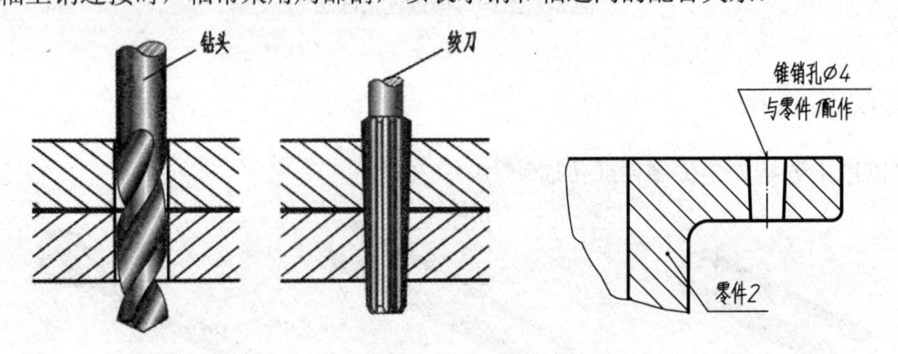

图 8-29 销孔的加工方法及尺寸注法

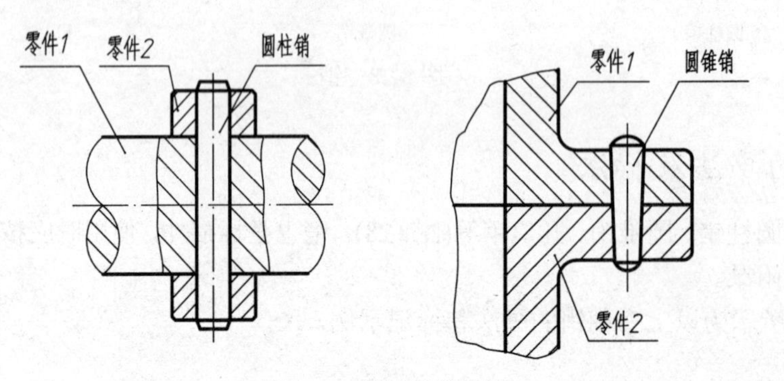

图 8-30 销连接的画法

8.5　滚动轴承

滚动轴承是一种支承旋转轴的组件。它具有摩擦小、结构紧凑的优点，已被广泛使用在机器或部件中。滚动轴承的规格和形式很多，但均已标准化，其结构一般由外圈、内圈、滚动体及保持架组成，如图 8-31 所示。

使用时，通常将外圈装在机座的轴承内，它是固定不动的，而将内圈装在轴上，随轴转动。

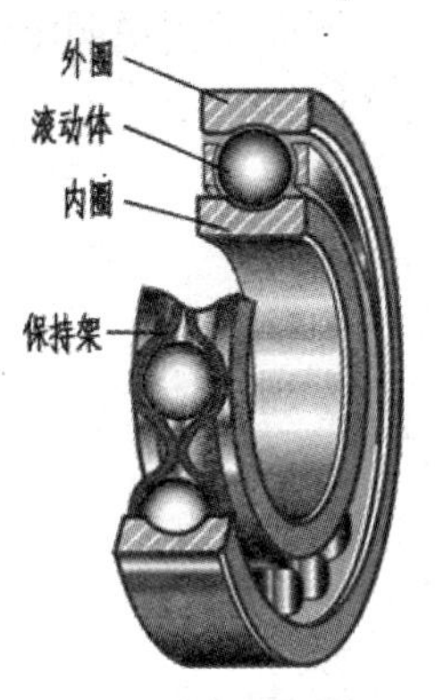

图 8-31　滚动轴承

8.5.1　滚动轴承的类型、代号及规定画法

1. 滚动轴承的类型

滚动轴承种类很多，按承受载荷的性质，滚动轴承可分为三类：

① 向心轴承。主要承受径向载荷，如表 8-7 所示的深沟球轴承。

② 推力轴承。只能承受轴向载荷，如表 8-7 所示的推力球轴承。

③ 向心推力轴承。能同时承受径向及轴向载荷，如表 8-7 所示的圆锥滚子轴承。

2. 滚动轴承的代号

滚动轴承的结构、尺寸、公差等级、技术性能等特性是由滚动轴承的代号来表示。代号是由前置代号、基本代号、后置代号组成，其排列如下：

前置代号　基本代号　后置代号

(1) 基本代号。表示滚动轴承的基本类型、结构和尺寸，是滚动轴承代号的基础。一般常用的轴承的代号仅用基本代号表示。

基本代号由轴承类型代号、尺寸系列代号、内径代号组成：

类型代号　尺寸系列代号　内径代号

① 类型代号。类型代号用数字或大写拉丁字母表示，如表 8-6 所示。

表 8-6　滚动轴承类型代号

代 号	轴 承 类 型	代 号	轴 承 类 型
0	双列角接触球轴承	N	圆柱滚子轴承
1	调心球轴承		双列或多列用字母 NN 表示
2	调心滚子轴承和推力调心滚子轴承	U	外球面球轴承
3	圆锥滚子轴承	QJ	四点接触球轴承
4	双列深沟球轴承		
5	推力球轴承		
6	深沟球轴承		
7	角接触球轴承		
8	推力圆柱滚子轴承		

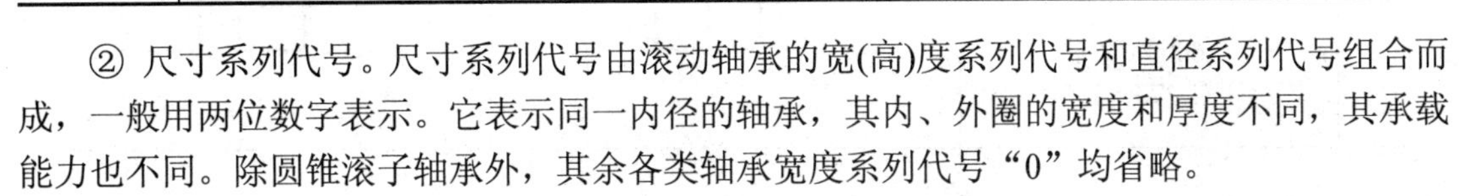
② 尺寸系列代号。尺寸系列代号由滚动轴承的宽(高)度系列代号和直径系列代号组合而成，一般用两位数字表示。它表示同一内径的轴承，其内、外圈的宽度和厚度不同，其承载能力也不同。除圆锥滚子轴承外，其余各类轴承宽度系列代号“0”均省略。

③ 内径代号。表示滚动轴承的公称内径，一般也用两位数字表示。它们的含义是：当10mm≤d≤495mm 时，代号的数字<04 时，即 00、01、02、03 分别表示内径为：10、12、15、17mm；代号的数字为 04~99 时，代号数字乘以 5，即为轴承内径。

下面举例说明滚动轴承代号标记：

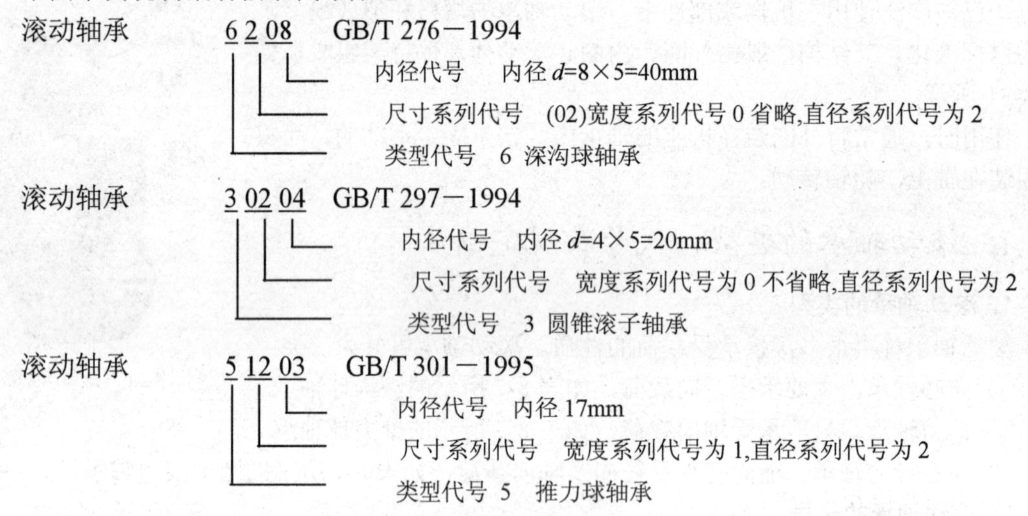

(2) 前置、后置代号。是滚动轴承在结构形状、尺寸、公差、技术要求等有改变时，在其基本代号的左右添加的补充代号。需要时可查阅有关国家标准。

8.5.2 滚动轴承的规定画法

滚动轴承是标准件，可按设计要求选购，不必画出它的零件图。在装配图中，为了表示轴的支承情况，可采用规定画法；如果只需要形象地表示滚动轴承的结构特征时，可采用特征画法。常用滚动轴承的画法，如表 8-7 所示。

表 8-7 常用滚动轴承的规定画法和特征画法

名称	结构、代号及标准编号	规定画法	特征画法
深沟球轴承	(60000 型) GB/T 276－1994	B, B/2, A/2, A, 60°, d, D	B, 2/3B, A, B/6, d, D

(续表)

名称	结构、代号及标准编号	规 定 画 法	特 征 画 法
推力球轴承	 (51000 型) GB/T 301－1995	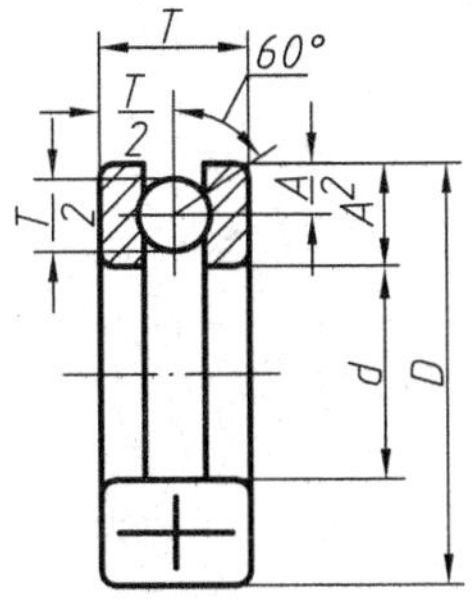	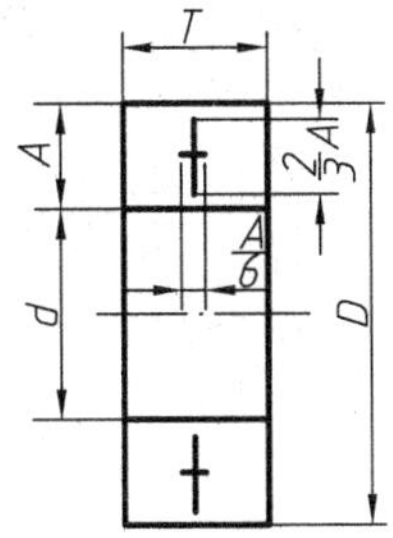
圆锥滚子轴承	 (30000 型) GB/T 297－1994	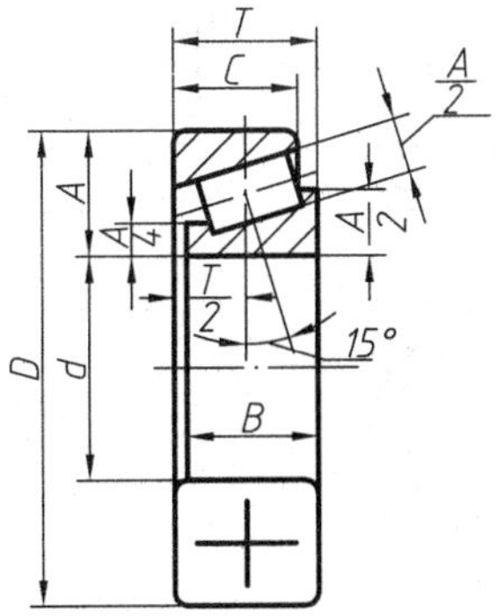	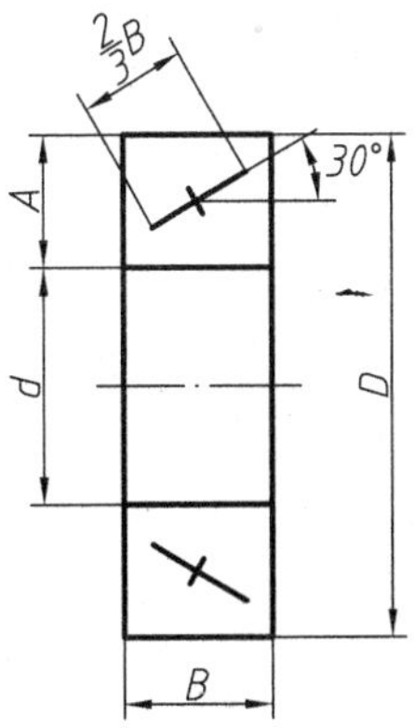

8.6　弹簧

弹簧具有储存能量的特性，所以在机械中广泛地用来减震、夹紧、复位及测力等。弹簧种类很多，常用的有圆柱螺旋弹簧，按受力情况可分为压缩弹簧、拉伸弹簧和扭转弹簧三种(图 8-32)，本节主要介绍圆柱螺旋压缩弹簧的画法。

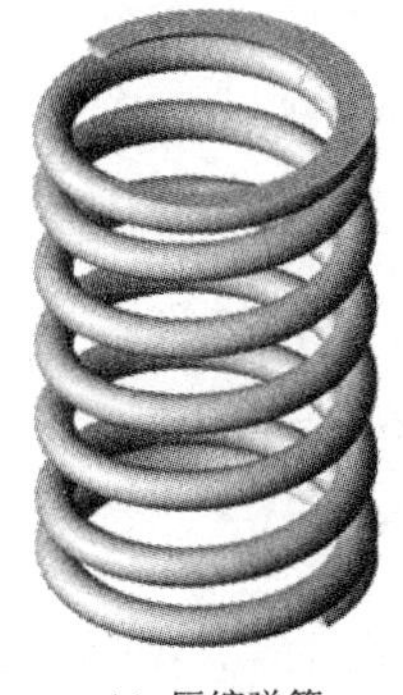

(a) 压缩弹簧

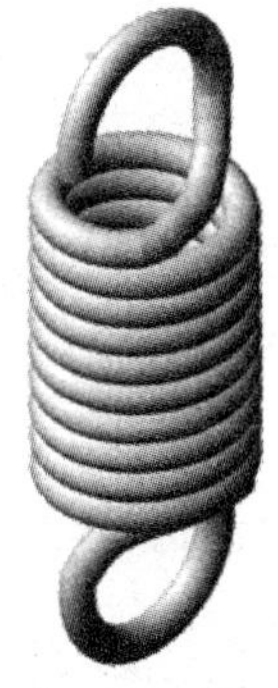

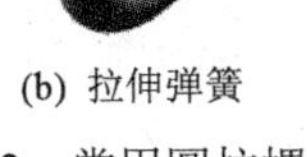

(b) 拉伸弹簧

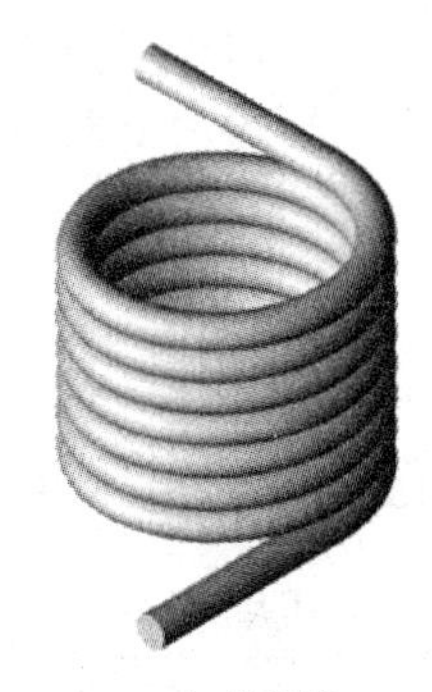

(c) 扭转弹簧

图 8-32　常用圆柱螺旋弹簧

8.6.1 圆柱螺旋压缩弹簧的参数及尺寸关系

如图 8-33 所示：

(1) 簧丝直径 d：制造弹簧的钢丝直径。

(2) 弹簧中径 D：弹簧的平均直径。

(3) 弹簧内径 D_1：弹簧最小直径 $D_1=D-d$

(4) 弹簧外径 D_2：弹簧最大直径 $D_2=D+d$。

(5) 节距 t：相邻两有效圈截面中心线的轴向距离。

(6) 支承圈数 n_2、有效圈数 n、总圈数 n_1。

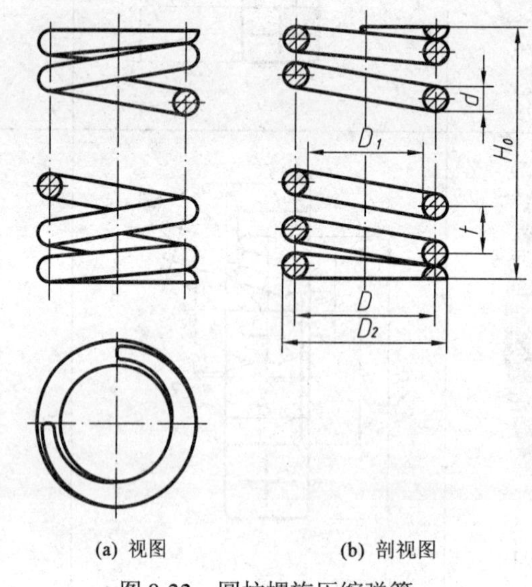

(a) 视图　　(b) 剖视图

图 8-33　圆柱螺旋压缩弹簧

为使压缩弹簧的端面与轴线垂直，在工作时受力均匀，工作稳定可靠，在制造时将两端几圈并紧、磨平，仅起支承或固定作用称为支承圈。两端的支承圈总数有 1.5、2 及 2.5 圈三种，常见为 2.5 圈，即每端各有 $1\frac{1}{4}$ 圈支承圈。除支承圈外，中间保持相等节距的圈称为有效圈，有效圈数是计算弹簧刚度时的圈数。有效圈数与支承圈数之和称为总圈数，表示为

$$总圈数\ n_1=有效圈\ n+支承圈数\ n_2$$

(7) 自由高度(弹簧无负荷时的高度)为

$$H_0=nt+(n_2-0.5)\,d$$

(8) 簧丝展开长度为

$$L\approx n_1\sqrt{(\pi D)^2+t^2}$$

8.6.2 圆柱螺旋压缩弹簧的标记

圆柱螺旋压缩弹簧标记的组成，规定如下：

[弹簧代号] [型式代号] $d\times D\times H_0$—[精度代号] [旋向代号] [标准号] [材料牌号]—[表面处理]

其中螺旋压缩弹簧代号为“Y”；端圈型式分为 A 型(两端圈并紧磨平)和 B 型(两端圈并紧锻

平)两种；制造精度 2 级应注明“2”，3 级可省略不注；左旋需标注“LH”，右旋可省略不注；表面处理一般不表示。如要求镀锌、镀铬、磷化等金属镀层及化学处理时，应在标记中注明。

例如，A 型螺旋压缩弹簧，材料直径 1.2mm，弹簧中径 8mm，自由高度 40mm，刚度、外径、自由高度的精度为 2 级，材料为碳素弹簧钢丝 B 级，表面镀锌处理的左旋弹簧的标记为

YA 1.2×8×40-2 LH GB/2089－1994 B 级-D-Zn

8.6.3 圆柱螺旋压缩弹簧的规定画法

1. 单个弹簧画法

单个弹簧画法如下：

(1) 在平行弹簧轴线的投影面上的视图中，各圈的轮廓均画成直线，如图 8-33 所示。

(2) 弹簧有左旋和右旋，画图时均可画成右旋，但左旋弹簧要加注“左”字。

(3) 有效圈数大于 4 圈，可只画两端的 1~2 圈，而省略中间各圈。同时，图形的长度也可适当缩短，如图 8-33 所示。

(4) 不论支承圈数多少，均可按如图 8-34 所示绘制，支承圈数在技术要求中另加说明。

(5) 圆柱螺旋压缩弹簧作图步骤如下：

已知圆柱螺旋压缩弹簧的簧丝直径 d，弹簧中径 D，节距 t，有效圈数 n，支承圈数 n_2，右旋，先算出自由高度 H_0，然后按如下步骤作图：

① 根据自由高度 H_0 和中径 D 画出长方形 $ABCD$，如图 8-34(a)所示。

② 根据簧丝直径 d，画出支承圈部分的圆和半圆，如图 8-34(b)所示。

③ 根据节距 t 画出有效圈数部分的圆，如图 8-34(c)所示。

④ 按右旋方向作相应圆的公切线及剖面线，加深，完成作图，如图 8-34(d)所示。

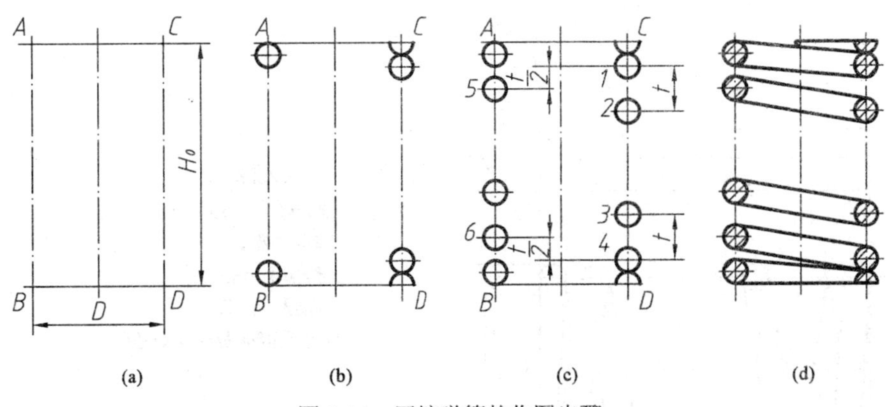

图 8-34 压缩弹簧的作图步骤

2. 圆柱螺旋压缩弹簧在装配图中画法

圆柱螺旋压缩弹簧在装配图中画法如下：

(1) 在装配图中，当弹簧中间各圈采用省略画法时，弹簧后面被挡住的结构一般不画，可见部分只画到弹簧钢丝的断面轮廓或中心线处，如图 8-35(a)(b)所示。

(2) 在装配图中，簧丝直径小于 2mm 的断面，允许用涂黑表示，如图 8-35(b)所示。

(3) 当簧丝直径小于 1mm 时，可采用示意画法，如图 8-35(c)所示。

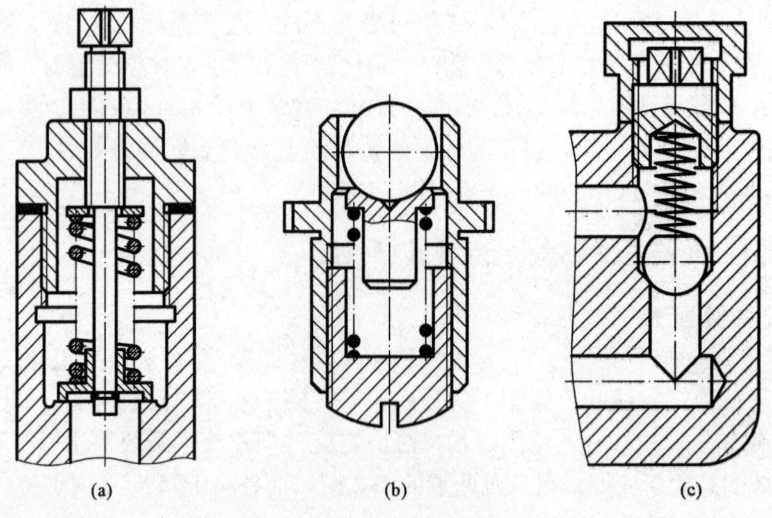

图 8-35 装配图中弹簧的画法

8.6.4 圆柱螺旋压缩弹簧的零件图

如图 8-36 所示是一个圆柱螺旋压缩弹簧的零件图，画图时应注意以下几点：

(1) 弹簧的参数应直接标注在图形上，若直接标注有困难时，可以在技术要求中说明；

(2) 在零件图上方用图解表示弹簧的负荷与长度之间的变化关系。圆柱螺旋压缩弹簧的机械性能曲线为直线(为粗实线)，其中：P_1 为弹簧的预加负荷；P_2 为弹簧的最大负荷；P_3 为弹簧的允许极限负荷。

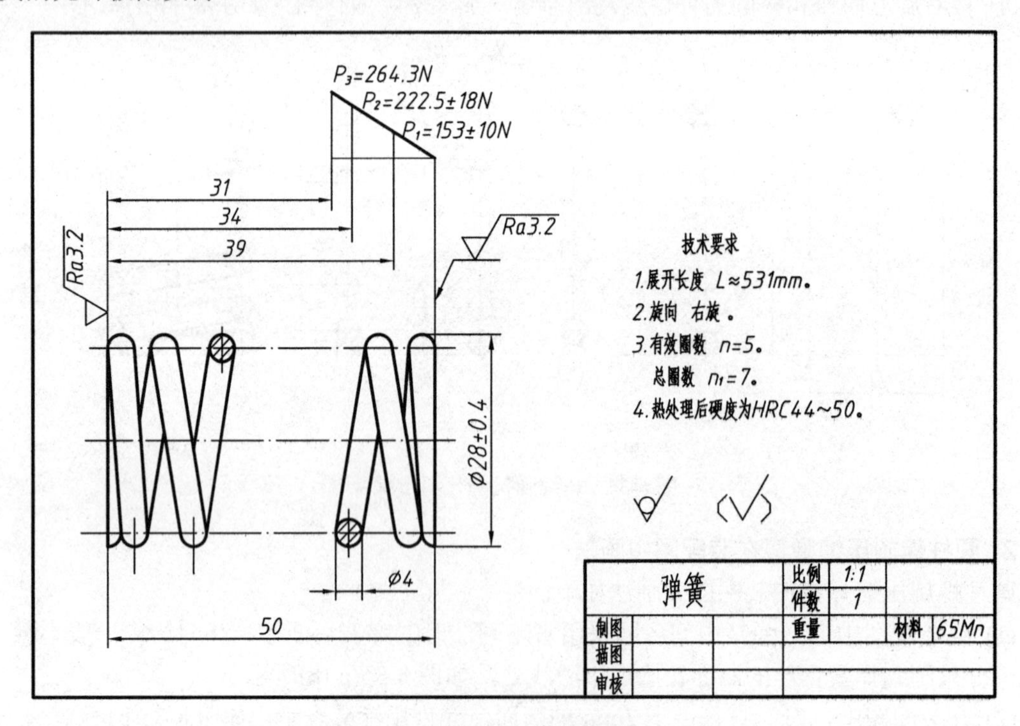

图 8-36 圆柱螺旋压缩弹簧的零件图

8.7　齿轮

齿轮传动是机械传动中的重要组成部分，它的作用是将一根轴的转动传递给另一根轴，它不仅可以传递动力，而且可以改变转速和回转方向。图 8-37 表示三种常见的齿轮传动形式。圆柱齿轮通常用于平行两轴之间的传动；锥齿轮用于相交两轴之间的传动；蜗杆与蜗轮则用于交叉两轴之间的传动。其中圆柱齿轮是最常用的，圆柱齿轮的轮齿有直齿、斜齿和人字齿，下面以直齿圆柱齿轮介绍圆柱齿轮的几何要素和规定画法。

直齿圆柱齿轮的外形为圆柱形，齿向与齿轮轴线平行。

(a) 圆柱齿轮

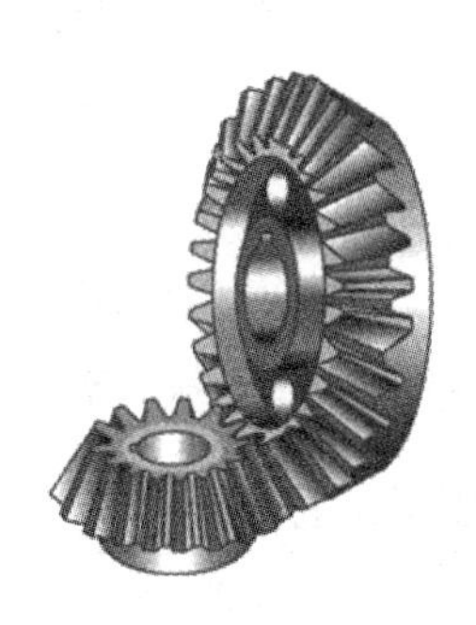

(b) 圆锥齿轮

(c) 蜗杆与涡轮

图 8-37　常见的齿轮传动

8.7.1　齿轮各部分名称及尺寸计算

图 8-38 为相互啮合的两直齿圆柱齿轮各部分名称和代号。

(1) 齿顶圆：轮齿顶部的圆称齿顶圆，其直径用 d_a 表示。

(2) 齿根圆：轮齿根部的圆称齿根圆，其直径用 d_f 表示。

(3) 分度圆：分度圆是设计、制造齿轮时计算各部分尺寸所依据的圆也是分齿的圆，其直径用 d 表示。两齿轮啮合时，两齿轮的连心线 O_1O_2 上两个相切的圆称为节圆，其直径用 d' 表示。一对正确安装的标准齿轮，分度圆与节圆重合，即 $d'=d$。

(4) 齿距 p、齿厚 s、齿槽宽 e：在分度圆上相邻两齿对应点之间的弧长称齿距，用 p 表示；一个轮齿齿廓间的弧长称齿厚，用 s 表示；一个齿槽齿廓间的弧长称齿槽宽，用 e 表示。

(5) 齿高、齿顶高、齿根高：齿顶圆与齿根圆的径向距离称齿高，用 h 表示；齿顶圆与分度圆的径向距离称齿顶高，用 h_a 表示；齿根圆与分度圆的径向距离称齿根高，用 h_f 表示；$h=h_a+h_f$。

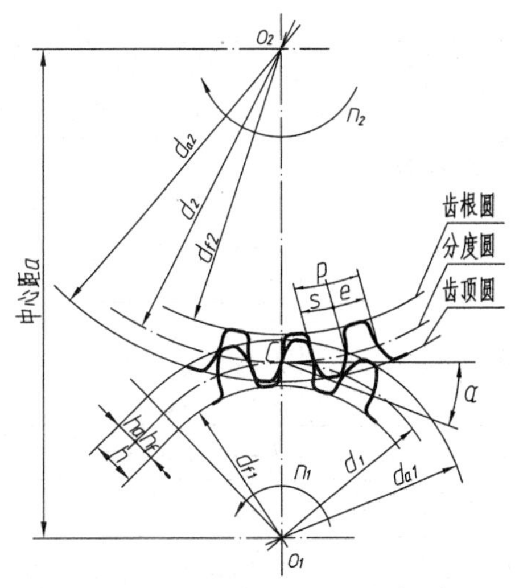

图 8-38　直齿圆柱齿轮各部分名称和代号

(6) 模数 m：计算齿轮各部分尺寸和加工齿轮时的基本参数。由图 8-38 可以看出，如以 z 表示齿轮的齿数，则齿轮分度圆周长为

$$\pi d = zp$$

因此

$$d = \frac{p}{\pi} z$$

令

$$m = \frac{p}{\pi}$$

则

$$d = mz$$

式中：m 称为模数，是齿距 p 与 π 的比值，即 $m = p/\pi$。

因为 π 为常数，故两啮合齿轮的模数应相等。不同模数的齿轮要用不同模数的刀具去制造。为了便于设计和加工，国家标准对模数规定了标准数值(表 8-8)。

表 8-8　标准模数

第一系列	1　1.25　1.5　2　2.5　3　4　5　6　8　10　12　16　20　25　32　40　50
第二系列	1.75　2.25　2.75　(3.25)　3.5　(3.75)　4.5　5.5　(6.5)　7　9　(11)　14　18　22　28　(30)　36　45

注：在选用模数时，应优先选用第一系列；其次选用第二系列；括号内模数尽可能不选用。

(7) 压力角 α：啮合接触点 C 处两齿廓曲线的公法线与中心连线的垂直线的夹角。一般采用 20°。

(8) 传动比 i：主动齿轮转速 n_1(转/min)与从动齿轮转速 n_2(转/min)之比。即 $i = n_1/n_2$，由于转速与齿数成反比，因此传动比亦等于从动齿轮齿数 z_2 与主动齿轮齿数 z_1 之比，即

$$i = n_1/n_2 = z_2/z_1$$

齿轮上各部分间的关系和尺寸计算公式如表 8-9 所示。

表 8-9　直齿圆柱齿轮的尺寸计算

名称及代号	公　式	名称及代号	公　式
模数 m	$m = p/\pi$（根据设计需要而定）	齿顶圆直径 d_a	$d_{a_1} = m(z_1+2)$ $d_{a_2} = m(z_2+2)$
压力角 α	$\alpha = 20°$	齿根圆直径 d_f	$d_{f_1} = m(z_1-2.5)$ $d_{f_2} = m(z_2-2.5)$
分度圆直径 d	$d_1 = mz_1$，$d_2 = mz_2$	齿距 p	$p = \pi m$
齿顶高 h_a	$h_a = m$	中心距 a	$a = (d_1+d_2)/2 = m(z_1+z_2)/2$
齿根高 h_f	$h_f = 1.25m$	传动比 i	$i = n_1/n_2 = z_2/z_1$
全齿高 h	$h = h_a + h_f = 2.25m$		

8.7.2　直齿圆柱齿轮的画法

1. 单个直齿圆柱齿轮的画法

如图 8-39 所示，轮齿部分应按如下规定绘制：

(1) 在投影为圆的视图上，分度圆用点画线，齿顶圆用粗实线，齿根圆用细实线(也可省略不画)。

(2) 在非圆的剖视图上，分度线用点画线(要超出轮廓)，齿顶线和齿根线均用粗实线，注意轮齿部分按不剖处理；若不画成剖视，则齿根线可省略不画。

(3) 当需要表示斜齿的齿线的形状时，可用三条与齿线方向一致的细实线表示，如图 8-39(c)所示。

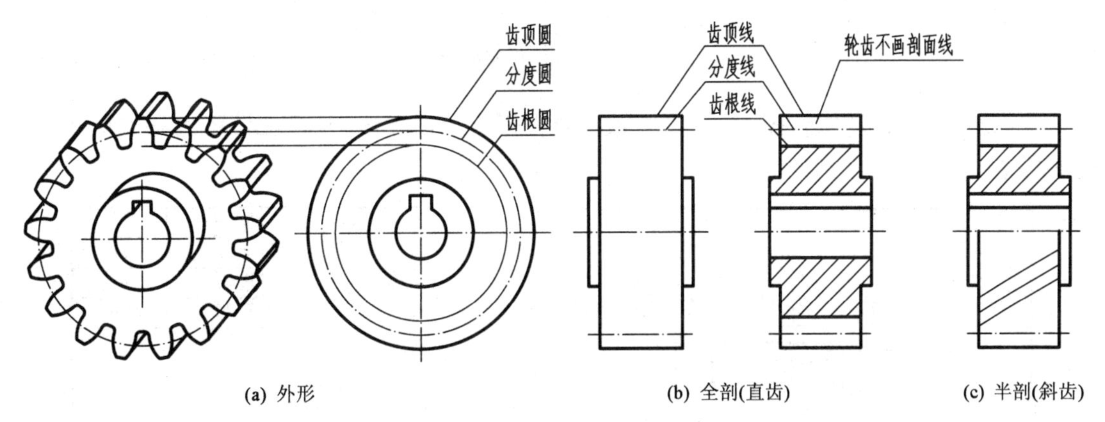

(a) 外形　(b) 全剖(直齿)　(c) 半剖(斜齿)

图 8-39　圆柱齿轮的规定画法

2. 直齿圆柱齿轮的啮合画法

在投影为圆的视图上的画法[图 8-40(a)]：轮齿的啮合部分两分度圆相切；啮合区内的齿顶圆均用粗实线绘制(必要时允许省略)；齿根圆均用细实线绘制(一般可省略不画)。在剖视图

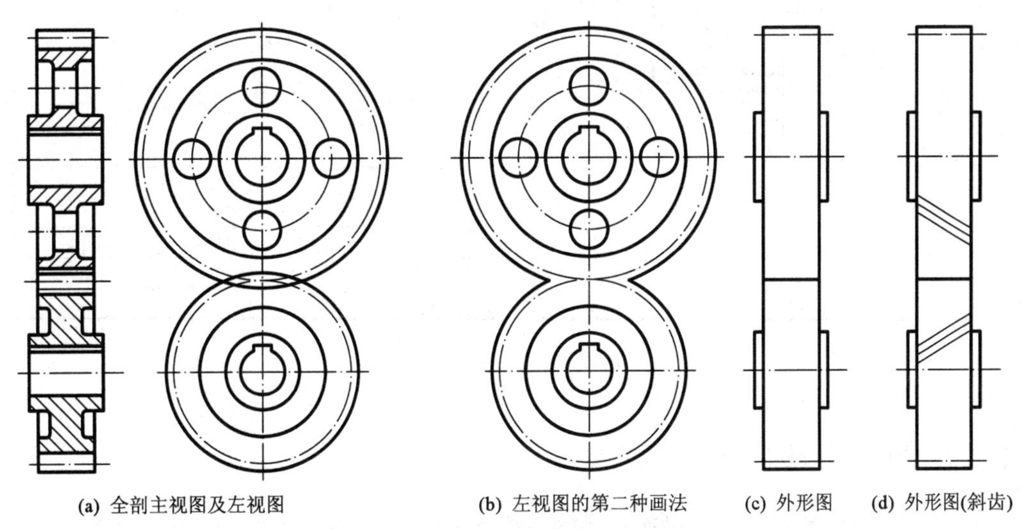

(a) 全剖主视图及左视图　(b) 左视图的第二种画法　(c) 外形图　(d) 外形图(斜齿)

图 8-40　圆柱齿轮啮合的规定画法

上的画法(图 8-40(a)、图 8-41)：轮齿的啮合部分两分度线重合用点画线画出；齿根线均画成粗实线；齿顶线的画法为：一个齿轮的齿顶线画粗实线；另一个齿轮的齿顶线画虚线(图 8-41)。在外形视图上的画法[图 8-40 (c)(d)]：啮合区内的齿顶线和齿根线不必画出；分度线用粗实线绘制。

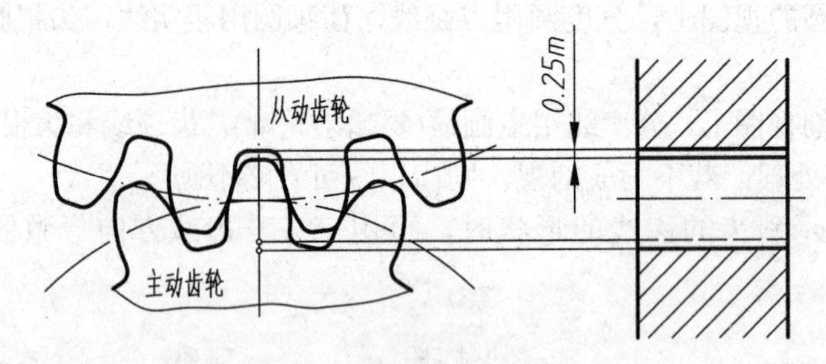

图 8-41 齿轮啮合区的画法

图 8-42 为圆柱齿轮零件图，它除了一般零件图应有的内容外，还应在图纸的右上角画出齿轮参数表。

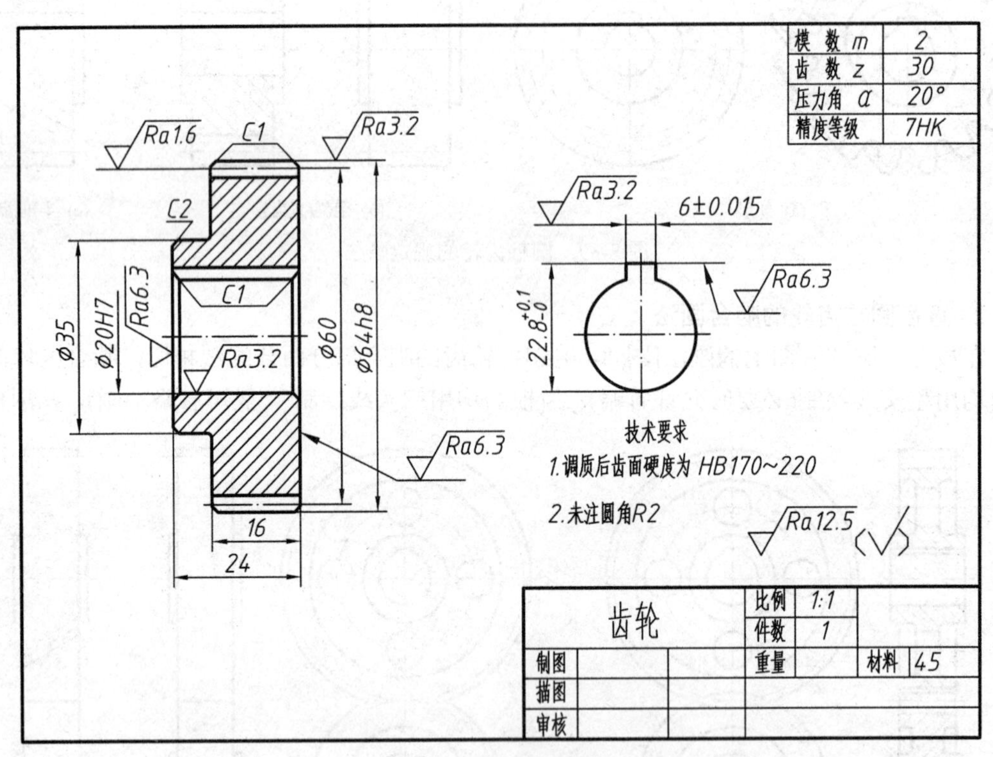

图 8-42 直齿圆柱齿轮工作图

8.8 块的定义和调用

块是多个对象的集合，可以通过关联对象并为它们命名来创建块。在用计算机绘制机械图形时，可以把一些常用的图形，如螺母、螺栓等标准件，定义成块存储起来，绘图时可随时将它加入到当前图形指定的位置，而不必一个一个地去画，从而提高绘图的效率。

用创建块(BLOCK)的命令将对象定义成块，然后用插入块(Insert)命令将已定义的块按指定的插入点、比例和旋转角度插入到当前图形中。如果块插入后发现块的定义中有错误，可以重新定义此块，重新定义后，不必重新插入系统会自动更新。下面以螺栓连接主视图为例，介绍块的操作步骤。

(1) 画出螺栓、螺母和垫圈(公称直径 d=10)等。根据对螺栓连接图比例画法的分析，将螺栓连接分成三部分：第一部分包括螺母、垫圈和螺栓的伸出部分；第二部分为两块带孔的板；第三部分为螺栓头。其中第一部分和第三部分可定义成块，以后可以按比例插入到不同规格的螺栓连接图中，而板随用途不同而变化的不宜定义成块[图 8-43)]。

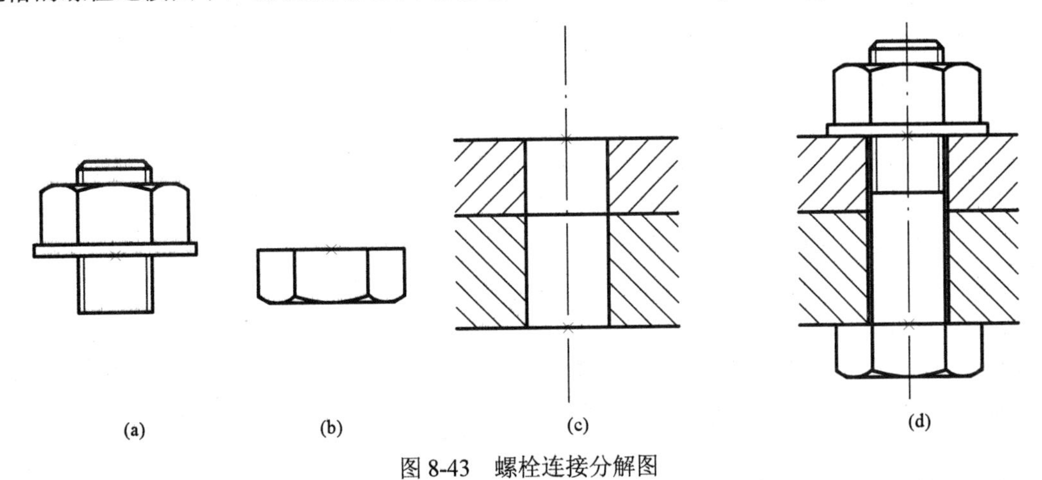

图 8-43　螺栓连接分解图

(2) 用创建块(Block)命令将螺母和螺栓分别定义成图块。其操作步骤如下:

① 命令：BLOCK↵

BLOCK 命令执行后，将显示一个“块定义”对话框，如图 8-44 所示。

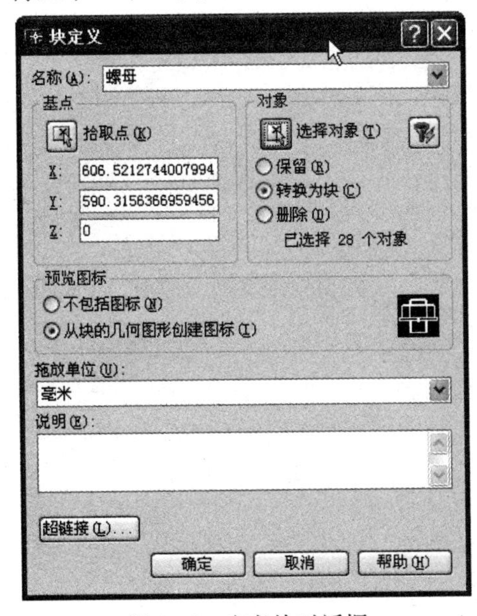

图 8-44　定义块对话框

② 在对话框“名称(A)”中输入“螺母”。

③ 点击“基点”分栏内的“拾取点”按钮，选择图 8-43(a)的×点为螺母插入基点。

④ 点击“对象”分栏内的“选择对象”按钮，选择目标图形[图 8-43(a)]。

⑤ 点击对话框中“确定”，即完成螺母块的定义。

⑥ 使用同样方法，将图 8-43(b)的图形定义名为螺栓的块。

(3) 用插入块(INSERT)命令插入已定义的块。其操作步骤如下：

① 命令：INSERT ↵

INSERT 命令在执行后将显示一个“插入”对话框，如图 8-45 所示。

② 在“名称(N)”选择项中，直接选中图块名：螺母。

③ 点击“插入点”分栏内选中“在屏幕上指定”的选择框，“缩放比例”X、Y、Z 均为 1，“旋转”角度为 0，按“确定”后，将鼠标指向图 8-43(c)中上面的带“×”点作为螺母块的插入点。

④ 用同样方法，完成螺栓的插入，插入点是图 8-43(c)中下面的带“×”点。

如果我们要绘制公称直径 $d=20$ 的螺栓连接，只要在插入块时将比例改成 2 即可。

使用 INSERT 命令时，可调用图块，也可调用已绘制的图形文件(点击“浏览”选择磁盘上的图形文件)。但一般的图形文件存盘前需使用 BASE 命令设定文件作为块插入时的基点。如果不设定的话，系统默认以图形文件的坐标原点为插入时的基点。

(4) 整理图形。块被插入后，不一定完全满足当前图形的要求，对于图 8-43(c)插入两个图块后，要想成为图 8-43(d)还需要画出连接螺栓上下两部分的线，并把被螺栓挡住的板的轮廓线删去。

块在图形文件中被看成是一个对象，如果要对块中的对象进行编辑，可以用分解(EXPLODE)命令将其分解，或者在插入对话框(图8-45)中，点击“分解”前的框选择分解块。块经过分解以后，就不再具有块的特性，可以对其包含的对象进行修改。

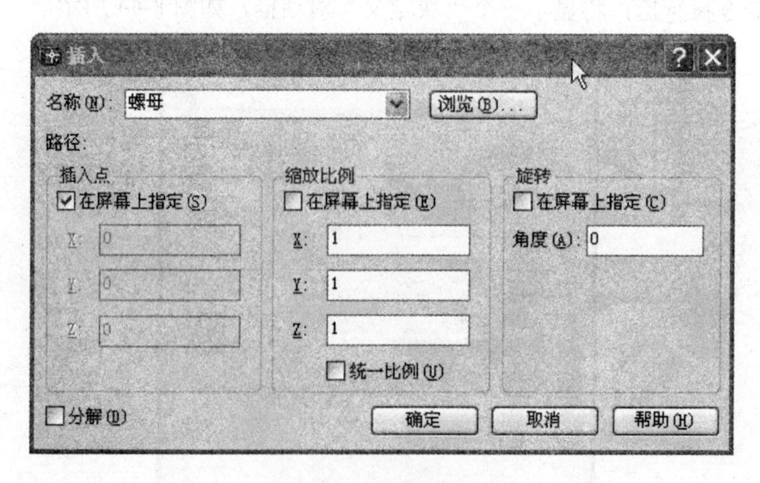

图 8-45 插入块对话框

(5) 写块命令。如果要使当前文件中的块让其他文件可以调用，则可以用 WBLOCK 命令把图块定义写入磁盘中，形成图形文件，具体操作为：

命令：WBLOCK↵

WBLOCK 命令执行后，将显示一个“写块”对话框，如图 8-46 所示。

用户可以在“源”分栏内选中“块(B):”，再选择块名，如“螺母”。在“目标”分栏内的“文件名和路径(F):”项内可以输入路径和文件名。然后点击“确定”按钮。这样螺母块中的对象就写成了一个名为螺母的图形文件。其他图形文件想调用时只要用插入块命令找到此文件就可以了。

从写块对话框的“源”中可以看到，写块命令不仅可以将块写成文件，也可以将整个图形写成文件，也可以选择图形中的部分对象写成文件。其中将整个图形写成文件不同于文件保存，用这种方法保存图形可以减小图形文件的字节数，即可以对图形文件“减肥”。

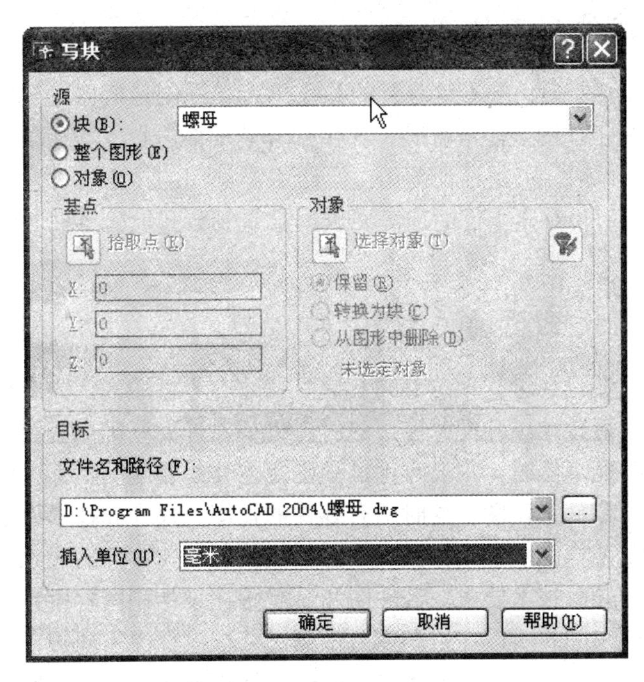

图 8-46　写块对话框

第9章 零件图

9.1 零件图的基本知识

9.1.1 什么是零件和零件图

零件是组成机器(或部件)的不可分拆的最小单元。在制造机器时要根据零件工作图制造零件，然后根据装配工作图装配成部件，再由部件装配成机器。

零件工作图(简称零件图)是设计部门提交给生产部门的技术文件，它反映了设计者的意图，表达了机器(或部件)对该零件的加工要求，它是制造和检验零件的依据，所以，图样是生产中的重要技术文件。

9.1.2 零件图与装配图的关系

一般说来，产品在设计过程中总是先有装配图才有零件图的。先应根据设计要求画出机构传动的示意图，然后按此画装配草图，这时在机构设计的基础上就要引进形体结构、尺寸配合等概念；在绘装配草图时，主要零件的视图及主要的装配关系都已确定下来，再下一步就是根据装配草图画零件工作图；这时所有零件的视图、尺寸和技术要求都应定下来，然后根据零件图及装配草图再画装配工作图，一方面校核各相关零件的尺寸，特别是配合尺寸；另一方面再补充各种装配技术要求。零件图和装配图在设计制图阶段完成之后，分发到产品加工和装配的各有关车间。所以在生产上要做到对某一零件深入理解，除应查阅它本身的零件图外，往往还应查阅装配图以及和它相关零件的零件图才能达到要求。

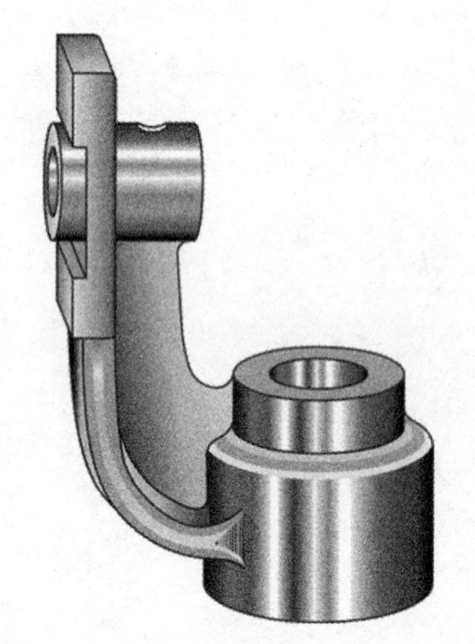

图9-1 支架零件直观图

因此，具有一定的设计知识和工艺知识是画好零件图的基础。本章主要讨论零件图的内容及其画法，并介绍一些有关的设计知识和工艺知识。

9.1.3 零件的分类

根据零件在机器或部件上的作用，一般可将零件分为三种。

1. 一般零件

如轴、箱盖、箱体等，这类零件的形状、结构、大小都须按部件的性能和结构要求设计。按照零件结构上的特征，一般零件可以分成：轴套类、盘盖类、箱体类、叉架类等。一般零件都要画出零件图以供制造时使用，如图9-1所示的支架零件就需要绘制如图9-2所示的零件图。

2. 传动零件

如圆柱齿轮、圆锥齿轮、蜗杆、蜗轮等。这类零件主要起传递动力的作用，其部分结构要素，如轮齿等，大多已经标准化，并有规定画法。传动零件一般也要画出零件图。

3. 标准件

如紧固件(螺栓、螺母、垫圈、键、螺钉……)、滚动轴承、油杯、毡圈、螺塞等，它们主要起零件间的连接、支承、密封等作用。这些标准件由专业厂生产，设计时不必画出零件图，只要写出其规定的标记即可，在装配图中一般按规定画法和示意画法绘制。

9.1.4　零件图的内容

零件图是直接指导生产制造和产品检验的图样。如图 9-2 所示，一张完整的零件图通常应有以下一些内容：

(1) 图形：用一组视图、剖视、断面及其他规定画法，正确、完整、清晰地表达零件的各部分形状和结构。

(2) 尺寸：用一组尺寸正确、完整、清晰、合理地标注零件制造、检验时的全部尺寸。

(3) 技术要求：用符号和文字标注或说明零件制造、检验、装配、调整过程中要达到的一些技术要求。如表面粗糙度、尺寸公差，形状和位置公差、热处理要求等。

(4) 标题栏：用标题栏说明零件的名称、材料、数量、比例、签名和日期等内容。

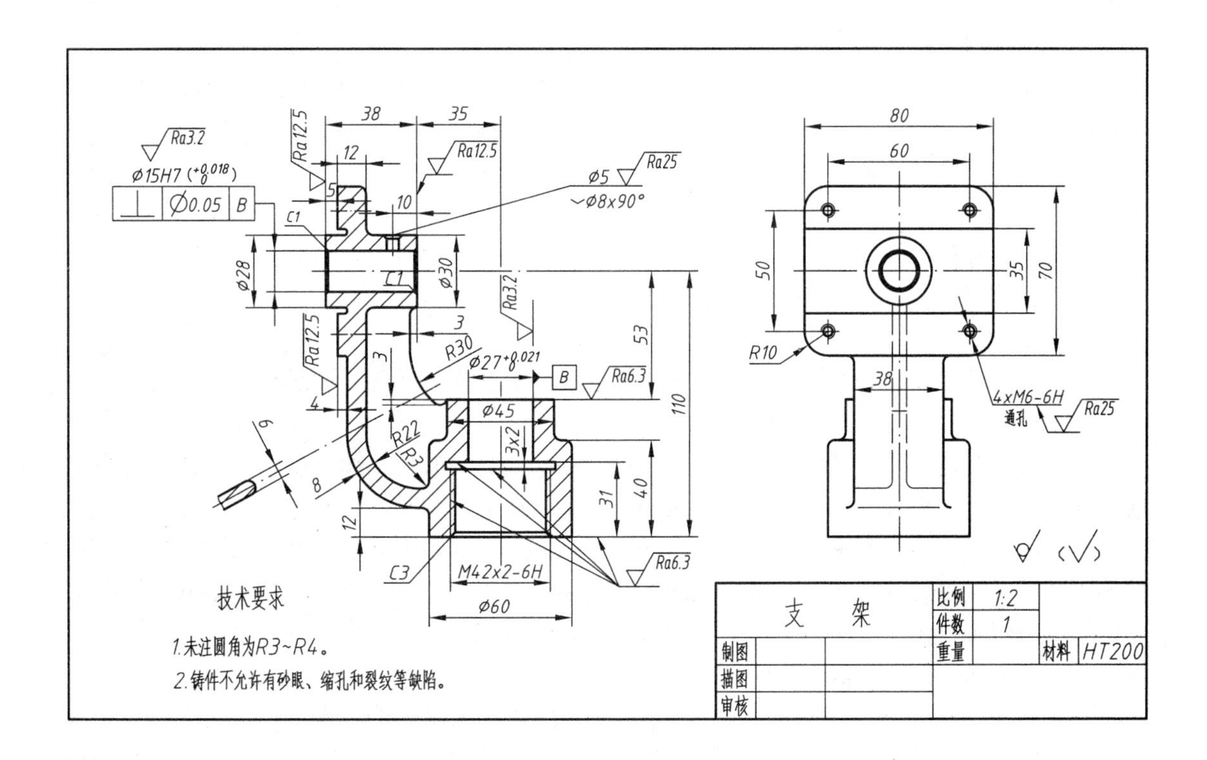

图 9-2　支架零件图

9.1.5 零件的加工方法简介

零件加工常用以下几种方法。

1. 铸造

将金属熔化后注入型腔，凝固后形成与腔同形的铸件的成形加工方法。此种方法能制造结构复杂的零件，应用范围广，生产效率高而成本低。常用的有砂型铸造、金属型铸造、压力铸造和熔模铸造等。

2. 锻造

使金属坯料在冲击力或静压力作用下产生塑性变形的成形加工方法。在锻造成形的同时也使零件的组织变化，力学性能达到一定的技术要求。锻造可按是否使用锻模而分为模型锻造和自由锻造。

3. 冲压

借助模具对板料施加外力，迫使其按模具形状发生分离或塑性变形的成形加工方法。此种加工方法省工、省料、生产率高。

4. 焊接

通过加热或加压，或二者并用，使两体之间产生原子间结合力而合为一体的加工方法。此法既可以用于生产零件，也可以用于将零件相互永久连接，具有连接坚固可靠、施工方便的特点。

5. 切削加工

利用切削工具(包括刀具、磨具和磨料)从毛坯上去除多余材料的成形加工方法。切削加工是非常重要的加工方法，使用广泛且能使零件获得很精确的几何形状、尺寸和较高的表面质量。切削加工常分为车、铣、刨、钻、磨、钳和特种加工等多种。

6. 热处理

固态下将金属零件加热到一定温度，在该温度下保持一定时间，然后以选定的方式和速度冷却，使其材料获得所需组织，改变力学性能的加工方法。

7. 表面处理

为提高零件表面的力学性能、抗腐蚀性和使表面美观而对零件表面进行的加工处理。

8. 塑料成形

将各种形态的塑料(粉料、粒料、溶液、糊料或分散体)加热、加压模塑成零件或毛坯的成形加工方法。塑料成形可以再细分为压塑、注塑、挤塑、吹塑、压延和压铸等方法。

零件的功能不同，要求各异，加工方法也不相同。有的零件只用一种方法加工即可，有的要用几种方法先后进行加工。最常见的是金属零件先用铸造(结构复杂时)或锻造(力学性能要求较高时)形成毛坯，再对其形状、尺寸和表面质量要求较高部分进行切削加工，中间穿插热处理以改善切削性能和保证力学性能。

设计零件时要考虑零件的加工方法和加工过程，以使所设计的零件合理，便于加工。在绘制零件图时只有了解零件的加工方法和加工过程，才能合理选择视图、标注尺寸和技术要求，使所绘图样便于加工者阅读。在阅读零件图时，若同时从加工角度对零件进行分析，可有助于对图样的理解和零件的想象。因此，学习零件的加工知识是十分必要和重要的，要结合工程实践不断积累。

9.1.6　零件的结构工艺性

零件的结构形状，主要是根据它在机器或部件中的功能决定的。不同的加工方法对零件的结构也有一定的要求。因此，在设计零件时，既要考虑功能方面的要求，又要充分考虑加工制造便利和可能性。下面介绍一些常见的工艺结构。

1. 铸件的工艺结构

(1) 拔模斜度。铸造时，为了便于将木模从砂型中取出，一般沿木模拔模方向设计出约1°~3°的斜度，称为拔模斜度，如图 9-3(a)所示。

拔模斜度在零件图上可以不标注，也可以不画，如图9-3(b)所示。必要时也可以在技术要求中用文字说明。

(2) 铸造圆角。为了防止砂型在浇注时出现落砂以及铸件在冷却时产生裂纹和缩孔，在铸件各表面相交处都做成圆角，如图 9-4 所示。圆角半径一般为壁厚的 0.2~0.4 倍。同一铸件上的圆角半径尽可能相同，图上一般不注圆角半径，而在技术要求中集中注写。

零件上两个未经切削加工的铸造毛坯表面相交处呈现“圆角”，图上应相应地画成圆角；零件上经过切削加工的表面与铸造毛坯面相交，或两表面切削加工后相交时呈现“尖角”，图上亦应相应地画成尖角。如图 9-4 所示。

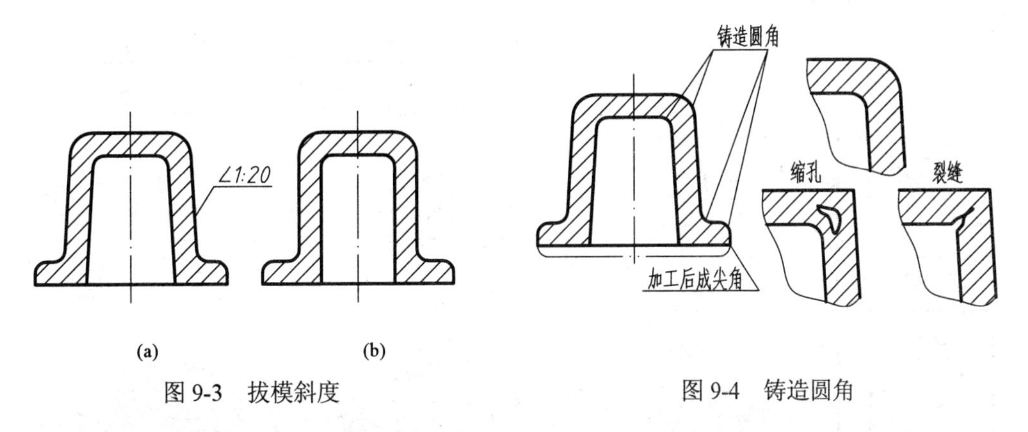

(a)　(b)

图 9-3　拔模斜度　　图 9-4　铸造圆角

(3) 铸件壁厚。为了避免铸件各部分因冷却速度不同而产生缩孔和裂纹，铸件壁厚要均匀或逐渐变化，如图 9-5 所示。

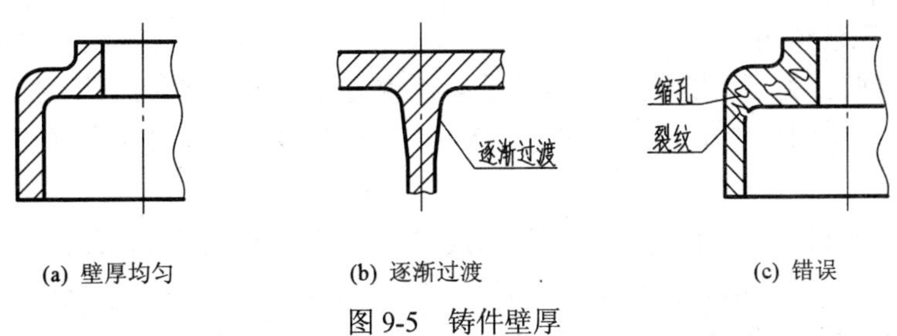

(a) 壁厚均匀　(b) 逐渐过渡　(c) 错误

图 9-5　铸件壁厚

(4) 过渡线。由于有铸造圆角的存在，两铸造毛坯面产生的交线变得不够明显、清晰。为了便于看图时区分不同表面，想象零件形状，在图上仍旧画出这种交线，这种交线称为过渡线。

过渡线的画法与没有圆角时的交线画法完全相同。没有圆角时的交线是什么样，过渡线也就是什么样，只是在表示时有些差别。曲面和曲面相交的过渡线应不与圆角轮廓接触，并在切点附近应断开，如图9-6所示、图9-7所示；平面与平面相交、平面与曲面相交时在转角处断开并加上过渡圆弧，如图 9-8、图 9-9 所示。

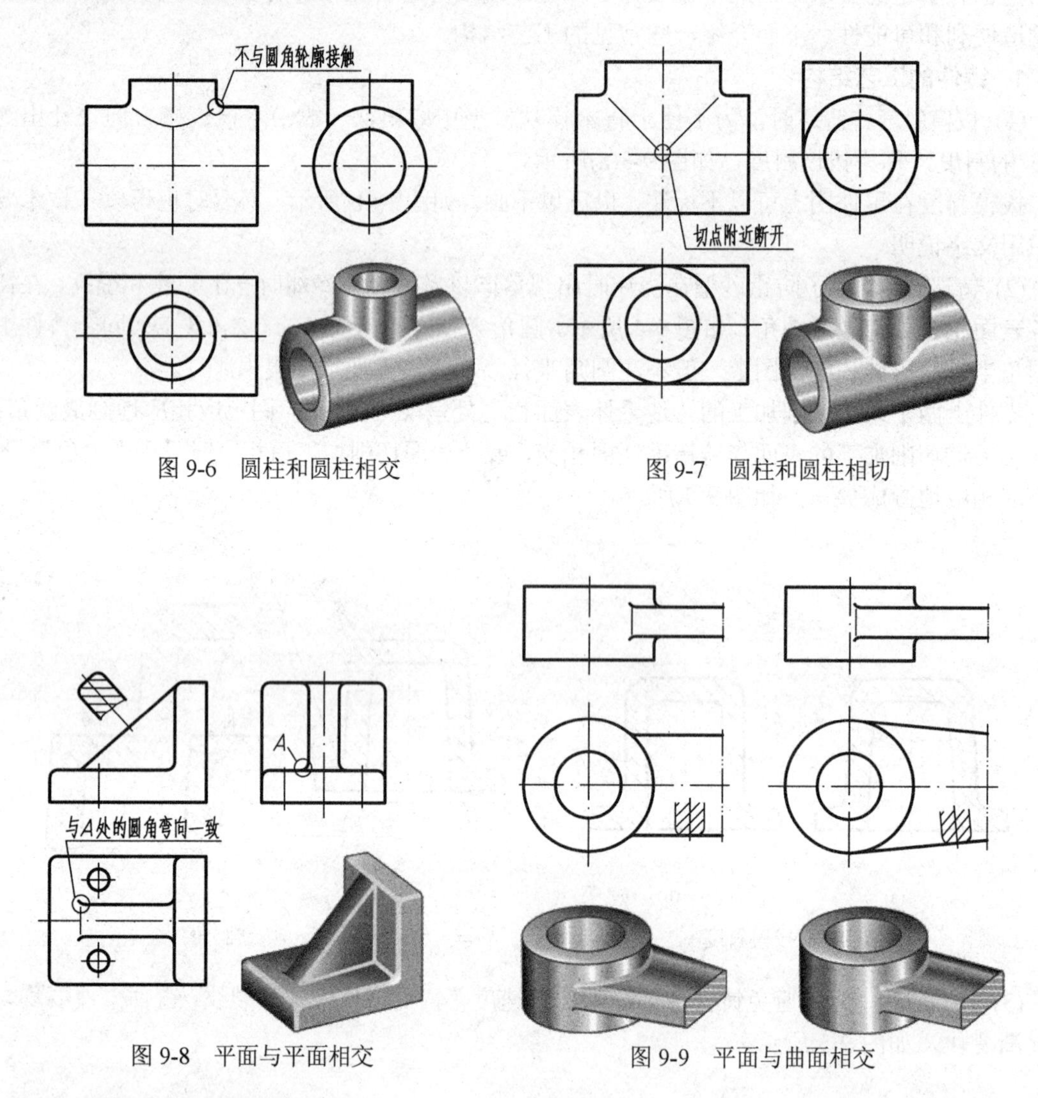

图 9-6　圆柱和圆柱相交　　图 9-7　圆柱和圆柱相切

图 9-8　平面与平面相交　　图 9-9　平面与曲面相交

2. 机械加工工艺结构

(1) 倒角和倒圆。为了去除机加工后的毛刺、锐边、便于装配和保护装配面，在零件的端部常加工成 45° 的倒角。为了避免因应力集中而产生裂纹，在轴肩处常用圆角过渡(倒圆)，如图 9-10 所示。

(2) 螺纹退刀槽和砂轮越程槽。在车削螺纹时，为了便于退出刀具常在待加工面的轴肩处预先车出退刀槽，如图 9-11(a)所示。磨削时，为了使砂轮可以稍稍超过加工面而不碰坏端面，就预先加工出砂轮越程槽，如图 9-11(b)所示。它们的结构和尺寸，可查有关手册。

(3) 凸台和凹坑。为了保证零件间接触良好，零件上的工作面一般都要进行加工。为了减少加工面、降低成本，常常在铸件上设计出凸台、凹坑等结构或加工成沉孔，如图9-12 所示。

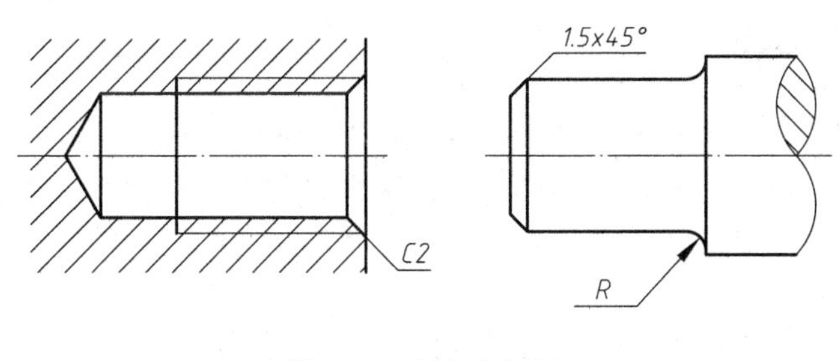

图 9-10　倒角和倒圆

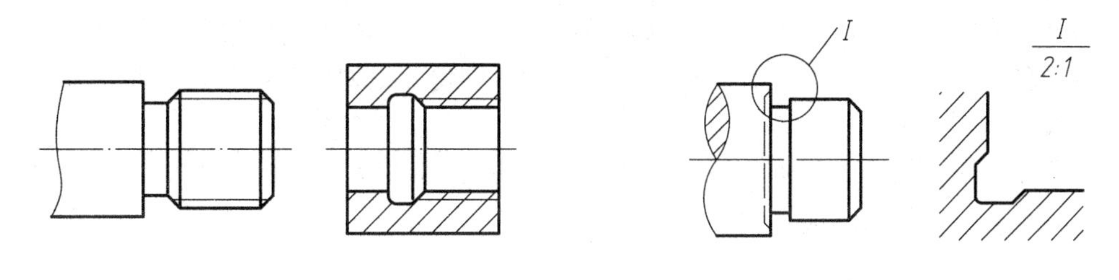

(a) 螺纹退刀槽　(b) 砂轮越程槽

图 9-11　螺纹退刀槽和砂轮越程槽

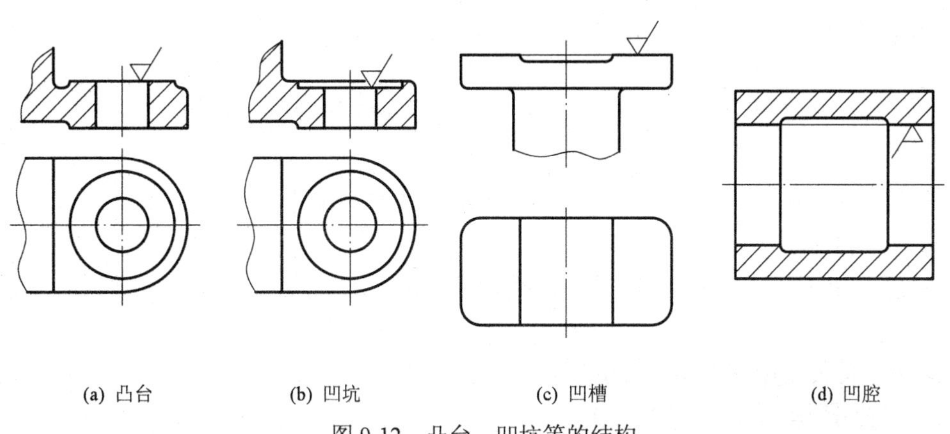

(a) 凸台　(b) 凹坑　(c) 凹槽　(d) 凹腔

图 9-12　凸台、凹坑等的结构

(4) 钻孔结构。用钻头钻孔时，钻头应尽量垂直于被加工的表面，以便保证钻孔位置的准确性和避免钻头折断。因此，铸件上常设计出凸台和凹坑，如图 9-13 所示。

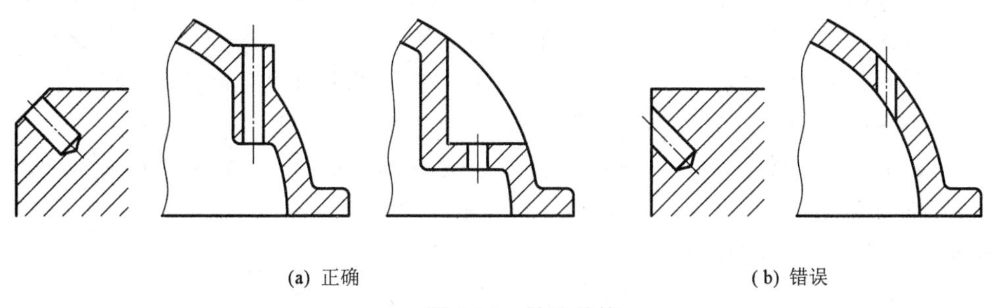

(a) 正确　(b) 错误

图 9-13　钻孔结构

9.2 零件的视图表达

零件上的每一部分结构形状，都是由设计者根据该零件在机器或部件中的作用，以及考虑制造加工中的工艺要求来确定的。因此，在画零件图和读零件图时，必须对零件进行结构分析。零件的结构分析就是从设计要求和加工工艺要求出发，对零件的每个不同结构逐一分析，搞清楚它们的功能和作用。

从设计的功能方面来看，零件在机器或部件中可以起到支承、包容、传动、连接、安装、定位、密封和防松等一项或多项功能，这是决定零件主要结构的依据。

从加工工艺方面来看，为了使零件的毛坯制造、加工，测量、装配和调试工作进行得顺利和方便，在零件上应设计出铸造圆角、拔模斜度、倒角和退刀槽等结构，这是决定零件局部结构的依据。

只有通过对零件的结构分析，并运用形体分析的方法，才能正确、完整、清晰地表达出零件的全部结构形状和合理地标注零件的尺寸。

9.2.1 零件视图选择的一般原则

1. 零件图视图的特点

(1) 不再是主、俯、左三视图，而应该使每个视图都有明确的功能。既可以使用基本视图、剖视图和断面图等，又可以使用辅助视图(如局部视图、斜视图等)，视图数目根据零件的复杂程度不同可多可少。

(2) 不再是简单的“可见画实线，不可见画虚线”的处理方法，而是充分利用剖视、断面等各种图样画法。

(3) 视图方案是经过认真分析、对比和选择的，选择时既要考虑零件的结构形状，又要考虑其工作状态和加工状态。

(4) 在完整清晰地表达零件的前提下，使用视图(包括剖视图和断面图)的数量越少越好，力求制图简便。

(5) 尽量避免使用虚线表达零件的结构。

2. 主视图的选择

主视图是表达零件结构形状特征最多的一个视图。从便于读图这个基本要求出发，在选择主视图时应注意以下两个方面：

(1) 确定零件的安放位置。应尽可能符合零件的主要加工面的加工位置和工作位置。以车削为主的轴、套、轮、盘类等回转体零件，通常按加工位置画出主视图；对于需要经过几道工序加工，而各工序的加工位置又各不相同的叉架和箱体类零件，一般按工作位置画出主视图。这样可便于加工和安装，方便看图和减少差错，如图 9-1 所示支架的安放位置。

(2) 确定主视图的投影方向。应选择最能反映零件结构形状和各结构之间相互位置关系明显的方向作为主视图的投影方向。这样便于看清楚零件的结构形状，如图 9-14 所示，在支架的主视图上清楚地表示出了支架上两轴孔的大小和位置。

3. 其他视图与表达方法的选择

(1) 根据零件内外结构的复杂程度和特点，全面地考虑其他视图和表达方法，使每个视图都有各自的表达重点，达到互相补充，互相配合的效果。但视图数量不宜过多，对于局部视图、斜视图、斜剖视图等分散表达的图形，若处于同一个方向时，可以适当地集中和结合起来表达，应避免重复表达及主次不分，不利于读图。

(2) 要优先考虑选用基本视图以及在基本视图上作剖切。采用局部视图、斜视图和移出断面时，应尽可能按投影关系配置。

(3) 要考虑到合理布置视图的位置，选用适当的比例，充分地利用图纸幅面。同时视图之间要留出标注尺寸和技术要求的位置。

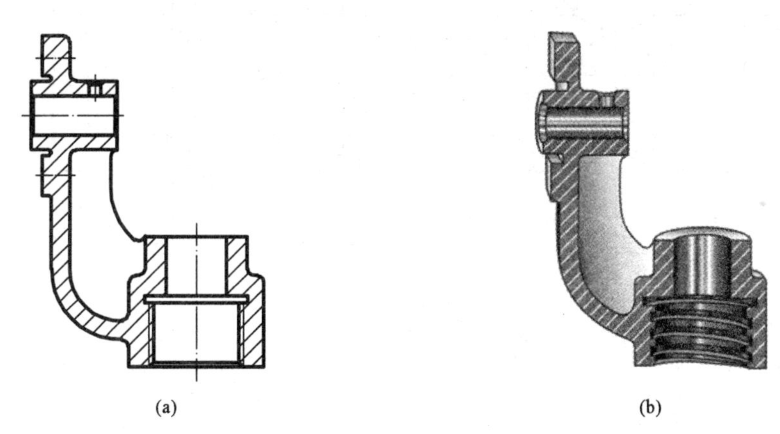

图 9-14　支架主视图的选择

9.2.2　四种典型零件的表达分析

零件的表达是按照零件结构不同而采用不同的表达方式。下面就对四种典型零件在结构特点、表达方法方面进行分析。

1. 轴套类零件

轴类零件一般是用来支承和传递动力的，套类零件一般装在轴上，起轴向定位、传动或连接等作用。如图 9-15 所示为套筒零件图。

(1) 结构特点：

① 轴套类零件的主要结构是同轴回转体(圆柱体或圆锥体)，一般在车床或磨床上进行加工。

② 根据设计及工艺上的要求，这类零件通常带有键槽、轴肩、螺纹、挡圈槽，退刀槽及中心孔等结构。

(2) 表达方法：

① 一般只用一个基本视图，按加工位置将轴线水平横放，并将加工工序较多的小直径一端朝右，平键键槽、孔等结构朝前。

② 通常用断面、局部剖视和局部视图等方法来表达轴上孔、槽和中心孔等结构；用局部放大图来表示退刀槽等细小结构，以利于标注尺寸，如图 9-15 所示。

③ 实心轴没有剖开的必要。而对于空心的套，则需要剖开表达它的内部结构。根据其内外结构的复杂程度，可以采用全剖视、半剖视和局部剖视。

如图 9-15 所示套筒零件图，主视图轴线水平放置，采用全剖表达了零件的主要结构，用两个断面图和一个局部放大图表达孔和越程槽的情况。

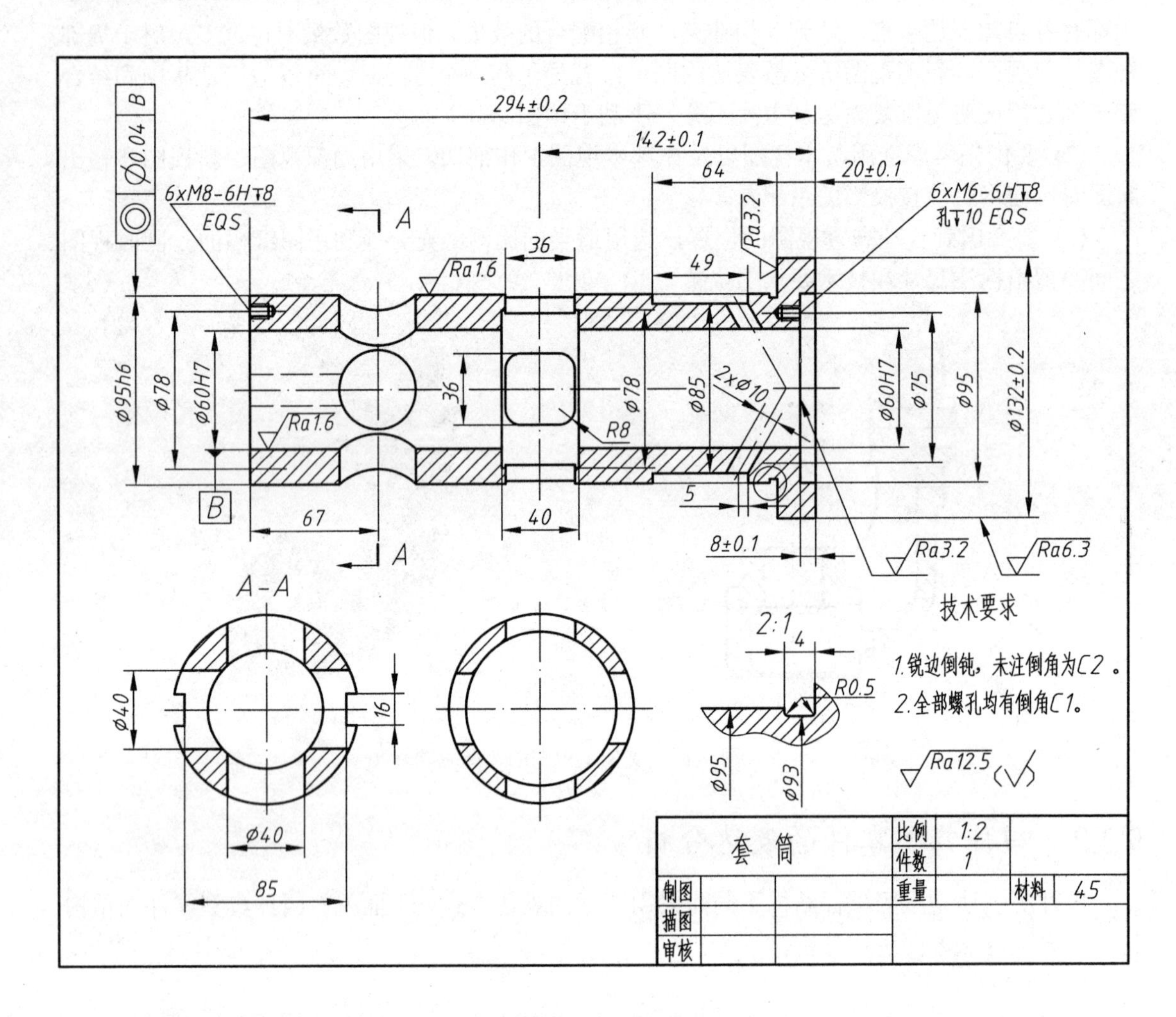

图 9-15　套筒零件图

2. 盘盖类零件

盘盖类零件通常是指各种手轮、齿轮、皮带轮、链轮、轴承盖、压盖等，盘类零件多用于传动、连接等；盖类零件多用于密封，压紧和支承。如图 9-16 所示为泵盖零件图。

(1) 结构特点：

① 这类零件的主体部分是回转体，通常是铸件，主要在车床上进行加工。

② 这类零件通常有一个重要端面与其他零件接触。常设计有沉孔、凸台、键槽、销孔和凸缘等结构。

(2) 表达方法：

① 以主要加工位置选择主视图，轴线水平横放。对不以车削为主的平板型箱盖，可把端面水平放置。

② 常用全剖视图或半剖视图表达内部的孔、槽等结构，用左(或右)视图表示外形和孔、槽、轮辐在圆周上的分布情况。

③ 必要时可加画断面图、局部视图和局部放大图表达其他的结构。

如图 9-16 所示泵盖零件图，主视图轴线水平放置，采用全剖表达了零件的主要结构，左视图表达了泵盖的端面形状和孔的分布。

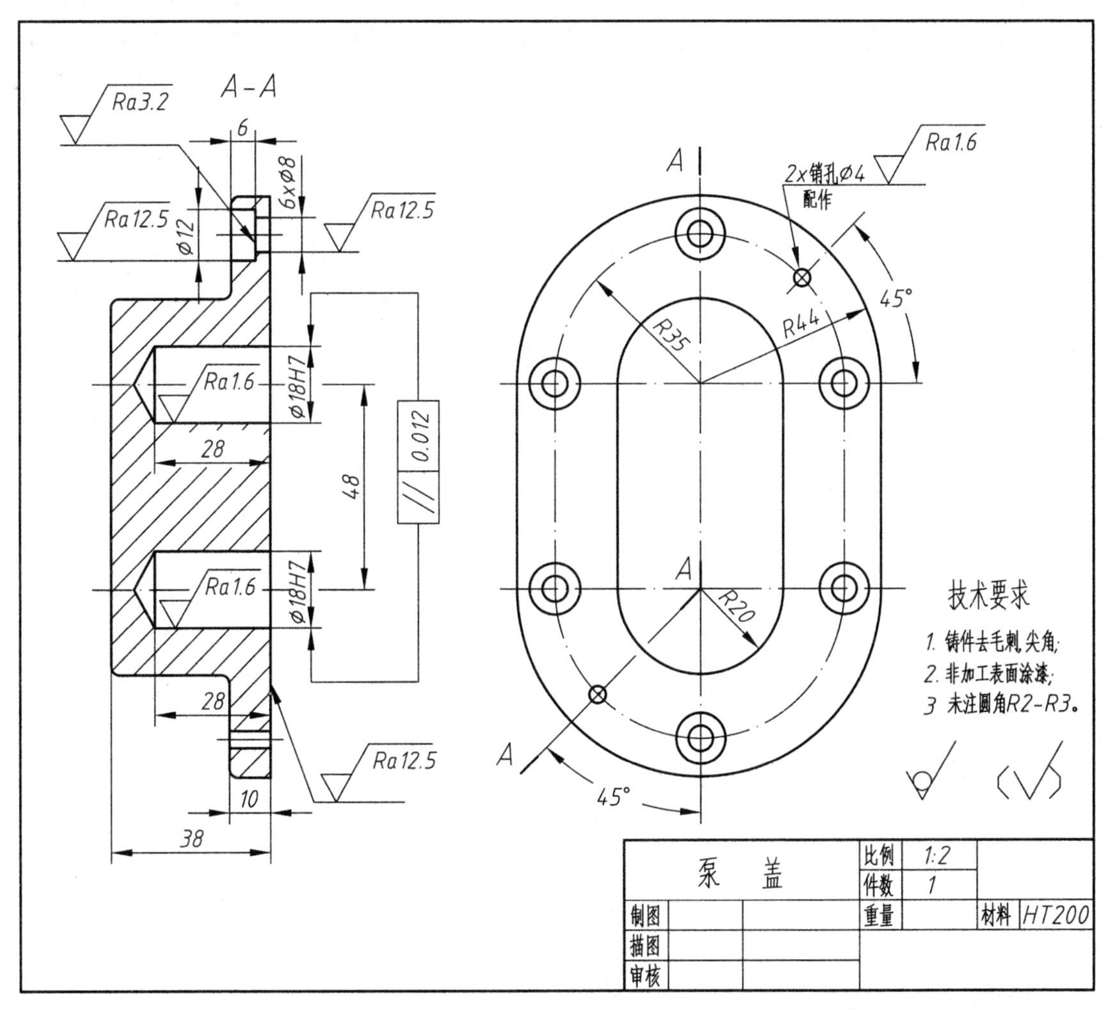

图 9-16　泵盖零件图

3. 叉架类零件

叉架类零件包括各种用途的拨叉、连杆、杠杆、支座和支架等。如图 9-17 所示为支座零件图。

(1) 结构特点：

① 这类零件多为铸件或锻件，结构形状变化较大，也较为复杂，一般需经过不同的机床加工，而且加工位置也不相同。

② 这类零件的主体可分为固定、工作和连接三部分。因此，常有光孔、螺孔、销孔等结构，连接部分的结构多为肋、板和杆等。

(2) 表达方法：

① 按照其工作位置和充分反映零件结构形状来选择主视图。一般需要两个以上的视图来表达。

② 除用基本视图外，常采用局部视图、斜视图和局部剖视图来表达一些局部结构的内外形状，用断面来表示肋、板、杆等的断面形状。

如图9-17所示为支座零件图，主视图按工作位置放置，能反应该零件的主要形状，用局部剖表达板的厚度和孔的打通情况，左视图和局部视图 *A* 补充说明了零件的其他结构。

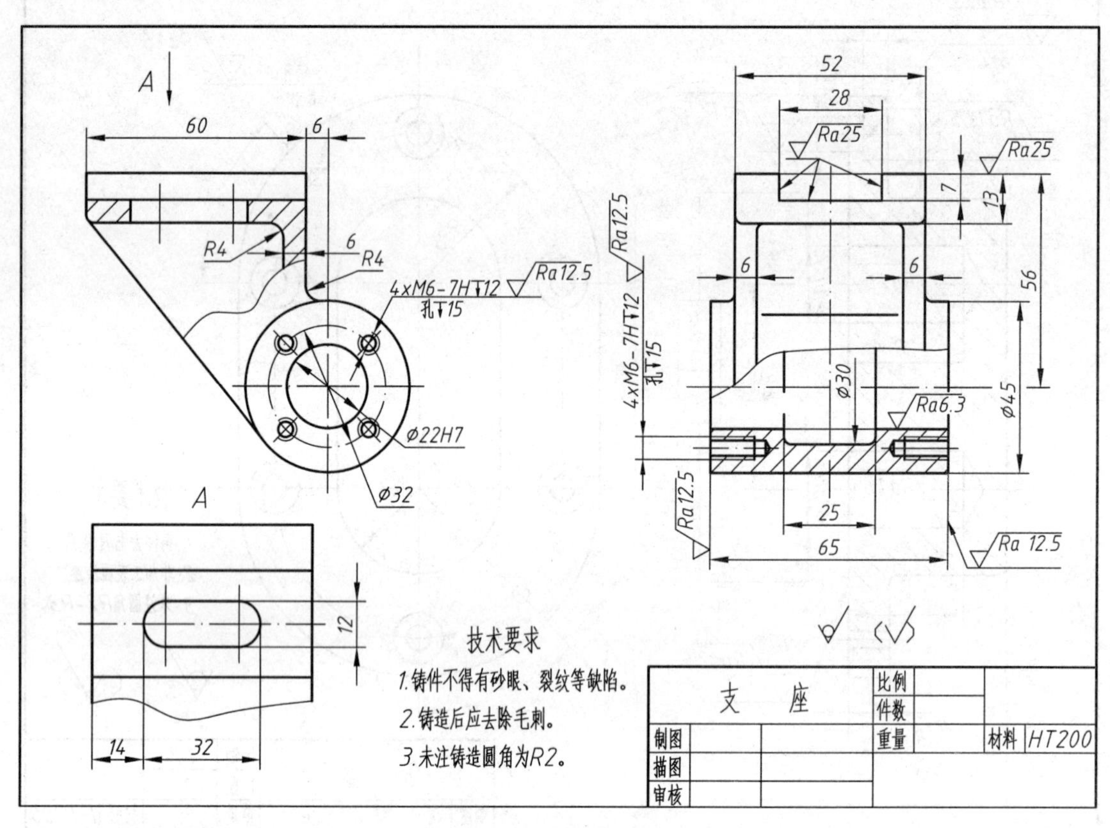

图 9-17 支座零件图

4. 箱体类零件

机器或部件中的机座、泵体、阀体、汽缸体和减速箱箱体等均属于箱体类零件。这类零件一般是机器或部件的主体零件。如图 9-18 所示为缸体零件图。

(1) 结构特点：

① 这类零件需要包容和支承其他零件，因此常带有空腔、轴承孔、凸台、肋等结构。

② 为了使其他零件能装在箱体上以及部件再装到机座上，常设计有凸缘、安装底板、安装孔、螺孔、销孔等结构。

③ 这类零件的内外形状一般较为复杂，毛坯大多为铸件。往往需要经过刨、铣、镗、磨、钻、钳等多道工序加工，且加工位置也各不相同。

(2) 表达分析：

① 按工作位置和结构形状特征来选择主视图。一般需要三个以上的基本视图来表达。

② 通常用通过主要支承孔轴线的剖切来表达箱体内部轴承孔的结构；对外形也必须采用相应的视图表达。

③ 对箱体上一些局部的内、外结构，常采用局部剖视、局部视图、斜视图、局部放大图和断面等表达。

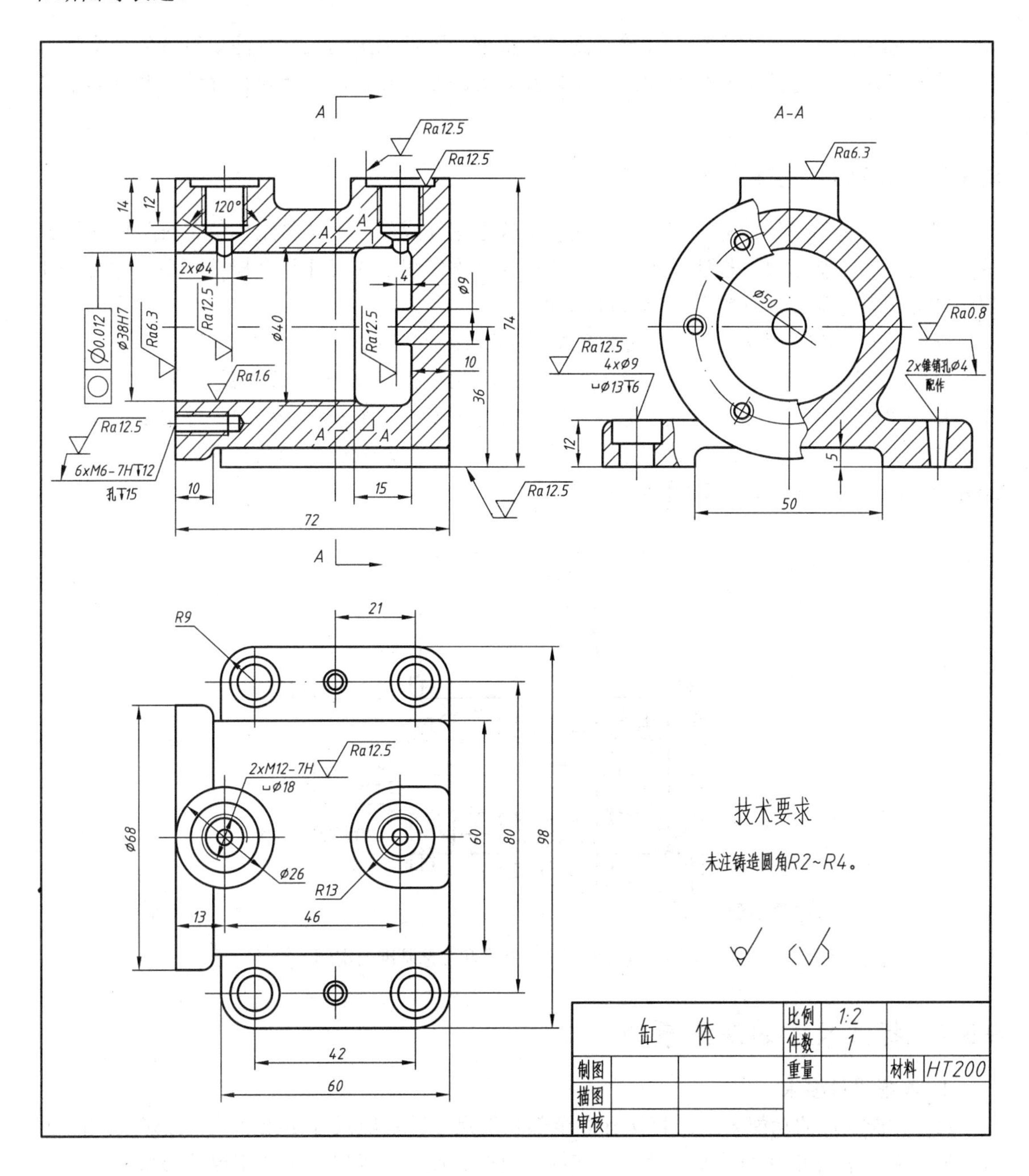

图 9-18　缸体零件图

如图 9-18 所示为缸体零件图，主视图缸体水平放置，沿轴线作全剖表达了缸体的主要结构，俯视图表达了缸体的外形结构，左视图采用局部剖表达了缸体的端面形状和底脚上孔的情况。

9.3 零件图上的尺寸标注

零件图上的尺寸是零件加工和检验的重要依据。零件图上的尺寸标注要符合生产实际需要。合理地标注尺寸要求有生产实践经验以及有关的专业知识，本节仅仅介绍一些合理标注尺寸的一般知识。

9.3.1 正确地选择尺寸基准

尺寸基准是指设计计算或在加工及测量中确定零件或部件上某些结构位置时所依据的那些点、线、面，就是尺寸标注和测量的起始位置。零件图上的尺寸基准根据其在零件生产过程中的作用可分为设计基准和工艺基准两种：

(1) 设计基准是用以确定零件在机器或部件中正确位置的一些面、线、点。

(2) 工艺基准是在加工、测量和检验时确定零件结构位置的一些面、线、点。

每个零件都有长、宽、高三个方向，每个方向至少有一个基准。决定零件主要尺寸的基准称为主要基准，主要基准一般都是零件的设计基准，其余的称为辅助基准。主要基准与辅助基准之间应有尺寸联系，如图 9-19 所示。

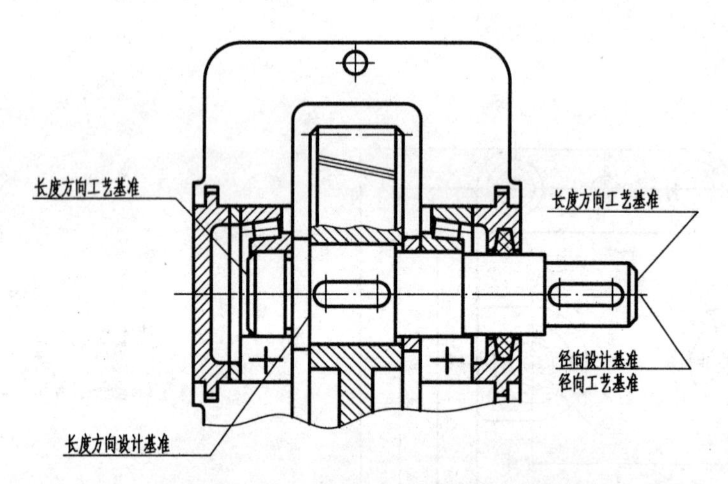

图 9-19 低速轴的设计基准和工艺基准的实例

9.3.2 标注尺寸的注意事项

1. 考虑设计要求

(1) 分析零件的功能要求，直接标注全部功能尺寸。功能尺寸是指那些直接影响产品性能、工作精度和互换性的重要尺寸。直接标注出功能尺寸，可以避免加工误差的积累，以保证产品的设计要求。

功能尺寸在零件上的作用，一般有下列三种情况：

① 确定零件在机器或部件中的正确位置尺寸。

② 确定零件间配合性质尺寸。

③ 零件间的连接关系尺寸。

如图 9-19 的低速轴，轴上装有齿轮、滚动轴承、轴套及键。为了保证齿轮能正常啮合，齿轮必须安装在正确位置；为了能使部件正常运转，达到设计精度，安装齿轮和滚动轴承的轴径应有一定的配合等要求。这些直接影响产品质量的尺寸，都是零件的功能尺寸，应直接标注，如图 9-20 所示。

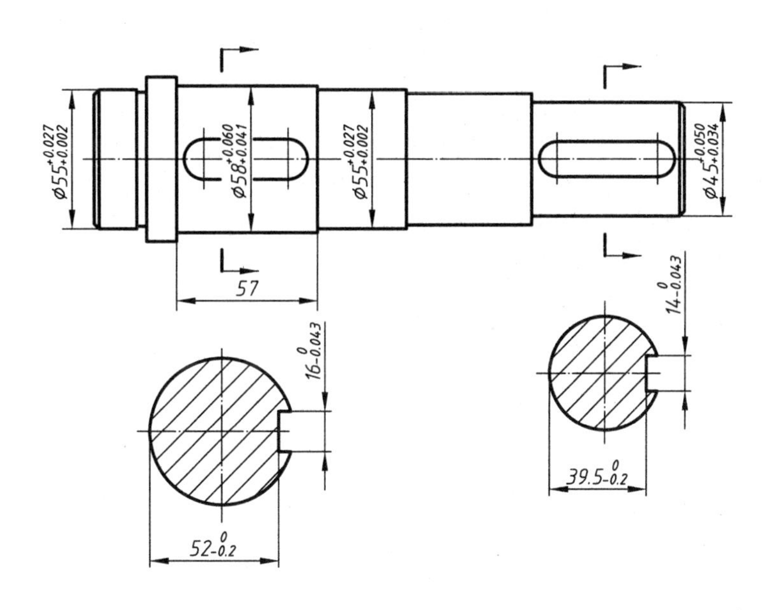

图 9-20　低速轴的功能尺寸

(2) 与相关零件的尺寸要协调。一台机器或部件是由许多零件装配而成，各零件之间总有一个或几个表面相联系。因此，相关零件之间的尺寸必须协调。如低速轴与齿轮内孔配合部分的长度 57 应略小于齿轮轮毂宽度，以保证轴套的左端面与齿轮的右端面接触，从而固定齿轮的轴向位置；而径向尺寸 $\phi 58^{+0.060}_{+0.041}$ 的公称尺寸 $\phi 58$ 也必须与轮毂孔的公称尺寸一致，如图 9-20 所示。

(3) 不要注成封闭的尺寸链。按一定的顺序依次连接起来的尺寸标注形式称为尺寸链。组成尺寸链的各个尺寸称为尺寸链的环。按加工顺序来说，在一个尺寸链中，总有一个尺寸是在加工最后自然形成的，这个尺寸称为封闭环，尺寸链中的其他尺寸称为组成环。封闭尺寸链是首尾相接，绕成一整圈的一组尺寸，这是尺寸标注中不允许的。如图 9-21(a)所示。

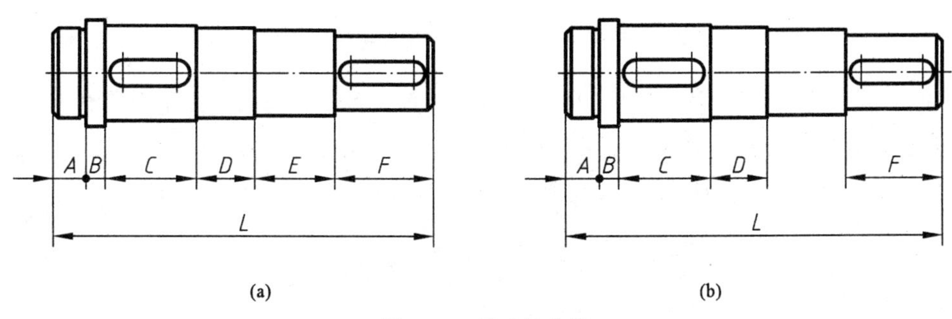

图 9-21　尺寸链分析

由于加工时存在不可避免的加工误差。通常将尺寸链中精度要求最低的环不标注尺寸，称为开口环，如图 9-21(b)所示，或注上后打上圆括号，作为参考尺寸。这样使制造误差都集中在这个开口环上，从而保证了重要尺寸的精度。

2. 考虑工艺要求

从便于加工、测量角度考虑，标注非功能尺寸。非功能尺寸是指那些不影响机器或部件的工作性能，也不影响零件间的配合性质和精度的尺寸。

(1) 按加工顺序标注尺寸。按加工顺序标注尺寸，便于加工、测量时读图，也便于工艺人员制订加工工艺。如图 9-22 所示的低速轴，除了 57 是长度方向的功能尺寸要直接注出外，其余都按加工顺序标注。为了便于备料，注出轴的总长 238，为了加工ϕ55 的轴颈，直接注出 21。调头后分别车削 12、57 和 36 各段阶梯轴，由于ϕ52 轴颈的长度尺寸是开口环，所以ϕ45 最右端的一段轴长 62 必须直接注出。

(2) 当零件需要经过多道工序加工时，同一工序中用到的尺寸应尽可能集中标注。一个零件一般不仅用一种加工方法，而是经过几种不同的加工方法才能制成，如车、刨、铣、钻、磨等。在标注尺寸时，最好将不同加工方法的有关尺寸集中标注。如图9-22 所示的低速轴上的键槽是在铣床上加工的，这部分尺寸集中标注在两处(16、52、50、3 和 14、39.5、55、4)。

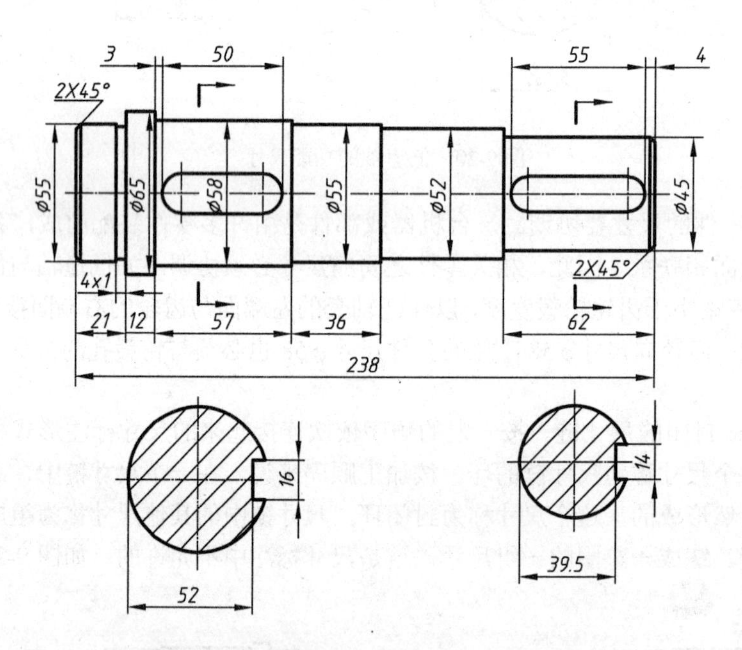

图 9-22 低速轴的加工顺序与尺寸标注的关系

(3) 便于测量，尽量采用实基准。对零件的对称面或回转体的轴线都是理论存在的基准，而测量总是依据实际的表面或线(实基准)来进行测量的。为了便于测量，尺寸应尽可能由实基准注出。如图 9-22 所示的键槽深度标注 52(即 $d-t$=58−6)，而不标注 6(t)。

9.3.3 零件上常见结构要素的尺寸注法

零件上常见结构要素的尺寸注法如表 9-1 所示。

表 9-1　常见结构要素的尺寸注法

零件结构类型		标　注　方　法	说　明
螺孔	通孔	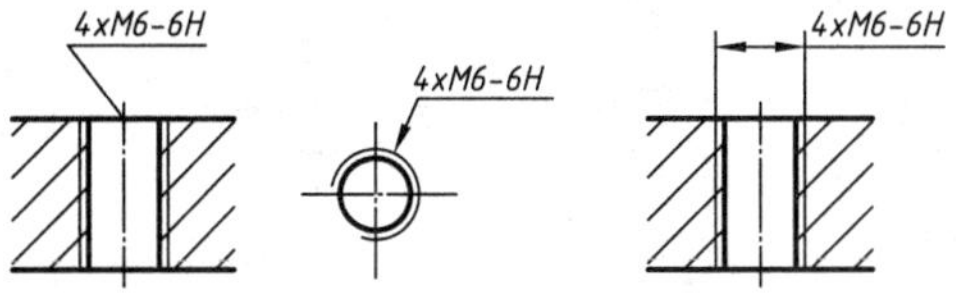 4xM6-6H　4xM6-6H　4xM6-6H	4 个 M6-6H 的螺纹通孔
	盲孔	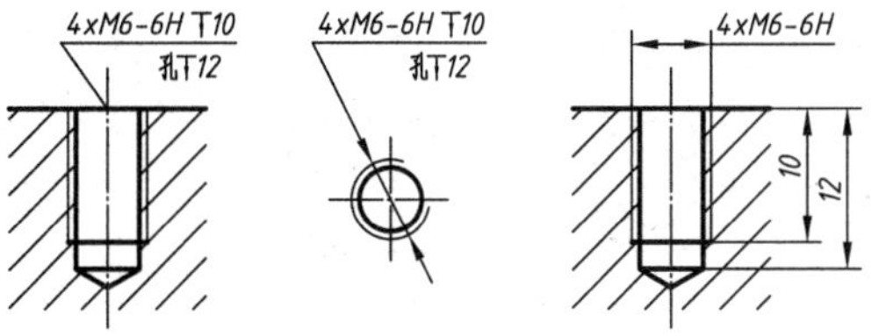 4xM6-6H ↧10 孔↧12　4xM6-6H ↧10 孔↧12　4xM6-6H　10　12	4 个 M6-6H 的螺纹盲孔，螺纹孔深 10，作螺纹前钻孔深 12
光孔	一般孔	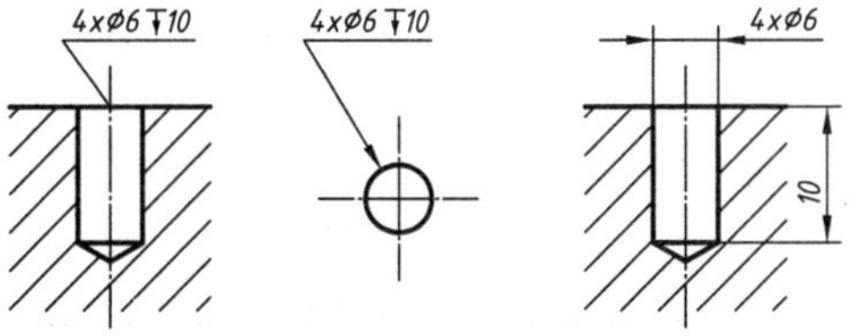 4xϕ6 ↧10　4xϕ6 ↧10　4xϕ6　10	4 个 ϕ6 深 10 的孔
	精加工孔	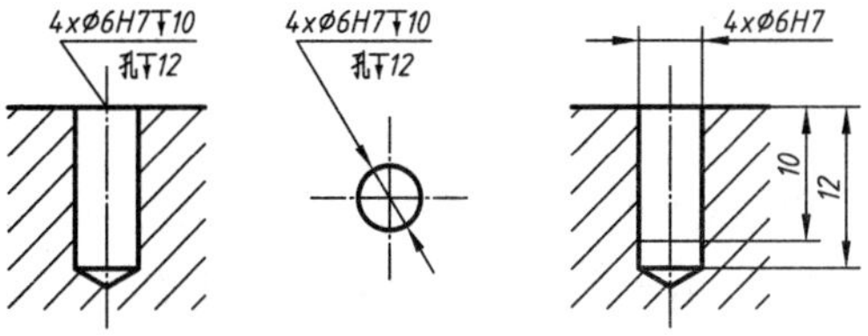 4xϕ6H7↧10 孔↧12　4xϕ6H7↧10 孔↧12　4xϕ6H7　10　12	4 个 ϕ6 钻孔深 12，精加工深 10 的孔
	锥销孔	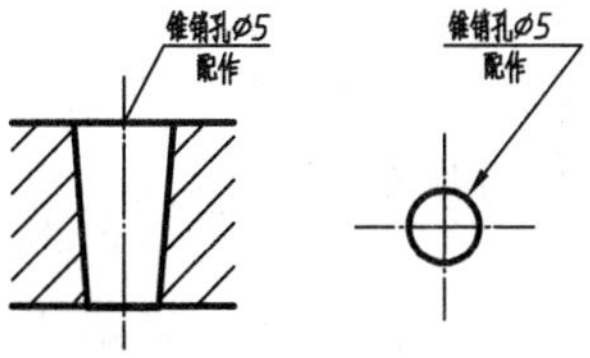 锥销孔ϕ5 配作　锥销孔ϕ5 配作	ϕ5 为圆锥销的小头直径
中心孔		 GB/T 4459.5-B2.5/8 GB/T 4459.5-A4/8.5 GB/T 4459.5-A1.6/3.35	上图表示 B 型中心孔，完工后在零件上保留 中图表示 A 型中心孔，完工后在零件上保留与否都可以 下图表示 A 型中心孔，完工后在零件上不允许保留

(续表)

<table>
<tr><th colspan="2">零件结构类型</th><th>标 注 方 法</th><th>说 明</th></tr>
<tr><td rowspan="3">沉孔沉孔</td><td>锥形沉孔</td><td>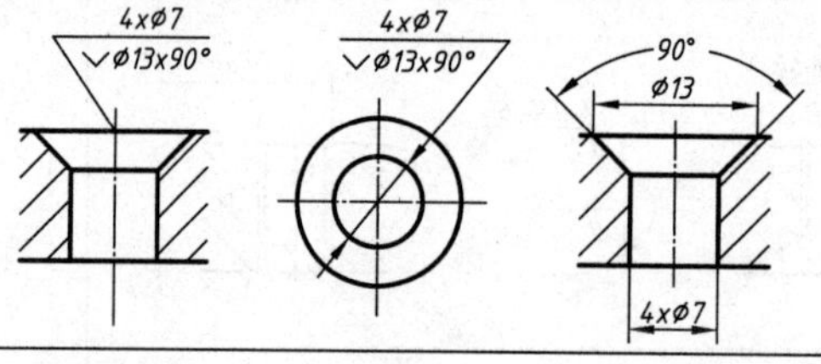
4xØ7
⌵Ø13x90°
4xØ7
⌵Ø13x90°
90°
Ø13
4xØ7</td><td>4 个ϕ7 带锥形埋头的孔，锥孔口直径为 13，锥面顶角为 90°</td></tr>
<tr><td>柱形沉孔</td><td>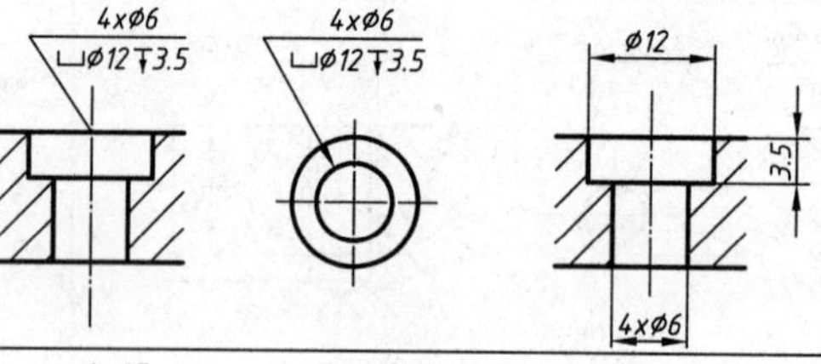
4xØ6
⌴Ø12↧3.5
4xØ6
⌴Ø12↧3.5
Ø12
3.5
4xØ6</td><td>4 个ϕ6 带圆柱形沉头的孔，沉孔直径 12，深 3.5</td></tr>
<tr><td>锪平面</td><td>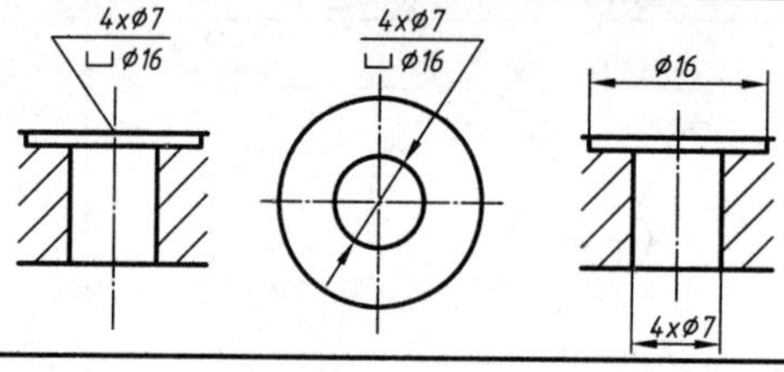
4xØ7
⌴Ø16
4xØ7
⌴Ø16
Ø16
4xØ7</td><td>4 个ϕ7 带锪平的孔，锪平孔直径为 16 的孔。锪平孔不需标注深度，一般锪平到不见毛面为止</td></tr>
</table>

9.3.4 典型零件尺寸标注分析

1. 轴套类零件

这类零件的设计基准分径向和轴向两个方向。径向尺寸基准是轴心线，轴向尺寸基准常选择重要的端面及轴肩。如图 9-15 所示套筒的轴向尺寸的设计基准是套筒的右端面。

2. 轮盘类零件

通常选用通过轴孔的轴心线作为径向尺寸设计基准。选择重要端面(接触面)作为轴向尺寸设计基准。如图9-16 所示泵盖的右端面是轴向尺寸的设计基准。两个直径为ϕ18H7 的孔的轴心线作为径向的基准，这两根轴心线可互为基准。

3. 叉架类零件

这类零件长、宽、高三个方向尺寸的设计基准一般为孔的轴线、对称平面和较大的加工平面。如图9-17 所示的支座，ϕ22H7 的轴线、前后对称平面和上底面分别为长、宽、高三个方向尺寸的设计基准。

4. 箱体类零件

这类零件形体较复杂，有许多孔和凸台，一般应按形体分析法注尺寸。箱体的孔和主要装配表面精度要求较高，应先标注孔的尺寸和孔间距的尺寸、再标注其他尺寸。

选择设计基准时，长、宽、高三个方向都要考虑。如图 9-18 所示为缸体，长度方向尺寸的设计基准是左端面，由此而标注了外形尺寸 10、72；进出油孔的定位尺寸 13、46。宽度方向的尺寸设计基准为俯视图上的对称中心线。所有宽度方向尺寸均以该基准作对称标注。高度方向的尺寸设计基准为底面。底面是一个较大而光滑的平面，重要的中心高尺寸 36 就是从该基准标出的。应注意加工面和非加工面尺寸分开标注。

综上所述，不同类型的零件所选择的设计基准和工艺基准各不相同，但都应从生产实际出发来标注尺寸。

9.4　零件图上的技术要求

零件图除了表达零件形状和标注尺寸外，还必须标注和说明制造零件时应达到的一些技术要求。零件图上的技术要求主要包括表面结构参数、极限与配合、形状和位置公差、热处理和表面处理等内容。

零件图上的技术要求应按国家标准规定的各种符号、代号、文字标注在图形上。对于一些无法标注在图形上的内容，或需要统一说明的内容，可以用文字分别注写在图纸下方的空白处。

9.4.1　表面结构参数

零件加工时，由于刀具在零件表面上留下的刀痕及切削分裂时表面金属的塑性变形等影响，使零件存在着间距较小的轮廓峰谷。这种表面上具有较小间距的峰谷所组成的微观几何形状特性，称为表面结构特征，表面结构参数表示包括 R 轮廓（粗糙度参数）、W 轮廓（波纹度参数）和 P 轮廓（原始轮廓参数）。表面粗糙度是最为常用的指标。

零件表面粗糙度的评定主要为表面粗糙度高度参数，其中包括轮廓算术平均偏差(R_a)和轮廓最大高度(R_z)两项参数，一般情况下只使用 R_a 参数。

零件表面粗糙度对零件的配合性质、耐磨性、抗腐蚀性、密封性、外观等都有重要影响，一般说来，凡零件上有配合要求或有相对运动的表面，表面粗糙度参数值要小。

零件表面粗糙度要求越高(即表面粗糙度参数值越小)，则其加工成本也越高。因此，在满足零件表面的功能的前提下，应选用较大的表面粗糙度参数值。

表面粗糙度参数 R_a 数值与加工方法及应用举例都列于表 9-2 中，供选用时参考。

表 9-2　表面粗糙度参数 R_a 数值(单位为 μm)与加工方法及应用举例

R_a	表面特征	主要加工方法	应用举例
50	明显可见刀痕	粗车、粗铣、粗刨、钻、粗纹锉刀和粗砂轮加工。	粗加工表面，一般很少应用
25	可见刀痕		
12.5	微见刀痕	粗车、刨、立铣、平铣、钻	不接触表面、不重要的接触面，如螺钉孔、倒角、机座底面等
6.3	可见加工痕迹	精车、精铣、精刨、铰、镗，粗磨等	没有相对运动的零件接触面，如箱、盖、套等要求紧贴的表面、键和键槽工作表面；相对运动速度不高的接触面，如支架孔、衬套、带轮轴孔的工作表面
3.2	微见加工痕迹		
1.6	看不见加工痕迹		
0.8	可辨加工痕迹方向	精车、精铰、精拉、精镗、精磨等	要求很好密合的接触面，如与滚动轴承配合的表面、锥销孔等；相对运动速度较高的接触面，如滑动轴承的配合表面、齿轮轮齿的工作表面等
0.4	微辨加工痕迹方向		
0.2	不可辨加工痕迹方向		

(续表)

R_a	表面特征	主要加工方法	应用举例
0.1	暗光泽面	研磨、抛光、超级精细研磨等	精密量具的表面、极重要零件的摩擦面，如汽缸的内表面、精密机床的主轴颈、坐标镗床的主轴颈等
0.05	亮光泽面		
0.025	镜状光泽面		
0.012	雾状镜面		
0.006	镜面		

1. 表面结构参数的代号、符号

图样上表示零件表面结构参数的符号如表 9-3 所示。

表 9-3 表面结构参数的符号

符　　号	意义及说明
	基本图形符号，表示表面可用任何方法获得。当不加注粗糙度参数值或有关说明(例如：表面处理、局部热处理状况等)时，仅适用于简化代号标注
	基本图形符号加一短画，表示表面是用去除材料的方法获得的。如车、铣、钻、磨、剪切、抛光、腐蚀、电火花加工、气割等
	基本图形符号加一小圆，表示表面是用不去除材料方法获得。如铸、锻、冲压变形、热轧、冷轧、粉末冶金等，或者是用于保持原供应状况的表面(包括保持上道工序的状况)
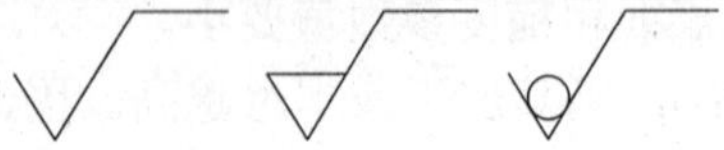	完整图形符号，在上述三个符号的长边上加一横线，以便标注表面结构特征的补充信息
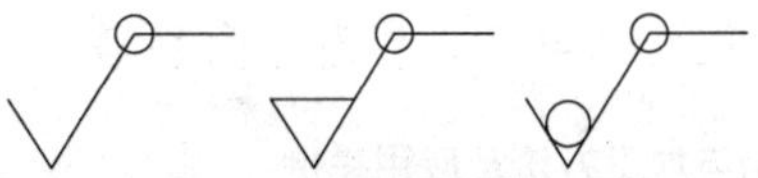	在上述三个符号上均可加一小圆，表示所有表面具有相同的表面结构要求

2. 表面结构参数的代号标注示例

(1) 表面结构参数值的标注。表面粗糙度高度参数由轮廓算术平均偏差、轮廓最大高度及相应的参数代号 R_a、R_z 和参数数值组成。

表面粗糙度代号将涉及以下几个概念："传输带"是指评定时的波长范围，被一个截止短波的滤波器(短波滤波器)和另一个截止长波的滤波器(长波滤波器)所限制(参见 GB/T18777－2002)；"16%规则"是指同一评定长度范围内所有的实测值中，大于上限值的个数应少于总数的 16%，小于下限值的个数应少于总数的 16%。整个被测表面上所有的实测值皆应不大于最大允许值，皆应不小于最小允许值(参见 GB/T 10610－2009)。

符号中标注一个参数值时，为该表面粗糙度的上限值；当标注两个参数值时，上面的一个为上限值，下面的一个为下限值；当要表示最大允许值或最小允许值时，应在参数值后加注符号"max"或"min"。标注示例如表 9-4 所示。

(2) 加工方法、镀(涂)覆、取样长度、加工纹理方向等其他内容的标注。标注示例如表 9-5 所示。

表 9-4　表面粗糙度高度参数值的标注示例

代　　号	意　　义	代　　号	意　　义
Ra3.2	用任何方法获得，单向上限值，默认传输带，*R* 轮廓(粗糙度轮廓)，R_a 的上限值为 3.2μm，评定长度为 5 个取样长度(默认)，“16%规则”(默认)	Ramax3.2	用任何方法获得，单向上限值，默认传输带，*R* 轮廓(粗糙度轮廓)，R_a 的上限值为 3.2μm，评定长度为 5 个取样长度(默认)，“最大规则”
Rz0.4	表示去除材料，单向上限值，默认传输带，*R* 轮廓(粗糙度轮廓)，轮廓最大高度的上限值为 0.4μm，评定长度为 5 个取样长度(默认)，“16%规则”(默认)	0.0008-0.8/Ra3.2	表示去除材料，单向上限值，传输带 0.008~0.8mm，*R* 轮廓(粗糙度轮廓)，轮廓算术平均偏差上限值为 3.2μm，评定长度为 5 个取样长度(默认)，“16%规则”(默认)
Ra3.2	表示不允许去除材料，单向上限值，默认传输带，*R* 轮廓(粗糙度轮廓)，R_a 的上限值为 3.2μm，评定长度为 5 个取样长度(默认)，“16%规则”(默认)	-0.8/Ra3 3.2	表示去除材料，单向上限值，传输带：取样长度 0.8mm(λ_s 默认 0.0025mm) (GB/T 6062)，*R* 轮廓(粗糙度轮廓)，R_a 上限值为 3.2μm，评定长度为 3 个取样长度，“16%规则”(默认)
Ra3.2 Rz1.6	表示去除材料，单向上限值，默认传输带，*R* 轮廓(粗糙度轮廓)，R_a 的上限值为 3.2μm，R_z 的上限值为 1.6μm，评定长度为 5 个取样长度(默认)，“16%规则”(默认)	U Ra3.2 L Ra1.6	表示去除材料，双向极限值，两极限值均使用默认传输带，*R* 轮廓(粗糙度轮廓)，R_a 的上限值为 3.2μm，评定长度为 5 个取样长度(默认)，“最大规则”。R_a 的下限值为 1.6μm，评定长度为 5 个取样长度(默认)，“16%规则”(默认)

表 9-5　加工方法、镀(涂)覆、取样长度、加工纹理方向等的标注

标注示例	说　　明	标注示例	说　　明
铣 a	当某一表面的粗糙度要求由指定的加工方法获得时，可用文字标注在符号长边的横线上	a ⊥	需要控制表面加厂纹理方向时，可在符号的右边加注加工纹理方向符号，如上图中的符号表示纹理垂直于标注代号的视图的投影面，下图中的符号表示纹理平行于标注代号的视图的投影面
镀覆 a	镀(涂)覆或其他表面处理的要求(表示方法或标记按 GB/T1399 和 GB4054 的规定)可注写在符号长边的横线上面；也可在技术要求中说明	a =	

(3) 表面粗糙度符号及其数值、有关规定的注写位置。表面粗糙度数值及其有关的规定在符号中注写的位置，如图 9-23 所示。

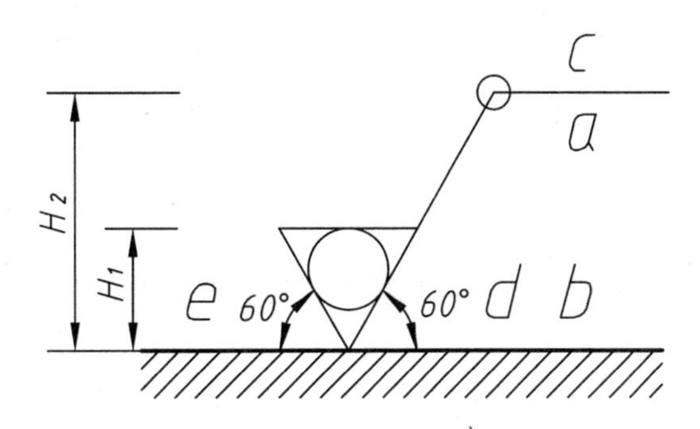

图 9-23　表面粗糙度数值及其有关的规定在符号中注写的位置

图中字母的意义如下：

H_1=1.4*h*，H_2=3*h*，*h* 为字体高度；*a* 为粗糙度高度参数代号及其数值(单位为 μm)；*b* 与 *a* 共用表示两个或多个表面结构要求；*c* 为加工方法、表面处理、涂层或其他加工工艺要求，如车、磨、镀等；*d* 为所要求的表面纹理和纹理的方向，如=、X、M 等；*e* 为加工余量(单位为 mm)。

(4) 表面粗糙度、镀(涂)覆及热处理标注示例：

不同方向表面结构要求的注法。符号的尖端必须从零件表面外指向零件表面。代号的注写和读取方向与尺寸标注的注写和读取方向一致，如图 9-24 所示。当位置狭小或不便标注时，符号、代号可以用带箭头或黑点的指引线引出标注，如图 9-25 所示。

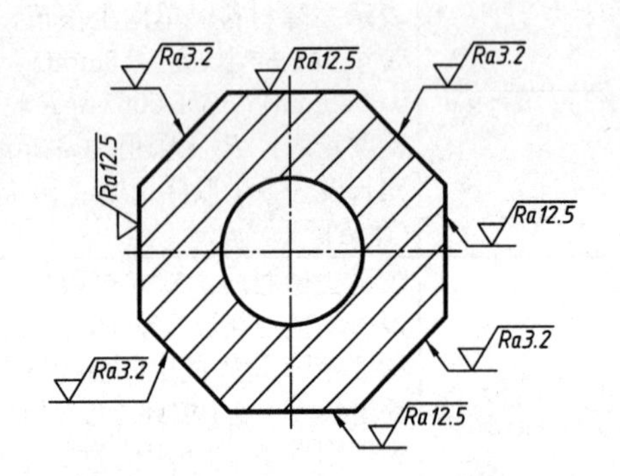

图 9-24 不同方向表面的代号注法

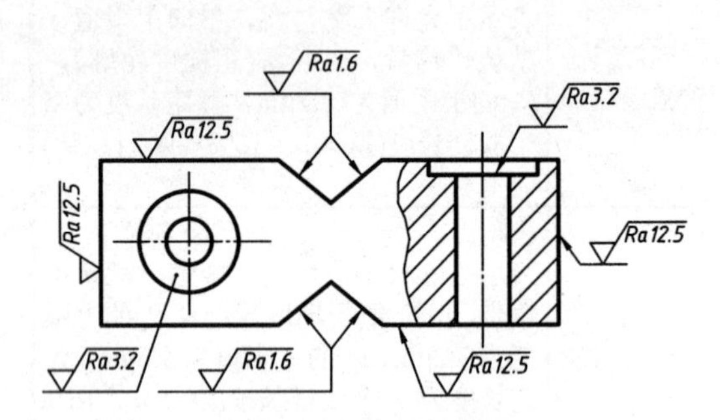

图 9-25 带横线的表面粗糙度注法

如果在工件的多数（包括全部）表面有相同的表面结构要求，则其表面结构要求可以统一标注在图样的标题栏附近。表面结构要求的符号后面应有：在圆括号内给出无任何其他标注的基本图形符号，或圆括号内给出不同的表面结构要求，如图9-26 所示。

通常，同一表面的粗糙度要求相同，每个表面只标注一次表面粗糙度代号。对不连续的同一表面，可用细实线相连，其表面粗糙度代号也只标注一次，如图 9-27 所示。

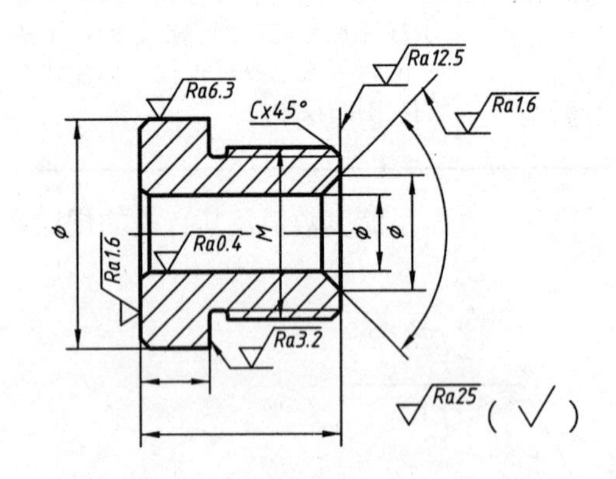

图 9-26 其余统一注法

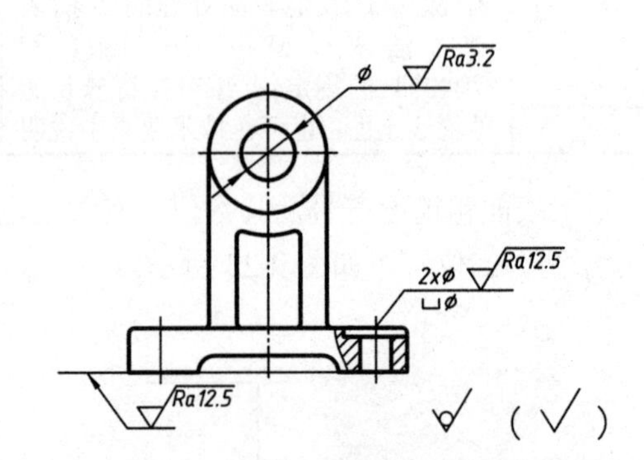

图 9-27 不连续相同要求表面的注法

当零件表面标有几何公差时，表面结构要求可以标注在几何公差框格的上方，如图 9-28 所示。

同一表面上有不同的表面粗糙度要求时，须用细实线画出其分界线，并注出相应的表面粗糙度代号和数字，如图 9-29 所示。

为了简化标注方法，相同的表面粗糙度代号可以标注简化代号，也可采用省略的注法，但应在标题栏附近说明这些简化符号、代号的意义，如图 9-30 所示。

齿轮、渐开线花键等的工作表面没画出齿形时，其表面粗糙度代号的注法如图 9-31 所示。

零件上重复要素(孔、齿、槽)的表面，其表面粗糙度代号只标注一次，如图 9-32 所示。

螺纹工作表面没画出牙形时，其表面粗糙度代号的注法，如图 9-33 所示。

对连续表面其表面粗糙度符号、代号只需标注一次，如图 9-34 所示。

需要将零件局部热处理或局部镀(涂)覆时，用粗点画线画出其范围，并标注相应的尺寸，将其要求注写在表面粗糙度符号长边的横线上，也可写在技术要求中，如图 9-35 所示。

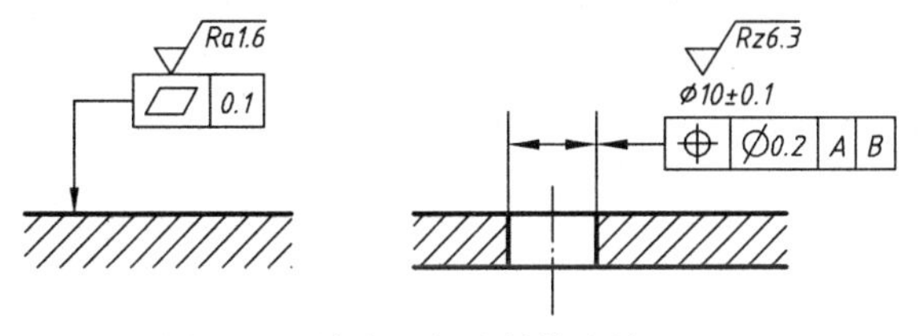

图 9-28　结合几何公差的注法

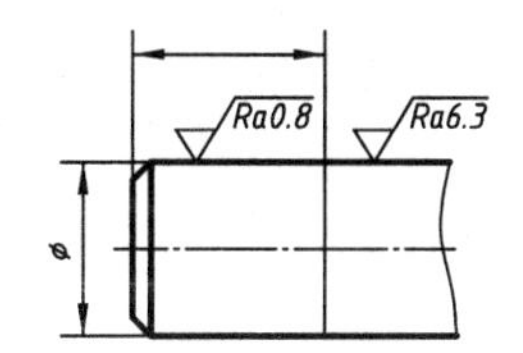

图 9-29　同一表面不同要求的注法

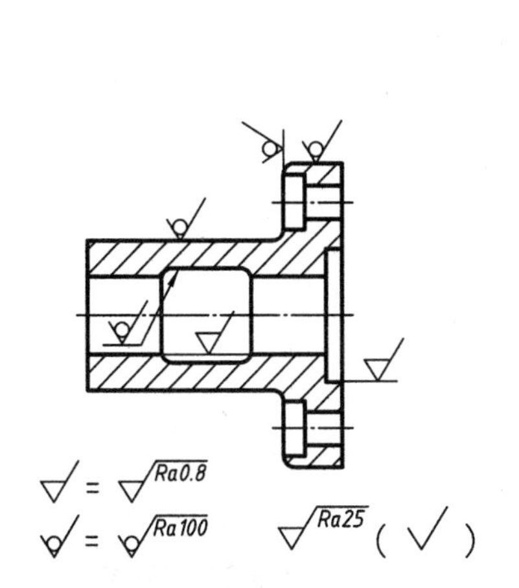

图 9-30　简化代号的注法

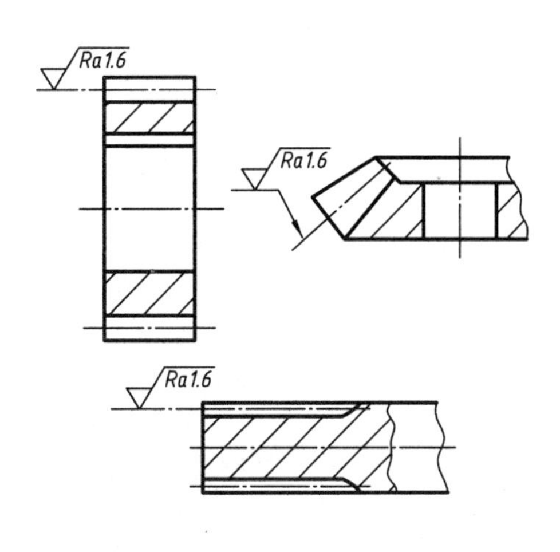

图 9-31　齿轮和花键的齿形表面注法

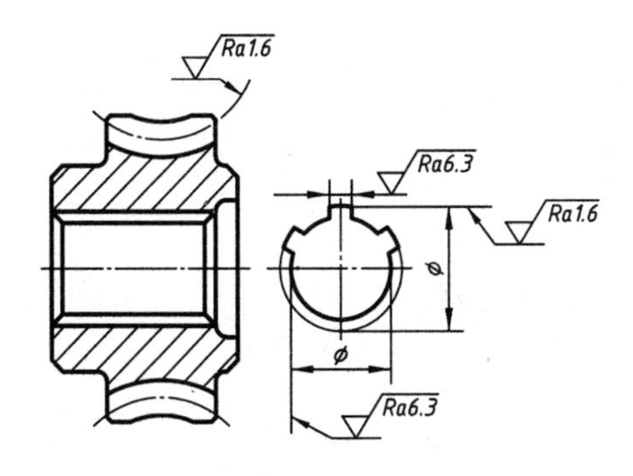

图 9-32　重复要素的表面注法

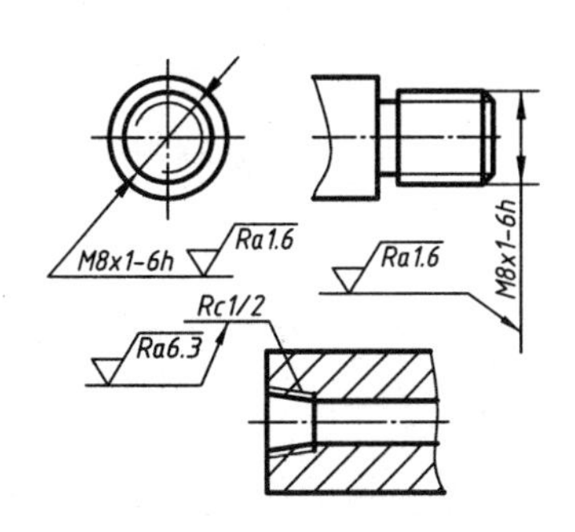

图 9-33　螺纹表面的注法

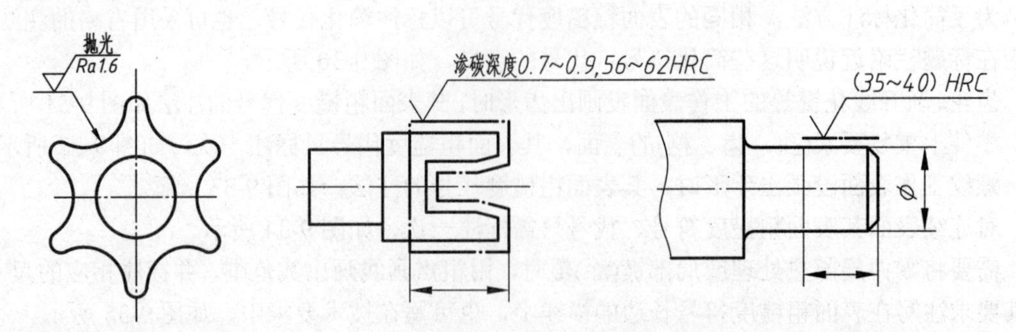

图 9-34　连续表面的注法　　　图 9-35　局部热处理或局部镀(涂)覆时的表面注法

9.4.2　极限与配合

互换性是指在装配时，从同一批相同零件中任取一个，不经挑选和修配就能装配到机器或部件上去，并能达到使用功能的性质。

1. 极限

由于设备、工夹具及测量误差等因素的影响，零件不可能制造得绝对准确。为了保证零件的互换性，就必须对零件的尺寸规定一个允许的变动范围，这个变动范围就是通常所讲的尺寸公差。如图 9-36 所示，极限的有关术语的含义如下：

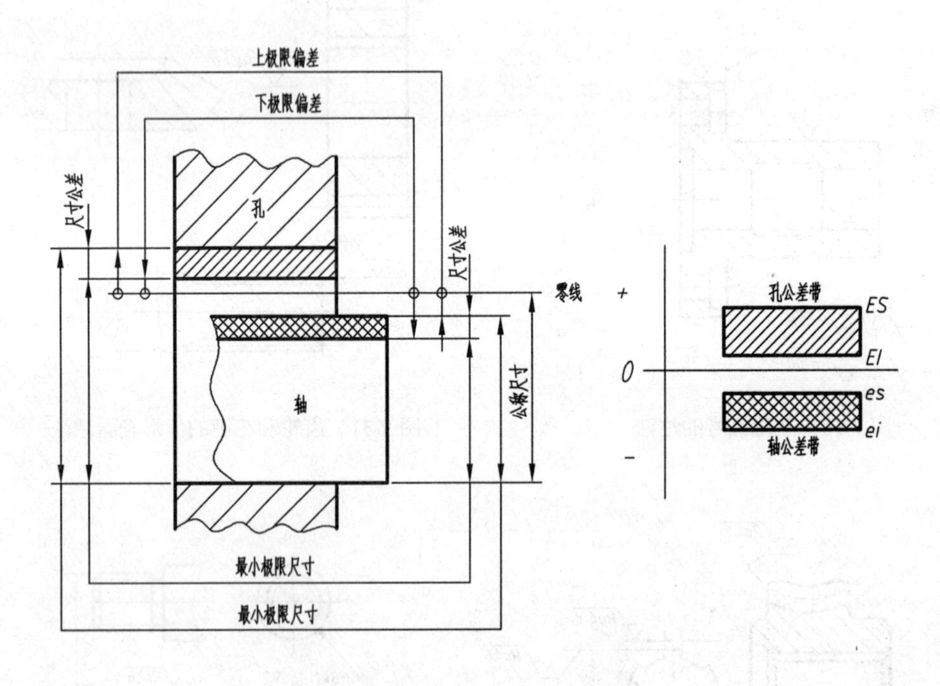

图 9-36　尺寸公差术语及公差带图

① 公称尺寸：设计时确定的尺寸。

② 实际尺寸：测量所得的尺寸。

③ 极限尺寸：允许尺寸变化的两个极限值。它以公称尺寸为基数来确定，较大的一个尺

寸为上极限尺寸，较小的一个为下极限尺寸。

④偏差：某一尺寸减去其公称尺寸所得的代数差。极限偏差分为上极限偏差和下极限偏差。孔的上极限偏差和下极限偏差分别用 ES 和 EI 表示，轴的上极限偏差和下极限偏差分别用 es 和 ei 表示。上极限偏差为上极限尺寸减去其公称尺寸所得的代数差，下极限偏差为下极限尺寸减去其公称尺寸所得的代数差。上、下极限偏差可以是正值、负值或零。

⑤ 尺寸公差(简称公差)：允许尺寸的变动量。即为上极限尺寸与下极限尺寸之代数差，也等于上极限偏差与下极限偏差之代数差，尺寸公差是一个没有符号的绝对值。

⑥ 零线：在公差与配合图解(简称公差带图)中，确定偏差的一条基准直线，即零偏差线。通常以零线表示公称尺寸。

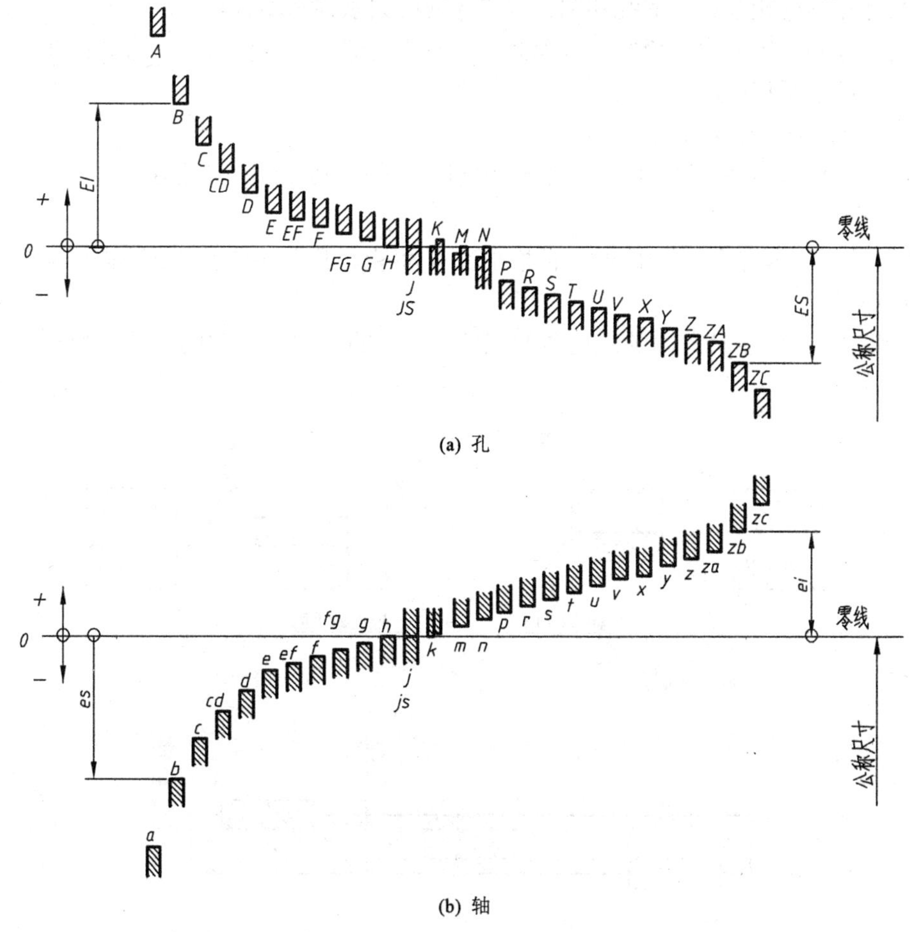

图 9-37　基本偏差系列示意图

⑦ 标准公差：用以确定公差带大小的任一公差，它的数值由公称尺寸和公差等级所确定。公差等级就是标准公差的分级，它表示尺寸的精确程度。国标规定标准公差分为 20 级，即 IT01、IT0、IT1 至 IT18。IT 表示标准公差，公差等级代号用阿拉伯数字表示。从 IT01 至 IT18 等级依次降低。

⑧ 基本偏差：用以确定公差带相对于零线位置的上极限偏差或下极限偏差。一般是指靠近零线的那个偏差。

图9-37表示了孔和轴的基本偏差系列。孔和轴分别规定了28个基本偏差，用拉丁字母按其顺序表示，大写字母表示孔，小写字母表示轴。

孔和轴的基本偏差呈对称地分布在零线的两侧。图中公差带一端画成开口，表示不同公差等级的公差带宽度有变化。

⑨ 尺寸公差带(简称公差带)：在公差带图中，由代表上、下极限偏差的两条直线所限定的一个区域。

根据公称尺寸的大小、基本偏差代号和公差等级可以从有关标准中查得轴和孔的上极限偏差和下极限偏差，从而绘制出公差带图。

2. 配合

公称尺寸相同的相互结合的孔和轴公差带之间的关系称为配合。

当孔的尺寸减去轴的尺寸所得代数差为正值时为间隙，为负值时为过盈，在孔和轴装配后可得到不同的松紧程度。

(1) 配合的种类。配合分为三类：

① 间隙配合。具有间隙的配合(包括最小间隙为零)。其孔的公差带在轴的公差带之上，如图9-38(a)所示。

② 过盈配合。具有过盈的配合(包括最小过盈为零)。其孔的公差带在轴的公差带之下，如图9-38(b)所示。

③ 过渡配合。可能具有间隙或过盈的配合。其孔的公差带与轴的公差带相互重叠，如图9-38(c)所示。

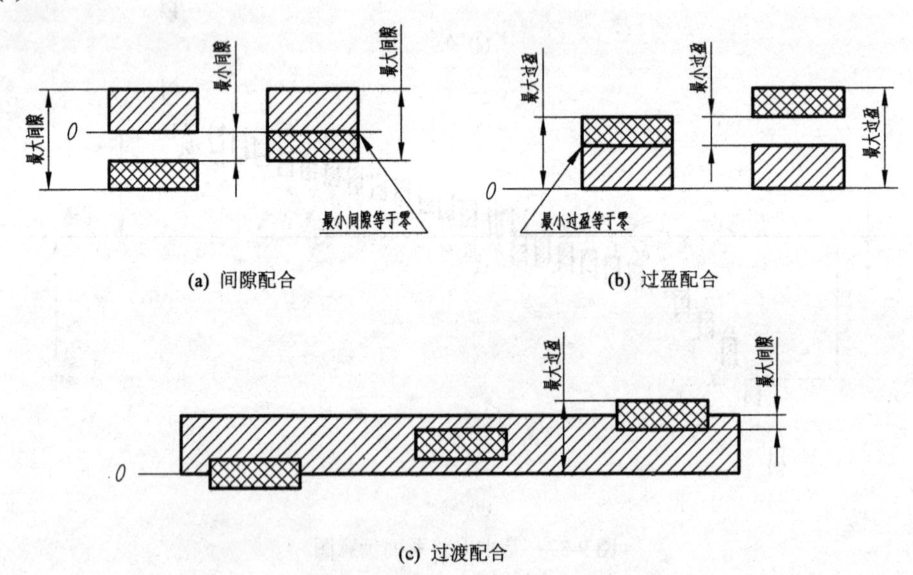

图9-38 配合的种类

(2) 基孔制配合和基轴制配合。根据设计要求孔与轴之间可有各种不同的配合，如果孔和轴两者都可以任意变动，则情况变化极多，不便于零件的设计和制造。为此，按以下两种制度规定孔和轴的公差带。

① 基孔制。基本偏差为一定的孔的公差带与不同基本偏差的轴的公差带形成各种配合的一种制度。基孔制的孔称为基准孔，基准孔的下极限偏差为零，并用代号H表示。

② 基轴制。基本偏差为一定的轴的公差带与不同基本偏差的孔的公差带形成各种配合的一种制度。基轴制的轴称为基准轴，基准轴的上极限偏差为零，并用代号 h 表示。

③ 极限与配合的选用。从经济性出发，国标在满足各行各业使用要求的前提下，规定了优先、常用和一般用途的公差带和与之相应的优先和常用选用的配合。国标在常用尺寸段(至500mm)范围内，基孔制规定了 59 种常用配合和 13 种优先配合，如表 9-6 所示；基轴制规定了 47 种常用配合和 13 种优先配合，如表 9-7 所示。选用时首先采用优先配合，其次选用常用配合。

表 9-6　基孔制优先、常用配合

基孔制	轴																				
	a	b	c	d	e	f	g	h	js	k	m	n	p	r	s	t	u	v	x	y	z
	间隙配合								过渡配合			过盈配合									
H6						H6/f5	H6/g5	H6/h5	H6/js5	H6/k5	H6/m5	H6/n5	H6/p5	H6/r5	H6/s5	H6/t5					
H7						H7/f6	※H7/g6	※H7/h6	H7/js6	※H7/k6	H7/m6	※H7/n6	※H7/p6	H7/r6	※H7/s6	H7/t6	※H7/u6	H7/v6	H7/x6	H7/y6	H7/z6
H8					H8/e7	※H8/f7	H8/g7	※H8/h7	H8/js7	H8/k7	H8/m7	H8/n7	H8/p7	H8/r7	H8/s7	H8/t7	H8/u7				
				H8/d8	H8/e8	H8/f8		H8/h8													
H9			H9/c9	※H9/d9	H9/e9	H9/f9		※H9/h9													
H10			H10/c10	H10/d10				H10/h10													
H11	H11/a11	H11/b11	※H11/c11	H11/d11				※H11/h11													
H12		H12/b12						H12/h12													

注：标注※的配合为优先配合。

一般优先采用基孔制，因加工相同精度等级的孔要比轴困难，而且可以减少定值刀具和量具的规格数量。

基轴制仅用于下列情况：同一公称尺寸的轴同时与几个具有不同公差带的孔配合，标准件外径与孔的配合，如滚动轴承外圆与轴承孔的配合等。

在保证使用要求的前提下，为减少加工工作量，一般孔应选用比轴低一级的公差才是经济合理的。

如有特殊需要，允许将任一孔、轴公差带组成配合。

表 9-7 基轴制优先、常用配合

基轴制	孔																				
	A	B	C	D	E	F	G	H	JS	K	M	N	P	R	S	T	U	V	X	Y	Z
	间隙配合								过渡配合				过盈配合								
h5						$\frac{F6}{h5}$	$\frac{G6}{h5}$	$\frac{H6}{h5}$	$\frac{Js6}{h5}$	$\frac{K6}{h5}$	$\frac{M6}{h5}$	$\frac{N6}{h5}$	$\frac{P6}{h5}$	$\frac{R6}{h5}$	$\frac{S6}{h5}$	$\frac{T6}{h5}$					
h6						$\frac{F7}{h6}$	※ $\frac{G7}{h6}$	※ $\frac{H7}{h6}$	$\frac{Js7}{h6}$	※ $\frac{K7}{h6}$	$\frac{M7}{h6}$	※ $\frac{N7}{h6}$	$\frac{P7}{h6}$	$\frac{R7}{h6}$	※ $\frac{S7}{h6}$	$\frac{T7}{h6}$	※ $\frac{U7}{h6}$				
h7					$\frac{E8}{h7}$	$\frac{F8}{h7}$		$\frac{H8}{h7}$	$\frac{Js8}{h7}$	$\frac{K8}{h7}$	$\frac{M8}{h7}$	$\frac{N8}{h7}$									
h8				$\frac{D8}{h8}$	$\frac{E8}{h8}$	※ $\frac{F8}{h8}$		※ $\frac{H8}{h8}$													
h9				※ $\frac{D9}{h9}$	$\frac{E9}{h9}$	$\frac{F9}{h9}$		※ $\frac{H9}{h9}$													
h10				$\frac{D10}{h10}$				$\frac{H10}{h10}$													
h11	$\frac{A11}{h11}$	$\frac{B11}{h11}$	※ $\frac{C11}{h11}$	$\frac{D11}{h11}$				※ $\frac{H11}{h11}$													
h12		$\frac{B12}{h12}$						$\frac{H12}{h12}$													

注：标注※的配合为优先配合。

3. 极限与配合的代号及标注方法

(1) 公差带代号。孔、轴公差带代号由基本偏差代号与公差等级代号组成。基本偏差代号孔用大写拉丁字母表示，轴用小写拉丁字母表示，公差等级用阿拉伯数字表示。如孔的公差带代号 F8 和轴的公差带代号 f8。ϕ50F8 的含义为：

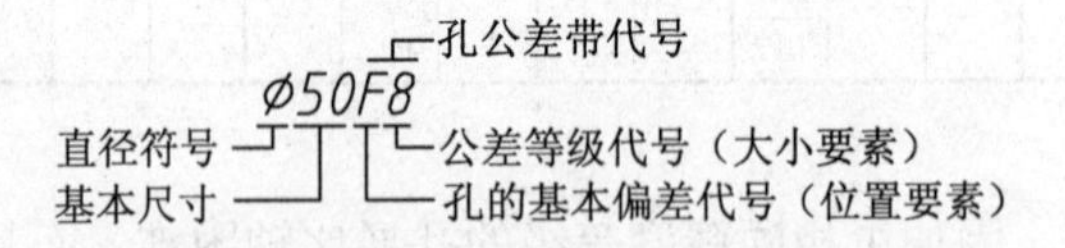

(2) 配合代号。用孔、轴公差带代号组合表示，写成分数形式，分子为孔公差带代号，分母为轴公差带代号。如 $\frac{H8}{f7}$ 或 H8/f7 表示公差等级 8 级的基准孔与公差等级 7 级、基本偏差 f 的轴配合。

(3) 极限与配合的标注。装配图上一般标注配合代号，如图 9-39 所示，零件图上可注公差带代号或极限偏差数值，也可以两者都注，如图 9-40 所示。

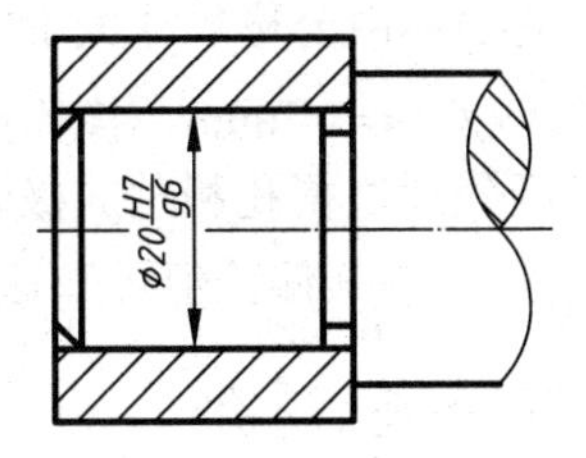

图 9-39 装配图中的极限注法

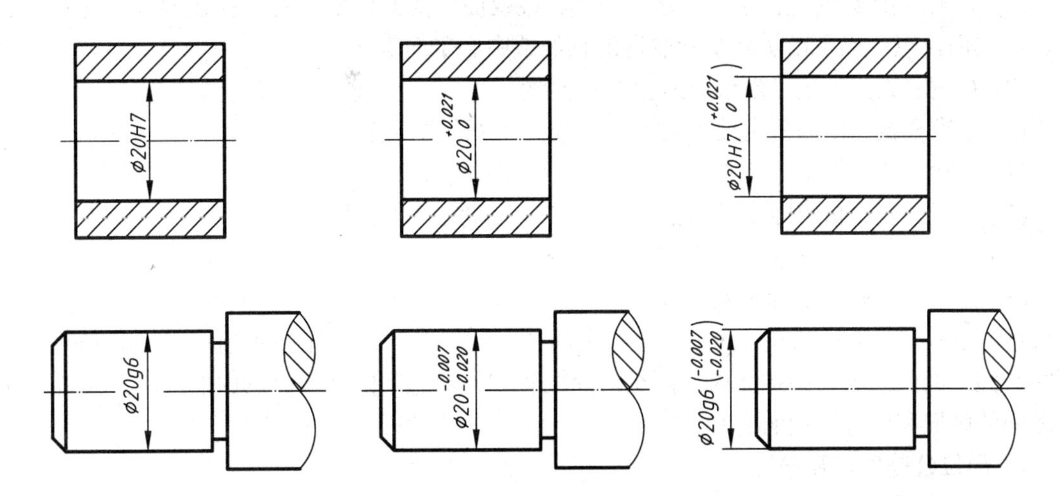

(a) 只标注公差带代号　(b) 只标注上、下极限偏差值　(c) 公差带代号和上、下极限偏差值同时标注

图 9-40 零件图中的极限注法

标注极限偏差时，要注意以下几点：

① 偏差数值的字高比公称尺寸数字的字高要小一号，上下极限偏差绝对值相等时，仅写一个数值，字高与公称尺寸相同，数值前注写“±”，如 30±0.012。

② 偏差数值前必须注出正负号(偏差为零时例外)。

③ 当某一偏差为“0”时，用数字“0”标出，并与另一偏差的个位数字对齐。

④ 偏差数值的单位必须为：mm(注意表上查到的是 μm)。

标注标准件、外购件与零件(轴或孔)的配合代号时，可以仅标注相配零件的公差带代号，如图 9-41 所示。

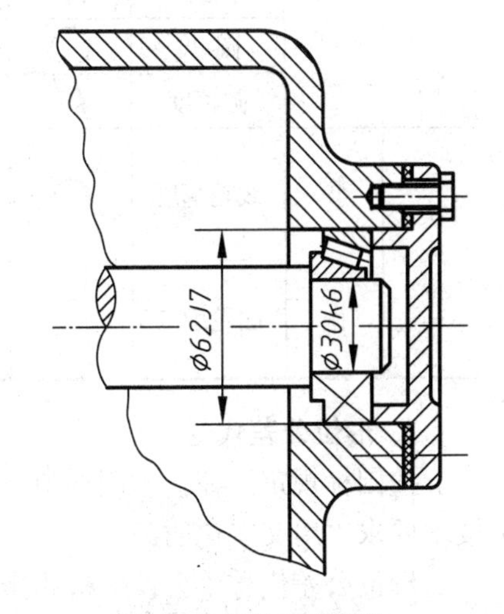

图9-41 零件与标准件、外购件配合时的标注

(4) 极限偏差值的查表方法。根据零件轴或孔的公称尺寸、基本偏差和公差等级，可由附录中分别查得轴或孔的极限偏差值，例如：

ϕ50H8　查孔的极限偏差表(附表 6-2)，由公称尺寸大于 40 至 50 一行以及与公差带 H8 一列中查得上极限偏差 ES=+39μm，下极限偏差 EI=0，但标注的单位必须是 mm，经换算后(1μm = 1/1 000 mm)即得孔的偏差 $\phi 50^{+0.039}_{0}$。

ϕ50f7 查轴的极限偏差表(附表 6-1)，由公称尺寸大于 40 至 50 一行与公差带 f7 一列中查得上极限偏差 es= –25μm，下极限偏差 ei= –50μm，换算后即得轴的偏差 $\phi 50^{-0.025}_{-0.050}$。

又如孔和轴配合为ϕ30H7/p6，可分别查得孔和轴的极限偏差：

孔ϕ30H7($^{+0.021}_{0}$)；轴ϕ30p6($^{+0.035}_{+0.022}$)。由其偏差值可知这对配合为过盈配合。

9.4.3 几何公差(形状和位置公差)简介

1. 形位公差的术语

(1) 要素：指零件上的特征部分——点、线或面。要素可以是实际存在的零件轮廓上的点、线、面，也可以是由实际要素取得的轴线或中心平面等。

(2) 被测要素：给出了形位公差要求的要素。

(3) 基准要素：用来确定被测要素方向或(和)位置的要素。

(4) 形状公差：指实际要素的形状所允许的变动全量。

(5) 位置公差：指实际要素的位置对基准所允许的变动全量。

形状公差和位置公差简称为形位公差。

(6) 公差带：限制实际要素变动的区域。公差带有形状、方向、位置、大小(公差数值)的属性。公差带主要形状有：两平行直线之间的区域、两平行平面之间的区域、圆内的区域、两同心圆之间的区域、圆柱面内的区域、两同轴圆柱面之间的区域、球内的区域、两等距曲线之间的区域和两等距曲面之间的区域等。

2. 形位公差项目及符号

国家标准规定有 14 个形位公差项目，每一项都规定了专用符号，如表 9-8 所示。

表 9-8 形位公差特征项目及符号

<table>
<tr><th colspan="2">公差</th><th>特征项目</th><th>符号</th><th>有或无基准要求</th><th colspan="2">公差</th><th>特征项目</th><th>符号</th><th>有或无基准要求</th></tr>
<tr><td rowspan="4">形状</td><td rowspan="4">形状</td><td>直线度</td><td>—</td><td>无</td><td rowspan="8">位置</td><td rowspan="3">定向</td><td>平行度</td><td>//</td><td>有</td></tr>
<tr><td>平面度</td><td>▱</td><td>无</td><td>垂直度</td><td>⊥</td><td>有</td></tr>
<tr><td>圆 度</td><td>○</td><td>无</td><td>倾斜度</td><td>∠</td><td>有</td></tr>
<tr><td>圆柱度</td><td>⌭</td><td>无</td><td rowspan="3">定位</td><td>位置度</td><td>⌖</td><td>有或无</td></tr>
<tr><td rowspan="4">形状或位置</td><td rowspan="4">轮廓</td><td rowspan="2">线轮廓度</td><td rowspan="2">⌒</td><td rowspan="2">有或无</td><td>同轴(同心度)度</td><td>◎</td><td>有</td></tr>
<tr><td>对称度</td><td>⌯</td><td>有</td></tr>
<tr><td rowspan="2">面轮廓度</td><td rowspan="2">⌓</td><td rowspan="2">有或无</td><td rowspan="2">跳动</td><td>圆跳动</td><td>↗</td><td>有</td></tr>
<tr><td>全跳动</td><td>⌰</td><td>有</td></tr>
</table>

3. 形位公差代号

按国标规定，在技术图样中，形位公差采用代号标注，当无法采用代号标注时，允许在技术要求中用文字说明。

形位公差代号由公差框格和指引线组成。

(1) 公差框格。公差框格可分为两格或多格，应用细实线水平或垂直绘制。框格内从左至右或自下而上依次填写：形位公差项目的符号、形位公差数值和有关符号(如公差带形状等)、基准代号的字母和有关符号，如图9-42所示。

公差框格中的数字和字母高度应与图样中尺寸数字的高度相同，框格高度是字体高度的两倍，公差框格的一端引出带箭头的指引线。

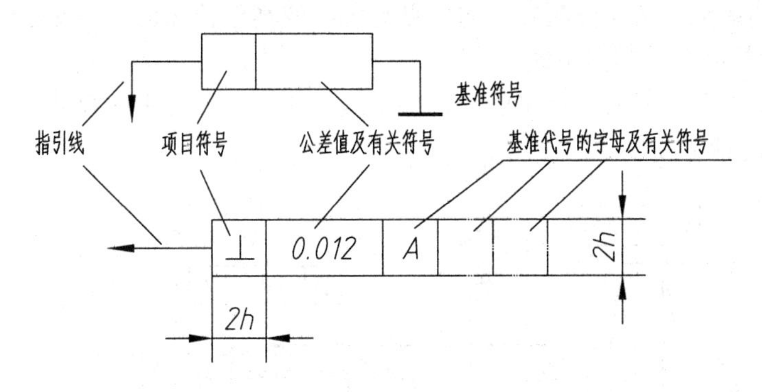

图9-42　形位公差代号的组成

(2) 指引线。指引线是连接公差框格与指示箭头或基准符号的连线。指引线可自框格的左端或右端引出，也可以与框格的侧边直接连接；指引线可以曲折，但不得多于两次，如图9-43所示。

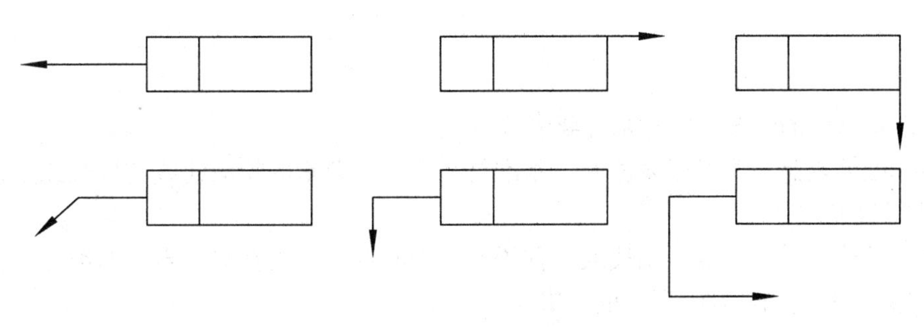

图9-43　指引线画法

(3) 基准符号和基准字母。有位置公差要求的零件，在图样上必须注明基准。基准的标注由基准符号和基准字母组成。代表基准的字母标注在基准符号的方框内，方框与一个涂黑或空心的正三角形相连。基准代号的正方形用细实线绘制，其边长与框格高度相同，正方形内用大写的拉丁字母注写，字母的高度与图样中尺寸数字高度相同。为了不致引起误解，基准字母不用 E、I、J、M、O、P、L、R、F。当用基准代号标注时，无论基准符号在图样中的方向如何，正方形内字母都应水平书写，如图9-44所示。

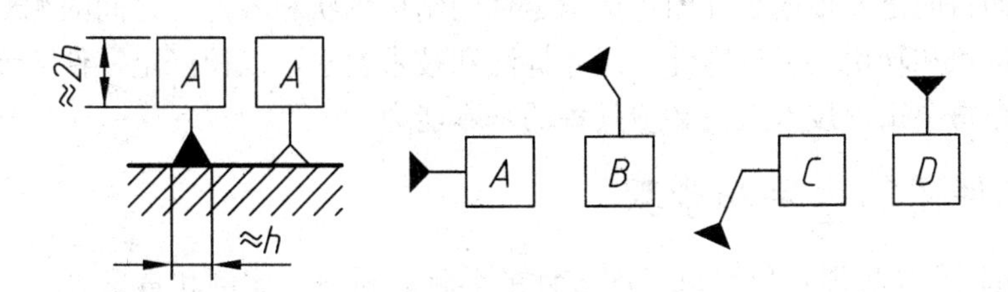

图9-44　基准注法

4. 形位公差标注示例

如图 9-45 所示是气门阀杆零件图上形位公差标注的实例，在标注被测要素时应注意：

(1) 指引线的箭头应指向公差带的宽度方向或直径方向。

(2) 指引线的箭头应指在被测要素的可见轮廓线或其延长线上，并应与尺寸线明显错开，如图 9-45 中的圆柱度公差的指引线。

(3) 当被测要素是轴线或对称平面时，指引线箭头应与该要素的尺寸线对齐。如图 9-45 中的同轴度公差的指引线。

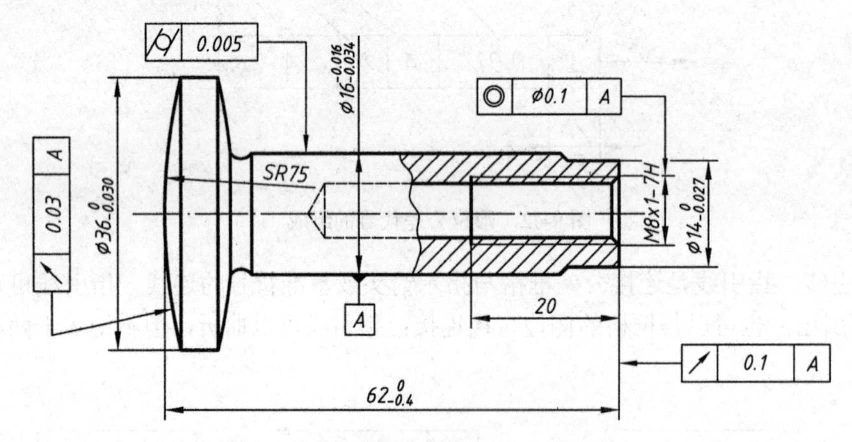

图 9-45 在零件图上标注形位公差的实例

(4) 基准符号中的细连线应与基准要素垂直。

(5) 当基准要素是轮廓线或表面时，基准符号应置于要素的轮廓线或其延长线上，并应与尺寸线明显错开。

(6) 当基准要素是中心点、轴线或对称平面等中心要素时，基准符号中的细连线应与该要素的尺寸线对齐。如图 9-45 所示的基准 *A*。

图 9-45 中形位公差的标注的含义：

① SR75 的球面对于 ϕ16 轴线的圆跳动公差是 0.03。

② ϕ16 杆身的圆柱度公差为 0.005。

③ M8×1 的螺孔轴线对于 ϕ16 轴线的同轴度公差是 ϕ0.1。

④ 右端面对于 ϕ16 轴线的圆跳动公差是 0.1。

9.5 读零件图

读零件图的目的是要根据零件图想象出零件的结构形状和各部分之间的相对位置，了解各部分结构的特点和功用，了解零件的尺寸标注和技术要求，以便确定零件的制造方法。因此，读零件图是每个工程技术人员必须具备的基本能力。

9.5.1 读零件图的方法和步骤

(1) 看标题栏。从标题栏里可以了解零件的名称、材料、比例和重量等，从这些内容就可以大致了解零件的所属类型和作用，零件的加工方法等，对该零件有个初步的认识。

(2) 分析表达方案。读零件图时，首先要从主视图入手，然后看用多少个基本视图和辅助视图来表达，以及它们之间的投影关系，从而对每个视图的作用和所用表达方法及目的大体有所了解。如剖视图的剖切位置，局部视图、斜视图箭头所指的投影方向等，都明显地表达了绘图者的意图。

(3) 分析形体和结构。读懂零件的内、外结构形状，是读零件图的重要环节。从基本视图出发，分成几个较大的独立部分进行形体分析，结合分析这些结构的功能作用，可以加深对零件结构形状的进一步了解。对于那些不便于进行形体分析的部分，根据投影关系进行线面分析。最后想象出零件各部分的结构形状和它们的相对位置。

(4) 分析尺寸和技术要求。通过对零件的尺寸结构分析，了解在长度、宽度和高度方向的主要尺寸基准，找出零件的功能尺寸；根据对零件的形体分析，了解零件各部分的定形、定位尺寸，以及零件的总体尺寸。读图时还可以阅读与该零件有关的其他零件图、装配图和技术资料，以便进一步理解所标注的表面粗糙度，尺寸公差、形状和位置公差等技术要求的意图。

(5) 综合归纳。必须把零件的结构形状、尺寸和技术要求综合起来考虑，把握零件的特点，以便在制造、加工时采取相应的措施，保证零件的设计要求。如发现错误或不合理的地方，要协同有关部门及时解决，使产品不断改进。

9.5.2　读图举例

读阀体零件图(图 9-46)：

(1) 看标题栏。从标题栏可知零件的名称为阀体，材料为灰铸铁HT200。从而知道该零件属于箱体类零件，毛坯由铸造而成。

(2) 分析表达方案。阀体采用了两个基本视图和两个局部视图。主视图采用全部剖视，表达内部水平孔和垂直孔的连通情况；左视图也是全部剖视，主要表达水平孔的前后贯通情况；*E* 向局部视图主要表达了水平孔后端连接板的形状和板上孔的分布情况；*C* 向局部视图主要表达垂直孔上端的螺纹孔分布和垂直孔与水平孔连接处的孔的形状和大小。

(3) 分析形体和结构。从主视图和左视图可知，阀体的主体部分由垂直和水平方向的空心圆柱段组成，水平方向后面有块连接板。

(4) 分析尺寸和技术要求。该零件长度方向的尺寸基准为主视图的右边竖直轴心线，高度方向的尺寸基准为左视图上的水平轴心线，宽度方向为左视图中间竖直的轴心线。其中长度和宽度设计基准应为阀体的轴线，高度方向设计基准为重要中心面，即水平轴心线所在的水平面。重要尺寸中心高 23 及宽度方向重要尺寸 33 应分别从高度方向设计基准及宽度方向设计基准注出。两阀腔轴线之间的距离尺寸 28 也应从长度方向设计基准注出。由于该零件的外侧表面为不去除材料方法获得(毛坯面不加工)，阀体右侧轴向三个尺寸 8、30、7 应按毛坯面尺寸注出，即只允许其中一个尺寸从加工表面注出，其余尺寸同前面箱体类零件尺寸标注。该零件未注圆角尺寸在技术要求中统一说明，视图中应绘出这些过渡圆角。*C* 向视图中的 4×M3–7H 表明右阀体上端有 4 个均布的普通粗牙螺孔。

阀体左侧的前后两孔轴线和阀体右侧的上下两孔轴线有同轴度要求。其中阀体左侧轴线的基准为后端孔 ϕ 10H8 的轴线，被测要素为前端螺孔 M8×1–7H 的轴线。阀体右侧基准为下端孔 ϕ 12H7 的轴线。被测要素为上端孔 ϕ 16H7 的轴线。

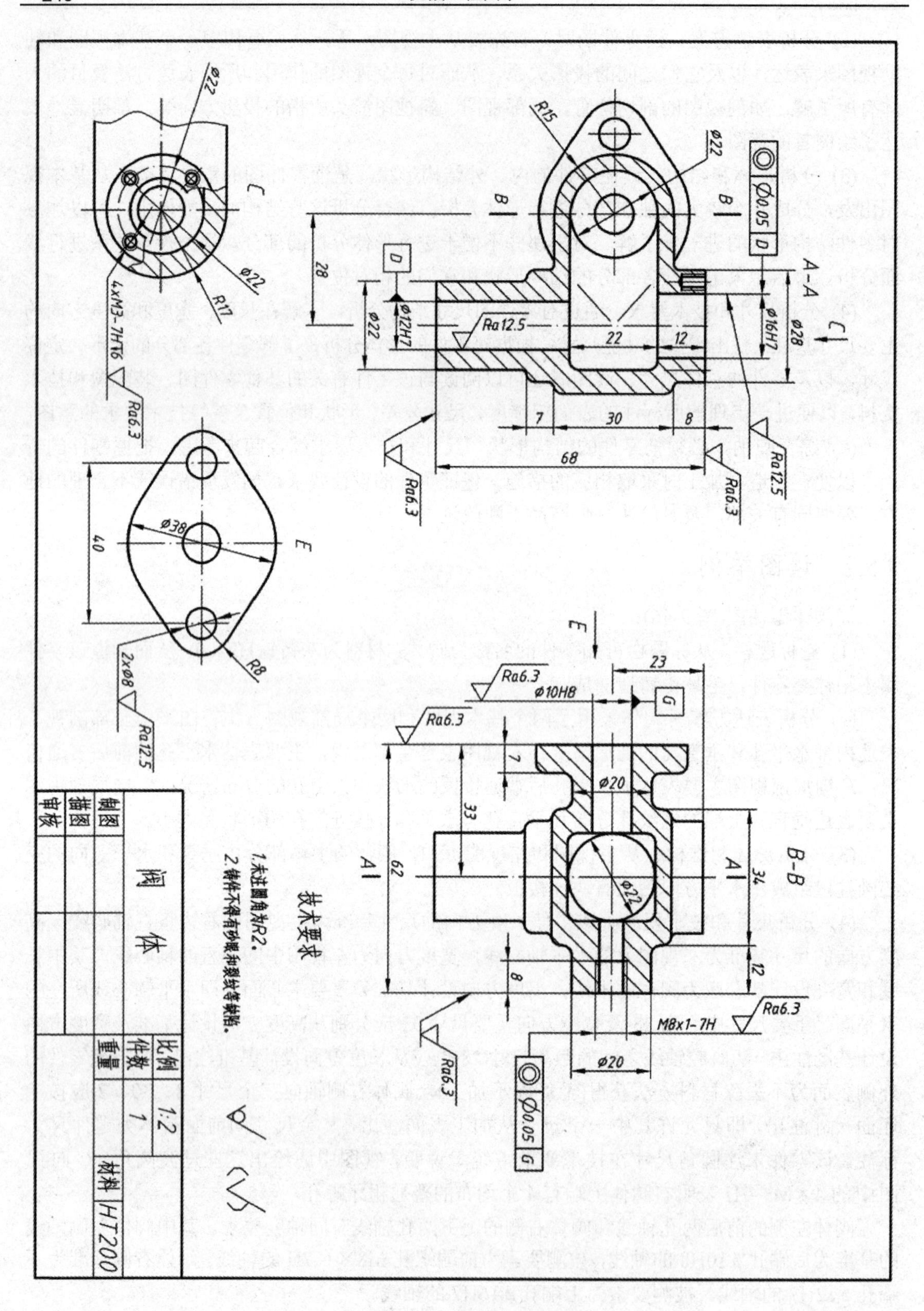
A-A
B-B
技术要求
1.未注圆角为R2.
2.铸件不得有砂眼和裂纹等缺陷.
阀体
比例 1:2
件数 1
材料 HT200
制图
描图
审核
4xM3-7H↧6
2xΦ8
M8x1-7H
Φ10H8
Φ12H7
Φ16H7
Ra12.5
Ra6.3

图 9-46 阀体零件图

(5) 综合归纳。通过以上分析，可想象出该零件的结构和形状，如图9-47所示，并了解其加工要求等综合情况，这是一个中等复杂的箱体类零件，由毛坯铸件经过镗、刨、钻、钳等多道工序加工而成。

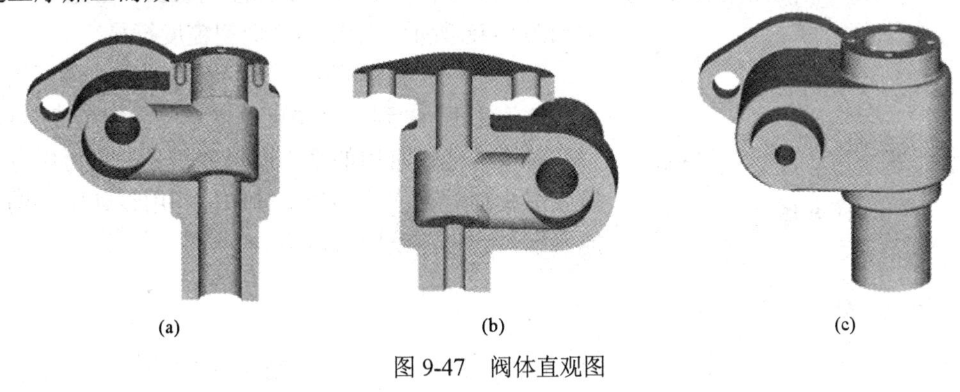

(a)　(b)　(c)

图 9-47　阀体直观图

9.6　AutoCAD 绘制零件图

在绘制零件图时，我们经常会遇到如倒角、圆角、粗糙度标注、尺寸公差标注、形位公差标注和技术要求的书写等内容。

9.6.1　倒角和圆角绘制

倒角命令(Cha)在两直线段交角处或多段线(亦称多义线)拐角处绘制倒角。其操作有两种方法：

(1) 设置倒角距离的方法，其步骤为：从“修改”菜单中选择“倒角”；输入 D(距离)；输入第一个倒角距离；输入第二个倒角距离；选择倒角直线。

(2) 设置倒角长度和角度的方法，其步骤为：从“修改”菜单中选择“倒角”；输入 A(角度)；从倒角角点输入沿第一直线的距离；输入倒角角度；选择第一条直线。然后选择第二直线。

命令:CHAMFER

(“修剪”模式) 当前倒角距离 1 = 0.0000，距离 2 = 0.0000

选择第一条直线或 [多段线(P)/距离(D)/角度(A)/修剪(T)/方式(M)/多个(U)]: D

指定第一个倒角距离 <0.0000>: 2

指定第二个倒角距离 <2.0000>:

选择第一条直线或 [多段线(P)/距离(D)/角度(A)/修剪(T)/方式(M)/多个(U)]:

选择第二条直线:

若在输入“D”处输入“A”并回车，则表示采用以一个角度和一个距离的方法限定倒角。回答相应数值并选中线段，就可画出倒角。

若在提示选择第一条线时，输入“P”，则表示对多段线倒角，系统会提示：

“选择二维多段线:”，此时用光标拾取某多段线，将把整条多段线各段全选中，同时完成多处倒角。当零件上有多处同一尺寸倒角时，用此方法是很方便的。

圆角(F)命令可以绘制零件图上的圆角，具体操作参见第 2 章。利用圆角命令的零半径和倒角命令的零距离可以快速延伸和修剪线段。

9.6.2 表面粗糙度符号的绘制

用建块(B)命令创建粗糙度块，然后用插入命令将其插入需要标注的表面。创建块时需先按如图 9-48 所示，绘制出表面粗糙度符号。

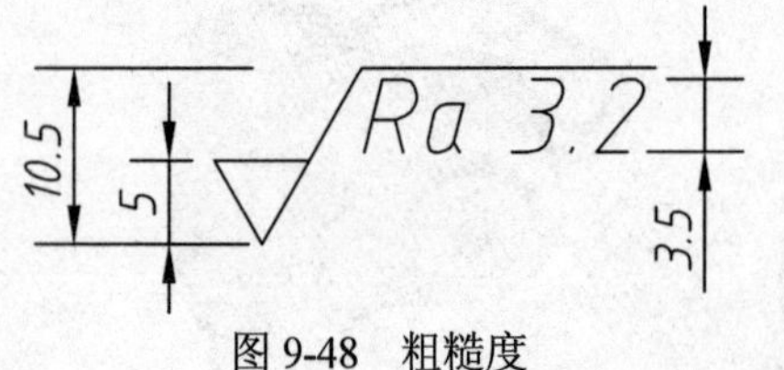

图 9-48 粗糙度

对于不同的粗糙度数值可以做多个块，也可用块的“定义属性”做到一个块可插入不同的粗糙度数值。

对于其他较常用的基本图形或符号，也可以分别做成图块存放在一个图形文件中，利用设计中心的功能，拖入到当前绘图窗口中。

9.6.3 技术要求的注写

零件图中的技术要求和其他的一些文本可以用多行文字(Mtext)和单行文字(Dtext)或(Text)命令。一般来说技术要求用多行文字命令注写，而图上的视图名称等单行文字用单行文字命令注写更方便。

9.6.4 形位公差标注

AutoCAD 在尺寸标注工具栏上提供了专门的形位公差标注工具，但在标注时不要用此图标，因为用它标注没有指引线，而是用“快速引线”标注形位公差能满足我们的需要，其操作过程为：

(1) 标注工具栏的“快速引线”按钮或命令行输入“QLEADER”命令。

(2) 命令行提示“指定第一个引线点或[设置(S)]<设置>:”。

(3) 回车，会弹出如图 9-49 所示设置对话框。

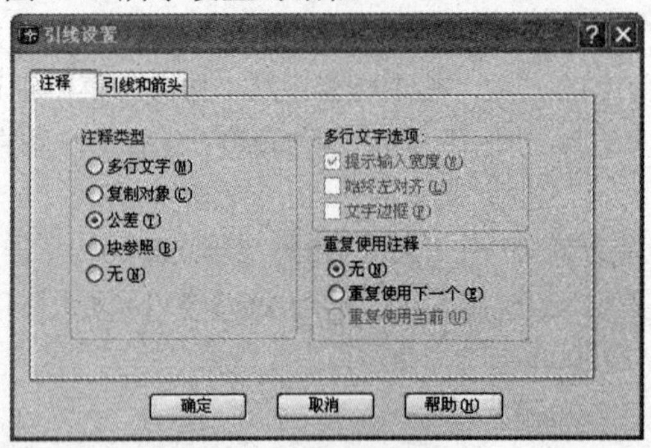

图 9-49 引线设置对话框

(4) 在“注释”标签下选中“公差”项，按“确定”按钮退出对话框。

(5) 然后，自被测要素指定点起画指引线，指引线画好后系统自动弹出如图 9-50 所示“形位公差”对话框。

(6) 点击“形位公差”对话框中“符号”分栏内小方框，弹出如图9-51所示形位公差特征项目符号，选取即可。

(7) 点“公差 1”分栏内左边第一方框，可出现一个符号“ϕ”(公差带为圆柱时使用)。

(8) 在“公差 1”分栏内第二方框中输入公差值。

(9) 在“公差 1”第三格内点击，弹出附加符号表，需要时可选择。

(10) 当有两项公差要求时，在“公差 2”分栏内重复操作。

(11) 在“基准 1”分栏的左第一格内输入基准字母，第二格点击后可选择对基准要求的附加符号。

(12) 当为多个基准时，在“基准 2”和“基准 3”分栏重复操作。

(13) 按“确定”，对话框消失，系统自动在指引线结束处画出形位公差框格。

(14) 当对同一要素有两个形位公差特征项目要求时，在对话框中第二行各分栏同样操作。

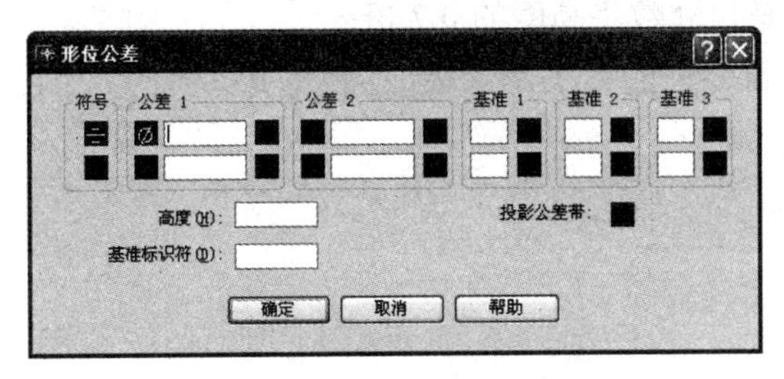

图 9-50　形位公差对话框

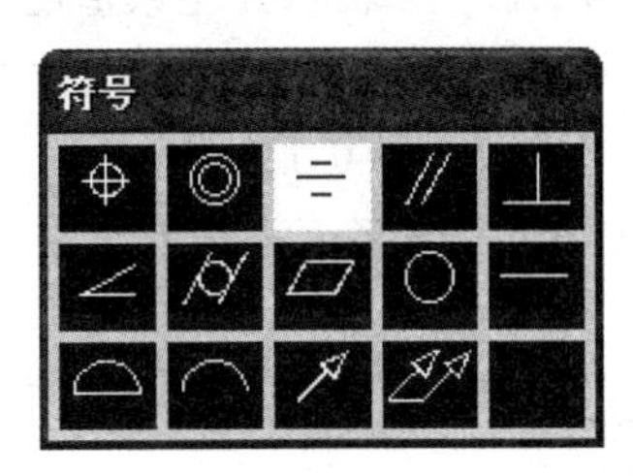

图 9-51　特征符号表

9.6.5　尺寸公差标注

在标注尺寸时，可以运用“尺寸样式”设置尺寸标注的样式，在样式中可以设定尺寸公差的值，但由于一张零件图上尺寸公差相同的尺寸较少，为每一个尺寸设定一个样式没有必要，可以在尺寸样式中设定为无公差，如图 9-52 所示。但在设成无公差的方式之前，可将精度改成 0.000，将高度比例改成 0.7。这样可以省去以后为每个公差都要修改这两个值的麻烦。

有公差的尺寸先标注成没有公差的尺寸，然后可双击此尺寸启动“特性”对话框，在特性编辑表中对公差的尺寸进行编辑，例如，上下极限偏差是$^{-0.009}_{-0.025}$，有两种方法：

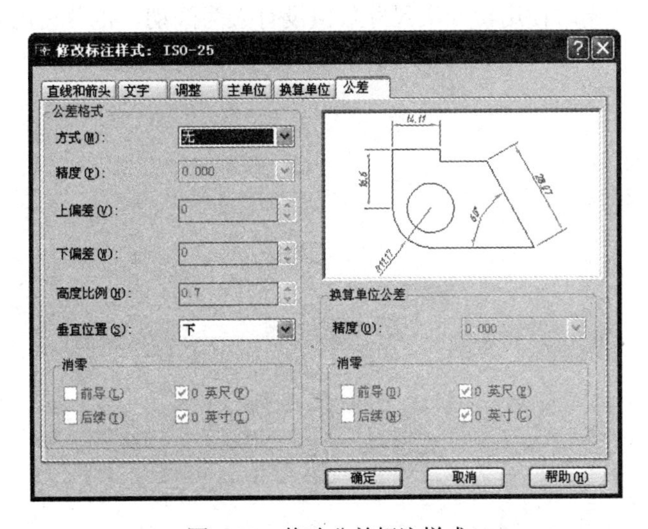

图 9-52　修改公差标注样式

(1) 修改表中“公差”中的有关参数如图 9-53 所示，此方法对尺寸数值被人工修改过的无效。在填写参数值时，注意表格中下极限偏差在上，上极限偏差在下，默认符号为上极限偏差为正，下极限偏差为负，因此若上极限偏差为负值在数值前加“－”号，下极限偏差为正值时在数值前加“－”号。

(2) 用文字格式控制符对有公差的尺寸文字进行修改，可在尺寸属性编辑表中的文本替代处输入“\A0;<>\H0.7X;\S－0.009^－0.025”即可，如图 9-54 所示。

其中：

“\A0;”　表示公差数值与尺寸数值底边对齐；

“<>”　表示系统自动测量的尺寸数值，也可写成具体的数字；

“\H0.7X;”　表示公差数值的字高是尺寸数字高度的 0.7 倍；

“\S……^……”　表示堆叠，“^”符号前的数字是上极限偏差(–0.009)，“^”符号后的数字是下极限偏差(–0.025)。

注意，输入的字符都是半角字符，且“\”后的控制符必须是大写字母。

公差	
显示公差	极限偏差
公差下偏差	0.025
公差上偏差	-0.009
水平放置公差	下
公差精度	0.000
公差消去前导零	否
公差消去后续零	否
公差消去零英尺	是
公差消去零英寸	是
公差文字高度	0.7
换算公差精度	0.000
换算公差消去前导零	否
换算公差消去后续零	否
换算公差消去零英尺	是
换算公差消去零英寸	是

图 9-53　设定公差值(一)

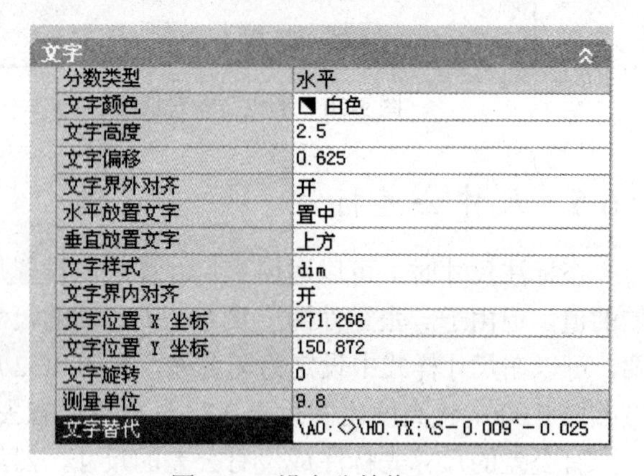

文字	
分数类型	水平
文字颜色	白色
文字高度	2.5
文字偏移	0.625
文字界外对齐	开
水平放置文字	置中
垂直放置文字	上方
文字样式	dim
文字界内对齐	开
文字位置 X 坐标	271.266
文字位置 Y 坐标	150.872
文字旋转	0
测量单位	9.8
文字替代	\A0;<>\H0.7X;\S－0.009^－0.025

图 9-54　设定公差值(二)

以上两种方法请勿同时使用，如果尺寸数值没有人为改动，推荐使用第一种方法。

第 10 章　装配图

表示机器或部件的工作原理、连接方式、装配关系的图样称为装配图。其中表示整台机器的组成部分、各组成部分的相对位置及连接、装配关系的图样称为总装图。表示部件的组成零件及各零件的相对位置和连接、装配关系的图样称为部件装配图。

在产品设计过程中，一般先按设计要求绘制装配图，然后根据装配图完成零件设计并绘制零件图；在产品生产过程中，根据装配图将零件装配成机器或部件，使用者则要根据装配图了解机器或部件的性能、作用和使用方法。因此，装配图是设计、制造和使用机器及进行技术交流的重要技术文档。

10.1　装配图的内容

如图 10-1 所示为滑动轴承各零件装配关系的轴测图，如图 10-2 所示为这个滑动轴承的装配图，这两个图帮助我们理解滑动轴承的工作原理和各零件间的装配关系。

滑动轴承是支撑旋转轴的部件。工作时，通过油杯向轴承盖和上轴瓦的油孔注入润滑油，润滑油顺上轴瓦内壁的油槽进入轴颈和轴瓦之间，并随轴的高速旋转而形成油膜，从而起着润滑转轴的作用。

如图 10-2 所示，装配图包括以下内容：

(1) 一组视图。用于表达机器或部件的工作原理、各组成零(组)件的相互位置关系和连接、装配关系及与工作原理有直接关系的各零(组)件的关键结构和形状等。

装配图的一组视图往往也同时能把若干零件的主要结构和形状表示出来。

(2) 必要的尺寸。装配图需要注出机器或部件的规格(性能)尺寸、外形尺寸、安装尺寸及零件之间的装配尺寸和其他重要尺寸。

(3) 技术要求。说明机器或部件在装配、检测、调整和安装使用时应达到的技术要求。

(4) 零(组)件序号、明细表和标题栏。对各种零部件进行编号并在明细栏中依次填写各种零件的编号(序号)及相应名称、数量、材料等。在标题栏中填写机器或部件的名称、比例等内容。

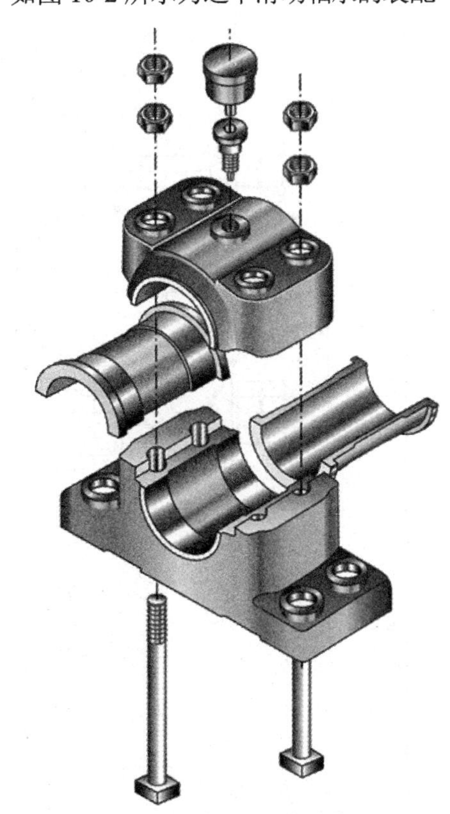

图 10-1　滑动轴承各零件装配关系的轴测图

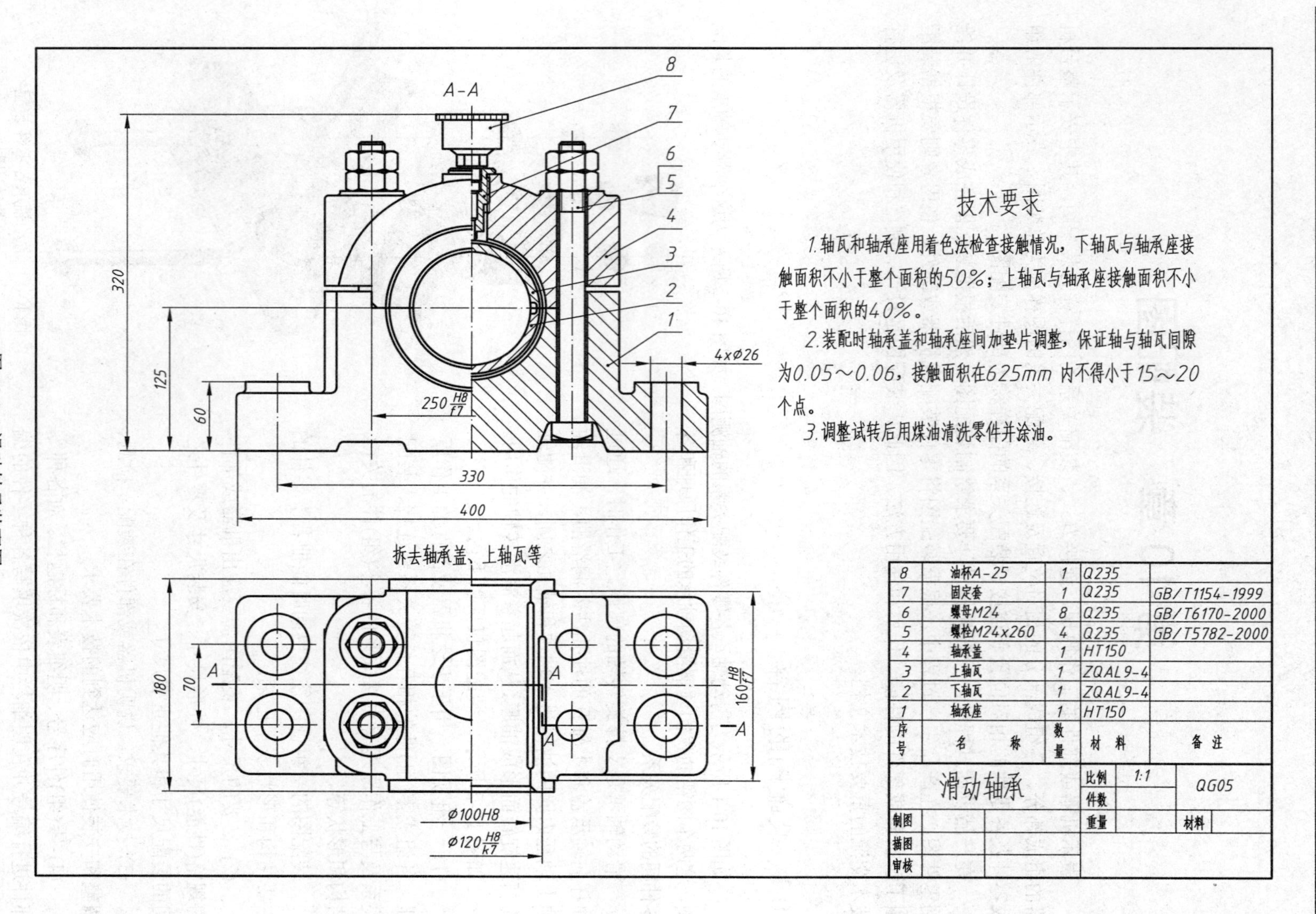

图 10-2 滑动轴承装配图

10.2　装配图的表达方法

前面介绍过的表达零件的各种方法，在表达部件的装配图中也同样适用。但由于部件是由若干零件所组成的，装配图主要表达的是部件的工作原理和零件之间装配、连接关系，所以装配图除了用与零件图相同的一般表达方法外还有一些特有的表达方法。

10.2.1　规定画法

1. 接触面和配合面

两个零件相接触的表面或有配合要求的表面之间只画一条轮廓线，不接触表面之间即使间隙很小也必须画出两条线。如图 10-3 中端盖上的螺钉孔与螺钉为非接触面必须画出两条线。

2. 剖面线

两个相邻的金属零件，其剖面线倾斜方向应相反，若有三个以上零件相邻，还应使剖面线间隔不等来区别不同的零件。如图 10-3 中端盖与箱体的剖面线方向相反。

同一零件在同一张装配图中的各个视图上，其剖面线必须方向一致，间隔相等。

3. 螺纹紧固件，实心体

对螺纹紧固件及实心体(如轴、键、销、球等)当剖切平面通过其基本轴线时，则这些零件按不剖绘制，如图 10-3 中的螺钉、轴和轴承中的滚珠按不剖绘制。如需特别表示这些零件的某些结构如键槽、销孔等可用局部剖视表达，如图 10-4 中的泵轴。

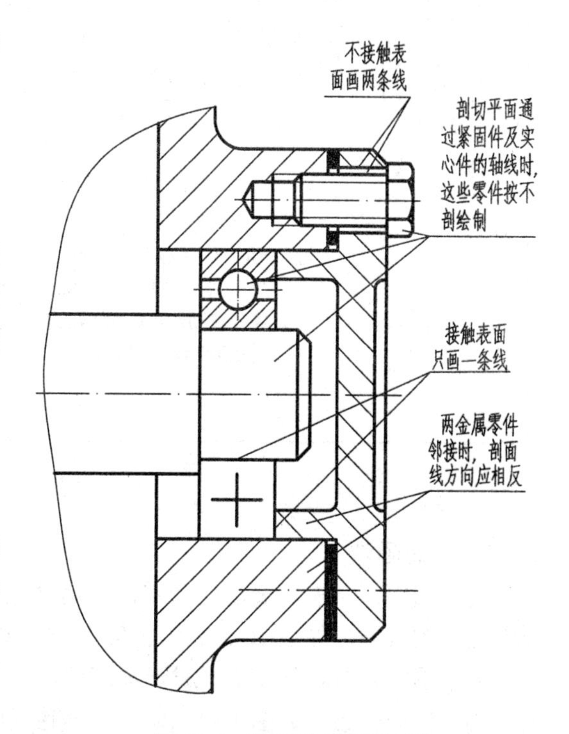

图 10-3　装配图的规定画法

10.2.2　特殊表达方法

1. 拆卸画法

为了表达被遮挡的装配关系或其他零件，可以假想拆去一个或几个零件画出所要表达的部分，并在视图上方标注“拆去××等”说明，这种方法称之为拆卸画法。如图 10-2 所示俯视图上右半部分是拆去轴承盖、上轴瓦等零件后画出的。

2. 沿结合面剖切画法

为了表达内部结构，可沿某些零件的结合面假想剖切后画出投影。零件的结合面上不画剖面符号，但被剖切到的零件则必须画出剖面符号。如图 10-4 所示转子油泵装配图中的 *C–C* 剖视图就是采用沿泵盖和泵体接触面剖切后画出的。

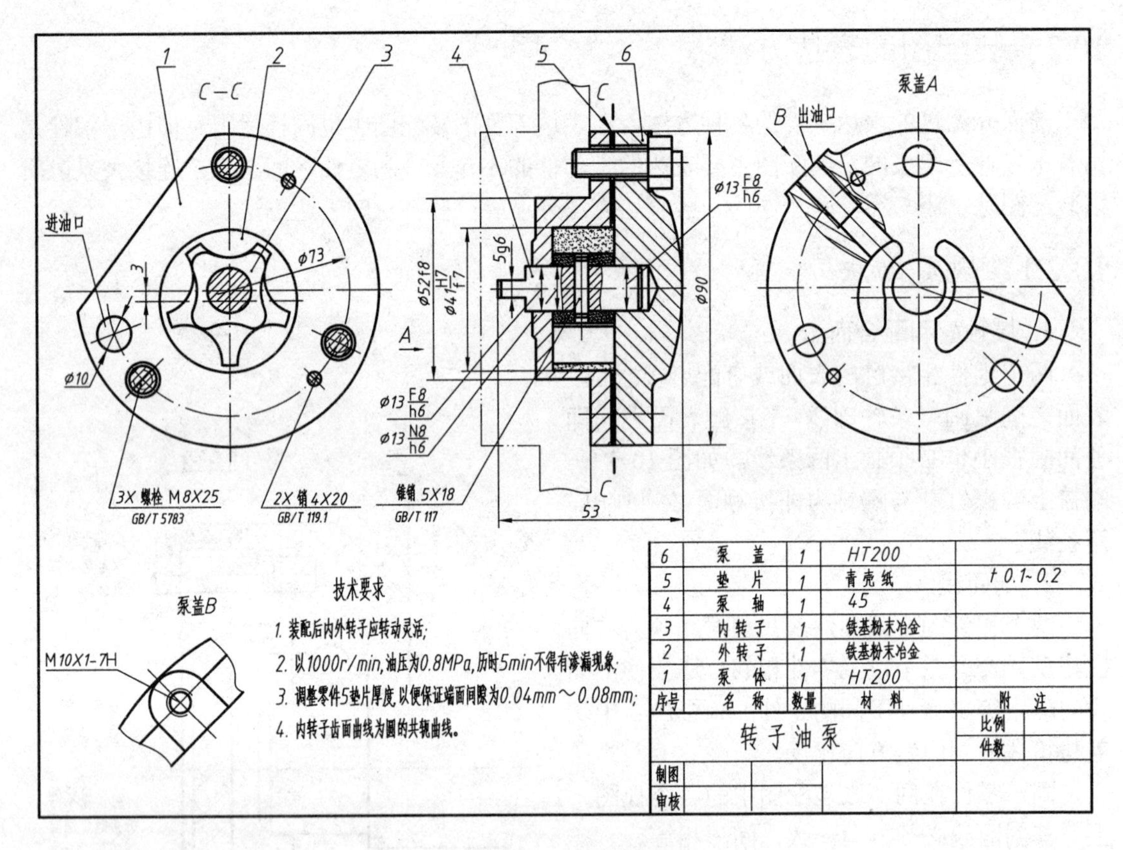

图 10-4 转子油泵

3. 假想画法

装配图中，当需要表达运动零件的运动范围和极限位置时，可采用双点画线画出该零件极限位置的投影，如图 10-5 中挂轮架手柄极限位置的画法。

装配图中，当需要表示不属于本部件， 但与其有装配关系的零、部件时，可用双点画线画出相邻件的轮廓，如图 10-5 中的床头箱的画法。

4. 夸大画法

对薄片零件、细小零件、零件间很小的间隙和锥度很小的锥销、锥孔等，为了把这些细小的结构表达清楚，可不按比例画而用适当夸大的尺寸画出。如图 10-4 所示的垫片、螺栓与泵盖的间隙都采用了夸大画法。

5. 展开画法

为了表达一些传动机构各零件的装配关系和传动路线，可假想按传动顺序沿轴线剖开，然后依次将轴线展开在同一平面上画出，如图10-5 所示的挂轮架装配图中的 *A*– *A* 剖视图即是采用展开画法画出的。

6. 零件的单独表达画法

当某个零件在装配图中没有表达清楚，而又影响到对装配关系、工作原理的理解时，可以单独地只画出该零件的某个视图或剖视图，但应标明视图名称和投影方向。如图 10-4 所示转子油泵装配图中“泵盖 *A*”表达了泵盖内侧的结构形状。

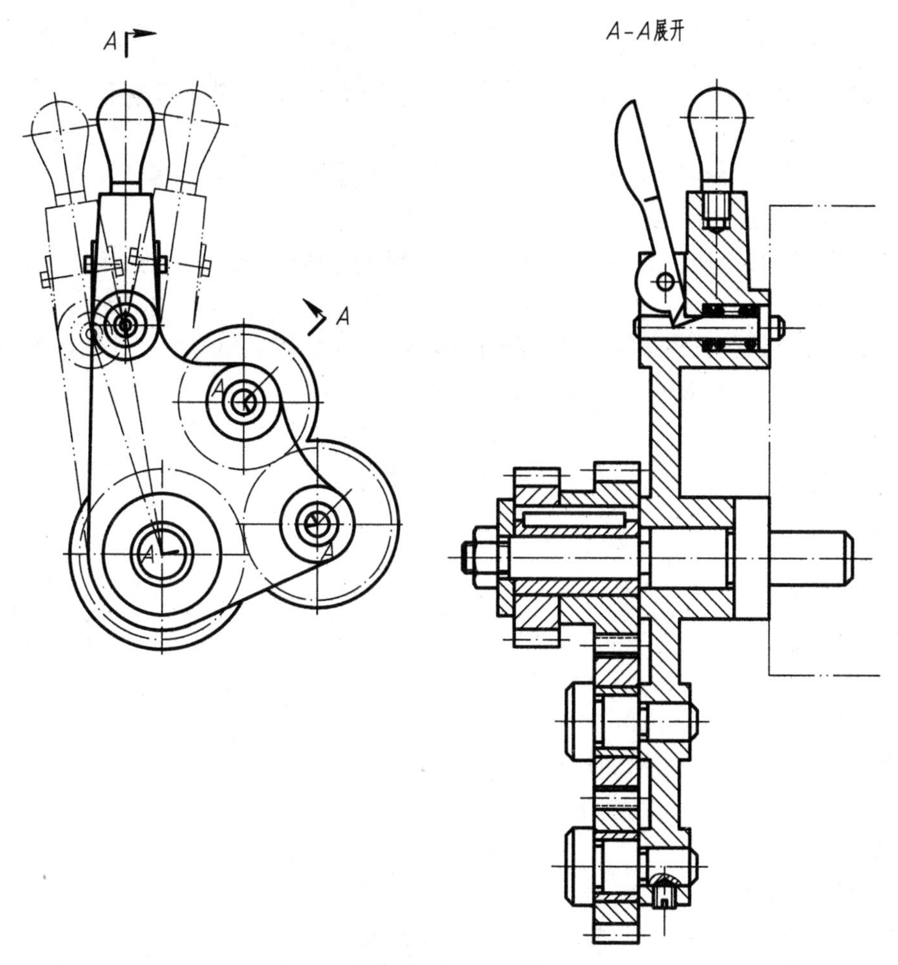

图 10-5 展开画法

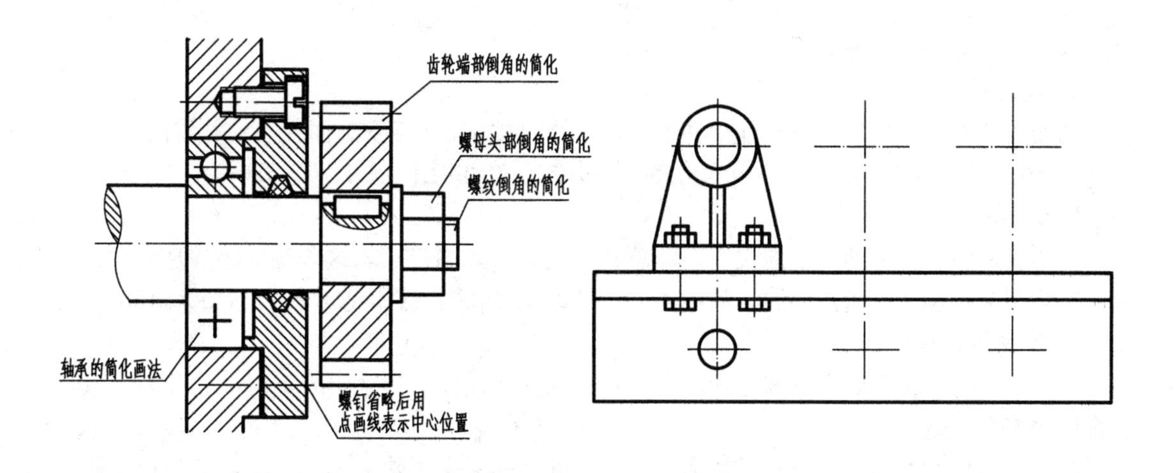

图 10-6 简化画法

10.2.3 简化画法

在装配中，零件的工艺结构，如倒角、小圆角、退刀槽及其他细节常省略不画。如图 10-6(a)所示，齿轮端部的倒角、螺母头部倒角等均省略不画。

对于装配图中若干相同的零件组，如轴承座、螺纹连接件等，可详细地画出一组或几组，其余只需用点画线表示出中心位置即可。如图 10-6(b)所示。

对于滚动轴承和密封圈，在剖视图中可以一边用规定画法画出，另一边用简化画法表示。如图 10-6(a)所示。

在装配图中，当剖切平面通过某些标准产品的组合件，或该组合件在其他视图中已表达清楚时，可以只画出其外形图，如图 10-2 所示的油杯。

10.3 装配图的尺寸标注及技术要求

10.3.1 装配图的尺寸标注

装配图的主要功能是表达产品的装配关系，而不是制造零件的依据。因此它不需标注各组成部分的所有尺寸，一般只需标出如下几种类型的尺寸。

1. 性能(规格)尺寸

表示机器或部件性能、规格和特征的尺寸。这些尺寸在设计时就已确定，也是选用产品的主要依据。如图 10-2 中滑动轴承的轴孔直径ϕ100H8。

2. 装配尺寸

装配尺寸包括以下两类尺寸：

(1) 配合尺寸。所有零件间对配合性质有特别要求的尺寸,它表示了零件间的配合性质和相对运动情况。如图 10-2 中轴承盖与轴承座的配合尺寸ϕ120H8/k7 等。

(2) 相对位置尺寸。表示装配机器或部件时，需要保证的重要相对位置尺寸。如图 10-4 中的内转子和外转子的偏心距 3。

3. 安装尺寸

机器或部件安装到机座或其他部件上时，涉及的尺寸。包括安装面大小、安装孔的定形、定位尺寸。如图 10-2 中滑动轴承安装孔的定形尺寸ϕ26 和定位尺寸 70、330。

4. 外形尺寸

机器或部件所占空间大小的尺寸，即总长、总宽、总高尺寸。这些尺寸通常是包装、运输、安装和厂房设计时所需要的。如图 10-2 所示滑动轴承的总体尺寸 400、320 和 180。

5. 其他重要尺寸

在设计中经过计算确定或选定的，但又不包括在上述几类尺寸中的重要尺寸。如图 10-2 中的尺寸 125。

以上几类尺寸不一定全都具备，另外各类尺寸之间并非决然无关，实际上某些尺寸往往同时兼有不同的作用。因此装配图上究竟要标注哪些尺寸，要根据具体情况进行具体分析。

10.3.2　装配图的技术要求

不同性能的机器或部件，其技术要求也不同，一般可以从以下几个方面来考虑。

1. 装配要求

装配后必须保证的准确度。如图 10-2 所示的技术要求 2。

需要在装配时的加工说明。如图 10-4 所示的技术要求 3。

装配时的要求。如图 10-2 所示的技术要求 1。

2. 检验要求

基本性能的检验方法和要求。如泵、阀等进行油压试验的要求。

装配后必须保证达到的准确度，关于其检验方法的说明。

其他检验要求。

3. 使用要求

对产品的基本性能、维护的要求以及使用操作时的注意事项。

上述各项内容，并不要求每张装配图全部注写，要根据具体情况而定。如已在零件图上提出的技术要求在装配图上一般可以不必注写。技术要求一般写在明细栏上方或图纸下方的空白处，也可以另编技术文件，附于图纸。

10.4　装配图中的零、部件序号和明细栏

10.4.1　明细栏

为了便于读图、图样管理以及做好生产准备工作，装配图中所有的零、部件都必须进行编号。这种编号称为序号。由序号、代号、名称、数量、材料、重量、备注等内容组成的栏目称为明细栏。明细栏的内容、格式在国家标准(GB/T 10609.2－1989)中已有规定，但也可按实际需要增加或减少。

明细栏画在标题栏上方。零件序号按从小到大的顺序由下而上填写，如位置不够，可在标题栏左边自下而上延续绘制。

当装配图中不能在标题栏上方配置明细栏时，可按 A4 幅面单独给出作为装配图的续页。其顺序应是由上而下绘制，还可以连续加页，但应在明细栏下方配置与相应装配图完全相同的标题栏。

10.4.2　零、部件序号的编排方法

1. 零件序号的一般规定

对形状、大小等完全相同的零件只能给一个序号，在明细栏中须填写相同零件的总个数。对形状相同、尺寸不完全相同的零件也必须分别编号。图中零、部件的序号应与明细栏中该零、部件的序号一致。

对于标准部件如油杯、轴承等只需一个序号。

2. 序号的标注方法

序号应写在视图、尺寸的范围之外，序号可注写在指引线(细实线)的水平线(细实线)上或

圆(细实线)内，序号的字高比该装配图中所注尺寸数字高度大一号或两号；也可写在指引线端部附近，但序号的字高比该装配图中所注尺寸数字高度大两号。如图 10-7(a) (b)所示。

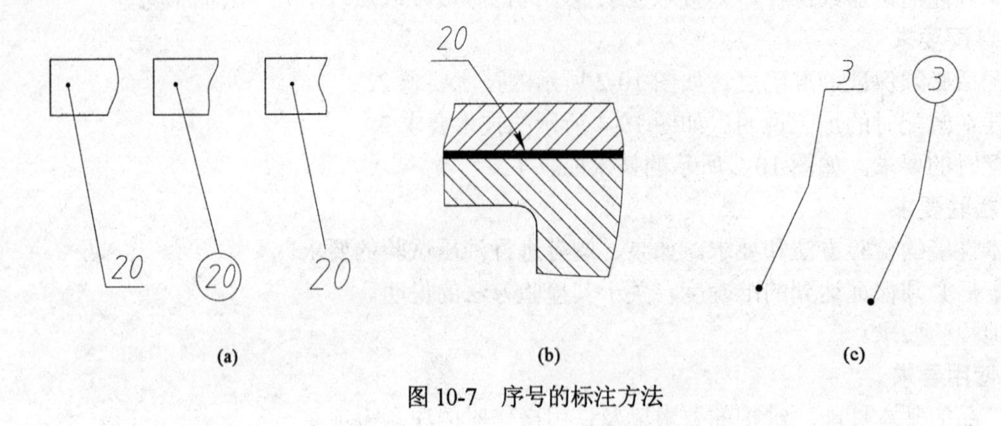

图 10-7 序号的标注方法

3. 指引线的画法

指引线(细实线)应从所指零件的可见轮廓内引出，并在其端部画一小圆点，如图 10-7(a)所示。若所指的部分(很薄的零件或涂黑的剖面)内不便画圆点时，可用箭头指向其轮廓线，如图 10-7(b)所示。

指引线彼此不能相交，不能与剖面线平行，不能水平或垂直，并应尽量少地穿过别的零件轮廓线，但允许中间曲折一次, 如图 10-7(c)所示。

当标注螺纹紧固件或其他装配关系清楚的组件时可采用公共指引线，如图 10-8 所示。

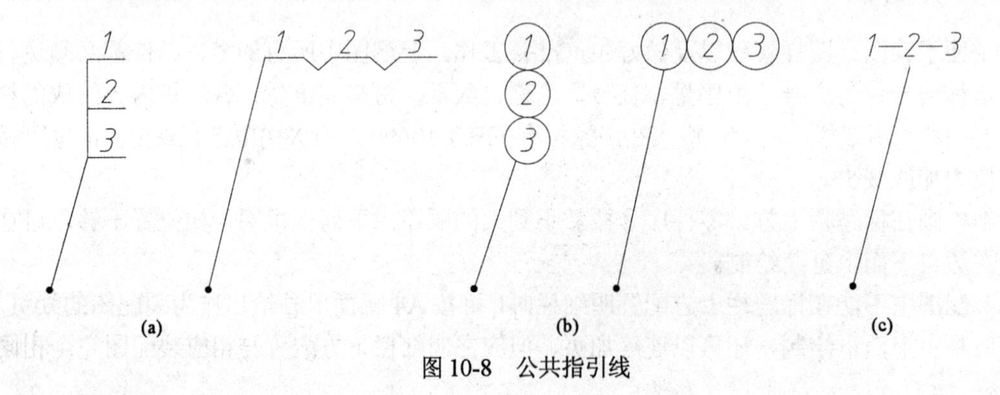

图 10-8 公共指引线

4. 序号的排列

序号应整齐地排列在水平或垂直方向上，并按顺时针或逆时针顺序编号。在整个图上无法连续时，可只在水平或垂直方向顺序排列。

10.5 装配结构合理性

在设计和绘制装配图的过程中，为了保证机器或部件的性能，方便零件的加工、装配和拆卸,应仔细考虑机器或部件的加工和装配的合理性。常见合理与不合理的装配结构如表 10-1所示。

表 10-1　装配工艺结构

不合理	合　理	说　明
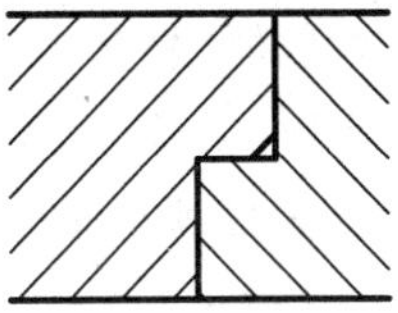	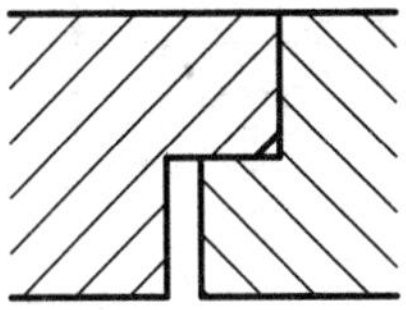	两零件在同一方向上只能有一对接触面,这样既可满足装配要求，制造也较方便
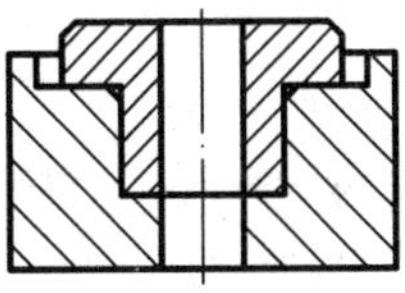	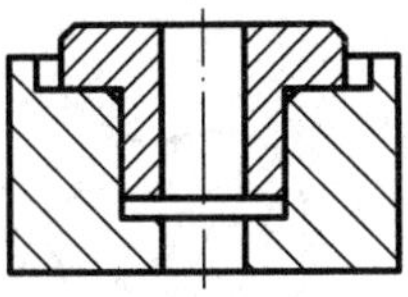	
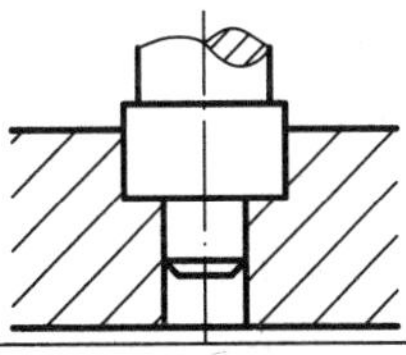	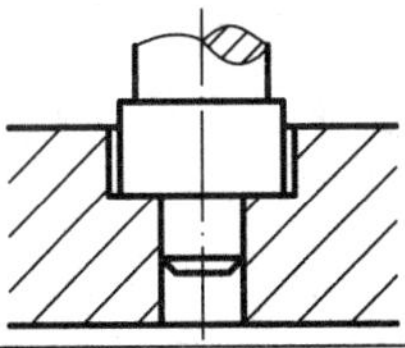	
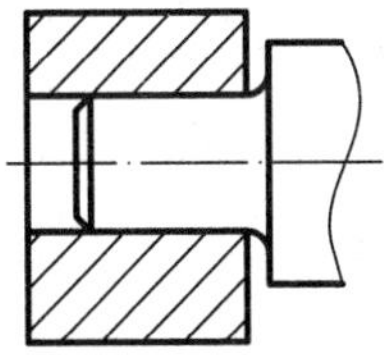	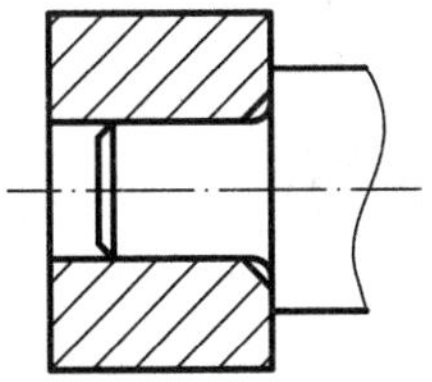 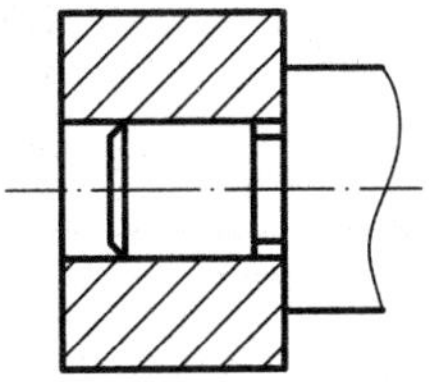	轴与孔的端面相结合时，孔边要倒角或倒圆，或在轴肩根部切槽，也可两者都做，以保证端面紧密接触
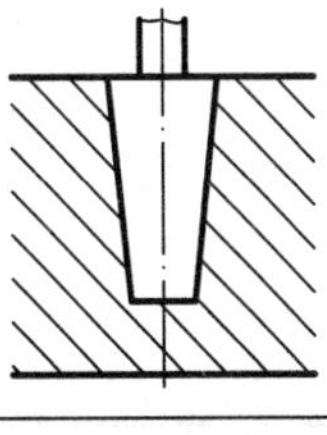	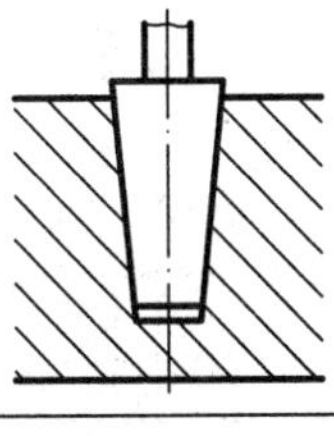	锥面配合能同时确定轴向和径向的位置,当锥孔不通时,锥体顶部与锥孔底部之间必须留有间隙
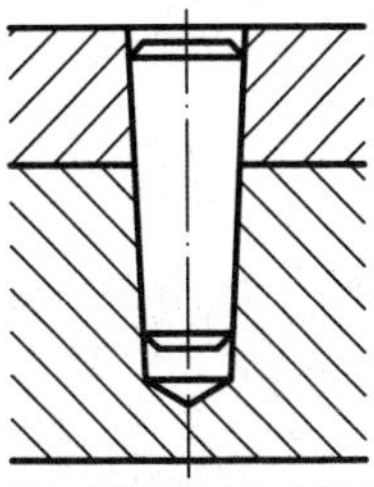	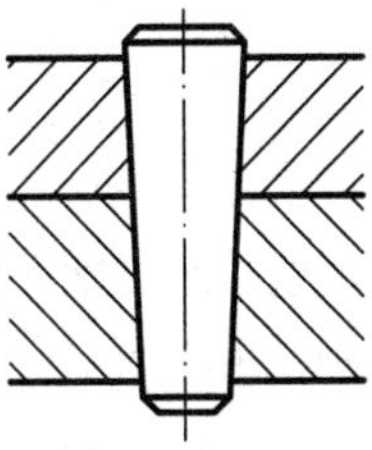	为便于加工和拆卸，销孔最好做成通孔
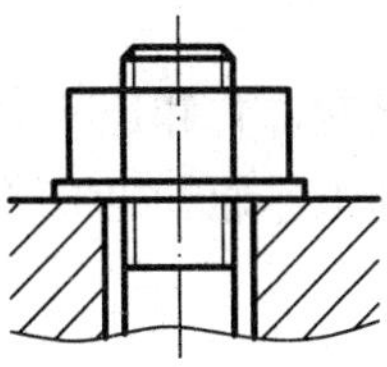	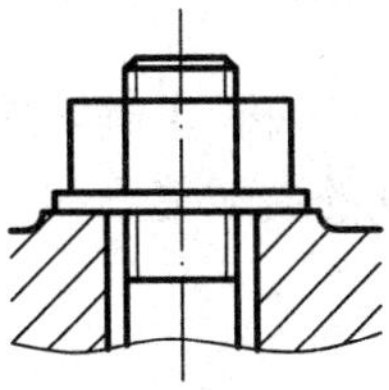 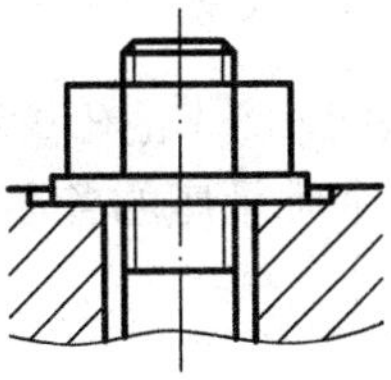	在被连接零件上做出沉孔或凸台，以保证零件间接触良好并可减少加工面

(续表)

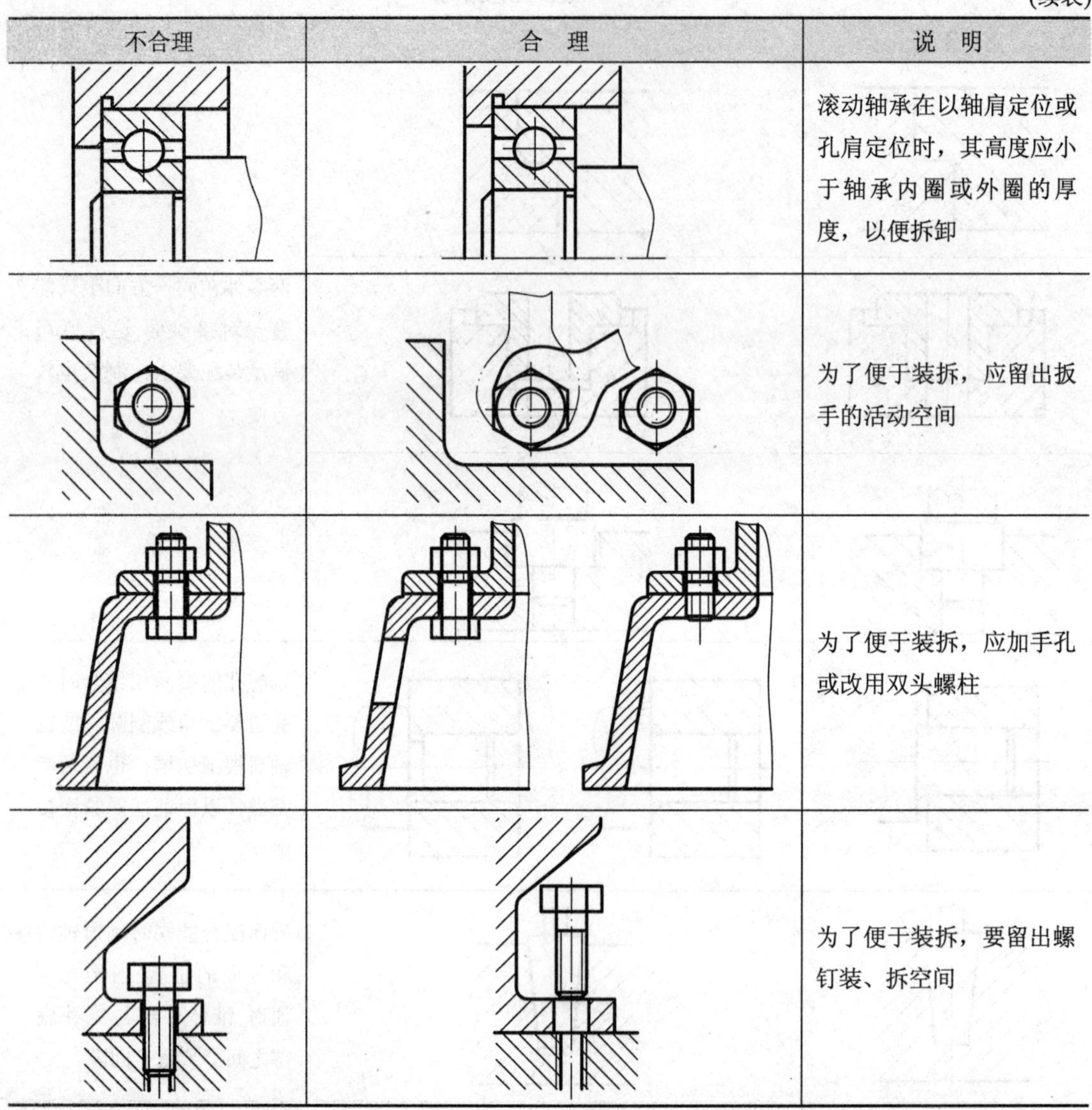

不合理	合 理	说 明
		滚动轴承在以轴肩定位或孔肩定位时，其高度应小于轴承内圈或外圈的厚度，以便拆卸
		为了便于装拆，应留出扳手的活动空间
		为了便于装拆，应加手孔或改用双头螺柱
		为了便于装拆，要留出螺钉装、拆空间

10.6 装配图的画法

机器或部件是由零件所组成的，根据它们的零件图就可以拼画出机器的装配图。现以图10-1所示的轴承座为例，说明装配图的画法和步骤。

10.6.1 了解部件的装配关系和工作原理

对部件实物(图10-1)或装配示意图(图10-9)进行分析，了解零件间的相对位置和连接关系，了解部件的工作原理。组成这个轴承座的各零件间的装配关系和轴承座的工作原理见10.1节。

10.6.2 确定表达方案

根据已学过的机件的各种表达方法及装配图的表达方法，考虑选用何种表达方案，才能较好地反映部件的装配关系、工作原理和主要零件的结构形状。在选择表达方案时，应首先选好主视图，然后配合主视图补选其他视图。

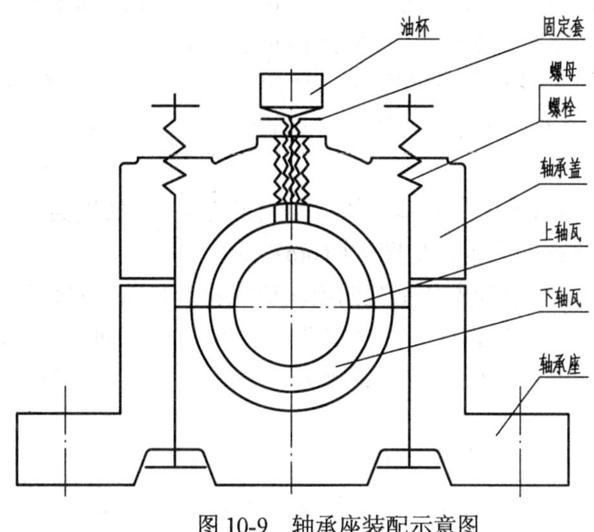

图 10-9　轴承座装配示意图

1. 选择主视图

主视图的选择应满足下列要求：

(1) 按部件的工作位置放置。若工作位置倾斜，则将它放正，使主要的装配关系(即主要装配干线)和主要安装面等处于水平或铅垂位置。

(2) 主视图的投影方向应能较好地表达部件的工作原理和装配关系，及零件间的相对位置和主要零件的结构形状。

2. 选择其他视图

根据已选定的主视图，选择其他视图，以补充主视图未表达清楚的部分，视图选择的原则是：在表达清楚的前提下，视图数量应尽量少，方便看图和画图。

最后，对不同的表达方案进行分析、比较、调整，选择既能满足上述基本要求，又便于看图和绘图的较佳表达方案。

图 10-1 滑动轴承座装配图的表达如图10-2 所示，选择了两个基本视图，其中主视图采用半剖视图，用两个互相平行的剖切平面进行剖切，以反映滑动轴承座内部的结构特征和装配关系，尤其反映了上、下轴瓦与轴承座、轴承盖之间的配合关系及油杯、固定套和轴承盖之间的装配关系；同时采用视图以保留外形结构。俯视图采用拆卸画法，充分反映轴承座与轴承盖的外部特征及其内部零件间的相互位置关系。

10.6.3　画装配图的步骤

从画图顺序来分有以下两种方法：

(1) 从各装配线的核心零件开始，“由内向外”，按装配关系逐层向外扩展画出各个零件，最后画壳体、箱体等支撑、包容零件。这种画图过程与大多数设计过程一致，画图的过程也就是设计过程，在设计新机器绘制装配图时多被采用。此方法的另一优点是可以避免不必要的“先画后擦”，有利于提高绘图效率和清洁图面。

(2) 先将支撑、包容作用的较大与结构较复杂的箱体、壳体或支架等零件画出，再按装配干线和装配关系逐个画出其他零件。这种画法称为“由外向内”。这种方法多用于根据已有零件图“拼画”装配图(对已有机器进行测绘或整理设计新机器技术文件)。此方法的画图过程常与较形象、具体的部件装配过程一致，利于空间想象。

具体采用哪一种画法，应视作图方便而定。图 10-10 为轴承座具体作图步骤：

① 确定比例和图幅。根据已选定的表达方案及部件的复杂程度确定比例和图幅，画好图框、标题栏。

② 布置视图的位置。画出各视图的基线如中心线、轴线、大的端面线。注意留出标注尺寸、零件序号、明细栏等所占的位置，如图 10-10(a)所示。

③ 画出各个视图底稿。一般应先从主视图或其他能够清楚地反映装配关系的视图入手，先画出主要支承零件或起主要定位作用的基准零件的主要轮廓。画时如能做到几个视图按投影关系相互配合一起画时，则一起画。对滑动轴承座来说，先画轴承座、轴承盖，如图 10-10(b)所示。

然后按照邻接关系，依次画出其他零件的各个视图。细节部分如弹簧、螺钉、螺钉孔、销及各零件上的螺纹等可以放到最后补画。如图 10-10(c)、(d)所示，先画出上、下轴瓦，再画出固定套、油杯，最后画出螺栓和螺母。

底稿画完后，要进行复核和修改，确认无误后再进行加深。

另外，如各视图所表示的装配线间相互关系不大时，可以画完一个视图后，再画另一个视图，不一定要按如图 10-10 所示的那样几个视图同时进行。

④ 标注尺寸。装配图中应标注前面所介绍的 5 种类型的尺寸。

⑤ 画剖面线。

⑥ 编零件序号，填写标题栏，明细栏，技术要求。

⑦ 经最后校核，确认无误后，签署姓名。

完成后的滑动轴承座装配图，如图 10-2 所示。

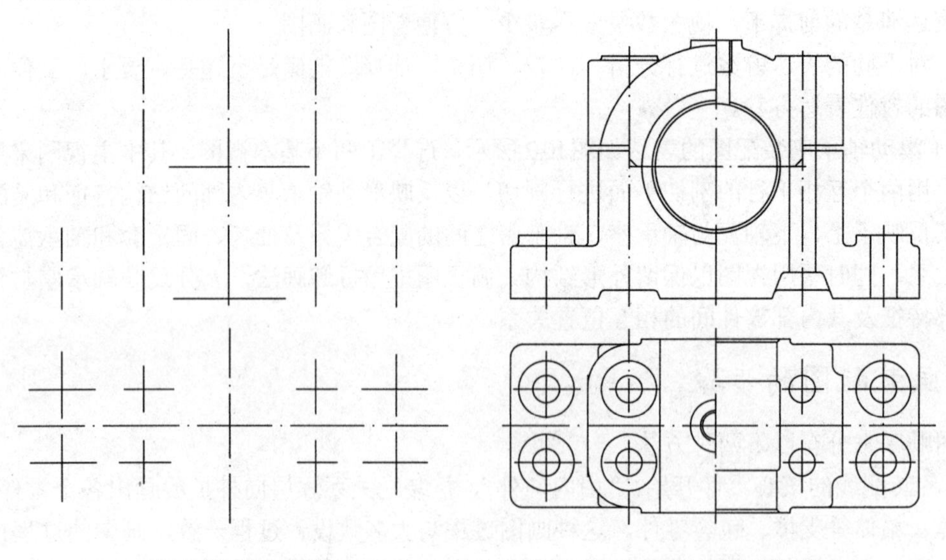

(a) 画出各视图的主要基准线　　(b) 画出轴承座和轴承盖

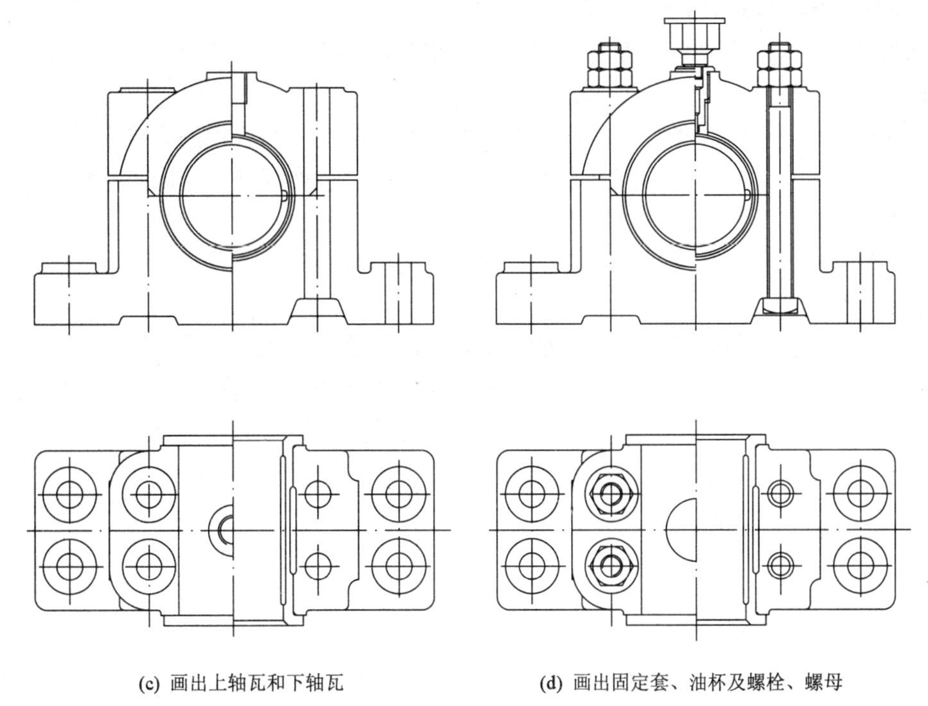

(c) 画出上轴瓦和下轴瓦　　(d) 画出固定套、油杯及螺栓、螺母

图 10-10　画轴承座装配图的步骤

10.7　读装配图和拆画零件图

在生产过程中，无论是设计、制造机器，还是使用和维修机器都需要用到装配图。因此，从事工程技术的工作人员都必须能读懂装配图。

读装配图的目的，是明确机器或部件的作用和工作原理，分析零件间的装配关系、连接方式和装拆顺序，了解主要零件及其他有关零件的结构形状。在设计时，还需要根据装配图画出零件图。

10.7.1　读装配图的方法和步骤

1. 概括了解

(1) 初步了解部件的名称和用途。查阅标题栏、明细栏及有关的说明书，了解机器或部件的名称以及其组成零件的类型、数量等，有时从这些信息中能大致判断机器或部件及其组成零件的作用、复杂程度、制造方法等。

(2) 表达分析。分析各视图之间的关系，找出主视图，弄清各个视图所表达的部位，投射方向，表达重点等。看图时，一般应按主视图——其他基本视图——其他辅助视图的顺序进行。

2. 分析工作原理和装配关系

对照视图仔细研究部件的装配关系和工作原理是读装配图的一个重要环节。在概括了解的基础上，分析各条装配干线，弄清各零件间相互配合要求，以及零件间的定位、连接方式，如果零件是运动的，要了解运动在零件间是如何传递的。

3. 了解各零件的结构形状和作用

分析零件的结构形状是看装配图的难点。看图时，一般先从主要零件入手，按照与其邻接及装配关系依次逐步扩大到其他零件。

分析零件必须先分离出零件，其方法是：根据零件的编号和各视图的对应关系，找出该零件的各有关部分，同时，根据同一零件在各个剖视图上剖面线方向、间隔都相同的特点，分离出零件的投影，并想象出零件的形状。对在装配图中未表达清楚的部分，则可通过其相邻零件的关系再结合零件的功用，判断该零件的结构形状。

4. 归纳小结

最后，把对部件的所有了解进行归纳，获得对部件整体的认识。另外还可以想一想：怎样将零件拆下来，又怎样把它们组装起来？部件的传动、调整、润滑和密封是如何实现的？等等。

应当指出，上述读装配图的方法和步骤仅是一个概括说明，绝不能机械地把这些步骤截然分开，实际上读装配图的几个步骤往往是交替进行的。只有通过不断实践，才能掌握读图规律，提高读图能力。

10.7.2 由装配图拆画零件图

如前所述，一般设计过程是先画出装配图，然后根据装配图设计出详细的零件，并画出零件图，简称为拆图。拆画零件图的一般方法和步骤如下：

1. 分离零件，补画结构

(1) 读懂装配图，然后可利用零件的编号、剖面线的方向及间隔等信息隔离画出所拆画零件的投影轮廓。

(2) 对装配图中未表达清楚的部分可根据零件的作用想象零件的结构形状补全零件的投影。

(3) 对于装配图中简化了的工艺结构如倒角、退刀槽等也要补画出来。

2. 重新确定零件的表达方案

零件图和装配图表达的出发点不同，所以拆画零件图时选择的表达方案就不一定照搬装配图的表达，而应对零件的结构特点进行分析，重新考虑表达方案。一般来讲，大的主要零件，如壳体、箱体类零件的主视图的位置和投影方向选择多与装配图中的选择一致，即按工作位置选择主视图；而轴套类零件的主视图一般应按加工位置放置，即轴线水平放置。

3. 确定零件的尺寸

(1) 装配图上已标出的尺寸，可直接标到零件图上。

(2) 标准结构的尺寸有些需要查表确定(如键槽、退刀槽等)，有些需要计算确定(如齿轮的分度圆、齿顶圆等)。

(3) 其他尺寸按比例从装配图上直接量取。

4. 确定零件的技术要求

零件的技术要求除在装配图上已标出的(如极限与配合)可直接抄标到零件图上外，其他的技术要求要根据零件的作用通过查表或参照类似产品确定。

5. 标题栏

标题栏中所填写的零件名称、材料、数量等要与装配图明细栏中的内容一致。

10.7.3　读装配图和拆画零件图举例

以如图 10-11 所示的微动机构为例加以说明。

1. 概括了解

通过查阅资料及阅读标题栏和明细栏，可知部件的名称为微动机构，是弧焊机微调装置。导杆的右端有一螺孔 M10，为固定焊枪用的。该机构可将手轮上的转动转变为导杆右端微量平动。部件由 12 种零件组成，其中标准件 4 种，按序号依次查明各零件的名称和所在的位置。

该装配图采用了三个基本视图和一个辅助视图：主视图用全剖视图表示出主要装配干线；左视图采用半剖视图表示手轮组合件的外形及支座的形状等情况；俯视图主要表达支座形状；C–C 断面图则表达了导杆、键和螺钉的连接情况。

2. 分析工作原理和装配关系

分析图 10-11 中的装配干线可以看出：装配干线上主要有手轮组合件、垫圈、轴套、螺杆、导套、导杆等零件，并安放在支座的轴孔中。螺钉 7 使导套在支座中固定，导套与支座无相对运动，其配合尺寸为 ϕ30H8/k8，属于过渡配合；轴套与导套靠螺纹旋合并由螺钉 4 固定，轴套对螺杆起支承和轴向定位的作用。另外结合 *C–C* 断面图可以分析出：键被螺钉 10 固定在导杆上，在导套的槽内起导向作用，当螺杆转动时，导杆只能沿导套中的键槽做直线运动，而不会随螺杆转动；导杆与导套的配合尺寸为 ϕ20H8/f7，螺杆与轴套的配合尺寸为 ϕ8H8/h8，均属于间隙配合。

由上述分析可以得出：机构工作时，先转动手轮使螺杆转动，由于导套在支座内固定及键在导套内的导向，通过螺旋副将螺杆转动变为导杆的微量平动。

3. 了解各零件的结构形状和作用

分析零件时先从主要零件支座入手，利用“三等”关系及支座的剖面线间隔、方向在各个视图中的一致性来分离支座的投影，如图 10-12 所示。虽然其上某些图线被其他零件遮挡，如左视图的外形被手轮遮挡，但我们可分析出其前后对称，进而想象出它的形状，其主体为上方的同轴回转体，底板形状主要在俯视图上表达，回转体与底板连接部分的形状则主要在俯视图和左视图中表达，其形状如图 10-13 所示。

导套的主要轮廓可从主视图中分离出来，如图 10-14 所示，其左端面有螺钉孔，其右下方槽的形状结合 *C–C* 断面图及其功用可想象出应为长圆形，其具体形状如图 10-15 所示。

另外，轴套的结构虽然简单，仅在主视图中有所反映，但考虑到为了安装方便，它的大端应铣扁，其他零件的结构读者可自行分析。

4. 归纳小结

微动机构是通过螺纹将手轮的旋转运动转变为导杆直线运动的装置。

5. 由装配图拆画零件图

下面以支座和导套为例说明。

分离零件的方法，想象零件的形状如前所作的分析。另外，支座在装配图中省略了轴孔的倒角，在零件图中应有所反映，底板上的孔也可在左视图中剖开表示出来。对导套在选择表达方案时，为了表达键槽的形状，应增加局部视图；为了更清楚表达螺纹孔的位置增加左视图，如图 10-17 所示。

确定零件尺寸及技术要求，填写标题栏后，画出的零件图如图 10-16、图 10-17 所示。

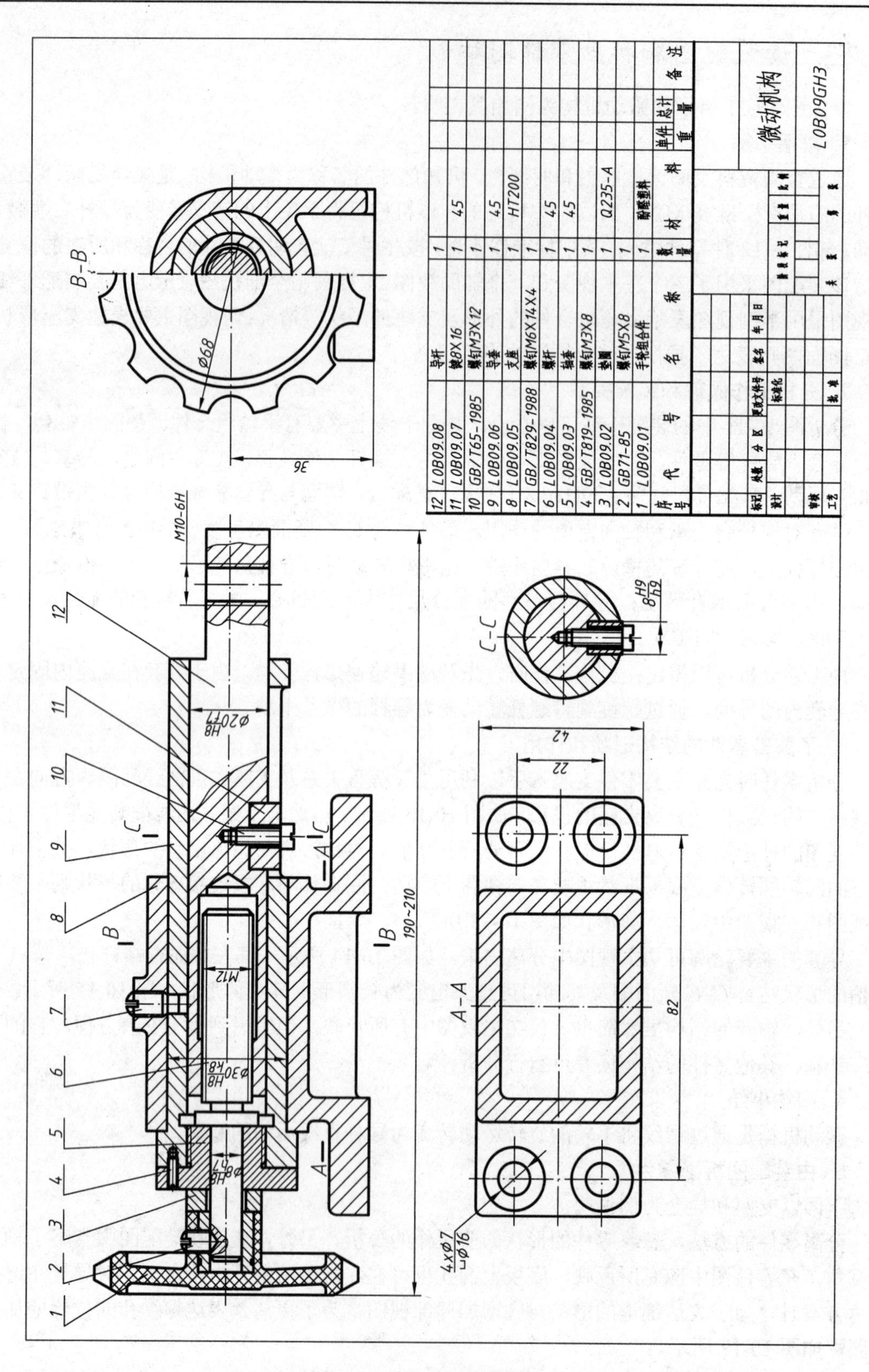

图 10-11 微动机构装配图

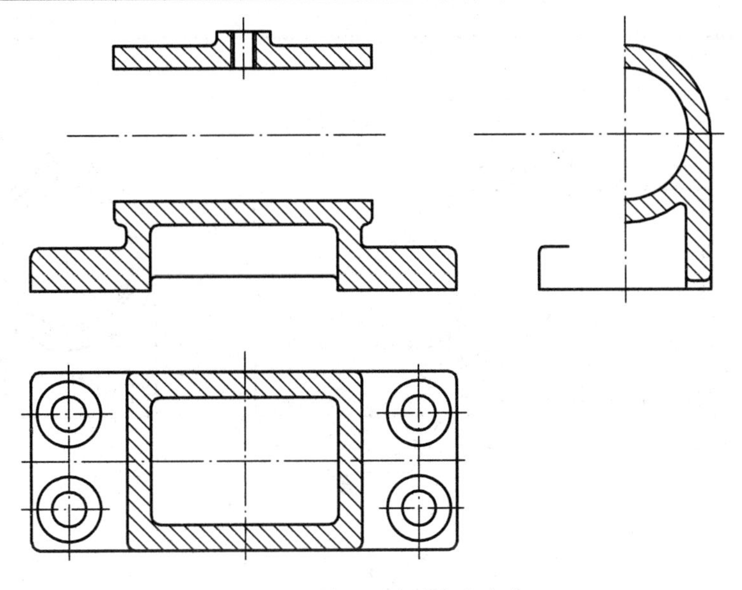

图 10-12　从装配图中分离出支座

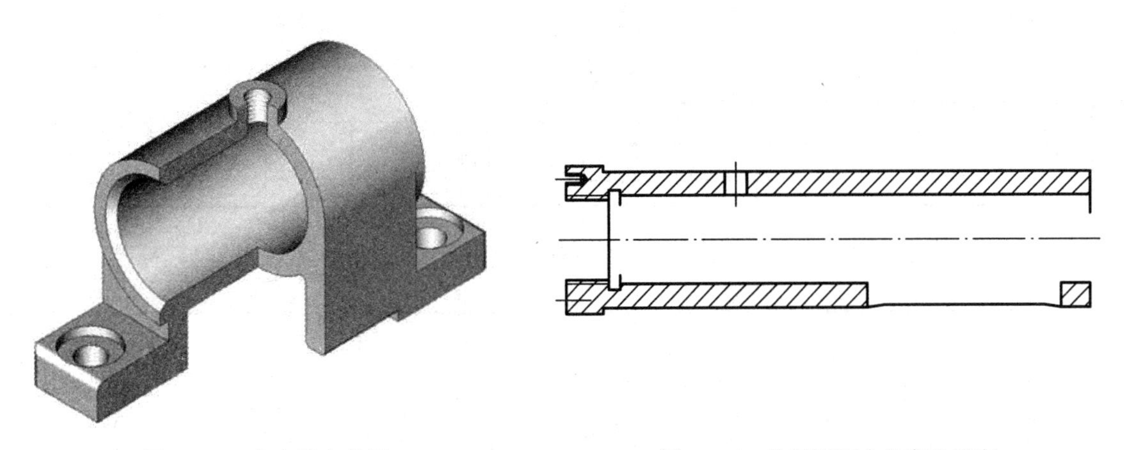

图 10-13　支座的立体图

图 10-14　从装配图中分离出导套

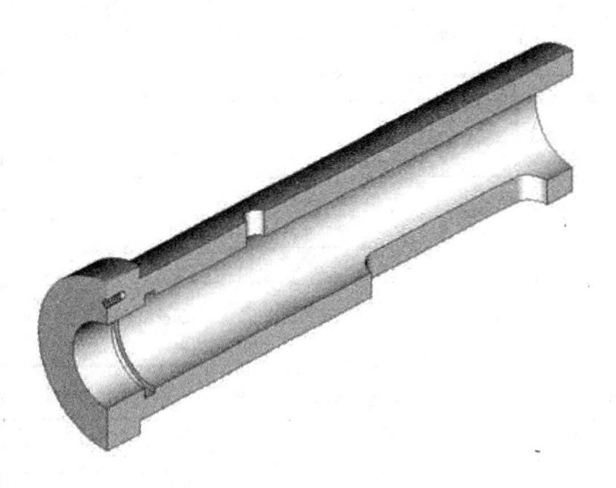

图 10-15　导套的立体图

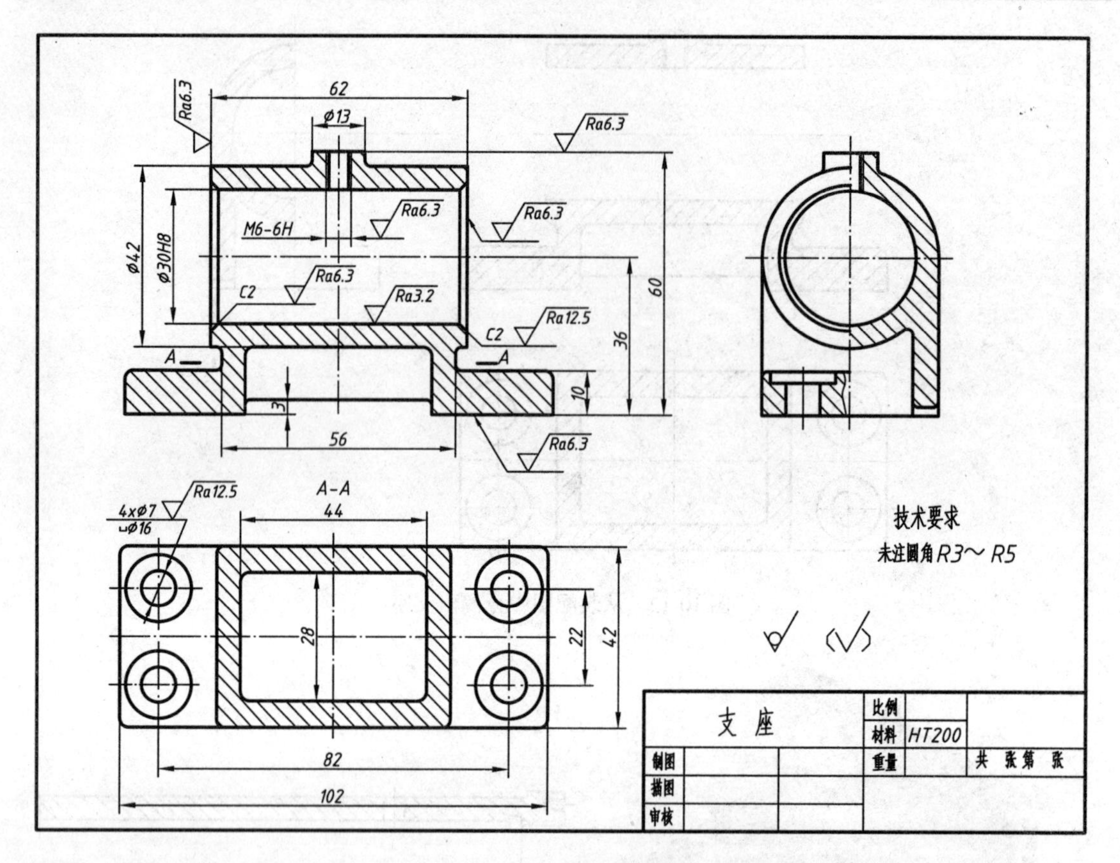

图 10-16 支座的零件图

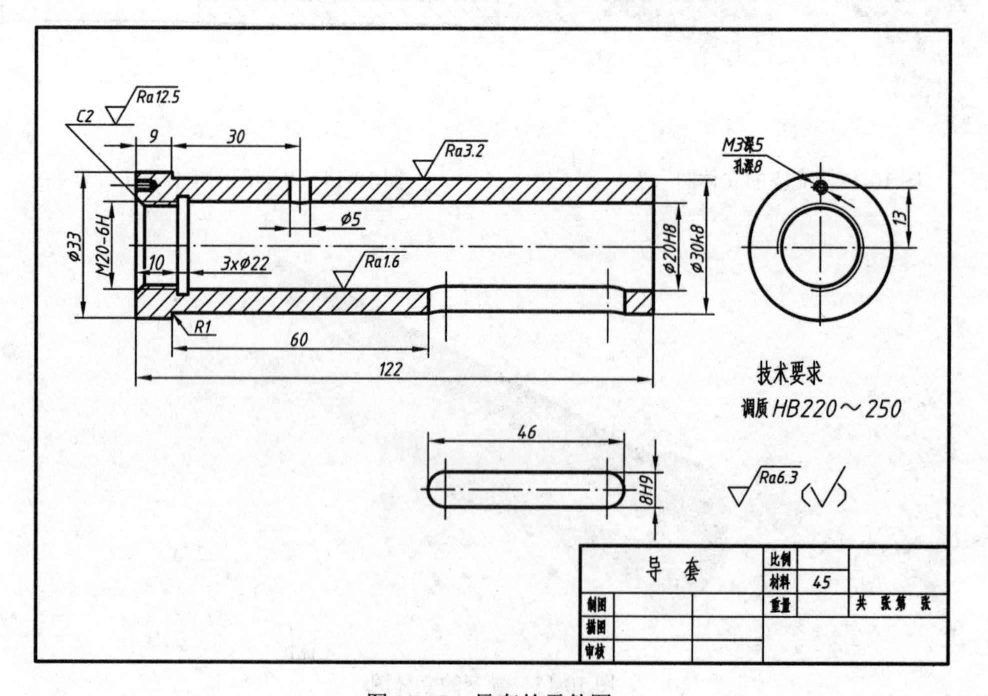

图 10-17 导套的零件图

第 11 章　展开图

在机器或设备中，常有用金属板材制成各种形状的制件，如图 11-1 所示的集粉筒。制造这类薄板件时，必须先在金属板上画出展开图，然后下料、弯卷、再经焊接组装而成。

将立体表面按其实际形状依次摊平在同一平面上的过程，称为立体表面展开。展开后所得的图形称为展开图。

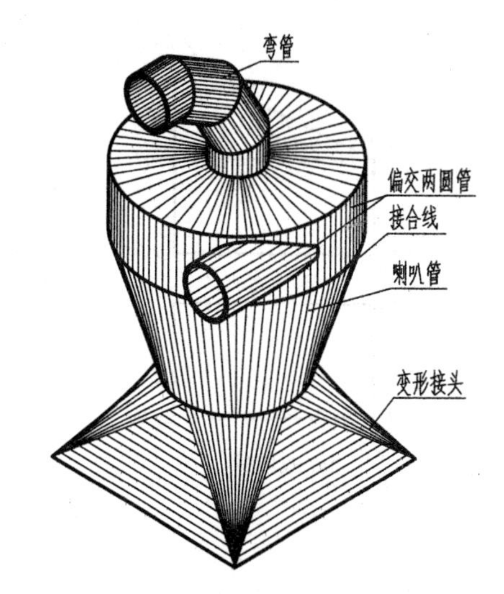

图 11-1　金属板制设备——集粉筒

立体表面有平面和曲面之分。平面都是可以展开的表面。曲面中如果相邻两素线是平行或相交的两直线，则该曲面为可展曲面，如圆柱面、圆锥面等。如果相邻两素线是交叉的两直线或以曲线为母线的曲面，则为不可展曲面，如圆球、螺旋面等。不可展曲面常采用近似展开法画出展开图。

画立体表面展开图的实质问题是用图解法或计算法求出立体表面的实形。用图解法绘制的表面实形，精确度虽然低于计算法，但较简便，而且大都能满足生产要求，因此应用广泛。本章着重讨论用图解法画展开图。

如果使用数控切割机下料时，无需画出展开图，只要给出制件展开后曲线边沿的方程或一系列点的坐标即可自动下料。

11.1　平面立体的表面展开

1. 棱柱的表面展开

平面立体各表面均为平面，其表面展开就是把各表面的实形依次摊平在同一平面内。

如图 11-2 所示为斜口四棱柱管，底面 *ABCD* 为水平面，其水平投影反映实长，棱线为铅垂线，其正面投影反映实长。展开图的作图步骤如下：

(1) 按各底边实长展开成一水平线，标出 *A*、*B*、*C*、*D*、*A*。

(2) 分别由这些点作铅垂线，在其上量取各棱线的实长，即得对应端点 *Ⅰ*、*Ⅱ*、*Ⅲ*、*Ⅳ*、*Ⅰ*。

(3) 用直线依次连接各点，即得展开图。

2. 棱锥的表面展开

如图 11-3 所示为四棱台管，各棱线延长后交于一点 *S*，形成一个四棱锥，四棱锥各棱线的实长相等，可用直角三角形法求出。然后顺序作出各三角形的实形，得四棱锥的展开图。再截去上段各棱锥的棱线，就是四棱台管的展开图。

展开图的作图步骤如下：

(1) 用直角三角形法求棱线实长。如图 11-3(b)所示，四棱锥的高 H 为一直角边，水平投影 sa 为另一直角边，斜边 S_0A_0 就是四棱锥棱线的实长，再过点 $1'$ 作平行 OX 的直线交 S_0A_0 于 I_0，A_0I_0 即为四棱台棱线的实长。

(2) 作四棱锥的展开图。如图11-3(c)所示，以 S 为圆心，S_0A_0 为半径画圆弧，在圆弧上依次截取 $AB=ab$、$BC=bc$、$CD=cd$、$DA=da$，并连线 SA、SB、SC、SD、SA。

(3) 在 SA 上截取点 I，使 $AI=A_0I_0$，再过点依次作底边的平行线得点 Ⅰ、Ⅱ、Ⅲ、Ⅳ、Ⅰ，于是完成四棱台的表面展开图。

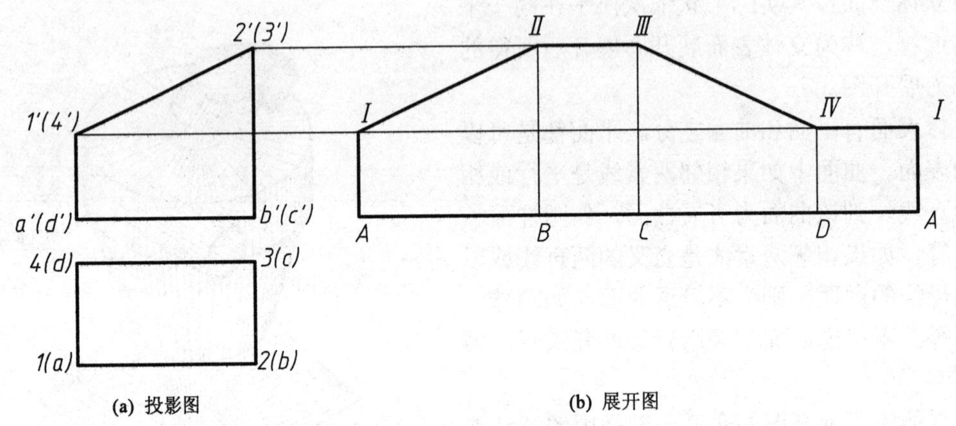

图 11-2 斜口四棱柱管的展开

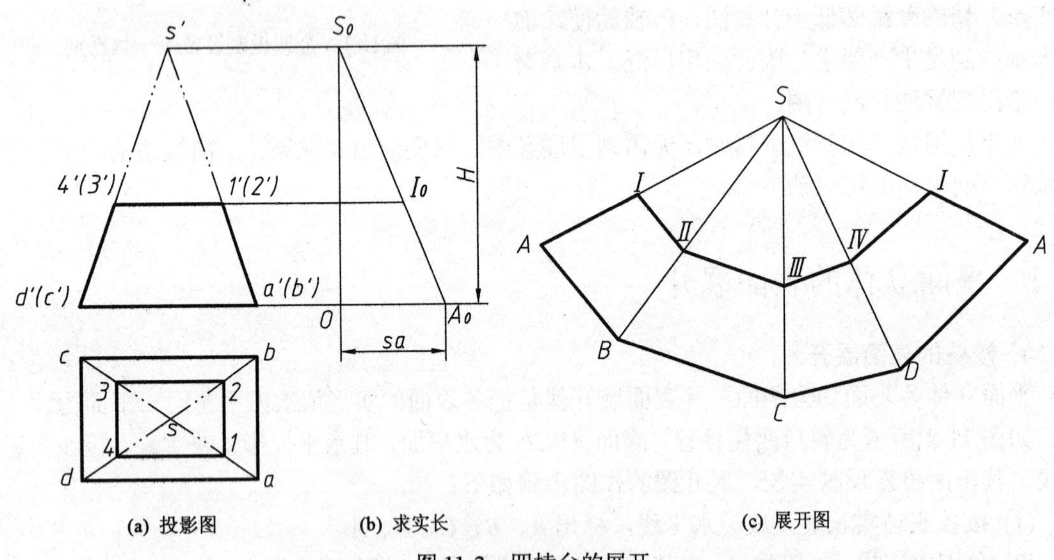

图 11-3 四棱台的展开

11.2 可展曲面的表面展开

当直纹曲面的相邻两素线是相交或平行时，该直纹曲面是可展曲面。在作这些曲面的展开图时，可以把相邻两素线间很小一部分曲面当作平面进行展开。因此，可展曲面的展开方法和棱柱、棱锥的展开方法类似。

11.2.1　圆管制件的表面展开

如图 11-4 所示为正圆柱面，其展开图为一矩形，高为圆柱高 H，长为圆柱周长 πD。

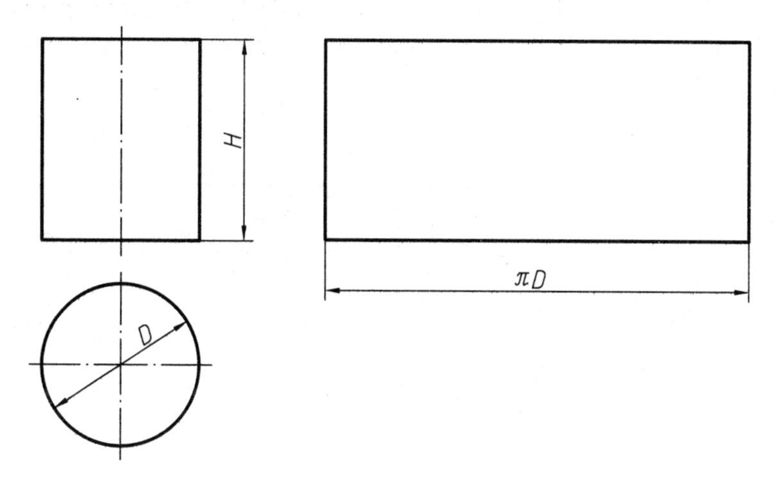

图 11-4　圆柱面的展开

下面介绍几种常见的圆柱面类型管件的展开图。

1. 斜口圆管的展开

如图 11-5 所示的斜口圆管，其斜口部分展开成曲线，可把圆管看作无限多素线的棱柱面，用展开棱柱面的方法展开。

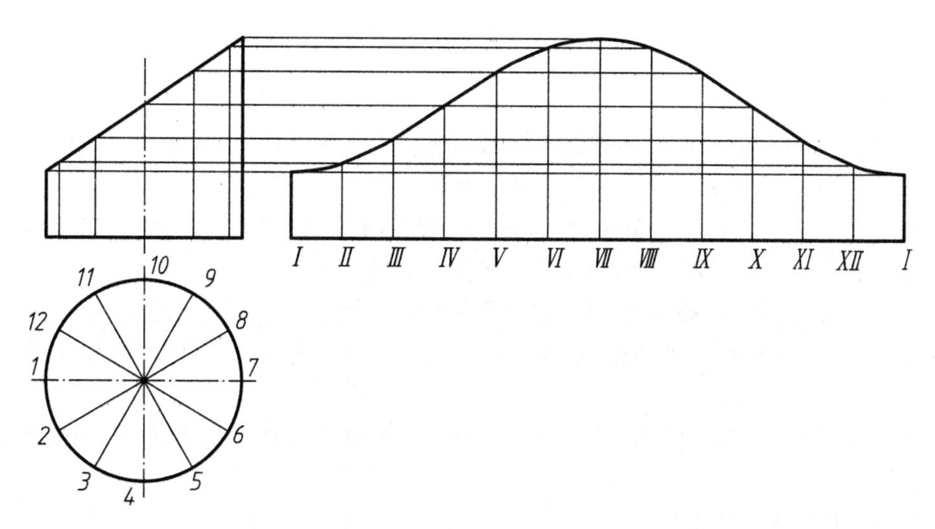

图 11-5　斜口圆管的展开

作图步骤如下：

(1) 将底圆 12 等分(等分越多，展开图越准确)，并作出对应分点素线的投影。

(2) 将底圆展开成一水平直线 $I\text{–}I$，并将其 12 等分，使它们的间距等于底圆上相邻两分点间的弧长。

(3) 自各分点画直线 $I\text{–}I$ 的垂线，使它们分别等于相应素线的实长。

(4) 用曲线光滑连接各端点即得展开图。

2. 等径直角弯管的展开

等径直角弯管用于垂直地改变管道的方向，其几何形状是四分之一圆环，但是圆环是不可展曲面，制造也不方便，所以工程上常常近似地采用多节斜口圆管的拼接来代替。如图 11-6 所示，为四节直角圆管，弯管管径为 D，弯曲半径为 R。为了简化作图和节省板材用料，可把四节圆管拼接成一个直角圆管来展开。

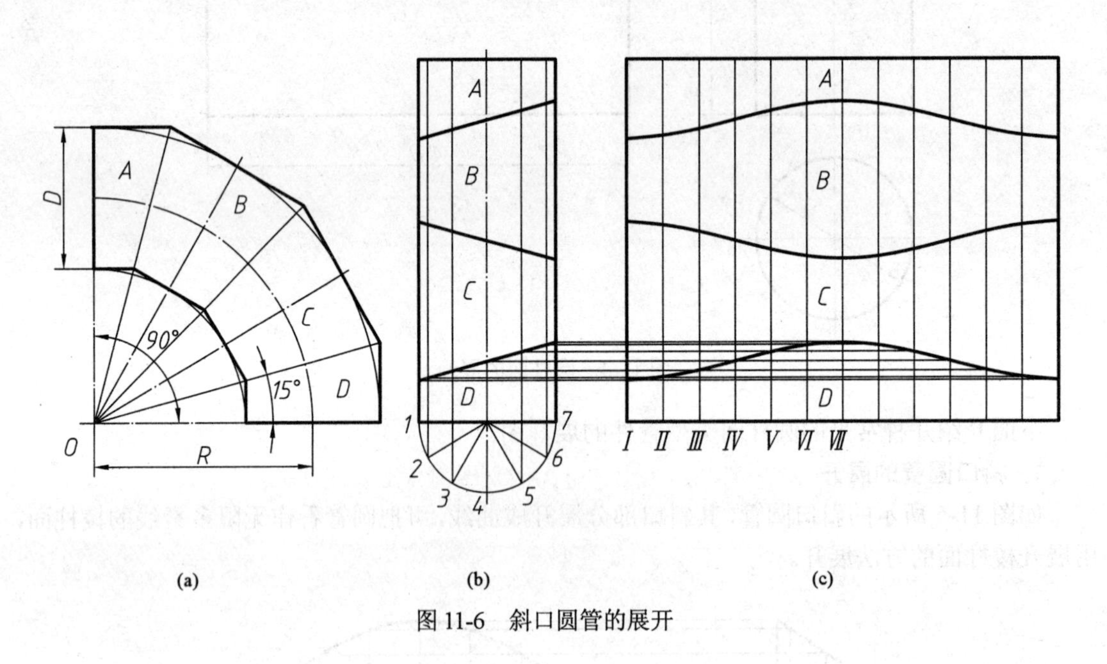

图 11-6　斜口圆管的展开

作图步骤和方法如下：

(1) 过任意点 O 作水平线和铅垂线，以 O 为圆心、R 为半径，在这两直线间作圆弧。

(2) 分别以 $R-D/2$ 和 $R+D/2$ 为半径画内、外两圆弧。

(3) 由于整个弯管由两个全节(B 和 C)和两个半节(A 和 D)组成，因此，半节的中心角为 15°，按 15°将直角分成六等分，画出弯管各节的分界线。

(4) 作出外切于各圆弧的切线，即完成四节直角弯管的正面投影，如图 11-6(a)所示。

(5) 把 A、C 节分别绕其轴线旋转 180°后，与 B、D 节拼合成一个直圆柱管，如图 11-6(b)所示。

(6) 作出各节斜口弯管展开图(方法同前，参考图 11-5)，拼在一起刚好是一个矩形，如图 11-6(c)所示。

3. 异径直角三通管的展开

如图 11-7 所示，异径直角三通管由两个不同直径的圆管垂直相交(即相贯)而成。作展开图时，必须先在视图上准确地求出相贯线的投影，然后分别作出大、小圆管的展开图。

作图方法和步骤如下：

(1) 在正投影中利用积聚性求出两圆管的相贯线，如图 11-7(a)所示。

(2) 展开铅垂位置的小圆管，方法与前述斜口圆管的展开相同，如图 11-7(b)所示。

(3) 展开水平大圆管。先将大圆管展开成一个矩形，画在正面投影的正下方，然后量取线段 12 使之等于弧长 1″2″，23 线段等于弧长 2″3″，34 线段等于弧长 3″4″，过 1、2、3、4 各点分别作水平线，与过正面投影中 1′、2′、3′、4′各点向下所作的铅垂线对应相交得交点 Ⅰ、Ⅱ、Ⅲ、Ⅳ。

(4) 顺序光滑连接 Ⅰ、Ⅱ、Ⅲ、Ⅳ及其对称点，得到有相贯线的大圆管的展开图，如图 11-7(c)所示。

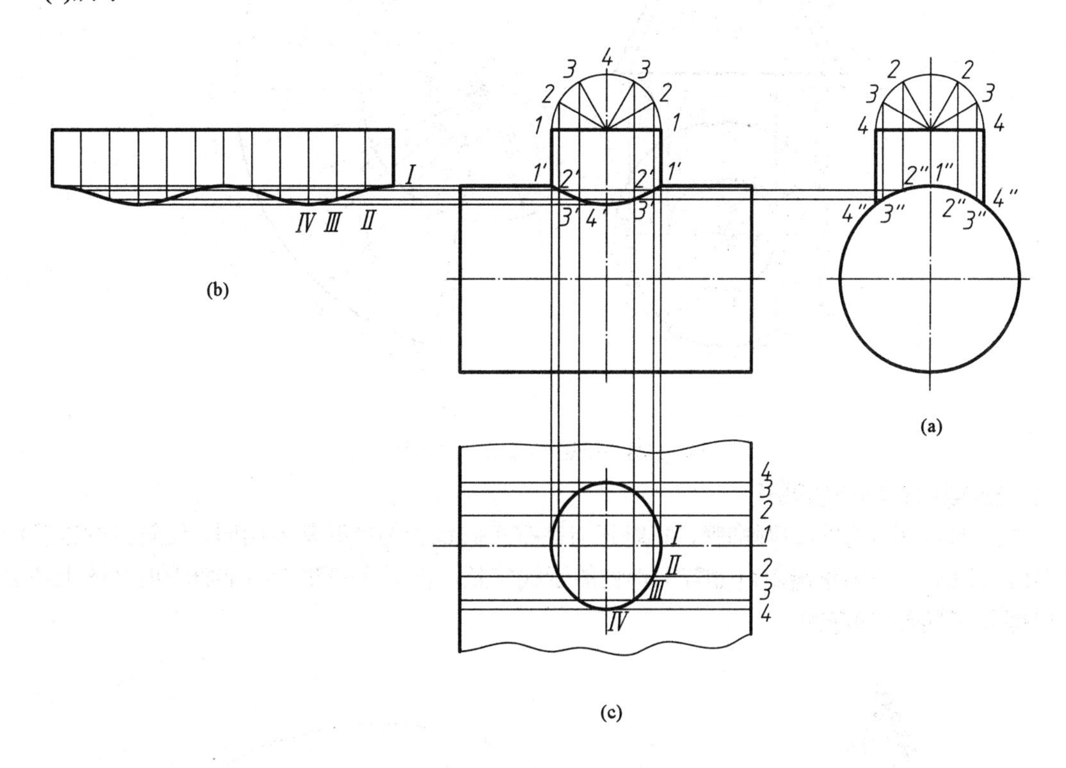

图 11-7　异径直角三通管的展开

11.2.2　锥管制件的表面展开

锥管制件与棱锥制件相似，锥管制件的展开方法与棱锥的展开方法相同，即在锥面上作一系列呈放射状的素线，将锥面分成若干三角形，然后分别求出其实形。

1. 平截口正圆锥的展开

如图 11-8(a)所示的正圆锥管是一种常见的圆台形连接管。展开时常将圆台延伸成正圆锥，即延伸至顶点 S。

正圆锥的展开图是一扇形，其半径等于圆锥素线实长 L，扇形的圆心角为 $\theta=D/L\times180°$。作图时可先算出 θ 的大小，然后以 S 为中心、L 为半径画出扇形。若准确程度要求不高时，也可如图 11-8(a)所示，把底圆分成若干等分，并在圆锥上做一系列素线，展开时分别用弦长近似代替底圆上的分段弧长，依次量在以 S 为圆心、L 为半径的圆弧上，将首尾两点与 S 连接，便得到正圆锥圆的展开图。

在完整的正圆锥面展开图上，截去上面延伸的小圆锥面，便得到平口正圆锥管的展开图，如图 11-8(b)所示。

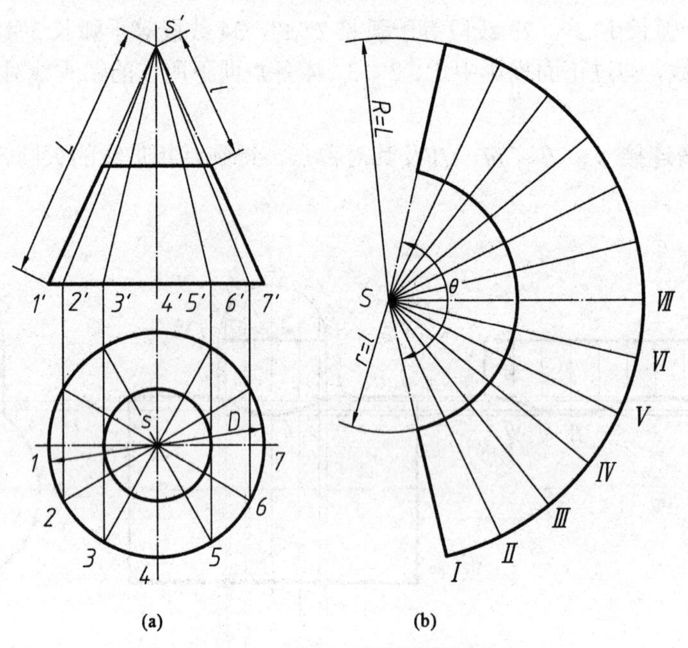

图 11-8 平截口圆锥管的展开

2. 斜截口正圆锥的展开

如图 11-9 所示的斜口圆锥管，其展开与完整正圆锥管的展开基本相同，仅斜口圆锥管的各素线长短不一，须求出斜口上若干点处的素线实长，然后在完整正圆锥面的展开图上截去斜口部分即得所需展开图。

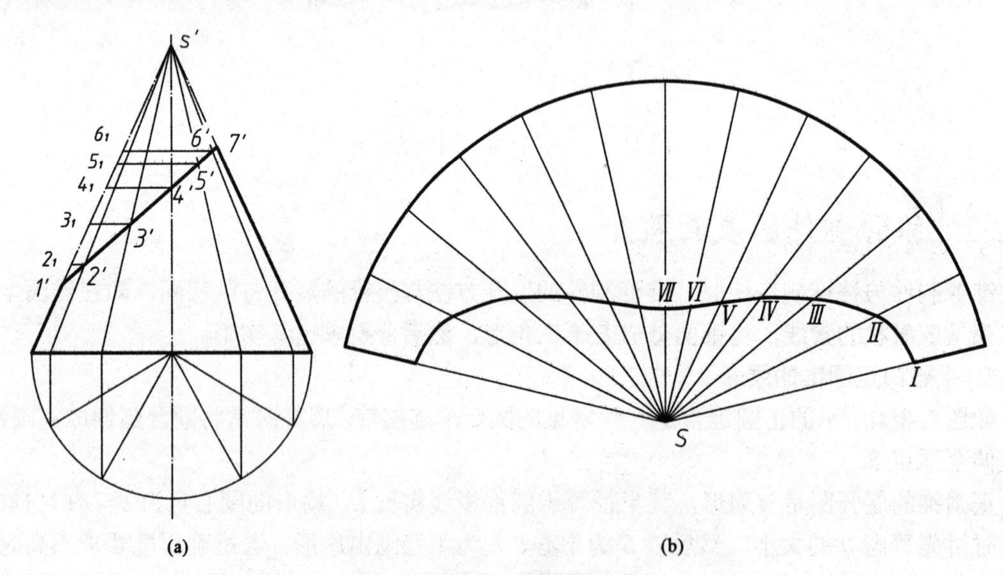

图 11-9 斜截口正圆锥的展开

其作图步骤如下：

(1) 将圆锥面分成若干等分(图中为 12 等分)，求出各素线与截面交点的正面投影 1′、2′…

(2) 求各素线被截去部分的实长，如图 11-9(a)所示，被截去各素线的实长分别是：$s'1'$、$s'2_1$…。

(3) 作出完整圆锥面的展开图，并把扇形的圆心角 12 等分，作出放射状素线。

(4) 在对应素线上分别取点 *Ⅰ*、*Ⅱ*、*Ⅲ*…，使 *S Ⅰ*=*s'1'*、*S Ⅱ*=$s'2_1$、*S Ⅲ*=$s'3_1$…。

(5) 顺序光滑连接各点，即得斜口圆锥管的展开图，如图 11-9(b)所示。

3. 变形接头的展开

如图11-10所示，上圆下方变形接头，用于连接圆管和方管。其表面可看作由相同的四个等腰三角形平面和四个部分斜椭圆锥面组成。展开时只需画出一个三角形平面和一个部分斜椭圆锥面的展开图，然后依次重复作出其他三对展开图并连接成整体即可。

作图方法和步骤如下：

(1) 等分一个部分斜椭圆锥面的底圆，并画出通过各分点的素线 *a1*(*a'1'*)、*a2*(*a'2'*)、*a3*(*a'3'*)、*a4*(*a'4'*)。

(2) 用直角三角形法求出各素线的实长 *A Ⅰ*=*AⅣ*，*A Ⅱ*=*A Ⅲ*，其中 *A Ⅰ*、*AⅣ*是等腰三角形的腰。

(3) 由已知底边(*ab*=*AB*)和两腰作等腰三角形 *AⅣB* 的实形。

(4) 用三个小三角形近似地代替一个部分斜椭圆锥面 *A*－*Ⅰ Ⅱ Ⅲ Ⅳ*作其展开图。可由已知素实长 *A Ⅰ*、*A Ⅱ*、*A Ⅲ*、*AⅣ*，并取 *Ⅰ*、*Ⅱ*、*Ⅲ*、*Ⅳ*各点的距离等于 1、2、3、4 点间所夹圆弧的弧长，于是确定 *Ⅰ*、*Ⅱ*、*Ⅲ*、*Ⅳ*各点的位置，并光滑连接各点而成。

(5) 依次重复作图，连接各相应点即得完整的展开图。图中将其中一个等腰三角形分成两个相等的直角三角形。

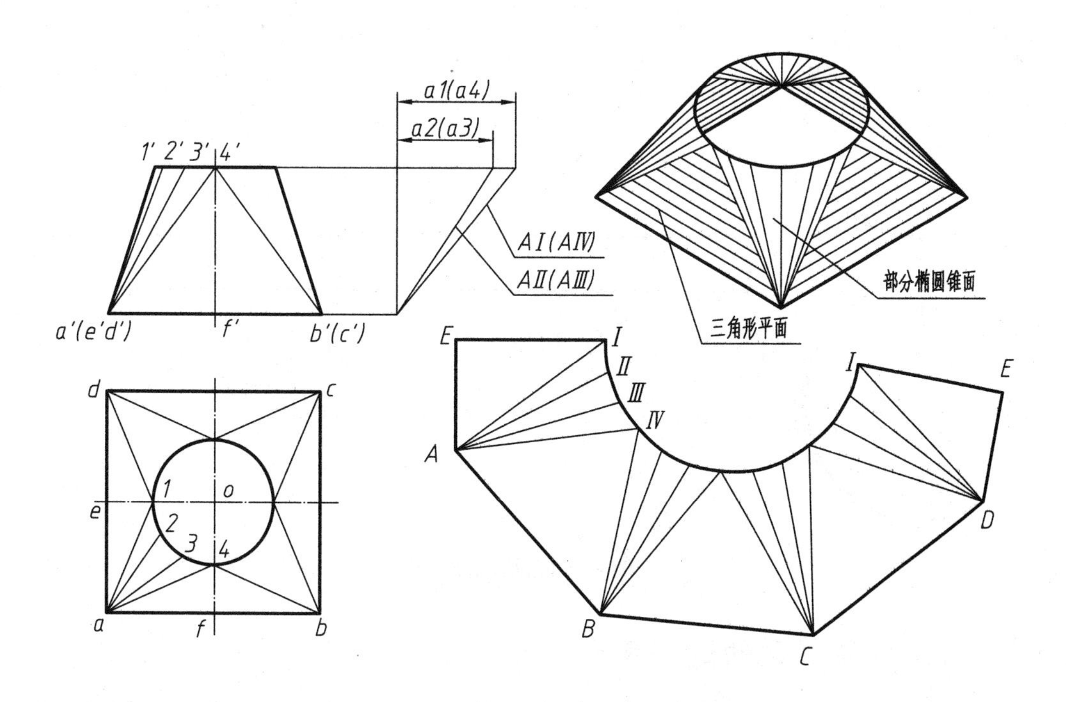

图 11-10　上圆下方变形接头的展开

11.3 不可展曲面表面的近似展开

不可展曲面只能采用近似的方法展开。可假想把不可展曲面划分成若干小块，使每块接近于可展曲面，如平面、柱面、锥面等，然后按可展曲面将其近似展开。

11.3.1 球面的近似展开

球面是不可展曲面，球面的展开常用的方法有近似柱面法和近似锥面法等，图11-11所示为近似锥面法作出圆球展开图的作图方法。

首先在球面上作出若干水平纬圆，将球面分成若干部分。在图11-11中作了6个纬圆，把球面分成*Ⅰ*、*Ⅱ*、…、*Ⅶ*，共7个部分。

将中间一块*Ⅰ*近似地作为它的内接圆柱面展开，而其余部分则用其内接圆台来近似展开，两极的球冠作为正圆锥面展开。各锥面的锥顶分别位于球轴上的S_1、S_2、S_3等点的地方。分别展开各块即得球面的近似展开图。最后把各部分展开图拼接在一起，就可得到如图11-11所示的展开图，图中只绘制了上半球的展开图，下半球各块的展开图根据对称性可直接得到。

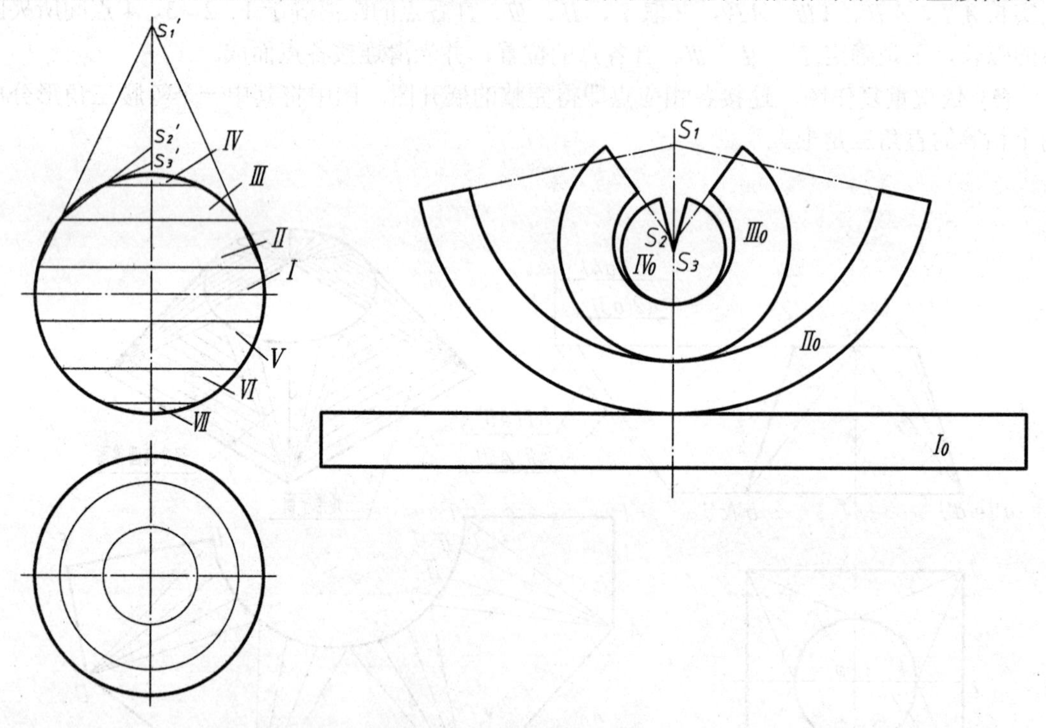

图 11-11 球面的近似展开

11.3.2 正圆柱螺旋面的近似展开

如图11-12(a)所示的正圆柱螺旋面，作为输送器用得很多。制造时，是按每一导程间的一圈曲面展开、下料、滚压以后，再焊接起来。展开的方法有图解法和计算法两种。

1. 图解法

图解法的作图方法是，首先将俯视图的圆周12等分，通过各等分点作螺旋面的素线*A Ⅰ*、

BⅡ、CⅢ…，得到一系列相等的四边形曲面。然后用对角线把这些曲面近似地分成两个三角形，求出这些三角形的实形，并将它们依次画出，即得正圆柱螺旋面的近似展开图，如图11-12(b)所示。

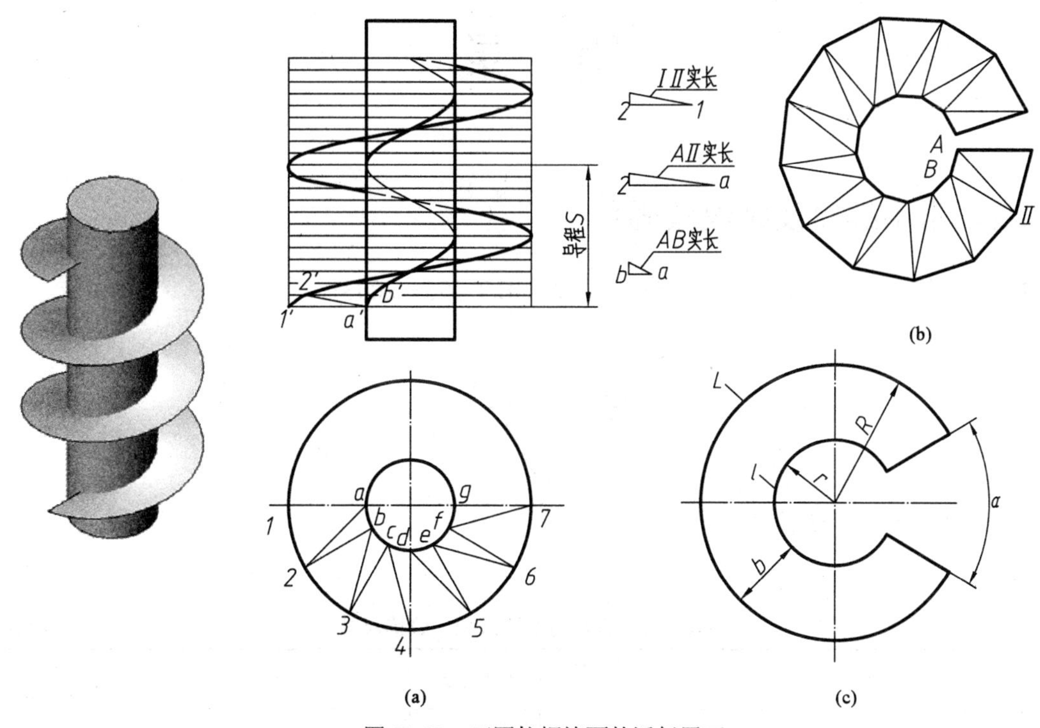

图 11-12　正圆柱螺旋面的近似展开

2. 计算法

正螺旋面的每一圈展开图近似于一环形平面。设环形面的几何参数如图11-12(c)所示，并设计螺旋面导程为 S，螺旋面的内、外直径分别是 d、D，则：

外螺旋线的展开长度

$$L=\sqrt{S^2+(\pi D)^2}$$

内螺旋线的展开长度

$$l=\sqrt{S^2+(\pi d)^2}$$

环形面宽度

$$b=\frac{D-d}{2}$$

因为 $R/r=L/l$，且 $R=r+b$，所以 $r=bl/(L-l)$。

同时，圆心角

$$\alpha=\frac{2\pi R-L}{2\pi R}\times 360^\circ$$

因此，只要知道 D、d、S，便可算出 R、r、α，从而画出展开图。

附　录

附录 1　常用螺纹及螺纹紧固件

1. 普通螺纹(摘自 GB/T 193－2003、摘自 GB/T 196－2003)

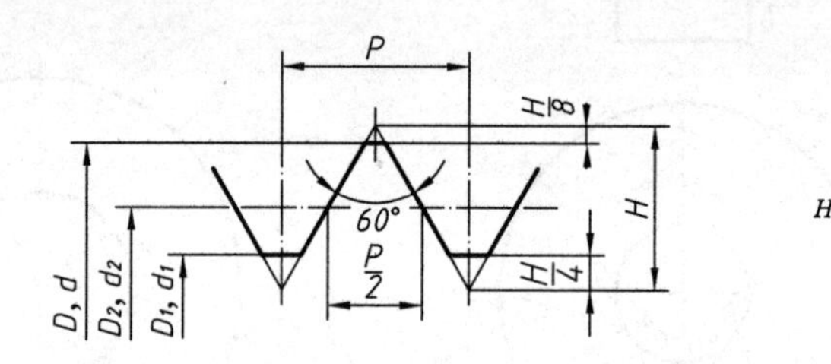

$$H=\frac{\sqrt{3}}{2}P$$

附表 1-1　直径与螺距系列、公称尺寸

(mm)

公称直径D、d		螺距 P		粗牙小径 D_1、d_1	公称直径D、d		螺距 P		粗牙小径 D_1、d_1
第一系列	第二系列	粗牙	细牙		第一系列	第二系列	粗牙	细牙	
	2.2	0.45	0.25	1.713		18	2.5		15.294
2.5		0.5		2.013	20		2.5		17.294
3		0.5	0.35	2.459		22	2.5	2, 1.5, 1	19.294
	3.5	0.6		2.850	24		3		20.752
4		0.7		3.242		27	3		23.752
	4.5	0.75	0.5	3.688	30		3.5	(3), 2, 1.5, 1	26.211
5		0.8		4.134		33	3.5	(3), 2, 1.5	29.211
6		1	0.75	4.917	36		4	3, 2, 1.5	31.670
	7	1		5.917		39	4		34.670
8		1.25	1, 0.75	6.647	42		4.5		37.129
10		1.5	1.25, 1, 0.75	8.376		45	4.5		40.129
12		1.75	1.5, 1.25, 1	10.106	48		5	4, 3, 2, 1.5	42.587
	14	2		11.835		52	5		46.587
16		2	1.5, 1	13.835	56		5.5		50.046

注：[1] 优先选用第一系列，括号内尺寸尽可能不用。第三系列未列入。

[2] 中径D_2、d_2未列入。

附表 1-2 细牙普通螺纹螺距与小径的关系 (mm)

螺 距 P	小径D_1、d_1	螺 距 P	小径D_1、d_1	螺 距 P	小径D_1、d_1
0.35	d-1 + 0.621	1	d-2 + 0.918	2	d-3 + 0.835
0.5	d-1 + 0.459	1.25	d-2 + 0.647	3	d-4 + 0.752
0.75	d-1 + 0.188	1.5	d-2 + 0.376	4	d-5 + 0.670

注：表中的小径按 $D_1 = d_1 = d - 2\times\frac{5}{8}H$ ， $H = \frac{\sqrt{3}}{2}P$ 计算得出。

2. 梯形螺纹(摘自 GB/T 5796.2－2005、GB/T 5796.3－2005)

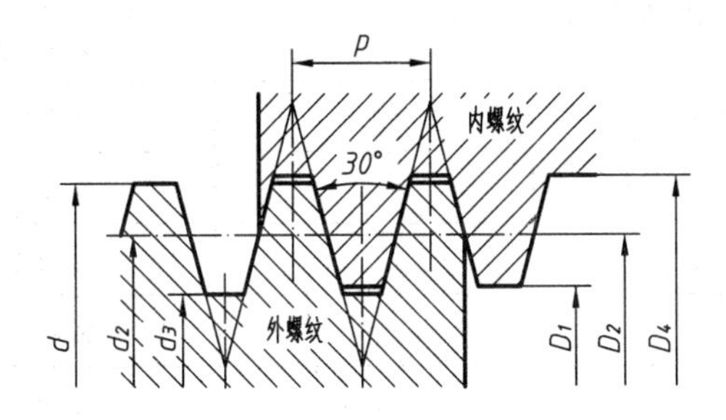

附表 1-3 直径与螺距系列、公称尺寸 (mm)

公称直径d 第一系列	公称直径d 第二系列	螺距 P	中径 $d_2=D_2$	大径 D_4	小径 d_3	小径 D_1
8		1.5	7.25	8.30	6.20	6.50
	9	1.5	8.25	9.30	7.20	7.50
		2	8.00	9.50	6.50	7.00
10		1.5	9.25	10.30	8.20	8.50
		2	9.00	10.50	7.50	8.00
	11	2	10.00	11.50	8.50	9.00
		3	9.50	11.50	7.50	8.00
12		2	11.00	12.50	9.50	10.00
		3	10.50	12.50	8.50	9.00
	14	2	13.00	14.50	11.50	12.00
		3	12.50	14.50	10.50	11.00
16		2	15.00	16.50	13.50	14.00
		4	14.00	16.50	11.50	12.00
	18	2	17.00	18.50	15.50	16.00
		4	16.00	18.50	13.50	14.00
20		2	19.00	20.50	17.50	18.00
		4	18.00	20.50	15.50	16.00
	22	3	20.50	22.50	18.50	19.00
		5	19.50	22.50	16.50	17.00
		8	18.00	23.00	13.00	14.00
24		3	22.50	24.50	20.50	21.00
		5	21.50	24.50	18.50	19.00
		8	20.00	25.00	15.00	16.00

公称直径d 第一系列	公称直径d 第二系列	螺距 P	中径 $d_2=D_2$	大径 D_4	小径 d_3	小径 D_1
	26	3	24.50	26.50	22.50	23.00
		5	23.50	26.50	20.50	21.00
		8	22.00	27.00	17.00	18.00
28		3	26.50	28.50	24.50	25.00
		5	25.50	28.50	22.50	23.00
		8	24.00	29.00	19.00	20.00
	30	3	28.50	30.50	26.50	29.00
		6	27.00	31.00	23.00	24.00
		10	25.00	31.00	19.00	20.00
32		3	30.50	32.50	28.50	29.00
		6	29.00	33.00	25.00	26.00
		10	27.00	33.00	21.00	22.00
	34	3	32.50	34.50	30.50	31.00
		6	31.00	35.00	27.00	28.00
		10	29.00	35.00	23.00	24.00
36		3	34.50	36.50	32.50	33.00
		6	33.00	37.00	29.00	30.00
		10	31.00	37.00	25.00	26.00
	38	3	36.50	38.50	34.50	35.00
		7	34.50	39.00	30.00	31.00
		10	33.00	39.00	27.00	28.00
40		3	38.50	40.50	36.50	37.00
		7	36.50	41.00	32.00	33.00
		10	35.00	41.00	29.00	30.00

3. 非螺纹密封管螺纹(摘自 GB/T 7303－2001)

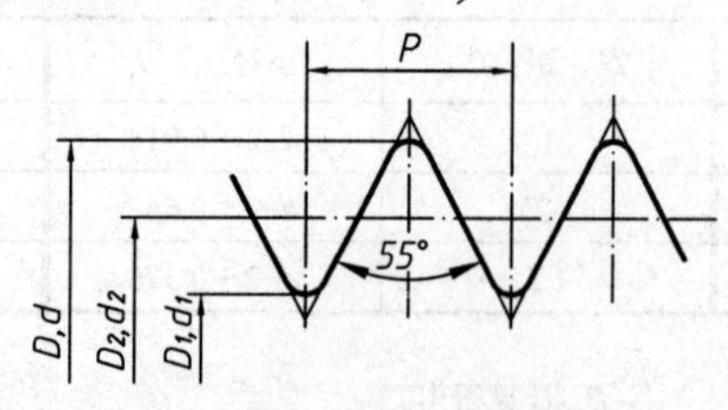

附表 1-4 管螺纹尺寸代号及公称尺寸 (mm)

尺寸代号	每25.4mm内的牙数n	螺距P	基本直径	
			大径D、d	小径D_1、d_1
1/16	28	0.907	7. 723	6.561
1/8	28	0. 907	9.728	8.566
1/4	19	1.337	13.157	11.445
3/8	19	1.337	16. 662	14. 950
1/2	14	1.814	20. 955	18. 631
5/8	14	1.814	22.911	20. 587
3/4	14	1.814	26.441	24.117
7/8	14	1.814	30. 201	27.877
1	11	2.309	33. 249	30. 291
4/3	11	2.309	37. 897	34. 939
3/2	11	2.309	41.910	38.952
5/3	11	2.309	47. 803	44. 845
7/4	11	2.309	53. 746	50. 788
2	11	2.309	59.614	56.656
9/4	11	2.309	65.710	62. 752
5/2	11	2.309	75.184	72. 226
11/4	11	2.309	81. 534	78. 576
3	11	2.309	87. 884	84. 926
7/2	11	2.309	100. 330	97. 372
4	11	2.309	113.030	110.072
9/2	11	2.309	125. 730	122. 722
5	11	2.309	138.430	135.472
11/2	11	2.309	151.130	148. 172
6	11	2.309	163.830	160.872

4. 螺栓

六角头螺栓—C级(GB/T 5780－2000)、六角头螺栓—A和B级(GB/T 5782－2000)

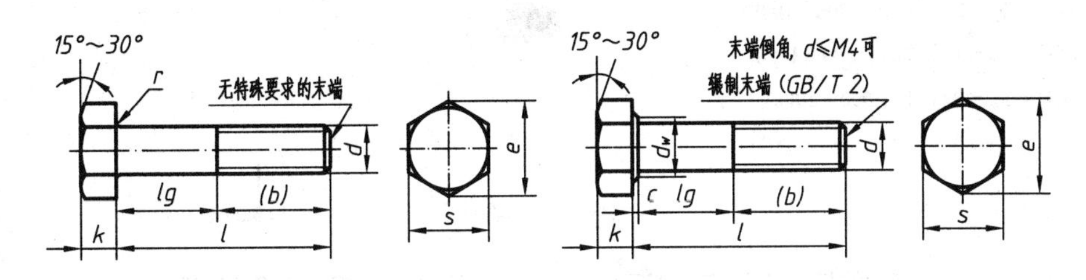

标记示例

螺纹规格d=M12、公称长度l=80、性能等级为8.8级，表面氧化、A级的六角头螺栓：螺栓GB/T 5782 M12×180

附表 1-5 (mm)

螺纹规格			M3	M4	M5	M6	M8	M10	M12	M16	M20	M24	M30	M36	M42
b参考	l≤125		12	14	16	18	22	26	30	38	46	54	66	—	—
	125<l≤200		18	20	22	24	28	32	36	44	52	60	72	84	96
	l>200		31	33	35	37	41	45	49	57	65	73	85	97	109
c			0.4	0.4	0.5	0.5	0.6	0.6	0.6	0.8	0.8	0.8	0.8	0.8	1
d_w	产品等级	A	4.57	5.88	6.88	8.88	11.63	14.63	16.63	22.49	28.19	33.61	—	—	—
		B、C	4.45	5.74	6.74	8.74	11.47	14.47	16.47	22	27.7	33.25	42.75	51.11	59.95
e	产品等级	A	6.01	7.66	8.79	11.05	14.38	17.77	20.03	26.75	33.53	39.98	—	—	—
		B、C	5.88	7.50	8.63	10.89	14.20	17.59	19.85	26.17	32.95	39.55	50.85	60.79	72.02
K(公称)			2	2.8	3.5	4	5.3	6.4	7.5	10	12.5	15	18.7	22.5	26
r			0.1	0.2	0.2	0.25	0.4	0.4	0.6	0.6	0.8	0.8	1	1	1.2
S(公称)			5.5	7	8	10	13	16	18	24	30	36	46	55	65
l(商品规格范围)			20~30	25~40	25~50	30~60	40~80	45~100	50~120	65~160	80~200	90~240	110~300	140~360	160~440
l系列			12, 16, 20, 25, 30, 35, 40, 45, 50, 55, 60, 65, 70, 80, 90, 100, 110, 120, 130 140, 150, 160, 180, 200, 220, 240, 260, 280, 300, 320, 340, 360, 380, 400, 420, 440, 460, 480, 500												

注：[1] A级用于d≤24和l≤10 d或≤150的螺栓；B级用于d>24和l>10d或>150的螺栓。

[2] 螺纹规格d范围：GB/T 5780为M5~M64; GB/T 5782为M1.6~M64。

[3] 公称长度范围：GB/T 5780为25~500; GB/T 5782为12~500。

5. 双头螺柱

双头螺柱—b_m= 1d (GB/T 897－1988)

双头螺柱—b_m =1.25d (GB/T 898－1988)

双头螺柱—b_m = 1.5d (GB/T 899－1988)

双头螺柱—b_m = 2d (GB/T 900－1988)

A型

B型

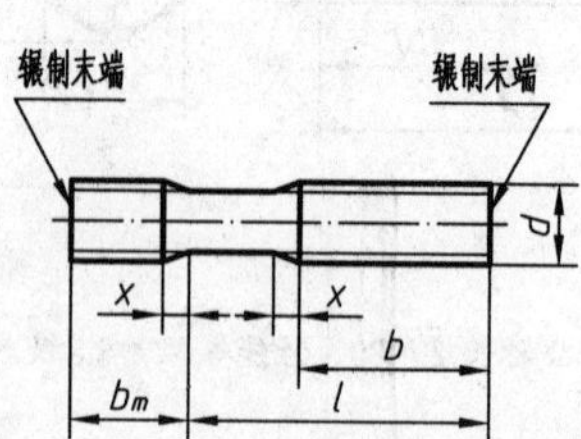

标记示例

两端均为粗牙普通螺纹，d=10，l=50，性能等级为4.8级，B型，b_m=1d的双头螺柱：螺柱GB/T 897 M10×50

旋入机体一端为粗牙普通螺纹、旋螺母一端为螺距1的细牙普通螺纹、d=10、l=50、性能等级为4.8级、A型、b_m=1d的双头螺柱：

螺柱GB/T 897 AM10－M10×1×50

附表 1-6 (mm)

螺纹规格		M5	M6	M8	M10	M12	M16	M20	M24	M30	M36	M42
b_m（公称）	GB/T 897	5	6	8	10	12	16	20	24	30	36	42
	GB/T 898	6	8	10	12	15	20	25	30	38	45	52
	GB/T 899	8	10	12	15	18	24	30	36	45	54	65
	GB/T 900	10	12	16	20	24	32	40	48	60	72	84
d_s (max)		5	6	8	10	12	16	20	24	30	36	42
x (max)		2.5P										
$\frac{l}{b}$		16~22/10	20~22/10	20~22/12	25~28/14	25~30/16	30~38/20	35~40/25	45~50/30	60~65/40	65~75/45	65~80/50
		25~50/16	25~30/14	25~30/16	30~38/16	32~40/20	40~45/30	45~65/35	55~75/45	70~90/50	80~110/60	85~110/70
			32~75/18	32~90/22	40~120/26	45~120/30	60~120/38	70~120/46	80~120/54	95~120/60	120/78	120/90
					130/32	130~180/36	130~200/44	130~200/52	130~200/60	130~200/72	130~200/84	130~200/96
										210~250/85	210~300/91	210~300/109
l系列		16, (18), 20, (22), 25, (28), 30, (32), 35, (38), 40, 45, 50, (55), 60, (65), 70, (75), 80, (85), 90, (95), 100, 110, 120, 130, 140, 150, 160, 170, 180, 190, 200, 210, 220, 230, 240, 250, 260, 280, 300										

注：P是粗牙螺纹的螺距。

6. 螺钉

(1) 开槽圆柱头螺钉(摘自GB/T 65—2000)

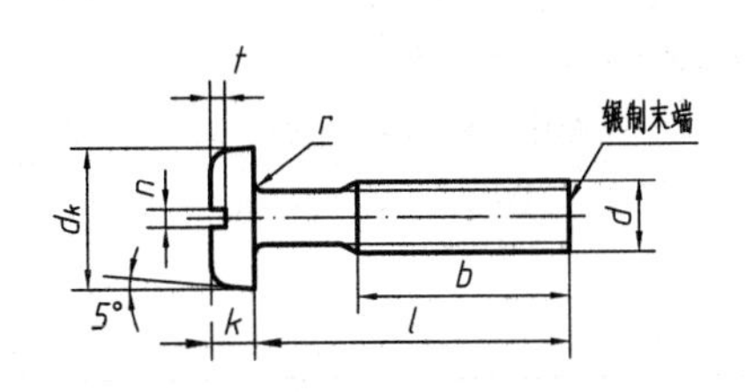

标记示例

螺纹规格d=M5、公称长度l=20、性能等级为4.8级、不经表面处理的A级开槽圆柱头螺钉

螺钉GB/T 65 M5×20

附表 1-7 (mm)

螺纹规格	M4	M5	M6	M8	M10
P(螺距)	0.7	0.8	1	1.25	1.5
b	38	38	38	38	38
d_k	7	8.5	10	13	16
k	2.6	3.3	3.9	5	6
n	1.2	1.2	1.6	2	2.5
r	0.2	0.2	0.25	0.4	0.4
t	1.1	1.3	1.6	2	2.4
公称长度l	5~40	6~50	8~60	10~80	12~80
l 系列	5, 6, 8, 10, 12, (14), 16, 20, 25, 30, 35, 40, 45, 50, (55), 60, (65), 70, (75), 80				

注：[1] 公称长度l≤40的螺钉，制出全螺纹。
[2] 括号内的规格尽可能不采用。
[3] 螺纹规格d=M1.6~M10:公称长度l =2~80。

(2) 开槽盘头螺钉(摘自GB/T67—2008)

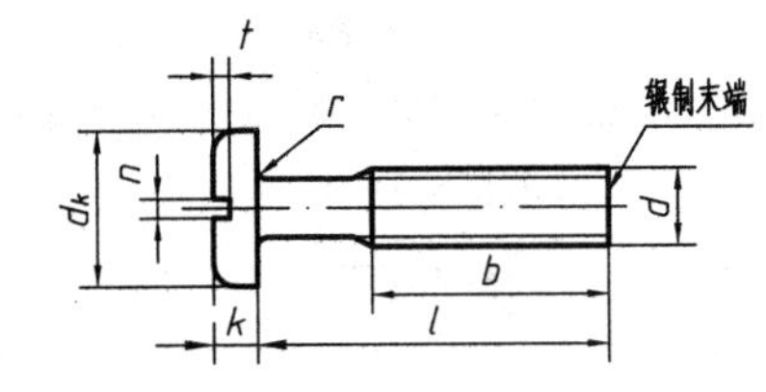

标记示例

螺纹规格d=M5、公称长度l=20、性能等级为4.8级、不经表面处理的A级开槽盘头螺钉

螺钉GB/T67 M5×20

附表 1-8 (mm)

螺纹规格	M1.6	M2	M2.5	M3	M4	M5	M6	M8	M10
P(螺距)	0.35	0.4	0.45	0.5	0.7	0.8	1	1.25	1.5
b	25	25	25	25	38	38	38	38	38
d_k	3.2	4	5	5.6	8	9.5	12	16	20
k	1	1.3	1.5	1.8	2.4	3	3.6	4.8	6
n	0.4	0.5	0.6	0.8	1.2	1.2	1.6	2	2.5
r	0.1	0.1	0.1	0.1	0.2	0.2	0.25	0.4	0.4
t	0.35	0.5	0.6	0.7	1	1.2	1.4	1.9	2.4
公称长度l	2~16	2.5~20	3~25	4~30	5~40	6~50	8~60	10~80	12~80
l系列	2, 2. 5, 3, 4, 5, 6, 8, 10, 12, (14), 16, 20, 25, 30, 35, 40, 45, 50, (55), 60, (65), 70, (75), 80								

注：[1] 括号内的规格尽可能不采用。
[2] M1.6~M3的螺钉，公称长度l≤30的，制出全螺纹。
[3] M14~M10的螺钉，公称长度l≤40的，制出全螺纹。

(3) 开槽沉头螺钉(摘自 GB/T 68－2000)

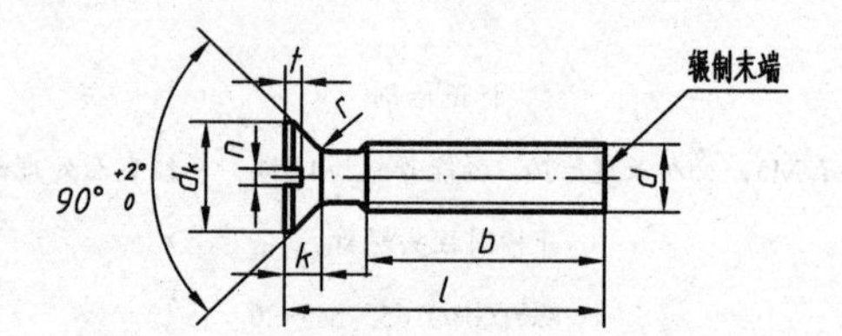

标记示例

螺纹规格d=M5、公称长度l=20、性能等级为4.8级、不经表面处理的A级开槽沉头螺钉

螺钉GB/T68 M5×20

附表 1-9 (mm)

螺纹规格	M1. 6	M2	M2.5	M3	M4	M5	M6	M8	M10
P(螺距)	0.35	0.4	0.45	0.5	0.7	0.8	1	1.25	1.5
b	25	25	25	25	38	38	38	38	38
d_k	3.6	4.4	5.5	6.3	9.4	10.4	12.6	17.3	20
k	1	1.2	1.5	1.65	2.7	2.7	3.3	4.65	5
n	0.4	0.5	0.6	0.8	1.2	1.2	1.6	2	2.5
T	0.4	0.5	0.6	0.8	1	1.3	1.5	2	2.5
t	0.5	0.6	0.75	0.85	1.3	1.4	1.6	2.3	2.6
公称长度l	2.5~16	3~20	4~25	5~30	6~40	8~50	8~60	10~80	12~80
l系列	2, 5, 3, 4, 5, 6, 8, 10, 12, (14) , 16, 20, 25, 30, 35, 40, 45, 50, (55) , 60, (65) , 70, (75) , 80								

注：[1] 括号内的规格尽可能不采用。
[2] M1.6~M3的螺钉，公称长度l≤30的，制出全螺纹。
[3] M14~M10的螺钉，公称长度l≤45的，制出全螺纹。

(4) 内六角圆柱头螺钉(摘自GB/T70.1－2008)

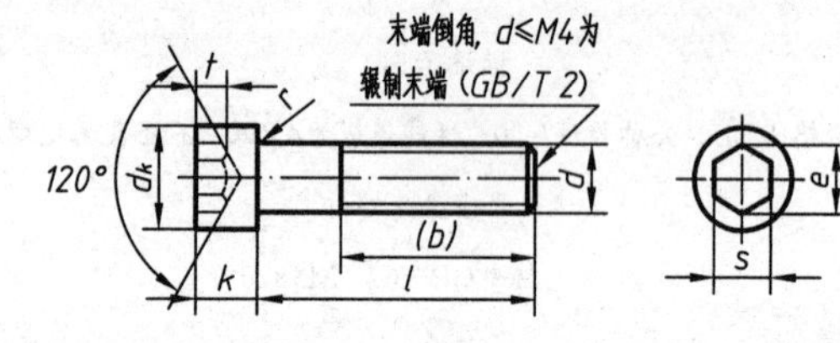

标记示例

螺纹规格d=M5、公称长度l=20、性能等级为8.8级、表面氧化的内六角圆柱头螺钉:

螺钉GB/T70.1 M5×20

附表 1-10 (mm)

螺纹规格	M3	M4	M5	M6	M8	M10	M12	M14	M16	M20
P(螺距)	0.5	0.7	0.8	1	1.25	1.5	1.75	2	2	2.5
b参考	18	20	22	24	28	32	36	40	44	52
d_k	5.5	7	8.5	10	13	16	18	21	24	30
k	3	4	5	6	8	10	12	14	16	20
t	1.3	2	2.5	3	4	5	6	7	8	10
s	2.5	3	4	5	6	8	10	12	14	17
e	2.87	3.44	4.58	5.72	6.86	9.15	11.43	13.72	16.00	19.44
r	0.1	0.2	0.2	0.25	0.4	0.4	0.6	0.6	0.6	0.8
公称长度 l	5~30	6~40	8~50	10~60	12~80	16~100	20~120	25~140	25~160	30~200
l≤表中数值时，制出全螺纹	20	25	25	30	35	40	45	55	55	65
l 系列	2.5, 3, 4, 5, 6, 8, 10, 12, 16, 20, 25, 30, 35, 40, 45, 50, 55, 60, 65, 70, 80, 90, 100, 110, 120, 130, 140, 150, 160, 180, 200, 220, 240, 260, 280, 300									

注：螺纹规格 d=M1.6~M64。

(5) 紧定螺钉

开槽锥端紧定螺钉 (GB/T 71—1985)

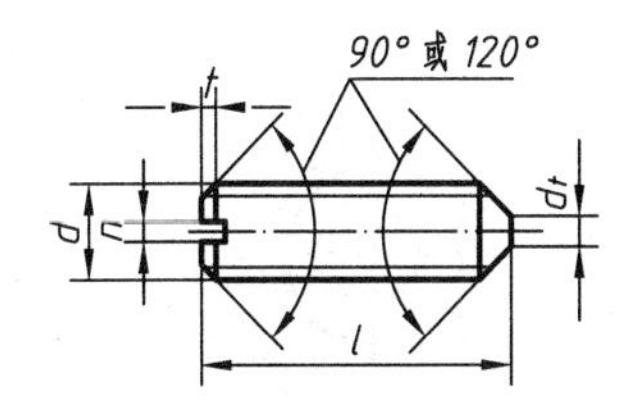

开槽锥端紧定螺钉 (GB/T 73—1985)

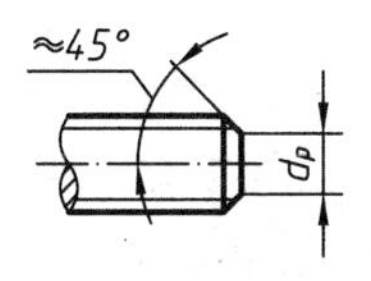

开槽锥端紧定螺钉 (GB/T 75—1985)

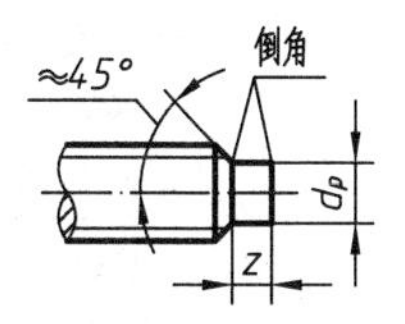

标记示例

螺纹规格d=M5、公称长度l=12、性能等级为14H级、表面氧化的开槽长圆柱端紧定螺钉：

螺钉GB/T 75 M5×12

附表 1-11 (mm)

螺纹规格d		M1.6	M2	M2.5	M3	M4	M5	M6	M8	M10	M12
P(螺距)		0.35	0.4	0.45	0.5	0.7	0.8	1	1.25	1.5	1.75
n		0.25	0.25	0.4	0.4	0.6	0.8	1	1.2	1.6	2
t		0.74	0.84	0.95	1.05	1.42	1.63	2	2.5	3	3.6
d_t		0.16	0.2	0.25	0.3	0.4	0.5	1.5	2	2.5	3
d_p		0.8	1	1.5	2	2.5	3.5	4	5.5	7	8.5
z		1.05	1.25	1.5	1.75	2.25	2.75	3.25	4.3	5.3	6.3
l	GB/T 71—1985	2~8	3~10	3~12	4~16	6~20	8~25	8~30	10~40	12~50	14~60
	GB/T 73—1985	2~8	2~10	2.5~12	3~16	4~20	5~25	6~30	8~40	10~50	12~60
	GB/T 75—1985	2.5~8	3~10	4~12	5~16	6~20	8~25	10~30	10~40	12~50	14~60
l系列		2, 2.5, 3,4, 5, 6, 8, 10, 12, (14), 16, 20, 25, 30, 35, 40, 45, 50, (55), 60									

注：[1] l为公称长度。

[2] 括号内的规格尽可能不采用。

7. 螺母

六角螺母—C级 (GB/T 41－2000)　　1型六角螺母—A和B级 (B/T 6170－2000)　　六角螺母 (GB/T 6172.1－2000)

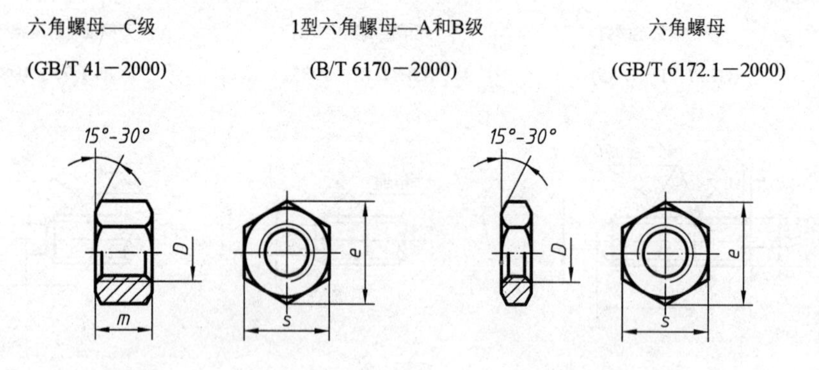

标记示例

螺纹规格D＝M12、性能等级为5级、不经表面处理、C级的六角螺母：

螺母GB/T 41　M12

螺纹规格D＝M12、性能等级为8级、不经表面处理、A级的1型六角螺母：

螺母GB/T 6170　M12

附表 1-12

(mm)

螺纹规格D		M3	M4	M5	M6	M8	M10	M12	M16	M20	M24	M30	M36	M42
c	GB/T 41			8.63	10.89	14.20	17.59	19.85	26.17	32.95	39.55	50.85	60.79	72.02
	GB/T 6170	6.01	7.66	8.79	11.05	14.38	17.77	20.03	26.75	32.95	39.55	50.85	60.79	72.02
	GB/T 6172.1	6.01	7.66	8.79	11.05	14.38	17.77	20.03	26.75	32.95	39.55	50.85	60.79	72.02
s	GB/T 41			8	10	13	16	18	24	30	36	46	55	65
	GB/T 6170	5.5	7	8	10	13	16	18	24	30	36	46	55	65
	GB/T 6172.1	5.5	7	8	10	13	16	18	24	30	36	46	55	65
m	GB/T 41			5.6	6.1	7.9	9.5	12.2	15.9	18.7	22.3	26.4	31.5	34.9
	GB/T 6170	2.4	3.2	4.7	5.2	6.8	8.4	10.8	14.8	18	21.5	25.6	31	34
	GB/T 6172.1	1.8	2.2	2.7	3.2	4	5	6	8	10	12	15	18	21

注：A级用于D≤16；B级用于D>16。

8．垫圈

(1) 平垫圈

小垫圈—A级 (GB/T 848－2002)

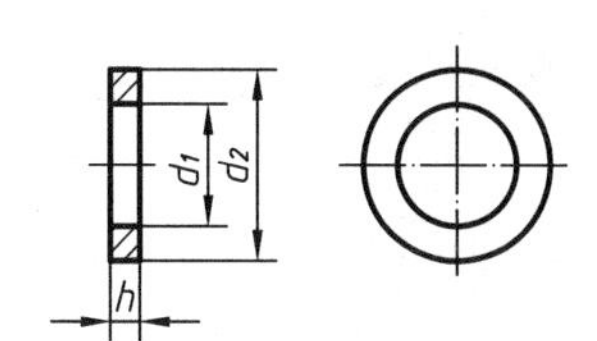

平垫圈—A级 (GB/T 97.1－2002)

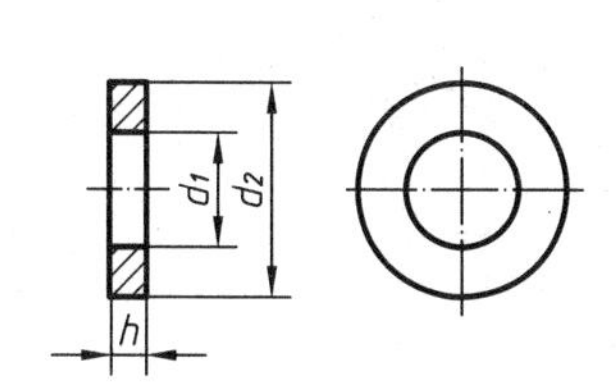

平垫圈　倒角型—A级 (GB/T 97.2－2002)

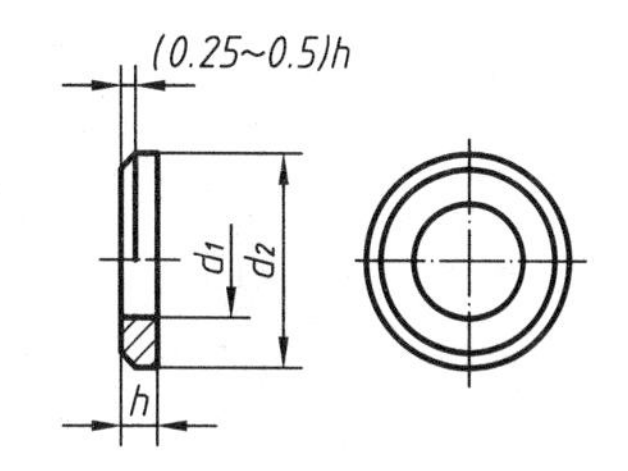

标记示例

标准系列、规格8、性能等级为140HV级、不经表面处理的平垫圈：

垫圈GB/T 97.1　8

附表 1-13　(mm)

公称尺寸 (螺纹规格 d)		1.6	2	2.5	3	4	5	6	8	10	12	14	16	20	24	30	36
d_1	GB/T 848	1.7	2.2	2.7	3.2	4.3	5.3	6.4	8.4	10.5	13	15	17	21	25	31	37
	GB/T 97.1	1.7	2.2	2.7	3.2	4.3	5.3	6.4	8.4	10.5	13	15	17	21	25	31	37
	GB/T 97.2						5.3	6.4	8.4	10.5	13	15	17	21	25	31	37
d_2	GB/T 848	3.5	4.5	5	6	8	9	11	15	18	20	24	28	34	39	50	60
	GB/T 97.1	4	5	6	7	9	10	12	16	20	24	28	30	37	44	56	66
	GB/T 97. 2						10	12	16	20	24	28	30	37	44	56	66
h	GB/T 848	0.3	0.3	0.5	0.5	0.5	1	1.6	1.6	1.6	2	2.5	2.5	3	4	4	5
	GB/T 97.1	0.3	0.3	0.5	0.5	0.8	1	1.6	1.6	2	2.5	2.5	3	3	4	4	5
	GB/T 97. 2						1	1.6	1.6	2	2.5	2.5	3	3	4	4	5

(2) 弹簧垫圈

标准型弹簧垫圈

(GB/T 93－1987)

轻型弹簧垫圈

(GB/T 859－1987)

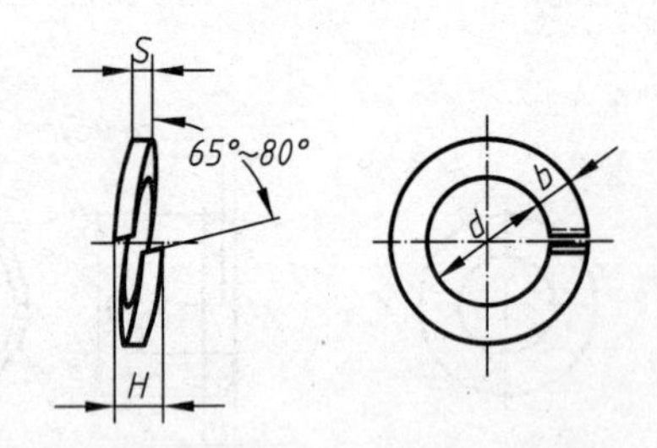

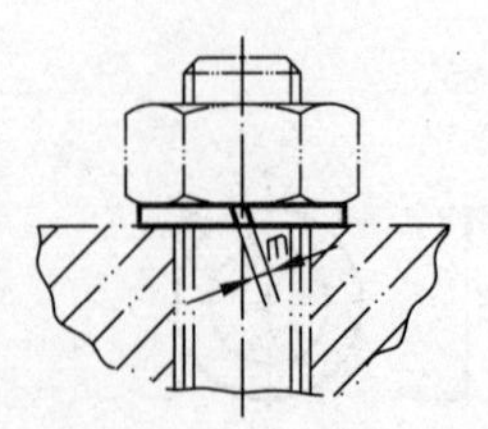

标记示例

规格16、材料为65Mn、表面氧化的标准型弹簧垫圈：垫圈GB/T 93　16

附表 1-14 (mm)

规格(螺纹大径)		3	4	5	6	8	10	12	(14)	16	(18)	20	(22)	24	(27)	30
d		3.1	4.1	5.1	6.1	8.1	10.2	12.2	14.2	16.2	18.2	20.2	22.5	24.5	27.5	30.5
H	GB/T 93	1.6	2.2	2.6	3.2	4.2	5.2	6.2	7.2	8.2	9	10	11	12	13.6	15
	GB/T 859	1.2	1.6	2.2	2.6	3.2	4	5	6	6.4	7.2	8	9	10	11	12
S(*b*)	GB/T 93	0.8	1.1	1.3	1.6	2.1	2.6	3.1	3.6	4.1	4.5	5	5.5	6	6.8	7.5
S	GB/T 859	0.6	0.8	1.1	1.3	1.6	2	2.5	3	3.2	3.6	4	4.5	5	5.5	6
$m\leqslant$	GB/T 93	0.4	0.55	0.65	0.8	1.05	1.3	1.55	1.8	2.05	2.25	2.5	2.75	3	3.4	3.75
	GB/T 859	0.3	0.4	0.55	0.65	0.8	1	1.25	1.5	1.6	1.8	2	2.25	2.5	2.75	3
b	GB/T 859	1	1.2	1.5	2	2.5	3	3.5	4	4.5	5	5.5	6	7	8	9

注：[1] 括号内的规格尽可能不采用。

[2] *m*应大于零。

附录 2 常用键与销

1. 键

(1) 普通平键键槽的剖面尺寸与公差（GB/T 1095－2003）

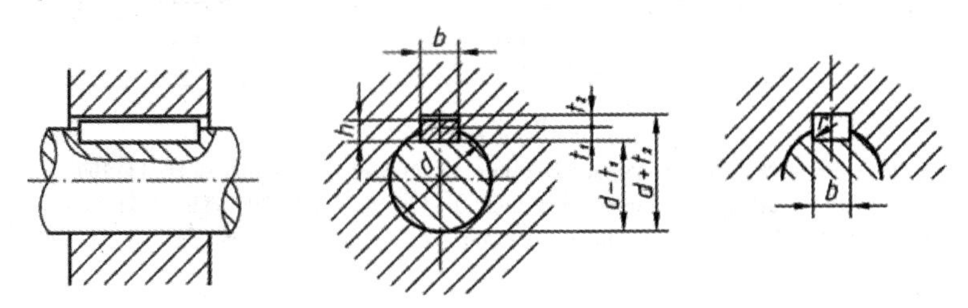

附表 2-1 (mm)

键尺寸 $b\times h$	键槽											
	宽度 b						深度				半径r	
	基本尺寸	极限偏差					轴 t_1		毂 t_2			
		正常联结		紧密联结	松联结		基本尺寸	极限偏差	基本尺寸	极限偏差		
		轴N9	毂JS9	轴和毂P9	轴H9	毂D10					最小	最大
2×2	2	−0.004 −0.029	±0.0125	−0.006 −0.031	+0.025 0	+0.060 +0.020	1.2	+0.1 0	1	+0.1 0	0.08	0.16
3×3	3						1.8		1.4			
4×4	4	0 −0.030	±0.015	−0.012 −0.042	+0.030 0	+0.078 +0.030	2.5		1.8			
5×5	5						3.0		2.3		0.16	0.25
6×6	6						3.5		2.8			
8×7	8	0 −0.036	±0.018	−0.015 −0.051	+0.036 0	+0.098 +0.040	4.0	+0.2 0	3.3	+0.2 0		
10×8	10						5.0		3.3		0.25	0.40
12×8	12	0 −0.043	±0.0215	−0.018 −0.061	+0.043 0	+0.120 +0.050	5.0		3.3			
14×9	14						5.5		3.8			
16×10	16						6.0		4.3			
18×11	18						7.0		4.4			
20×12	20						7.5		4.9			
22×14	22						9.0		5.4			
25×14	25						9.0		5.4			
28×16	28						10.0		6.4			
20×12	20	0 −0.052	±0.026	−0.022 −0.074	+0.052 0	+0.149 +0.065	7.5	+0.1 0	4.9	+0.2 0	0.40	0.60
22×14	22						9.0		5.4			
25×14	25						9.0		5.4			
28×16	28						10.0		6.4			

注：平键槽的长度公差带用H14。

(2) 普通平键的形式尺寸与公差（GB/T 1096－2003）

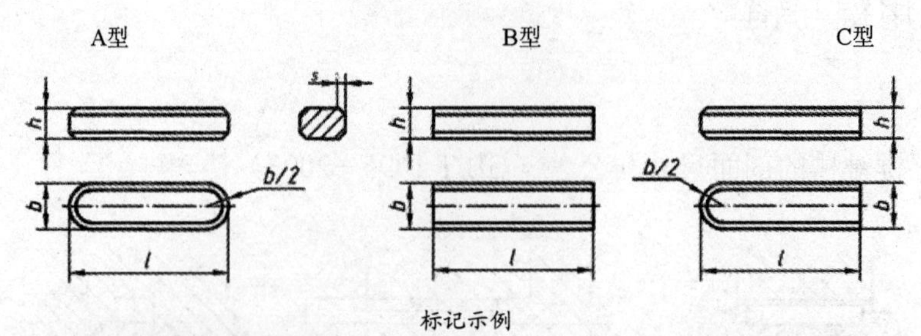

标记示例

圆头普通平键(A型)、b=18mm、h=11mm、L=100mm; GB/T 1096 键18×11×100

方头普通平键(B型)、b=18mm、h=11mm、L=100mm; GB/T 1096 键B 18×11×100

单圆头普通平键（C型）、b=18mm、h=11mm、L=100mm; GB/T 1096 键C 18×11×100

附表 2-2 (mm)

宽度b 公称尺寸	2	3	4	5	6	8	10	12	14	16	18	20	22	25
高度h 公称尺寸	2	3	4	5	6	7	8	8	9	10	11	12	14	14
c或r	0.16~0.25			0.25~0.40			0.40~0.60					0.60~0.80		
l	6~20	6~36	8~45	10~56	14~70	18~90	22~110	28~140	36~160	45~180	50~200	56~220	63~250	70~280
l系列	6, 8, 10, 12, 14, 16, 18, 20, 22, 25, 28, 32, 36, 40, 45, 50, 56, 63, 70, 80, 90, 100, 110, 125, 140, 160, 180, 200, 220, 250, 280													

(3) 半圆键键槽的剖面尺寸与公差（GB/T 1098－2003）

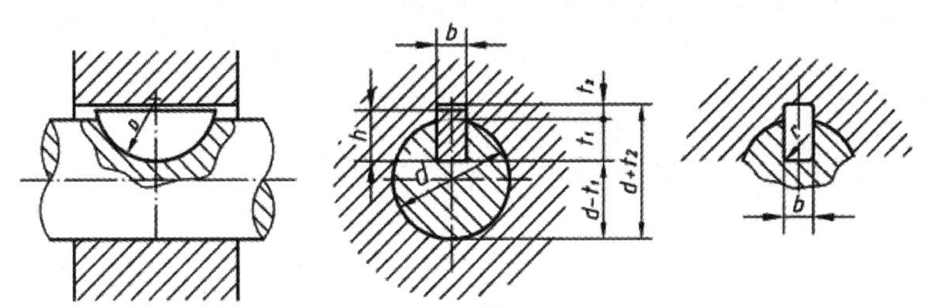

注：在工作图中，轴槽深用t或$(d-t)$标注，轮毂槽深用$(d+t_1)$标注。

附表 2-3 (mm)

键尺寸$b\times h\times D$	键槽											
	宽度b						深度				半径r	
	基本尺寸	极限偏差					轴t_1		毂t_2			
		正常联结		紧密联结	松联结							
		轴 N9	毂 JS9	轴和毂P9	轴 H9	毂 D10	基本尺寸	极限偏差	基本尺寸	极限偏差	最大	最小
1.0×1.4×4 1.0×1.1×4	1.0	−0.004 −0.029	±0.0125	−0.006 −0.031	+0.025 0	+0.060 +0.020	1.0	+0.1 0	0.6	+0.1 0	0.16	0.08
1.5×2.6×7	1.5						2.0		0.8			
2.0×2.6×7	2.0						1.8		1.0			
2.0×3.7×10	2.0						2.9		1.0			
2.5×3.7×10	2.5						2.7		1.2			
3.0×5.0×13	3.0						3.8	+0.2 0	1.4			
3.0×6.5×16	3.0						5.3		1.4		0.25	0.16
4.0×6.5×16	4.0	0 0.030	±0.015	−0.012 −0.042	+0.030 0	+0.078 +0.030	5.0		1.8			
4.0×7.5×19	4.0						6.0		1.8			
5.0×6.5×16	5.0						4.5		2.3			
5.0×7.5×19	5.0						5.5		2.3			
5.0×9.0×22	5.0						7.0	+0.3 0	2.3			
6.0×9.0×22 6.0×7.2×22	6.0						6.5		2.8			
6.0× 10.0×25	6.0						7.5		2.8	+0.2 0	0.40	0.25
8.0× 11.0×28	8.0	0	±0.018	−0.015 −0.051	+0.036 0	+0.098 +0.040	8.0		3.3			
10.0× 13.0×32 10.0× 10.4×32	10.0	−0.036					10.0		3.3			

(4) 普通半圆键的尺寸与公差（GB/T 1099.1－2003）

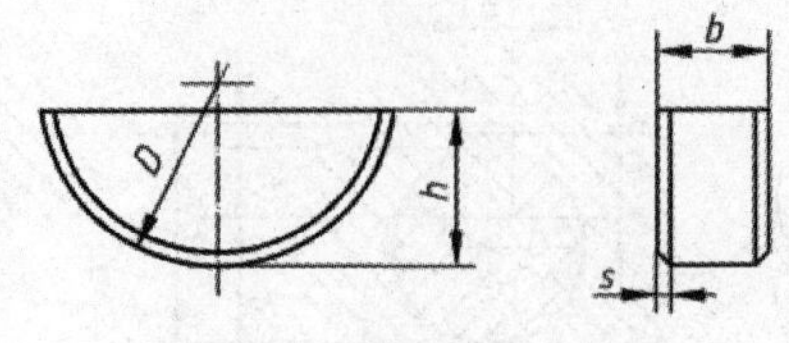

标记示例

半圆键，b=6mm、h=10mm、d_1=25mm；GB/T 1099.1－2003 键6 × 10 × 25

附表 2-4 (mm)

<table>
<tr><th rowspan="2">键尺寸b×h×D</th><th colspan="2">宽度b</th><th colspan="2">高度h</th><th colspan="2">直径D</th><th colspan="2">倒角或倒圆s</th></tr>
<tr><th>公称尺寸</th><th>极限偏差</th><th>公称尺寸</th><th>极限偏差（h12）</th><th>公称尺寸</th><th>极限偏差（h12）</th><th>最小</th><th>最大</th></tr>
<tr><td>1.0×1.4×4</td><td>1.0</td><td rowspan="16">0
−0.025</td><td>1.4</td><td rowspan="3">0
−010</td><td>4</td><td>0</td><td rowspan="7">0.16</td><td rowspan="7">0.25</td></tr>
<tr><td>1.5×2.6×7</td><td>1.5</td><td>2.6</td><td>7</td><td rowspan="4">0
−0.150</td></tr>
<tr><td>2.0×2.6×7</td><td>2.0</td><td>2.6</td><td>7</td></tr>
<tr><td>2.0×3.7×10</td><td>2.0</td><td>3.7</td><td rowspan="3">0
−0.12</td><td>10</td></tr>
<tr><td>2.5×3.7×10</td><td>2.5</td><td>3.7</td><td>10</td></tr>
<tr><td>3.0×5.0×13</td><td>3.0</td><td>5.0</td><td>13</td><td rowspan="3">0
−0.180</td></tr>
<tr><td>3.0×6.5×16</td><td>3.0</td><td>6.5</td><td rowspan="8">0
−0.15</td><td>16</td></tr>
<tr><td>4.0×6.5×16</td><td>4.0</td><td>6.5</td><td>16</td><td rowspan="7">0.25</td><td rowspan="7">0.40</td></tr>
<tr><td>4.0×7.5×19</td><td>4.0</td><td>7.5</td><td>19</td><td>0</td></tr>
<tr><td>5.0×6.5×16</td><td>5.0</td><td>6.5</td><td>16</td><td>0</td></tr>
<tr><td>5.0×7.5×19</td><td>5.0</td><td>7.5</td><td>19</td><td rowspan="5">0
−0.210</td></tr>
<tr><td>5.0×9.0×22</td><td>5.0</td><td>9.0</td><td>22</td></tr>
<tr><td>6.0×9.0×22</td><td>6.0</td><td>9.0</td><td>22</td></tr>
<tr><td>6.0× 10.0×25</td><td>6.0</td><td>10.0</td><td>25</td></tr>
<tr><td>8.0× 11.0×28</td><td>8.0</td><td>11.0</td><td rowspan="2">0
−0.18</td><td>28</td><td rowspan="2">0.40</td><td rowspan="2">0.60</td></tr>
<tr><td>10.0× 13.0×32</td><td>10.0</td><td>13.0</td><td>32</td><td>0</td></tr>
</table>

2. 销

(1) 圆柱销（GB/T 119.1－2000）——不淬硬钢和奥氏体不锈钢

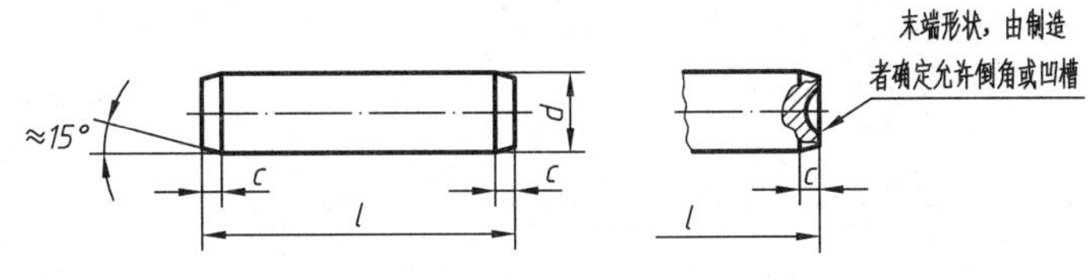

标记示例

公称直径$d=6$、公称长度$l=30$、材料为钢、不经淬火、不经表面处理的圆柱销的标记：销GB/T 119.1 6m6×30

附表 2-5 (mm)

公称直径d=6	0.6	0.8	1	1.2	1.5	2	2.5	3	4	5
$c\approx$	0.12	0.16	0.20	0.25	0.30	0.35	0.40	0.50	0.63	0.80
l(商品规格范围公称长度)	2~6	2~8	4~10	4~12	4~16	6~20	6~24	8~30	8~40	10~50
公称直径d=6	6	8	10	12	16	20	25	30	40	50
$c\approx$	1.2	1.6	2.0	2.5	3.0	3.5	4.0	5.0	6.3	8.0
l(商品规格范围公称长度)	12~60	14~80	18~95	22~140	26~180	35~200	50~200	60~200	80~200	95~200
l系列	2, 3, 4, 5, 6, 8, 10, 12, 14, 16, 18, 20, 22, 24, 26, 28, 30, 32, 35, 40, 45, 50, 55, 60, 65, 70, 75, 80, 85, 90, 95, 100, 120, 140, 160, 180, 200									

注：[1] 材料用钢的强度要求为125～245HV30，用奥氏体不锈钢A1(GB/T 3098.6)时硬度要求210～280HV30。
[2] 公差 m6: $R_a \leqslant 0.8\mu m$;
公差 m8: $R_a \leqslant 1.6\mu m$。

(2) 圆锥销(GB/T 117－2000)

A型(磨削)

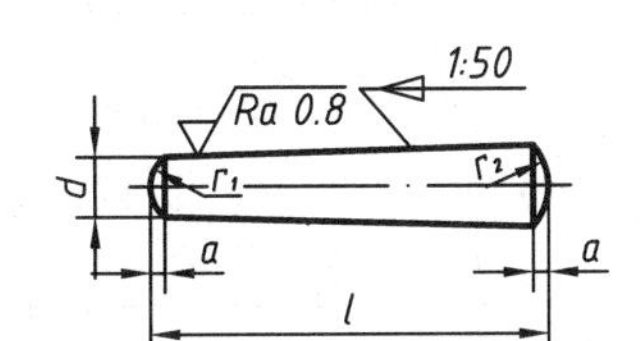

$r_1 \approx d$

$r_2 \approx a/2+d+\frac{(0.021)^2}{8a}$

B型(切削或冷镦)

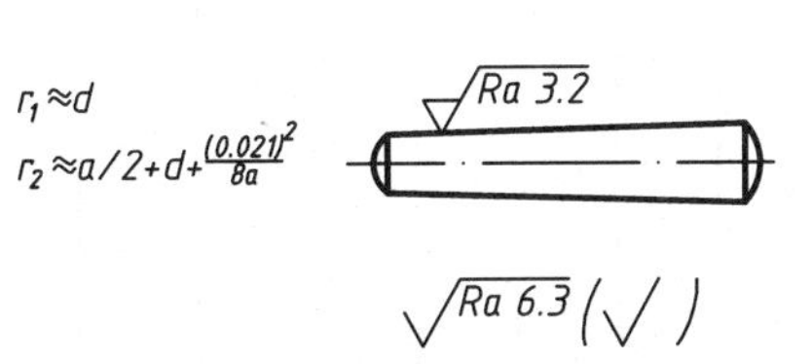

标记示例

公称直径$d=6$、公称长度$l=60$、材料为35钢、热处理硬度28~38HRC、表面氧化处理的A型圆锥销：销GB/T 117 10×60

附表 2-6 (mm)

d(公称)	0.6	0.8	1	1.2	1.5	2	2.5	3	4	5
l(商品规格范围公称长度)	0.08	0.1	0.12	0.16	0.2	0.25	0.3	0.4	0.5	0.63
$a\approx$	4~8	5~12	6~16	6~20	8~24	10~35	10~35	12~45	14~55	18~60
D(公称)	6	8	10	12	16	20	25	30	40	50
$a\approx$	0.8	1	1.2	1.6	2	2.5	3	4	5	6.3
l(商品规格范围公称长度)	22~90	22~120	26~160	32~180	40~200	45~200	50~200	55~200	60~200	65~200
l 系列	2, 3, 4, 5, 6, 8, 10, 12, 14, 16, 18, 20, 22, 24, 26, 28, 30, 32, 35, 40, 45, 50, 55, 60, 65, 70, 75, 80, 85, 90, 95, 100, 120, 140, 160, 180, 200									

(3) 开口销(GB/T 91－2000)

允许制造的型式

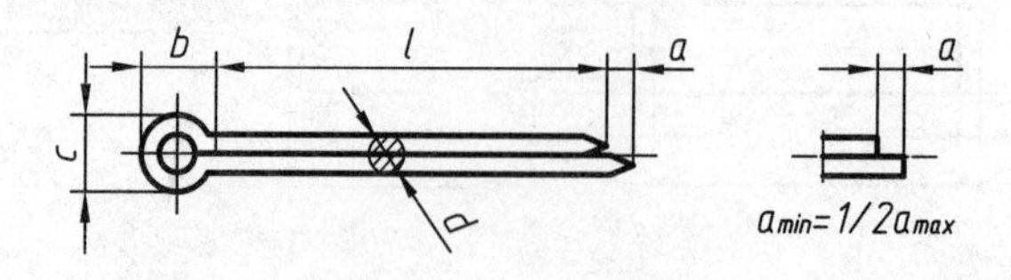

标记示例

公称直径$d=5$、长度$l=50$、材料为低碳钢、不经表面处理的开口销：销GB/T 91　5×50

附表 2-7　(mm)

公称规格		0.6	0.8	1	1.2	1.6	2	2.5	3.2	4	5	6.3	8	10	13
d	max	0.5	0.7	0.9	1.0	1.4	1.8	2.3	2.9	3.7	4.6	5.9	7.5	9.5	12.4
		0.4	0.6	0.8	0.9	1.3	1.7	2.1	2.7	3.5	4.4	5.7	7.3	9.3	12.1
c	max	1	1.4	1.8	2	2.8	3.6	4.6	5.8	7.4	9.2	11.8	15	19	24.8
	min	0.9	1.2	1.6	1.7	2.4	3.2	4	5.1	6.5	8	10.3	13.1	16.6	21.7
b≈		2	2.4	3	3	3.2	4	5	6.4	8	10	12.6	16	20	26
a_{max}		1.6	1.6	1.6	2.5	2.5	2.5	2.5	3.2	4	4	4	4	6.3	6.3
l(商品规格范围公称长度)		4~12	5~16	6~20	8~26	8~32	10~40	12~50	14~65	18~80	22~100	30~120	40~160	45~200	70~200
l 系列		4, 5, 6, 8, 10, 12, 14, 16, 18, 20, 22, 24, 26, 28, 30, 32, 36, 40, 45, 50, 55, 60, 65, 70, 75, 80, 85, 90, 100, 120, 140, 160, 180, 200													

注：公称规格等与开口销孔直径推荐的公差为：公称规格≤1.2:H13；公称规格>1.2:H14。

附录 3　常用滚动轴承

1. 深沟球轴承（GB/T 276－2013）

6000型

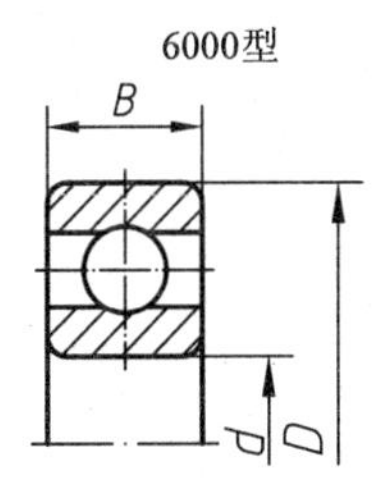

标记示例

内径d=20mm的60000型深钩球轴承，尺寸系列为(0)2，

滚动轴承6204 GB/T 276－1994

附表 3-1　　(mm)

轴承代号	尺寸			轴承代号	尺寸		
	d	*D*	*B*		*d*	*D*	*B*
尺寸系列(1)0				尺寸系列(0)3			
606	6	17	6	633	3	13	5
607	7	19	6	634	4	16	5
608	8	22	7	635	5	19	6
609	9	24	7	6300	10	35	11
6000	10	26	8	6301	12	37	12
6001	12	28	8	6302	15	42	13
6002	15	32	9	6303	17	47	14
6003	17	35	10	6304	20	52	15
6004	20	42	12	63/22	22	56	16
60/22	22	44	12	6305	25	62	17
6005	25	47	12	63/28	28	68	18
60/28	28	52	12	6306	30	72	19
6006	30	55	13	63/32	32	75	20
60/32	32	58	13	6307	35	80	21
6007	35	62	14	6308	40	90	23
6008	40	68	15	6309	45	100	25
6009	45	75	16	6310	50	110	27
6010	50	80	16	6311	55	120	29
6011	55	90	18	6312	60	130	31
6012	60	95	18				
尺寸系列0(2)				尺寸系列(0)4			
623	3	10	4	6403	17	62	17
624	4	13	5	6404	20	72	19
625	5	16	5	6405	25	80	21
626	6	19	6	6406	30	90	23
627	7	22	7	6407	35	100	25
628	8	24	8	6408	40	110	27
629	9	26	8	6409	45	120	29
6200	10	30	9	6410	50	130	31
6201	12	32	10	6411	55	140	33
6202	15	35	11	6412	60	150	35
6203	17	40	12	6413	65	160	37
6204	20	47	14	6414	70	180	42
62/22	22	50	14	6415	75	190	45
6205	25	52	15	6416	80	200	48
62/28	28	58	16	6417	85	210	52
6206	30	62	16	6418	90	225	54
62/32	32	65	17	6419	95	240	55
6207	35	72	17	6420	100	250	58
6208	40	80	18	6422	110	280	65
6209	45	85	19				
6210	50	90	20	注：表中括号“( )”，表示该数字在轴承代号中省略			
6211	55	100	21				
6212	60	110	22				

2. 圆锥滚子轴承(GB/T 297－1994)

30000型

标记示例

内径d=20mm、尺寸系列代号为02的圆锥滚子轴承;

滚动轴承30204 GB/T 297－1994

附表 3-2 (mm)

轴承代号	尺寸					轴承代号	尺寸				
	d	D	T	B	C		d	D	r	B	C
尺寸系列02						尺寸系列23					
30202	15	35	11.75	11	10	32303	17	47	20.25	19	16
30203	17	40	13.25	12	11	32304	20	52	22.25	21	18
30204	20	47	15.25	14	12	32305	25	62	25.25	24	20
30205	25	52	16.25	15	13	32306	30	72	28.75	27	23
30206	30	62	17.25	16	14	32307	35	80	32.75	31	25
302/32	32	65	18.25	17	15	32308	40	90	35.25	33	27
30207	35	72	18.25	17	15	32309	45	100	38.25	36	30
30208	40	80	19.75	18	16	32310	50	110	42.25	40	33
30209	45	85	20.75	19	16	32311	55	120	45.5	43	35
30210	50	90	21.75	20	17	32312	60	130	48.5	46	37
30211	55	100	22.75	21	18	32313	65	140	51	48	39
30212	60	110	23.75	22	19	32314	70	150	54	51	42
30213	65	120	24.75	23	20	32315	75	160	58	55	45
30214	70	125	26.75	24	21	32316	80	170	61.5	58	48
30215	75	130	27.75	25	22						
30216	80	140	28.75	26	22	尺寸系列30					
30217	85	150	30.5	28	24						
30218	90	160	32.5	30	26	33005	25	47	17	17	14
30219	95	170	34.5	32	27	33006	30	55	20	20	16
30220	100	180	37	34	29	33007	35	62	21	21	17
尺寸系列03						33008	40	68	22	22	18
30302	15	42	14.25	13	11	33009	45	75	24	24	19
30303	17	47	15.25	14	12	33010	50	80	24	24	19
30304	20	52	16.25	15	13	33011	55	90	27	27	21
30305	25	62	18.25	17	15	33012	60	95	27	27	21
30306	30	72	20.75	19	16	33013	65	100	27	27	21
30307	35	80	22.75	21	18	33014	70	110	31	31	25.5
30308	40	90	25.25	23	20	33015	75	115	31	31	25.5
30309	45	100	27.25	25	22	33016	80	125	36	36	29.5
30310	50	110	29.25	27	23	尺寸系列31					
30311	55	120	31.5	29	25						
30312	60	130	33.5	31	26	33108	40	75	26	26	20.5
30313	65	140	36	33	28	33109	45	80	26	26	20.5
30314	70	150	38	35	30	33110	50	85	26	26	20
30315	75	160	40	37	31	33111	55	95	30	30	23
30316	80	170	42.5	39	33	33112	60	100	30	30	23
30317	85	180	44.5	41	34	33113	65	110	34	34	26.5
30318	90	190	46.5	43	36	33114	70	120	37	37	29
30319	95	200	49.5	45	38	33115	75	125	37	37	29
30320	100	215	51.5	47	39	33116	80	130	37	37	29

3. 推力球轴承(GB/T 301－1995)

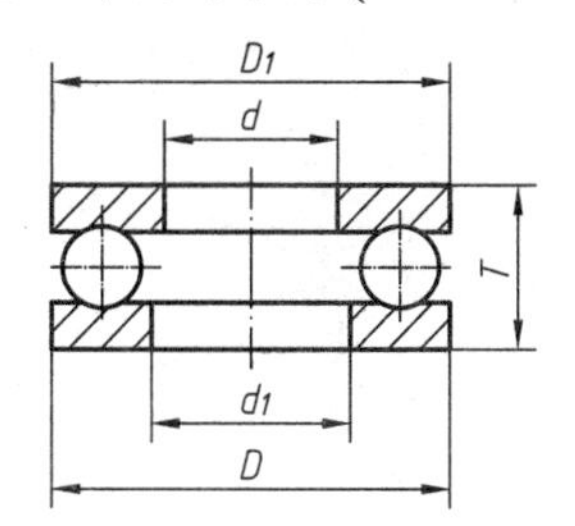

标记示例

内径d=20mm，51000型推力球轴承，12尺寸系列：

滚动轴承51204 GB/T 301－1995

51000型

附表 3-3 (mm)

轴承代号	尺寸					轴承代号	尺寸				
	d	D	T	d_1	D_1		d	D	T	d_1	D_1
尺寸系列11						尺寸系列13					
51104	20	35	10	21	35	51304	20	47	18	22	47
51105	25	42	11	26	42	51305	25	52	18	27	52
51106	30	47	11	32	47	51306	30	60	21	32	60
51107	35	52	12	37	52	51307	35	68	24	37	68
51108	40	60	13	42	60	51308	40	78	26	42	78
51109	45	65	14	47	65	51309	45	85	28	47	85
51110	50	70	14	52	70	51310	50	95	31	52	95
51111	55	.78	16	57	78	51311	55	105	35	57	105
51112	60	85	17	62	85	51312	60	110	35	62	110
51113	65	90	18	67	90	51313	65	115	36	67	115
51114	70	95	18	72	95	51314	70	125	40	72	125
51115	75	100	19	77	100	51315	75	135	44	77	135
51116	80	105	19	82	105	51316	80	140	44	82	140
51117	85	110	19	87	110	51317	85	150	49	88	150
51118	90	120	22	92	120	51318	90	155	50	93	155
51120	100	135	25	102	135	51320	100	170	55	103	170
51204	20	40	14	22	40	51405	25	60	24	27	60
51205	25	47	15	27	47	51406	30	70	28	32	70
51206	30	52	16	32	52	51407	35	80	32	37	80
51207	35	62	18	37	62	51408	40	90	36	42	90
51208	40	68	19	42	68	51409	45	100	39	47	100
51209	45	73	20	47	73	51410	50	110	43	52	110
51210	50	78	22	52	78	51411	55	120	48	57	120
51211	55	90	25	57	90.	51412	60	130	51	62	130
51212	60	95	26	62	95	51413	65	140	56	68	140
51213	65	100	27	67	100	51414	70	150	60	73	150
51214	70	105	27	72	105	51415	75	160	65	78	160
51215	75	110	27	77	110	51416	80	170	68	83	170
51216	80	115	28	82	115	51417	85	180	72	88	177
51217	85	125	31	88	125	51418	90	190	77	93	187
51218	90	135	35	93	135	51420	100	210	85	103	205
51220	100	150	38	103	150	51422	110	230	95	113	225

附录 4　弹簧

圆柱螺旋压缩弹簧(GB/T 2089－2009)

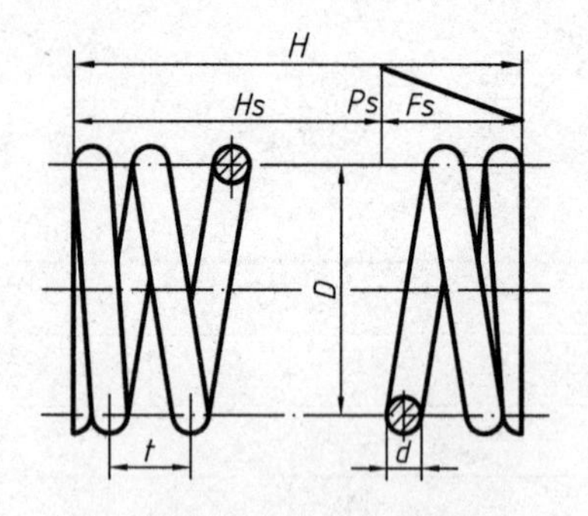

A型(两端圈并紧磨平)　　B型(两端圈并紧制扁)

标记示例

A型、螺旋压缩弹簧，材料直径6mm，弹簧中径38mm，自由高度60mm，材料为碳素弹簧钢丝C级，表面涂漆处理的右旋圆柱螺旋压缩弹簧，其标记为：

YA 6×38×60 GB/2089

附表 4-1　圆柱螺旋压缩弹簧(YA、YB型)尺寸及参数

材料直径/mm	弹簧中径/mm	节距 $t\approx$/mm	自由高度 H_0/mm	有效圈数 n圈	试验负荷 P/N	试验负荷变形量F_s/mm
2.5	20	7.02	38	4.5	218	20.4
			80	10.5		47.5
	25	9.57	58	5.5	174	38.9
			70	6.5		45.9
4	28	9. 16	50	4.5	594	23.2
			70	6.5		33.5
	30	9.92	45	3.5	554	20.7
			85	7.5		44.4
4.5	32	10.5	65	5.5	740	32.9
			90	7.5		44.9
	50	19. 1	80	3.5	474	51.2
			220	10.5		153
5	40	13.4	85	5.5	812	46.3
			1 10	7.5		63.2
	45	15.7	80	4.5	722	48.0
			140	8.5		90.6
6	38	11.9	60	4	368	23.5
			100	7.5		44.0
	45	14.2	90	5.5	1155	45.2
			120	7.5		61.7
10	45	14.6	115	6.5	4919	29.5
			130	7.5		34.1
	50	15.6	80	4	4427	22.4
			150	8.5		47.6

附录 5　常用材料及热处理

1. 金属材料

附表 5-1

标准	名称	牌号		应用举例	说明
GB/T 700－2006	普通碳素结构钢	Q215	A级	金属结构件、拉杆、套圈、铆钉、螺栓、短轴、心轴、凸轮(载荷不大的)、垫圈；渗碳零件及焊接件	“Q”为碳素结构钢屈服点“屈”字的汉语拼音首位字母，后面数字表示屈服点值。如Q235表示碳素结构钢屈服点为235N/mm²。 新旧牌号对照： Q215…A2(A2F) Q235…A3 Q275…A5
			B级		
		Q235	A级	金属结构件，心部强度要求不高的渗碳或氰化零件，吊钩、拉杆、套圈、汽缸、齿轮、螺栓，螺母、连杆、轮轴、楔、盖及焊接件	
			B级		
			C级		
			D级		
		Q275		轴、轴销、刹车杆、螺母、螺栓、垫圈、连杆齿轮以及其他强度较高的零件	
GB/T 699－1999	优质碳素结构钢	30		曲轴、转轴、轴销、连杆、横梁、星轮	牌号的两位数字表示平均含碳量，称碳的质量分数。45号钢即表示碳的质量分数为0.45%，表示平均含碳量为0.45% 碳的质量分数≤0.25%的碳钢属低碳钢(渗碳钢) 碳的质量分数在0.25%～0.6%之间的碳钢属中碳钢(调质钢) 碳的质量分数≥0.6%的碳钢属高碳钢 在牌号后加符号“F”表示沸腾钢
		35		曲轴、摇杆、拉杆、键、销、螺栓	
		40		齿轮、齿条、链轮、凸轮、轧辊、曲柄轴	
		45		齿轮、轴、联轴器、衬套、活塞销、链轮	
		15Mn		活塞销、凸轮轴、拉杆、铰链、焊管、钢板	锰的质量分数较高的钢，须加注化学元素符号“Mn”
		65Mn		弹簧、发条	
GB/T 3077－1999	合金结构钢	15Cr		渗碳齿轮、凸轮、活塞销、离合器	钢中加入一定量的合金元素，提高了钢的力学性能和耐磨性，也提高了钢在热处理时的淬透性，保证金属在较大截面上获得好的力学性能
		40Cr		较重要的调质零件，如齿轮、进气阀、辊子、轴等；强度及耐磨性高的轴、齿轮、螺栓等	
		35SiMn		齿轮、轴以及430℃以下的重要零件	
		20CrMnTi		用于承受高速、中等或重负荷以及冲击、磨损等重要零件，如渗碳齿轮、凸轮	
		20Mn2		渗碳小齿轮、活塞销、气门推杆、钢套等	
GB/T 9439－2010	灰铸铁	HT 150		用于中度铸件，如端盖、底座、轴承座等	“HT”表示灰铸铁，后面的数字表示抗拉强度值(N/mm²)
		HT 200		用于高强度铸件，如床身、机座、齿轮、凸轮、汽缸泵体、联轴器等	
		HT 250			
		HT 350		用于高强度耐磨铸件，如齿轮、凸轮、重载荷床身、高压泵、阀壳体、锻模、冷冲压模等	

(续表)

标准	名称	牌　号	应　用　举　例	说　　明
GB/T 11352—2009	铸钢	ZG230–450	铸造平坦的零件，如机座、机盖、箱体、铁砧台，工作温度在450°C以下的管路附件等，焊接性良好	ZG230–450表示：工程用铸钢，屈服点为230N/mm^2，抗拉强度450N/mm^2
		ZG310–570	各种形状的机件，如齿轮、齿圈、重负荷机架等	
GB/T 5232—1985	普通黄铜	H62	散热器、垫圈、弹簧、各种网、螺钉等	H表示黄铜，后面数字表示平均含铜量的百分数
GB/T 1176—2013	38黄铜	ZCuZn38	一般结构件和耐蚀件，如法兰、阀座、螺母、螺杆等	"Z"为铸造汉语拼音的首位字母、各化学元素后面的数字表示该元素含量的百分数
	5-5-5锡青铜	ZCuSn5Pb5Zn5	较高负荷、中速下工作的耐磨耐蚀件，如轴瓦、衬套、缸套及蜗轮等	
GB/T 1173—2013	铸造铝合金	ZAlSil2 (代号ZL102)	气缸活塞以及高温工作的承受冲击载荷的复杂薄壁零件	ZL102表示含硅10%~13%、余量为铝的铝硅合金
GB/T 3190—2008	硬铝	2A12	适用于中等强度的零件，焊接性能好	含铜、镁和锰的合金

2. 非金属材料

附表 5-2

标 准	名 称	牌号或代号	性能及应用举例	说 明
GB/T5574－2008	普通橡胶板	1613	中等硬度，具有较好的耐磨性和弹性，适用于制作具有耐磨、耐冲击及缓冲性能好的垫圈、密封条和垫板等	
	耐油橡胶板	3707 3807	较高硬度，较好的耐溶剂膨胀性，可在–30°C～+100°C机油、汽油等介质中工作，可制作垫圈	
FZ/T25001－1992	工业用毛毡	T112 T122 T132	用作密封、防漏油、防震、缓冲衬垫等	毛毡厚度 1.5~2.5mm
GB/T7134－2008	有机玻璃	PMMA	耐酸耐碱。制造具有一定透明度和强度的零件、油杯、标牌、管道、电气绝缘件等	分为有色和无色两种
JB/T8149.3－1995	酚醛层压布板	PFCCl PFCC2 PFCC3 PFCC4	机械性能很高，刚性大耐热性高。可用作密封件、轴承、轴瓦、皮带轮、齿轮、离合器、摩擦轮和电气绝缘零件等	在水润滑下摩擦系数极低
QB/T2200－1996	半钢纸板		供汽车、拖拉机的发动机及其他工业设备上制作密封垫片	纸板厚度 0.5~3mm
JB/ZQ4196－2006	尼龙6 尼龙66 尼龙610 尼龙1010	PA	有高抗拉强度和良好冲击韧性，可耐热达100°C，耐弱酸、弱碱，耐油性好，灭音性好。可以制作齿轮等机械零件	
QB/T3625－1999 QB/T3626－1999	聚四氧乙烯 (板、棒)	PTFE	化学稳定性好，高耐热耐寒性，自润滑好，用于耐腐蚀耐高温密封件、密封圈、填料、衬垫等	

备注：QB—轻工行业标准；JB—机械行业标准；FZ—纺织行业标准

3. 常用热处理工艺

附表 5-3

名 词	代 号	说 明	应 用
退 火	5111	将钢件加热到临界温度以上(一般是710~715℃，个别合金钢800~900℃)30~50℃，保温一段时间，然后缓慢冷却(一般在炉中冷却)	用来消除铸、锻、焊零件的内应力，降低硬度，便于切削加工，细化金属晶粒，改善组织，增加韧性
正 火	5121	将钢件加热到临界温度以上，保温一段时间，然后用空气冷却，冷却速度比退火为快	用来处理低碳和中碳结构钢及渗碳零件，使其组织细化，增加强度与韧性，减少内应力，改善切削性能
淬 火	5131	将钢件加热到临界温度以上，保温一段时间，然后在水、盐水或油中(个别材料在空气中)急速冷却，使其得到高硬度	用来提高钢的硬度和强度极限。但淬火会引起内应力使钢变脆，所以淬火后必须回火
回 火	5141	回火是将淬硬的钢件加热到临界点以下的温度，保温一段时间，然后在空气中或油中冷却下来	用来消除淬火后的脆性和内应力，提高钢的塑性和冲击韧性
调 质	5151	淬火后在450~650℃进行高温回火，称为调质	用来使钢获得高的韧性和足够的强度。重要的齿轮、轴及丝杆等零件是调质处理的
表面淬火和回火	5210	用火焰或高频电流将零件表面迅速加热至临界温度以上，急速冷却	使零件表面获得高硬度，而心部保持一定的韧性，使零件既耐磨又能承受冲击。表面淬火常用来处理齿轮等
渗 碳	5310	在渗碳剂中将钢件加热到900~950℃，停留一定时间，将碳渗入钢表面，深度约为0.5~2mm，再淬火后回火	增加钢件的耐磨性能，表面硬度、抗拉强度及疲劳极限 适用于低碳、中碳(w_C<0.40%)结构钢的中小型零件
渗 氮	5330	渗氮是在500~600℃通人氨的炉子内加热，向钢的表面渗入氮原子的过程。氮化层为0.025~0.8 mm，氮化时间需40~50h	增加钢件的耐磨性能、表面硬度、疲劳极限和抗蚀能力 适用于合金钢、碳钢、铸铁件，如机床主轴，丝杆以及在潮湿碱水和燃烧气体介质的环境中工作的零件
氰 化	Q59(氰化淬火后，回火至56-62HRC)	在820~860℃炉内通人碳和氮，保温1~2h，使钢件的表面同时渗入碳、氮原子，可得到0.2~0.5mm的氰化层	增加表面硬度、耐磨性、疲劳强度和耐蚀性 用于要求硬度高、耐磨的中、小型及薄片零件和刀具等

(续表)

名 词	代 号	说 明	应 用
时 效	时效处理	低温回火后，精加工之前，加热到100~160℃，保持10~40h。对铸件也可用天然时效(放在露天中一年以上)	使工件消除内应力和稳定形状，用于量具、精密丝杆、床身导轨、床身等
发 蓝 发 黑	发蓝或发黑	将金属零件放在很浓的碱和氧化剂溶液中加热氧化，使金属表面形成一层氧化铁所组成的保护性薄膜	防腐蚀、美观。用于一般连接的标准件和其他电子类零件
镀 镍	镀镍	用电解方法，在钢件表面镀一层镍	防腐蚀、美化
镀 铬	镀铬	用电解方法，在钢件表面镀一层铬	提高表面硬度、耐磨性和耐蚀能力，也用于修复零件上磨损了的表面
硬 度	HB(布氏硬度)	材料抵抗硬的物体压人其表面的能力称“硬度”。根据测定的方法不同，可分布氏硬度、洛氏硬度和维氏硬度。硬度的测定是检验材料经热处理后的机械性能——硬度	用于退火、正火、调质的零件及铸件的硬度检验
	HRC(洛氏硬度)		用于经淬火、回火及表面渗碳、渗氮等处理的零件硬度检验
	HV(维氏硬度)		用于薄层硬化零件的硬度检验

注：热处理工艺代号尚可细分，如空冷淬火代号为5131a，油冷淬火代号为5131e，水冷淬火代号为5131w等。本附录不再罗列，详情请查阅GB/T 12603—2005。

附录6　极限与配合

1. 优先选用及常用选用公差带极限偏差数值表(摘自 GB/T 1800.4－1999)

(1) 轴

附表 6-1　常用及优先

公称尺寸 mm		常用及优先公差带												
		a	b		c			d				e		
大于	至	11	11	12	9	10	⑪	8	⑨	10	11	7	8	9
—	3	-270 -330	-140 -200	-140 -240	-60 -85	-60 -100	-60 -120	-20 -34	-20 -45	-20 -60	-20 -80	-14 -24	-14 -28	-14 -39
3	6	-270 -345	-140 -215	-140 -260	-70 -100	-70 -118	-70 -145	-30 -48	-30 -60	-30 -78	-30 -105	-20 -32	-20 -38	-20 -50
6	10	-280 -370	-150 -240	-150 -300	-80 -116	-80 -138	-80 -170	-40 -62	-40 -76	-40 -98	-40 -130	-25 -40	-25 -47	-25 -61
10	14	-200	-150	-150	-95	-95	-95	-50	-50	-50	-50	-32	-32	-32
14	18	-400	-260	-330	-138	-165	-205	-77	-93	-120	-160	-50	-59	-75
18	24	-300	160	-160	-110	-110	-110	-65	-65	-65	-65	-40	-40	-40
24	30	-430	-290	-370	-162	-194	-240	-98	-117	-149	-195	-61	-73	-92
30	40	-310 -470	-170 -330	-170 -420	-120 -182	-120 -220	-120 -280	-80 -119	-80 -142	-80 -180	-80 -240	-50 -75	-50 -89	-50 -112
40	50	-320 -480	-180 -340	-180 -430	-130 -192	-130 -230	-130 -290							
50	65	-340 -530	190 -380	-190 -490	-140 -214	-140 -260	-140 -330	-100 -146	-100 -174	-100 -220	-100 -290	-60 -90	-60 -106	-60 -134
65	80	-360 -550	-200 -390	-200 -500	-150 -224	-150 -270	-150^ -340							
80	100	-380 -600	-220 -440	-220 -570	-170 -257	-170 -310	-170 -390	-120 -174	-120 -207	-120 -260	-120 -340	-72 -107	-72 -126	-72 -159
100	120	-410 -630	-240 -460	-240 -590	-180 -267	-180 -320	-180 -400							
120	140	-460 -710	-260 -510	-260 -660	-200 -300	-200 -360	-200 -450	-145 -208	-145 -245	-145 -305	-145 -395	-85 -125	-85 -148	-85 -185
140	160	-520 -770	-280 -530	-280 -680	-210 -310	-210 -370	-210 -460							
160	180	-580 -830	-310 -560	-310 -710	-230 -330	-230 -390	-230 -480							
180	200	-660 -950	-340 -630	-340 -800	-240 -355	-240 -425	-240 -530	-170 -242	-170 -285	-170 -355	-170 -460	-100 -146	-100 -172	-100 -215
200	225	-740 -1030	-380 -670	-380 -840	-260 -375	-260 -445	-260 -550							
225	250	-820 -1110	-420 -710	-420 -880	-280 -395	-280 -465	-280 -570							
250	280	-920 -1240	-480 -800	-480 -1000	-300 -430	-300 -510	-300 -620	-190 -271	-190 -320	-190 -400	-190 -510	-110 -162	-110 191	-110 -240
280	315	-1050 -1370	-540 -860	-540 -1060	-330 -460	-330 -540	-330 -650							
315	355	-1200 -1560	-600 -960	-600 -1170	-360 -500	-360 -590	-360 -720	-210 -299	-210 -350	-210 -440	-210 -570	-125 -182	-125 -214	-125 -265
355	400	-1350 -1710	-680 -1040	-680 -1250	-400 -540	-400 -630	-400 -760							
400	450	-1500 -1900	-760 -1160	-760 -1390	-440 -595	-440 -690	-440 -840	-230 -327	-230 -385	-230 -480	-230 -630	-135 198	-135 -232	-135 -290
450	500	-1650 -2050	-840 -1240	-840 -1470	-480 -635	-480 -730	-480 -880							

注：公称尺寸小于1mm时，各级的a和b均不采用。

轴公差带极限偏差 (μm)

(带圈者为优先公差带)

f					g			h							
5	6	⑦	8	9	5	⑥	7	5	⑥	⑦	8	⑦	10	⑪	12
-6	-6	-6	-6	-6	-2	-2	-2	0	0	0	0	0	0	0	0
-10	-12	-16	-20	-31	-6	-8	-12	-4	-6	-10	-14	-25	-40	-60	-100
-10	-10	-10	-10	-10	-4	-4	-4	0	0	0	0	0	0	0	0
-15	-18	-22	-28	-40	-9	-12	-16	-5	-8	-12	-18	-30	-48	-75	-120
-13	-13	-13	-13	-13	-5	-5	-5	0	0	0	0	0	0	0	0
-19	-22	-28	-35	-49	-11	-14	-20	-6	-9	-15	-22	-36	-58	-90	-150
-16	-16	-16	-16	-16	-6	-6	-6	0	0	0	0	0	0	0	0
-24	-27	-34	-43	-59	-14	-17	-24	-8	-11	-18	-27	-43	-70	-110	-180
-20	-20	-20	-20	-20	-7	-7	-7	0	0	0	0	0	0	0	0
-29	-33	-41	-53	-72	-16	-20	-28	-9	-13	-21	-33	-52	-84	-130	-210
-25 -36	-25 -41	-25 -50	-25 -64	-25 -87	-9 -20	-9 -25	-9 -34	0 -11	0 -16	0 -25	0 -39	0 -62	0 -100	0 -160	0 -250
-30 -43	-30 -49	-30 -60	-30 -76	-30 -104	-10 -23	-10 -29	-10 -40	0 -13	0 -19	0 -30	0 -46	0 -74	0 -120	0 -190	0 -300
-36 -51	-36 -58	-36 -71	-36 -90	-36 -123	-12 -27	-12 -34	-12 -47	0 -15	0 -22	0 -35	0 -54	0 -87	0 -140	0 -220	0 -350
-43 -61	-43 -68	-43 -83	-43 -106	-43 -143	-14 -32	-14 -39	-14 -54	0 -18	0 -25	0 40	0 63	0 100	0 -160	0 -250	0 -400
-50 -70	-50 -79	-50 -96	-50 -122	-50 -165	-15 -35	-15 -44	-15 -61	0 -20	0 -29	0 -46	0 -72	0 -115	0 -185	0 -290	0 -460
-56 -79	-56 -88	-56 -108	-56 -137	-56 -186	-17 -40	-17 -49	-17 -69	0 -23	0 -32	0 -52	0 -81	0 -130	0 -210	0 -320	0 -520
-62 -87	-62 -98	-62 -119	-62 -151	-62 -202	-18 -43	-18 -54	-18 -75	0 -25	0 -36	0 -57	0 -89	0 -140	0 -230	0 -360	0 -570
-68 -95	-68 -108	-68 -131	-68 -165	-68 -223	-20 -47	-20 -60	-20 -83	0 -27	0 -40	0 -63	0 -97	0 -155	0 -250	0 -400	0 -630

公称尺寸 mm		常用及优先公差带														
		js			k			m			n			p		
大于	至	5	6	7	5	⑥	7	5	6	7	5	⑥	7	5	⑥	7
—	3	±2	±3	±5	+4	+6	+10 0	+6 +2	+8 +2	+12 +2	+8 +4	+10 +4	+14 +4	+10 +6	+12 +6	+16 +6
3	6	±2.5	±4	±6	+6 +1	+9 +1	+13 +1	+9 +4	+12 +4	+16 +4	+13 +8	+16 +8	+20 +8	+17 +12	+20 +12	+24 +12
6	10	±3	±4.5	±7	+7 +1	+10 +1	+16 +1	+12 +6	+15 +6	+21 +6	+16 +10	+19 +10	+25 +10	+21 +15	+24 +15	+30 +15
10	14	±4	±5.5	±9	+9 +1	+12 +1	+19 +1	+15 +7	+18 +7	+25 +7	+20 +12	+23 +12	+30 +12	+26 +18	+29 +18	+36 +18
14	18															
18	24	±4.5	±6.5	±10	+11 +2	+15 +2	+23 +2	+17 +8	+21 +8	+29 +8	+24 +15	+28 +15	+36 +15	+31 +22	+35 +22	+43 +22
24	30															
30	40	±5.5	±8	±12	+13 +2	+18 +2	+27 +2	+20 +9	+25 +9	+34 +9	+28 +17	+33 +17	+42 +17	+37 +26	+42 +26	+51 +26
40	50															
50	65	±6.5	±9.5	±15	+15 +2	+21 +2	+32 +2	+24 +11	+30 +11	+41 +11	+33 +20	+39 +20	+50 +20	+45 +32	+51 +32	+62 +32
65	80															
80	100	±7.5	±11	±17	+18 +3	+25 +3	+38 +3	+28 +13	+35 +13	+48 +13	+38 +23	+45 +23	+58 +23	+52 +37	+59 +37	+72 +37
100	120															
120	140	±9	±12.5	±20	+21 +3	+28 +3	+43 +3	+33 +15	+40 +15	+55 +15	+45 +27	+52 +27	+67 +27	+61 +43	+68 +43	+83 +43
140	160															
160	180															
180	200	±10	±14.5	±23	+24 +4	+33 +4	+50 +4	+37 +17	+46 +17	+63 +17	+54 +31	+60 +31	+77 +31	+70 +50	+79 +50	+96 +50
200	225															
225	250															
250	280	±11.5	±16	±26	+27 +4	+36 +4	+56 +4	+43 +20	+52 +20	+72 +20	+57 +34	+66 +34	+86 +34	+79 +56	+88 +56	+108 +56
280	315															
315	355	±12.5	±18	±28	+29 +4	+40 +4	+61 +4	+46 +21	+57 +21	+78 +21	+62 +37	+73 +37	+94 +37	+87 +62	+98 +62	+119 +62
355	400															
400	450	±13.5	±20	±31	+32 +5	+45 +5	+68 +5	+50 +23	+63 +23	+86 +23	+67 +40	+80 +40	+103 +40	+95 +68	+108 +68	+131 +68
450	500															

(续表)

(带圈者为优先公差带)

r			s			t			u		v	x	y	z
5	6	7	5	⑥	7	5	6	7	⑥	7	6	6	6	6
+14 +10	+16 +10	+20 +10	+18 +14	+20 +14	+24 +14	—	—	—	+24 +18	+28 +18	—	+26 +20	—	+32 +26
+20 +15	+23 +15	+27 +15	+24 +19	+27 +19	+31 +19	—	—	—	+31 +23	+35 +23	—	+36 +28	—	+43 +35
+25 +19	+28 +19	+34 +19	+29 +23	+32 +23	+38 +23	—	—	—	+37 +28	+43 +28	—	+43 +34	—	+51 +42
+31 +23	+34 +23	+41 +23	+36 +28	+39 +28	+46 +28	—	—	—	+44	+51	—	+51 +40	—	+61 +50
						—	—	—	+33	+33	+50 +39	+56 +45	—	+71 +60
+37 +28	+41 +28	+49 +28	+44 +35	+48 +35	+56 +35	—	—	—	+54 +41	+62 +41	+60 +47	+67 +54	+76 +63	+86 +73
						+50 +41	+54 +41	+62 +41	+61 +43	+69 +48	+68 +55	+77 +64	+88 +75	+101 +88
+45 +34	+50 +34	+59 +34	+54 +43	+59 +43	+68 +43	+59 +48	+64 +48	+73 +48	+76 +60	+85 +60	+84 +68	+96 +80	+110 +94	+128 +112
						+65 +54	+70 +54	+79 +54	+86 +70	+95 +70	+97 +81	+113 +97	+130 +114	+152 +136
+54 +41	+60 +41	+71 +41	+66 +53	+72 +53	+83 +53	+79 +66	+85 +66	+96 +66	+106 +87	+117 +87	+121 +102	+141 +122	+163 +144	+191 +172
+56 +43	+62 +43	+73 +43	+72 +59	+78 +59	+89 +59	+88 +75	+94 +75	+105 +75	+121 +102	+132 +102	+139 +120	+165 +146	+193 +174	+229 +210
+66 +51	+73 +51	+86 +51	+86 +71	+93 +71	+106 +71	+106 +91	+113 +91	+126 +91	+146 +124	+159 +124	+168 +146	+200 +178	+236 +214	+280 +258
+69 +54	+76 +54	+89 +54j	+94 +79	+101 +79	+114 +79	+110 +104	+1,26 +104	+139 +104	+166 +144	+179 +144	+194 +172	+232 +210	+276 +254	+332 +310
+81 +63	+88 +63	+103 +63	+110 +92	+117 +92	+132 +92	+140 +122	+147 +122	+162 +122	+195 +170	+210 +170	+227 +202	+273 +248	+325 +300	+390 +365
+83 +65	+90 +65	+105 +65	+118 +100	+125 +100	+140 +100	+152 +134	+159 +134	+174 +134	+215 +190	+230 +190	+253 +228	+305 +280	+365 +340	+440 +415
+86 +68	+93 +68	+108 +68	+126 +108	+133 +108	+148 +108	+ 164 +146	+171 +146	+186 +146	+235 +210	+250 +210	+277 +252	+335 +310	+405 +380	+490 +465
+97 +77	+106 +77	+123 +77	+142 +122	+151 +122	+168 +122	+186 +166	+195 +166	+212 +166	+265 +236	+282 +236	+313 +284	+379 +350	+454 +425	+549 +520
+100 +80	+109 +80	+126 +80	+150 +130	+159 +130	+176 +130	+200 +180	+209 +180	+226 +180	+287 +258	+304 +258	+339 +310	+414 +385	+499 +470	+604 +575
+104 +84	+113 +84	+130 +84	+160 +140	+169 +140	+186 +140	+216 +196	+225 +196	+242 +196	+313 +284	+330 +284	+369 +340	+454 +425	+549 +520	+669 +640
+117 +94	+126 +94	+146 +94	+181 +158	+290 +158	+210 +158	+241 +218	+250 +218	+270 +218	+347 +315	+367 +315	+417 +385	+507 +475	+612 +580	+742 +710
+121 +98	+130 +98	+150 +98	+193 +170	+202 +170	+222 +170	+263 +240	+272 +240	+292 +240	+382 +350	+402 +350	+457 +425	+557 +525	+682 +650	+322 +790
+133 +108	+144 +108	+165 +108	+215 +190	+226 +190	+247 +190	+293 +268	+304 +268	+325 +268	+426 +390	+447 +390	+511 +475	+626 +590	+766 +730	+936 +900
+139 +114	+150 +114	+171 +114	+233 +208	+244 +208	+265 +208	+319 +294	+330 +294	+351 +294	+471 +435	+492 +435	+566 +530	+696 +660	+856 +820	+1036 +1000
+153 +126	+166 +126	+189 +126	+259 +232	+272 +232	+295 +232	+357 +330	+370 +330	+393 +330	+530 +490	+553 +490	+635 +595	+780 +740	+960 +920	+1140 +1100
+159 +132	+172 +132	+195 +132	+279 +252	+292 +252	+315 +252	+387 +360	+400 +360	+423 +360	+580 +540	+603 +540	+700 +660	+860 +820	+1040 +1000	+1 290 +1250

(2) 孔

附表 6-2 常用及优先孔公差带极限偏差 (μm)

公称尺寸 mm		常用及优先公差(带圈者为优先公差带)													
		A	B		C	D				E		F			
大于	至	11	11	12	⑪	8	⑨	10	11	8	9	6	7	⑧	9
—	3	+330 +270	+200 +140	+240 +140	+120 +60	+34 +20	+45 +20	+60 +20	+80 +20	+28 +14	+39 +14	+12 +6	+16 +6	+20 +6	+31 +6
3	6	+345 +270	+215 +140	+260 +140	+145 +70	+48 +30	+60 +30	+78 +30	+105 +30	+38 +20	+50 +20	+18 +10	+22 +10	+28 +10	+40 +10
6	10	+370 +280	+240 +150	+300 +150	+170 +80	+62 +40	+76 +40	+98 +40	+130 +40	+47 +25	+61 +25	+22 +13	+28 +13	+35 +13	+49 +13
10	14	+400 +290	+260 +150	+330 +150	+205 +95	+77 +50	+93 +50	+120 +50	+160 +50	+59 +32	+75 +32	+27 +16	+34 +16	+43 +16	+59 +16
14	18														
18	24	+430 +300	+290 +160	+370 +160	+240 +110	+98 +65	+117 +65	+149 +65	+195 +65	+73 +40	+92 +40	+33 +20	+41 +20	+53 +20	+72 +20
24	30														
30	40	+470 +310	+330 +170	+420 +170	+280 +120	+119 +80	+142 +80	+180 +80	+240 +80	+89 +50	+112 +50	+41 +25	+50 +25	+64 +25	+87 +25
40	50	+480 +320	+340 +180	+430 +180	+290 +130										
50	65	+530 +340	+380 +190	+490 +190	+330 +140	+146 +100	+170 +100	+220 +100	+290 +100	+106 +60	+134 +60	+49 +30	+60 +30	+76 +30	+104 +30
65	80	+550 +360	+390 +200	+500 +200	+340 +150										
80	100	+600 +380	+440 +220	+570 +220	+390 +170	+174 +120	+207 +120	+260 +120	+340 +120	+126 +72	+159 +72	+58 +36	+71 +36	+90 +36	+123 +36
100	120	+630 +410	+460 +240	+590 +240	+400 +180										
120	140	+710 +460	+510 +260	+660 +260	+450 +200	+208 +145	+245 +145	+305 +145	+395 +145	+148 +85	+185 +85	+68 +43	+83 +43	+106 +43	+143 +43
140	160	+770 +520	+530 +280	+680 +280	+460 +210										
160	180	+830 +580	+560 +310	+710 +310	+480 +230										
180	200	+950 +660	+630 +340	+800 +340	+530 +240	+242 +170	+285 +170	+355 +170	+460 +170	+172 +100	+215 +100	+79 +50	+96 +50	+122 +50	+165 +50
200	225	+1030 +740	+670 +380	+840 +380	+550 +260										
225	250	+1110 +820	+710 +420	+880 +420	+570 +280										
250	280	+1240 +920	+800 +480	+1000 +480	+620 +300	+271 +190	+320 +190	+400 +190	+510 +190	+191 +110	+240 +110	+88 +56	+108 +56	+137 +56	+186 +56
280	315	+1370 +1050	+860 +540	+1060 +540	+650 +330										
315	355	+1560 +1200	+960 +600	+1 170 +600	+720 +360	+299 +210	+350 +210	+440 +210	+570 +210	+214 +125	+265 +125	+98 +62	+119 +62	+151 +62	+202 +62
355	400	+1710 +1350	+1040 +680	+1250 +680	+760 +400										
400	450	+1900 +1500	+1160 +760	+1390 +760	+840 +440	+327 +230	+385 +230	+480 +230	+630 +230	+232 +135	+290 +135	+108 +68	+131 +68	+165 +68	+223 +68
450	500	+2050 +1650	+1240 +840	+1470 +840	+880 +480										

(续表)

公称尺寸 mm		常用及优先公差(带圈者为优先公差带)																	
		G		H							J_s			K			M		
大于	至	6	⑦	6	⑦	⑧	⑨	10	⑪	12	6	7	8	6	⑦	8	6	7	8
—	3	+8 +2	+12 +2	+6 0	+10 0	+14 0	+25 0	+40 0	+60 0	+100 0	±3	±5	±7	0 −6	0 −10	0 −14	−2 −8	−2 −12	−2 −16
3	6	+12 +4	+16 +4	+8 0	+12 0	+18 0	+30 0	+48 0	+75 0	+120 0	±4	±6	±9	+2 −6	+3 −9	+5 −13	−1 −9	0 −12	+2 −16
6	10	+14 +5	+20 +5	+9 0	+15 0	+22 0	+36 0	+58 0	+90 0	+150 0	±4.5	±7	±11	+2 −7	+5 −10	+6 −16	−3 −12	0 −15	+1 −21
10	14	+17 +6	+24 +6	+11 0	+18 0	+27 0	+43 0	+70 0	+110 0	+180 0	±5.5	±9	±13	+2 −9	+6 −12	+8 −19	−4 −15	0 −18	+2 −25
14	18																		
18	24	+20 +7	+28 +7	+13 0	+21 0	+33 0	+52 0	+84 0	+130 0	+210 0	±6.5	±10	±16	+2 −11	+6 −15	+10 −23	-4 −17	0 −21	+4 −29
24	30																		
30	40	+25 +9	+34 +9	+16 0	+25 0	+39 0	+62 0	+100 0	+160 0	+250 0	±8	±12	±19	+3 −13	+7 −18	+12 −27	-4 −20	0 −25	+5 −34
40	50																		
50	65	+29 +10	+40 +10	+19 0	+30 0	+46 0	+74 0	+120 0	+190 0	+300 0	±9.5	±15	±23	+4 −15	+9 −21	+14 −32	−5 −24	0 −30	+5 −41
65	80																		
80	100	+34 +12	+47 +12	+22 0	+35 0	+54 0	+87 0	+140 0	+220 0	+350 0	±11	±17	±27	+4 −18	+10 −25	+16 −38	−6 −28	0 −35	+6 −48
100	120																		
120	140	+39 +14	+54 +14	+25 0	+40 0	+63 0	+100 0	+160 0	+250 0	+400 0	±12.5	±20	±31	+4 −21	+12 −28	+20 −43	−8 -33	0 −40	+8 −55
140	160																		
160	180																		
180	200	+44 +15	+61 +15	+29 0	+46 0	+72 0	+115 0	+185 0	+290 0	+460 0	±14.5	±23	±36	+5 −4	+13 −33	+22 −50	−8 -37	0 −46	+9 −63
200	225																		
225	250																		
250	280	+49 +17	+69 +17	+32 0	+52 0	+81 0	+130 0	+210 0	+320 0	+520 0	±16	±26	±40	+5 -27	+16 -36	+25 -56	-9 -41	0 -52	+9 -72
280	315																		
315	355	+54 +18	+75 +18	+36 0	+57 0	+89 0	+140 0	+230 0	+360 0	+570 0	±18	±28	±44	+7 −29	+17 −40	+28 −61	−10 −46	0 −57	+11 −78
355	400																		
400	450	+60 +20	+83 +20	+40 0	+63 0	+97 0	+155 0	+250 0	+400 0	+630 0	±20	±31	±48	+8 −32	+18 −45	+29 −68	−10 -50	0 −63	+11 −86
450	500																		

(续表)

公称尺寸 mm		常用及优先公差带(带圈者为优先公差带)											
		N			P		R		S		T		U
大于	5	6	⑦	8	6	⑦	6	7	6	⑦	6	7	⑦
—	3	-4 -10	-4 -14	-4 -18	-6 -12	-6 -16	-10 -16	-10 -20	-14 -20	-14 -24	—	—	-18 -28
3	6	-5 -13	-4 -16	-2 -20	-9 -17	-8 -20	-12 -20	-11 -23	-16 -24	-15 -27	—	—	-19 -31
6	10	-7 -16	-4 -19	-3 -25	-12 -21	-9 -24	-16 -25	-13 -28	-20 -29	-17 -32	—	—	-22 -37
10	14	-9	-5	-3	-15	-11	-20	-16	-25	-21	—	—	-26
14	18	-20	-23	-30	-26	-29	-31	-34	-36	-39			-44
18	24	-11 -24	-7 -28	-3 -36	-18 -31	-14 -35	-24 -37	-20 -41	-31 -44	-27 -48	—	—	-33 -54
24	30										-37 -50	-33 -54	-40 -61
30	40	-12 -28	-8 -33	-3 -42	-21 -37	-17 -42	-29 -45	-25 -50	-38 -54	-34 -59	-43 -59	-39 -64	-51 -76
40	50										-49 -65	-45 -70	-61 -86
50	65	-14 -33	-9 -39	-4 -50	-26 -45	-21 -51	-35 -54	-30 -60	-47 -66	-42 -72	-60 -79	-55 -85	-76 -106
65	80						-37 -56	-32 -62	-53 -72	-48 -78	-69 -88	-64 -94	-91 -121
80	100	-16 -38	-10 -45	-4 -58	-30 -52	-24 -59	-44 -66	-38 -73	-64 -86	-58 -93	-84 -106	-78 -113	-111 -146
100	120						-47 -69	-41 -76	-72 -94	-66 -101	-97 -119	-91 -126	-131 -166
120	140	-20 -45	-12 -52	-4 -67	-36 -61	-28 -68	-56 -81	-48 -88	-85 -110	-77 -117	-115 -140	-107 -147	-155 -195
140	160						-58 -83	-50 -90	-93 -118	-85 -125	-127 -152	-119 -159	-175 -215
160	180						-61 -86	-53 -93	-101 -126	-93 -133	-139 -164	-131 -171	-195 -235
180	200	-22 -51	-14 -60	-5 -77	-41 -70	-33 -79	-68 -97	-60 -106	-113 -142	-105 -151	-157 -186	-149 -195	-219 -265
200	225						-71 -100	-63 -109	-121 -150	-113 -159	-171 -200	-163 -209	-241 -287
225	250						-75 -104	-67 -113	-131 -160	-123 -169	-187 -216	-179 -225	-267 -313
250	280	-25 -57	-14 -66	-5 -86	-47 -79	-36 -88	-85 -117	-74 -126	-149 -181	-138 -190	-209 -241	-198 -250	-295 -347
280	315						-89 -121	-78 -130	-161 -193	-150 -202	-231 -263	-220 -272	-330 -382
315	355	-26 -62	-16 -73	-5 -94	-51 -87	-41 -98	-97 -133	-87 -144	-179 -215	-169 -226	-257 -293	-247 -304	-369 -426
355	400						-103 -139	-93 -150	-197 -233	-187 -244	-283 -319	-273 -330	-414 -471
400	450	-27 -67	-17 -80	-6 -103	-55 -95	-45 -108	-113 -153	-103 -166	-219 -259	-209 -272	-317 -357	-307 -370	-467 -530
450	500						-119 -159	-109 -172	-239 -279	-229 -292	-347 -387	-337 -400	-517 -580

参 考 文 献

[1] 国家质量技术监督局．中华人民共和国国家标准 技术制图[S]．北京：中国标准出版社，1999.

[2] 国家质量技术监督局．中华人民共和国国家标准 机械制图[S]．北京：中国标准出版社，2004.

[3] 同济大学，上海交通大学等院校机械制图编写组．机械制图．第四版[M]．北京：高等教育出版社，1997.

[4] 清华大学工程图学及计算机辅助设计教研室．机械制图．第四版[M]．北京：高等教育出版社，2001.

[5] 杨惠英，王玉坤．机械制图．(第四版) [M]．北京：清华大学出版社，2002.